谨以此书纪念恩师陈俊愉院士

——张启翔

梅花

基因组学研究

Genomics of Prunus mume

张启翔 等 著

中国农业出版社

北京

图书在版编目（CIP）数据

梅花基因组学研究 / 张启翔等著. —北京：中国
农业出版社，2018.12
  ISBN 978-7-109-25052-9

  Ⅰ．①梅… Ⅱ．①张… Ⅲ．①梅花－基因组－研究
Ⅳ．①S685.170.32

  中国版本图书馆CIP数据核字（2018）第285051号

中国农业出版社出版
（北京市朝阳区麦子店街18号楼）
（邮政编码 100125）
责任编辑　国　圆　孟令洋
————————
北京通州皇家印刷厂印刷　　新华书店北京发行所发行
2018年12月第1版　　2018年12月北京第1次印刷
————————
开本：889mm×1194mm　1/16　印张：18.75
字数：600千字
定价：300.00元
（凡本版图书出现印刷、装订错误，请向出版社发行部调换）

编著委员会

前　言

梅花（*Prunus mume* Sieb. et Zucc.），又名春梅、红梅，是中国原产的传统名花，位列中国十大名花之首。因梅花的拉丁学名是法国人 Siebold 和 Zuccarnini 在 1926 年根据日本栽培的梅花标本而命名的，以至于很多欧美学者称梅花为"日本杏"（Japanese apricot）或"日本李"（Japanese plum），误认为梅花起源于日本。经过多年调查研究，梅花起源于中国已成学界共识。《英国皇家园艺学会园艺大词典》根据汉语发音把"梅"译成"Mei"，这种译法已逐渐被广大学者接受与应用，成为梅花交流使用的英文名称。

梅花栽培应用历史悠久

梅花用于观赏或作为重要果树，在中国有 3 000 多年的栽培历史，应用梅子的时期则可以上溯到距今 5 000～7 000 年前的新石器时代。现代梅花品种的演化经历了野梅、果梅、花梅、花果兼用梅等阶段。中国先民最早将野梅引种栽培，主要是食用、药用之目的，其后逐渐拓展了其观赏功能。现代医学研究表明，梅极具药用价值，花、果、根皆可入药。梅作为食用和烹调原料亦历史久远，《尚书·说命》有"若作和羹，尔惟盐梅"之论述；《诗经·召南》曰："摽有梅，其实七兮"；《礼记·内则》云："桃诸、梅诸、卵盐、人君燕所食也"。1975 年在河南安阳发掘的殷墟之铜鼎内盛有距今 3200 多年的梅核，说明我国古代劳动人民很早就开始食用梅果。半个多世纪的考古研究表明，中国人早在春秋时期就开始驯化野梅，开启了果梅广泛栽培的历史。

观赏梅花的兴起始于汉代初期，西汉时期《西京杂记》记载："汉上林苑有'侯梅'、'同心'梅、'紫叶'梅、'丽枝'梅"，梅花作为观赏植物开始应用于园林中。宋代范成大《梅谱》（1186 年）记载了 12 个品种，至明清时期，梅花品种不断增多，明代王象晋《群芳谱》（1621 年）记载了 19 个品种，分为白梅、红梅、异品梅三大类，清代陈淏子《花镜》（1688 年）记载了 21 个梅花品种。从梅花品种的发展历史看，汉代始有江梅和宫粉梅品种，唐代朱砂、绿萼型品种渐多，宋代出现了玉碟型和黄香型品种，至元代始现台阁型梅花，清代始有照水及品字梅，进入近代后出现了垂枝、龙游和洒金梅品种。在漫长的历史长河中，经过不断演化和选育，发展形成当今丰富多彩的梅花品种群。

梅花种质资源及品种类群

中国是梅花的起源中心和栽培中心，也是变异中心和遗传多样性中心。川、滇、藏的横断山脉地区是梅花的自然分布中心。川西南、滇西北、黔东南、藏东南等区域，有成片野梅林大范围多点分布，种群数量大、变异类型多、遗传多样性丰富。

长江流域，尤以成都、杭州、南京、武汉、无锡等地是我国梅花品种多样性的主要发源地。根据陈俊愉院士的梅花品种分类系统，梅花分为江梅、宫粉、玉碟、绿萼、黄香、洒金（跳枝）、朱砂、垂枝、龙游、杏梅和樱李梅等 11 个品种群。中国古梅资源丰富，主要分布在云南、浙江、江苏、安徽、江西、四川等地，而以云南最多，已确定树龄的现存最古老的梅花为元代种植。

梅花种质创新与新品种培育

1982年春，在陈俊愉院士40年梅花种质资源研究的基础上，著者开始在北京、湖北武汉磨山、山东青岛中山公园、辽宁熊岳等地进行梅花抗冻生理研究、远缘杂交育种和区域试验。通过30多年的研究与实践，构建了关键亲本筛选、克服远缘杂交障碍、分子标记辅助选择、抗寒性评价相结合的抗寒梅花高效育种技术体系。

选择我国原产的抗寒性强的山杏、杏、山桃等近缘种与梅花杂交，利用赤霉素处理解决了远缘杂交不亲和的难题，利用早期胚拯救克服了远缘杂种败育的难题，利用反复回交攻克了杂种梅花失去香味的难题，利用形态学、孢粉学、同工酶指标结合AFLP分子标记的方法实现了梅花远缘杂种早期鉴定技术突破，利用自然越冬抗冻性评价、人工模拟生长恢复法、电导法、差热分析、核磁共振等相结合建立了基于细胞低温放热原理的抗寒性评价技术，实现了对抗寒梅花品种及其亲本的耐寒性快速鉴定技术突破。培育出'燕杏'、'花蝴蝶'等10余个抗寒梅花新品种，最低能耐受−35℃低温，在我国"三北"11个省区进行了区域试验，西至新疆乌鲁木齐、北至黑龙江大庆均可露地越冬开花，使梅花露地栽培区域从长江流域北移两千公里。用杏梅和真梅系品种多次回交培育的'香瑞白'梅是真正具有梅花特征香味的抗寒品种，实现了梅花抗寒香花育种的重大突破。经过三代梅花研究者的不懈努力，实现了国人"塞北赏梅"的梦想。

梅花基因组学研究与重要性状分子解析

为提高育种效率，为梅花分子设计育种奠定理论基础，北京林业大学梅花研究团队自1998年开始利用分子生物学手段研究梅花重要性状的形成机制。2009年，启动了梅花全基因组学研究，利用NGS技术对梅花进行了全基因组测序，绘制了梅花全基因组精细图谱，解析了梅花"特征花香""傲雪开放"等分子生物学机制，构建了蔷薇科原始染色体，揭示了梅花基因组染色体的演变过程，2012年12月，研究成果以亮点论文在《Nature Communications》在线发表，先后被《Nature Biotechnology》《New Phytologist》《Theoretical and Applied Genetics》等引用。据Web of Science统计，梅花基因组学研究论文位于近十年本学术领域ESI被引频次前1%之列。2015年，启动了梅花全基因组重测序研究，解析了种群结构、等位基因频率和遗传多样性程度，定位了驯化和育种过程中受选择区域关键基因，构建了梅花核心基因组、李属泛基因组以及高分辨率的梅花单倍体型图谱，利用GWAS分析定位了多个观赏性状SNP位点并挖掘关键候选基因，2018年4月，研究成果在《Nature Communications》发表。梅花全基因学研究、重测序研究的完成，为花香、花色、花型、株型、抗寒等性状的遗传解析和分子标记辅助育种研究提供了理论框架，为观赏性状基因遗传选择及品种改良搭建了重要平台。

本书是北京林业大学梅花研究团队在梅花基因组学研究方面取得的阶段性成果，由于著者水平有限，错误难免，敬请读者批评指正。

张启翔

2018年9月21日

目　录

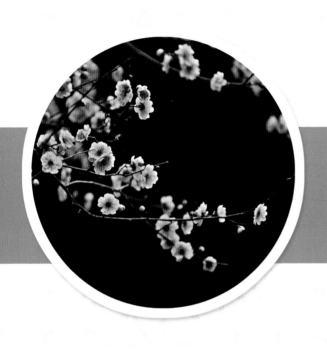

第1章
梅花全基因组测序及精细图谱构建

基因组学（Genomics）是研究基因组的科学，是用于概括涉及基因组作图、测序和整个基因组功能分析的遗传学分支，是以整个基因组为研究对象，着眼于解析生物体整个基因组的所有遗传信息（杨焕明，2016）。开展基因组学研究的主要目的是在获得全基因组序列的基础上，对所获得的序列进行解读，包括基因组变异及基因调控、挖掘、表达，以对生物学机制更深入了解，制订更为有效的育种策略，拓展种质资源中优异等位基因挖掘的广度和深度，提高复杂性状改良的可操作性和新品种选育的效率。随着新一代高通量测序的出现，基因组学的理论和方法开始广泛应用于不同领域，全基因组测序、基因芯片、转录组测序和分子标记等技术催生了生物学科大数据时代，促进了生物技术产业的蓬勃发展。由于测序技术不断升级，成本不断降低，全基因组测序已被广泛应用于动植物研究领域，据不完全统计，目前已有约200种植物完成全基因组测序（见附表），为植物多样性研究提供了更为丰富的遗传数据，使育种者能够在遗传学、基因组学和分子设计育种领域开展全方位、多维度研究，为更多植物的育种工作带来新的发展契机和动力，引领新的育种技术革命。截至2012年年底，尚无花卉的基因组研究成果发表。

梅花遗传背景不清晰，育种周期长，基因调控网络复杂，开展花香、抗寒、花型和花芽发育等分子机制研究难度大，开展全基因组学研究是突破研究瓶颈的有效手段。因此，以西藏野生梅花为试验材料，采用全基因组鸟枪测序策略和全基因组酶切图谱技术，构建首张梅花全基因组精细图谱，开展梅花根、茎、叶、花和果实的转录组测序，完成基因功能注释，并基于梅花、苹果和草莓基因组序列，构建蔷薇科原始染色体，从而揭示了梅花基因组染色体的演变过程（Zhang et al., 2012），为开展梅花重要观赏性状的遗传调控机制解析和分子标记辅助育种工作奠定了重要基础。

1　材料与方法

1.1　材料

全基因组测序材料野生梅花采自西藏通麦（北纬30°06′14″，东经95°05′8″），主要分布在易贡藏布江和帕隆藏布江交汇区域的0.3 km² 内，海拔为2 230 m。因相对封闭的地理环境，该区域的野生梅花高度纯合。转录组测序样品分别取自新生根、幼嫩茎尖、幼嫩叶片、花器官混合样品（蕾期、盛花期、末花期样品混合制备）、花后5周的幼果。

1.2　方法

1.2.1　全基因组鸟枪法测序

利用Illumina公司的高通量测序分析仪对梅花开展全基因组鸟枪法测序。提取梅花幼嫩叶片基因组DNA进行测序文库构建，共建立8个双末端测序文库，插入片段大小分别是180 bp、500 bp、800 bp、2 kb、5 kb、10 kb、20 kb和40 kb，获得50.4 Gb数据，进行过滤后，最终获得了28.4 Gb高质量数据用于全基因组组装和梅花精细图谱构建。高质量读长的主要过滤条件为：读长允许错配 ≤ 2 bp；对于小片段双末端插入文库重叠 ≥ 10 bp；读长1和读长2的双末端序列要完全一致（Li et al., 2010）。

1.2.2　K-mer分析与基因组大小估算

K-mer是长度为K的核苷酸序列，可用于估算基因组大小。假设忽略基因组的测序误差率、杂合率和重复率，K-mer分布遵从泊松分布，则基因组大小可以通过以下公式估算：

$$G = [N \times (L-K+1) - B]/D$$

式中，G：基因组大小；N：测序读长总数量；L：测序读长平均长度；K：K-mer长度（17 bp）；B：低频率K-mer总数（frequency ≤ 1）；D：测序深度。

1.2.3 基因组组装

测序深度达到60×以上，使用SOAPdenovo（v1.05）软件对完成过滤纠错后的Reads进行梅花基因组组装（Li et al.，2010）。利用短片段插入文库数据构建Bruijn图，除去冗余和低覆盖度重复序列，得到通过K-mer途径连接的contig N50和contig N90，完成contig序列组装。重新将可用的读长序列比对回contig序列，并获得比对的双末端读长序列，完成scaffold序列组装。计算每对contigs间共享配对端之间的加权一致性和矛盾配对关系，逐渐从短的配对端扩展为长的配对端，得到scaffold N50和scaffold N90。

1.2.4 全基因组酶切图谱

从梅花幼嫩叶片中提取高质量DNA（>200 kb），利用Automated Argus System（OpGen Inc.，Maryland，USA）进行梅花全基因组单分子酶切图谱构建。将DNA置于MapCards上，利用*Nhe* I和*Bam*H I酶消化20 min。利用JOJO荧光染色剂对DNA进行染色并对其分析，产生了243 174个平均长度为344 kb的单分子酶切图谱，总计大小为83.6 Gb的全基因组酶切图谱（whole genome mapping，WGM）原始数据用于后续分析。

在进行梅花基因组组装之前，要对WGM的原始数据进行过滤，得到高质量的MapSet，MapSet中每个元素就是一个分子的WGM，过滤条件：分子大小≥150 kb；酶切片段的个数≥12；分子的平均质量值≥0.2；平均片段的大小6～12 kb。

取上述高质量的MapSet进行组装，将所有的分子对应的酶切片段模式两两比对，最后得到一个一致性图谱（consensus map）。酶切片段因回卷程度不同，导致识别的片段大小也不同。将WGM的数据组装成一致性图谱之后，进行质控和人工校正后提交到数据库中。将梅花测序产生的序列模拟酶反应得到in silico map，再与WGM得到的一致性图谱比对，进行序列定位，in silico sequences长度要求40 kb以上且有8个以上的酶切片段。

1.2.5 基因组组装序列锚定

以梅花品种'粉瓣'×'扣子玉碟'构建的F_1遗传作图群体（260个子代）为试验材料，利用RAD-tag测序方法，构建含有1 484个SNP的梅花遗传图谱。基于该遗传图谱上SNP标记位点在组装序列上的位置信息锚定梅花基因组组装序列，根据组装序列所对应的SNP标记在连锁群上的位置信息，将其锚定到所对应的连锁群上。

1.2.6 重复序列鉴定

基因组中主要存在串联重复和分散重复两种重复序列。利用Tandem Repeats Finder（v4.04）鉴定串联重复序列，利用Repbase（composed of many transposable elements，versions 15.01）鉴定分散重复序列（Benson，1999）。利用RepeatMasker（v3.2.7）在DNA水平上鉴定转座子，利用RepeatProteinMask在蛋白水平上鉴定转座子（Jurka et al.，2005）。

1.2.7 梅花转录组数据分析

利用植物RNA提取试剂盒Esay spin（艾德来，北京，中国）提取梅花根、茎、叶、花和果实的总RNA，使用Agilent Technologies 2100 Bioanalyzer检测RNA质量，所有样品RNA纯度RIN值要求在7以上，测序样品要求浓度≥400 ng/μL，总量≥20 μg，$OD_{260/280}$为1.8～2.2，28S：18S≥1.0。构建梅花RNA测序文库，利用Illumina进行双末端测序，应用软件SOAPaligner/-soap2将下机后数据比对到梅花参考基因组。

1.2.8 基因预测

利用*de novo*、同源比对、EST序列、转录组-基因组序列，开展基因预测分析。通过Augustus

(Stanke et al., 2006)、GENSCAN（Salamov et al., 2000）和GlimmerHMM（Majoros et al., 2004）软件完成 *de novo* 预测。利用TBLASTN软件将梅花基因组序列与已测序物种黄瓜、番木瓜、野草莓和拟南芥的蛋白序列进行同源比对基因预测，E-value为1×10^{-5}。应用BLAT软件（identity ≥ 0.95，coverage ≥ 0.90）将梅花的4 699条ESTs序列与梅花基因组序列进行EST序列基因预测。通过GLEAN软件（Elsik et al., 2007）将以上3种方法预测的基因进行整合。在转录组−基因组序列方法中，利用Tophat（v1.2.0）（Trapnell et al., 2009）软件将梅花转录组数据比对到梅花基因组中，通过Cufflinks软件（v0.93）（Trapnell et al., 2010）输出比对数据。

1.2.9　基因功能注释

利用BLASTP（1×10^{-5}）将基因序列比对到SwissProt（Bairoch et al., 2000）和TrEMBL数据库中确定比对序列，利用InterProScan（v4.5）（Zdobnov et al., 2009）确定基因结构域。将基因比对到KEGG（Kanehisa et al., 2009）蛋白数据库建立KEGG互作网络图。

1.2.10　比较基因组学分析

利用BLASTP（1×10^{-5}）在梅花基因组中挖掘旁系同源基因和直系同源基因，应用MCscan软件（Tang et al., 2008）在梅花基因组中鉴定共线区域（≥ 5 genes per block）。比对结果产生许多点阵图，在自身比对的结果中每个区段代表源于基因组重复的旁系同源区段，而在种间比对结果中，每个区段代表来源于共同祖先的直系同源区段。在每个基因对区段中计算4DTv值（number of transversions at 4-fold degenerate sites），通过4DTv值曲线估计物种形成或全基因组复制事件。

2　研究结果

2.1　梅花基因组测序策略与原始数据统计

采用全基因组鸟枪法测序策略进行梅花全基因组测序，构建了180 bp、500 bp、800 bp、2 kb、5 kb、10 kb、20 kb和40 kb的DNA文库（表1-1）。用Hiseq2000进行双末端测序，获得50.4 Gb梅花全基因组原始数据，测序深度168×。为提高梅花基因组组装质量，对原始测序数据进行校正和过滤，最终获得28.4 Gb数据，测序深度94.7×，用于梅花基因组序列组装。

表1-1　梅花基因组DNA文库构建情况

文库插入片段大小（bp）	读长（bp）	原始数据			过滤后数据		
		总数据量（Gb）	测序深度（×）	物理深度（×）	总数据量（Gb）	测序深度（×）	物理深度（×）
180	100PE	6.6	22.0	19.8	6.1	20.3	18.3
500	150PE	10.2	34.0	56.7	7.1	23.7	39.4
800	100PE	3.7	12.3	49.3	3.0	10.0	40.0
2 000	45PE	2.8	9.3	207.4	2.5	8.3	185.2
5 000	45PE	3.0	10.0	555.6	2.5	8.3	463.0
10 000	90PE	11.4	38.0	2 111.1	4.4	14.7	814.8
20 000	90PE	4.7	15.7	1 740.7	0.8	2.7	296.3
40 000	50PE	8.0	26.7	10 680.0	2.0	6.7	2 680.0
合计		50.4	168.0	15 420.6	28.4	94.7	4 537.0

2.2 K-mer分析估算梅花基因组大小

在基因组组装前，采用K-mer分析方法估计基因组大小和杂合率等基因组特征，即从一段连续序列中迭代选取长度为K个碱基的序列，若read长度为L，K-mer长度为K，可以得到$L-K+1$个K-mer，取$K=17$进行分析，结果见图1-1。

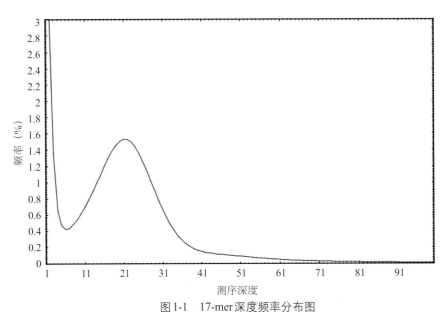

图1-1 17-mer深度频率分布图

[横坐标为测序深度（Depth），纵坐标为各深度下K-mer种类占所有K-mer种类的比例]

使用高质量测序数据28.4 Gb，逐碱基取17-mer获得深度频率分布图，其峰值深度约在21×，估算出梅花基因组大小约为280 Mb（表1-2）。

表1-2 17-mer统计分析结果

K-mer	K-mer数量	峰值深度（×）	基因组大小	可用碱基（bp）	可用读长（bp）	测序深度（×）	平均读长（bp）
17	5 882 392 195	21	280 113 914	7 124 272 060	59 377 539	24.23	119

2.3 梅花基因组初步组装

梅花基因组初步组装结果见表1-3，contig N50为31 772 bp，contig N90为5 769 bp。重新将可用的读长序列比对回contig序列，获得梅花scaffold N50为577 822 bp，scaffold N90为85 987 bp。梅花基因组初步组装大小为237 149 662 bp。

表1-3 梅花基因组初步组装结果

名称	contig		scaffold	
	大小（bp）	数量	大小（bp）	数量
N90	5 769	7 803	85 987	482
N80	12 180	5 272	217 085	316
N70	18 473	3 815	339 338	229

（续）

名称	contig		scaffold	
	大小（bp）	数量	大小（bp）	数量
N60	24 813	2 791	443 973	168
N50	31 772	2 009	577 822	120
最长序列	201 075		2 871 019	
总长	219 917 886		237 149 662	
总数（>100 bp）		45 592		29 989
总数（>2 kb）		10 894		1 449

2.4 基因组GC含量分析

根据GC含量与测序深度关系分布图可以判断测序结果是否有明显GC偏向，以及是否存在细菌污染等情况。一般而言，相对于中等GC含量区域来说，高GC含量区域或者低GC含量区域的测序深度都比较低。结果显示，梅花基因组整体的测序深度较高，GC分布相对集中，覆盖深度合理，大都在40×以上（图1-2）。

2.5 WGM数据辅助基因组组装

利用全基因组酶切图谱技术对梅花基因组组装质量进行改进，scaffold N50从577.8 kb提高到了1 085 kb，数量从120条减少到48条，最长scaffold长度从2 871 019 bp提高到15 622 157 bp，基因组组装237 Mb，占梅花基因组序列的84.6%（表1-4，图1-3A）。

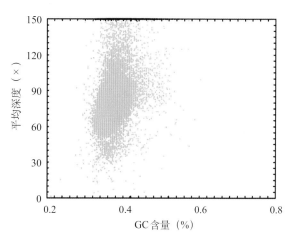

图1-2　GC含量与测序深度关系分布图
（横坐标是GC含量，纵坐标是平均深度。以10 kb为窗口无overlap计算其GC含量和平均深度）

表1-4　梅花基因组组装结果

名称	contig		scaffold		全基因组酶切图谱	
	大小（bp）	数量	大小（bp）	数量	大小（bp）	数量
N90	5 769	7 803	85 987	482	85 987	361
N80	12 180	5 272	217 085	316	224 931	195
N70	18 473	3 815	339 338	229	432 540	118
N60	24 813	2 791	443 973	168	711 996	75
N50	31 772	2 009	577 822	120	1 085 026	48
最长	201 075		2 871 019		15 622 157	
总长	219 917 886	45 811	237 149 662	29 989	237 166 662	29 868
数量> 100 bp		45 592		29 989		1 328
数量> 2 000 bp		10 894		1 449		29 868

2.6　锚定基因组组装序列

　　利用构建的梅花高密度遗传图谱和全基因组酶切图谱信息锚定了513条梅花基因组组装序列，大小为199.0 Mb，覆盖基因组84.0%，平均每条组装序列上有3个标记（图1-3A）。LG2连锁群上锚定的组装序列最多为88条，大小为42.1 Mb，LG7连锁群上锚定的组装序列最少为33条，大小为17.3 Mb，平均每条连锁群锚定的组装序列为64条。其中锚定组装序列低于50条的连锁群有两个，分别为LG8连锁群（43条）和LG7连锁群（33条）。在513条梅花组装序列中，167条序列是利用WGM信息锚定的，占总数32.6%。其中，LG2连锁群上有45条，数量最多；LG7连锁群上有10条，数量最少（图1-3B）。

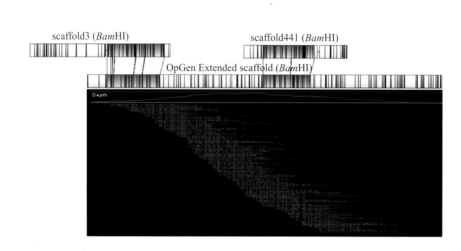

图1-3　梅花基因组组装和锚定

A. 全基因组酶切图谱辅助基因组组装　B. 利用779个高质量SNP标记将基因组组装序列锚定到遗传图谱，黄色和蓝色分别为全基因组酶切图谱和遗传图谱锚定的梅花基因组组装序列

2.7 梅花不同器官转录组测序

2.7.1 RNA提取和样品检测

分别提取梅花根、茎、叶、花、果实总RNA，并进行样品检测，结果表明RNA纯度和完整性均较高，符合转录组测序要求（表1-5）。

表1-5 测序样品信息

器官	样品名称	母液浓度（ng/μL）	体积（μL）	总量（μg）	RIN	28S : 18S	检测结论
根	GM0413	813	30	24.39	8.5	1.9	合格
茎	JM0434	1 551	32	49.632	9.3	1.8	合格
叶片	0406	993	38	37.734	7.2	1.5	合格
花蕾期全花	A4	759	32	24.288	8.2	2.1	合格
盛花期全花	D12	968	66	63.882	7.5	1.7	合格
末花期全花	E5	927	32	29.664	8.8	1.7	合格
果实	ZM0429	415	49	20.355	7.5	1.5	合格

注：花蕾期、盛花期、末花期花器官样品等量混合建库测序。

2.7.2 梅花5个器官转录组与参考基因组比对分析

将梅花根、茎、叶、花、果实样品转录组测序数据比对到梅花基因组，统计显示，有81%的读长比对到基因组（表1-6）。

表1-6 转录组数据与参考基因组比对结果

	花	茎	叶	根	果实
读长（bp）	31 338 892	20 261 210	25 933 630	31 338 892	28 833 662
比对到基因组读长（bp）	24 700 325	16 432 914	21 424 233	24 700 325	23 495 231
唯一比对到基因组读长（bp）	23 528 150	15 783 948	20 469 481	23 528 150	22 404 254
多处比对到基因组读长（bp）	1 172 175	648 966	954 752	1 172 175	1 090 977
未比对到基因组读长（bp）	6 638 567	3 828 296	4 509 397	6 638 567	5 338 431

2.7.3 基因功能注释

将序列分别与SWISS-Prot、KEGG、Gene Ontology和UniProtKB/TrEMBL等蛋白质数据库进行Blastx比对，使用InterProScan快速分析蛋白质功能信息，有14 243条读长比对到InterProScan数据库（表1-7）。利用Gene Ontology数据库对转录组数据进行了GO功能注释（表1-8）。

表1-7 基因InterProScan功能注释

基因号	InterProScan功能注释
mei_GLEAN_10000002	IPR001087; Lipase，GDSL
mei_GLEAN_10000004	IPR005828; General substrate transporter
mei_GLEAN_10000014	IPR005123; Oxoglutarate/iron-dependent oxygenase

（续）

基因号	InterProScan 功能注释
mei_GLEAN_10000020	IPR000719; Protein kinase，catalytic domain IPR011009; Protein kinase-like domain
mei_GLEAN_10000021	IPR003612; Plant lipid transfer protein/seed storage/trypsin-alpha amylase inhibitor IPR016140; Bifunctional inhibitor/plant lipid transfer protein/seed storage
mei_GLEAN_10000022	IPR000757; Glycoside hydrolase，family 16 IPR008985; Concanavalin A-like lectin/glucanase
mei_GLEAN_10000024	IPR001128; Cytochrome P450
mei_GLEAN_10000028	IPR003340; Transcriptional factor B3
mei_GLEAN_10000029	IPR002864; Acyl-ACP thioesterase
mei_GLEAN_10000031	IPR002528; Multi antimicrobial extrusion protein MatE
mei_GLEAN_10000032	IPR016040；NAD（P）-binding domain

注：仅列举部分信息。

表1-8　GO功能注释

基因号	GO功能注释
mei_GLEAN_10000002	GO:0006629; lipid metabolic process; Biological Process; GO:0016788; hydrolase activity，acting on ester bonds; Molecular Function;
mei_GLEAN_10000004	GO:0005215; transporter activity; Molecular Function; GO:0006810; transport; Biological Process; GO:0016021; integral to membrane; Cellular Component; GO:0055085; transmembrane transport; Biological Process;
mei_GLEAN_10000014	GO:0016491; oxidoreductase activity; Molecular Function;
mei_GLEAN_10000020	GO:0004672; protein kinase activity; Molecular Function; GO:0005524; ATP binding; Molecular Function; GO:0006468; protein amino acid phosphorylation; Biological Process;
mei_GLEAN_10000022	GO:0004553; hydrolase activity，hydrolyzing O-glycosyl compounds; Molecular Function; GO:0005975; carbohydrate metabolic process; Biological Process;
mei_GLEAN_10000024	GO:0004497; monooxygenase activity; Molecular Function; GO:0005506; iron ion binding; Molecular Function; GO:0009055; electron carrier activity; Molecular Function; GO:0020037; heme binding; Molecular Function;
mei_GLEAN_10000028	GO:0003677; DNA binding; Molecular Function; GO:0006355; regulation of transcription，DNA-dependent; Biological Process;
mei_GLEAN_10000031	GO:0006855; multidrug transport; Biological Process; GO:0015238; drug transporter activity; Molecular Function; GO:0015297; antiporter activity; Molecular Function; GO:0016020; membrane; Cellular Component; GO:0055085; transmembrane transport; Biological Process;
mei_GLEAN_10000032	GO:0003824; catalytic activity; Molecular Function; GO:0005488; binding; Molecular Function; GO:0008152; metabolic process; Biological Process;
mei_GLEAN_10000033	GO:0004497; monooxygenase activity; Molecular Function; GO:0005506; iron ion binding; Molecular Function; GO:0009055; electron carrier activity; Molecular Function; GO:0020037; heme binding; Molecular Function;
mei_GLEAN_10000036	GO:0030001; metal ion transport; Biological Process; GO:0046872; metal ion binding; Molecular Function;

注：仅列举部分信息。

2.8 梅花全基因组注释

2.8.1 重复序列注释

应用基于RepBase库（http://www.girinst.org/repbase）的同源预测方法，以及RepeatProteinMask和RepeatMasker软件进行重复序列注释，在梅花基因组分别注释重复序列17.32 Mb和12.36 Mb，占基因组7.29%和5.20%。应用基于自身序列比对及重复序列特征的Trf和 *de novo* 从头预测方法，在梅花基因组分别注释重复序列10.58 Mb和103.15 Mb，占基因组4.45%和43.41%。通过以上方法，共得到梅花基因组重复序列106.75 Mb，占基因组44.92%（表1-9）。

表1-9　梅花基因组重复序列统计

类　　型	重复序列大小（Mb）	占基因组的比例（%）
RepeatProteinMask	17.32	7.29
RepeatMasker	12.36	5.20
Trf	10.58	4.45
de novo	103.15	43.41
合计	106.75	44.92

注：RepeatProteinMask和RepeatMasker是基于RepBase库，分别通过RepeatProteinMask和RepeatMasker软件注释基因组序列得到的转座子元件；Trf是通过TRF软件分析得到的基因组串联重复序列；*de novo* 是利用软件RepeatModeler分析得到的序列文库，通过RepeatMasker软件注释基因组序列得到的结果；合计是去掉以上4种方法重叠部分的非冗余结果。

重复序列是基因组的重要组成部分，主要包括串联重复序列（tandem repeat）和散在重复序列（interpersed repeat）。其中，串联重复序列包括微卫星序列和小卫星序列等；散在重复序列又称转座子元件，包括以DNA-DNA方式转座的转座子和反转录转座子（retrotransposon）。

梅花基因组中TE（transposon element）类型的重复序列最多，占所有重复序列的97.9%。在TE类型中数量较多的为LTR/Copia和LTR/Gypsy，总长分别为23.8 Mb和20.4 Mb，占TE总数的22.8%和19.5%，覆盖基因组10.0%和8.6%。与梅花基因组相似，苹果基因组中TE类型数量较多的为LTR/Copia和LTR/Gypsy，总长分别为40.6 Mb和187.1 Mb，占TE总数的12.9%和59.5%，覆盖基因组5.5%和25.2%。草莓基因组中TE类型数量较多的为LTR/Gypsy和DNA transposons，总长均为12.9 Mb，均占TE总数的26.8%（表1-10）。

表1-10　梅花、苹果和草莓基因组中TE情况

种类	梅花			苹果			草莓		
	总长（Mb）	TE覆盖度（%）	基因组覆盖度（%）	总长（Mb）	TE覆盖度（%）	基因组覆盖度（%）	总长（Mb）	TE覆盖度（%）	基因组覆盖度（%）
LTR/Copia	23.8	22.8	10.0	40.6	12.9	5.5	10.8	22.5	5.3
LTR/Gypsy	20.4	19.5	8.6	187.1	59.5	25.2	12.9	26.8	6.4
LTR/Other	21.8	20.8	9.2	3.2	1.0	0.4	8.5	17.7	4.2
LINE	3.1	3.0	1.3	48.1	15.3	6.5	0.7	1.5	0.3
SINE	0.9	0.9	0.4	—	—	—	0.2	0.4	0.1
DNA transposons	20.2	19.3	8.5	6.6	2.1	0.9	12.9	26.8	6.4
其他	1.1	1.1	0.5				2.1	4.4	1.0
未知	13.3	12.7	5.6	28.9	9.2	3.9	—	—	—
总计	104.6	100.0	44.1	314.5	100.0	42.4	48.1	100.0	23.7

对TE类型中LTR/Copia、LTR/Gypsy、LTR/other、LINE和DNA transposons分歧度分布图进行分析，研究结果显示在梅花基因组的进化历史中，仅发生了一次复制事件（图1-4）。

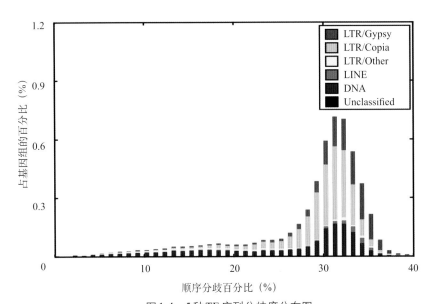

图1-4　5种TE序列分歧度分布图

(以Repbase为库，通过RepeatMasker注释得到TE分歧度分布图，横坐标是基因组中注释到的TE序列与RepBase中相应序列的分歧度；纵坐标是该分歧度下TE序列在基因组中所占的百分比；不同的TE以不同的颜色加以标示)

2.8.2 基因注释

通常会结合多种预测方法进行编码基因的结构预测，如homolog同源预测（至少选2～3个近源物种）、*de novo*从头预测（Augustus和Genscan等软件）、cDNA/EST预测等，然后应用GLEAN软件，将各种方法预测得到的基因集整合成一个非冗余的、更加完整的基因集。另外，RNA-seq数据通过Tophat比对和Cufflinks组装得到的转录本，用于对GLEAN的基因集进行补充和完善，得到最终的基因集。最后借助外源蛋白数据库（SwissProt、TrEMBL、KEGG、InterPro和GO）对基因集中的蛋白进行功能注释。

在梅花基因组组装序列的基础上，利用GLEAN软件整合NCBI数据库公布的梅EST序列以及已测序物种黄瓜（*Cucumis sativus*）、番木瓜（*Carica papaya*）、草莓（*Fragaria vesca*）、拟南芥（*Arabidopsis thaliana*）基因集和ab initio homology-based结果，共预测30 012个编码蛋白（表1-11）。在此基础上，基于根、茎、叶、花和果实的转录组测序数据，首次在梅花基因组中预测31 390个编码蛋白基因，平均转录本长度2 514 bp，平均每个基因有4.6个外显子（表1-12），为开展梅花重要观赏性状的分子生物学解析和分子标记辅助育种奠定重要的研究基础。

表1-11　梅花基因组基因注释结果

	基因集	数量	转录区域平均长度（bp）	CDS平均长度（bp）	每个基因外显子数量	外显子平均长度（bp）	内含子平均长度（bp）
EST	梅花（*P. mume*）	4 699	2 001	562	3.1	184	701
Protein homology search	黄瓜（*C. sativus*）	24 277	2 533	1 053	4.2	253	469
	番木瓜（*C. papaya*）	27 200	2 022	913	3.7	247	411
	草莓（*F. vesca*）	29 586	2 642	1 043	4.0	257	521
	拟南芥（*A. thaliana*）	25 414	2 412	1 008	4.2	241	441

（续）

基因集		数量	转录区域 平均长度（bp）	CDS平均 长度（bp）	每个基因 外显子数量	外显子平均长度 （bp）	内含子平均长度 （bp）
Gene finder software	Augustus	32 479	2 442	1 175	5.1	229	307
	Genscan	28 610	5 211	1 315	6.0	217	772
	GlimmerHMM	36 095	2 032	964	3.9	245	364
	GLEAN	30 012	2 523	1 164	4.7	249	369

表1-12　转录组辅助基因组注释结果

基因集	数量	转录区域平均 长度（bp）	CDS平均 长度（bp）	每个基因 外显子数量	外显子平均长度 （bp）	内含子平均长度 （bp）
GLEAN	30 012	2 523	1 164	4.7	249	369
RNA-Seq	21 585	2 454	1 074	4.4	245	409
合计	31 390	2 514	1 146	4.6	249	380

2.8.3　非编码RNA注释

非编码RNA注释过程中，根据tRNA结构特征，利用tRNAscan-SE软件（Lowe et al., 1997）寻找基因组中tRNA序列。由于rRNA具有高度保守性，因此选择近缘物种rRNA序列作为参考序列，通过BLASTN比对寻找基因组中的rRNA。利用Rfam家族的协方差模型，采用Rfam自带的INFERNAL软件（Nawrocki et al., 2009）可预测基因组上的miRNA和snRNA序列信息。非编码RNA注释结果显示，梅花基因组有508个tRNA，209个miRNA，287个snRNA和125个rRNA等（表1-13）。

表1-13　梅花基因组中非编码RNA注释结果

非编码RNA类型	拷贝数	平均长度（bp）	总长（bp）	占基因组比例（%）
miRNA	209	120.65	25 216	0.010 6
tRNA	508	75.21	38 209	0.001 2
rRNA	125	196.89	24 611	0.010 3
28S	46	348.98	16 053	0.006 7
18S	17	111.29	1 892	0.000 8
5.8S	11	112.55	1 238	0.000 5
5S	51	106.43	5 428	0.002 2
snRNA	287	118.09	33 891	0.014 2
CD-box	158	98.08	15 497	0.006 5
HACA-box	21	118.14	2 481	0.001 0
slicing	108	147.34	15 913	0.006 7

2.9　梅花基因组进化分析

分析梅花和苹果基因组中重复基因的4DTv分布图发现，梅花和苹果在物种分化以后，梅花基因组没有发生全基因组复制事件（图1-5A）。在梅花基因组中探究了古染色体事件，发现存在三倍体化重排事件。将梅花基因组中27 819个基因与葡萄基因组（Miller et al., 2007）中7条六倍体化的古染色体进行比对，鉴定出包含2 772个共线性同源区段，覆盖梅花基因组78.1%。将梅花基因组27 819个基因与自身进行比对，共鉴定了7个主要的重复区段，包含194对基因，覆盖梅花基因组38.5%。染色体之间的对应关系：P5-P7、P2-P4-P8、P1-P2-P4-P6、P1-P5、P2-P6-P8、P2-P4-P7、P3-P4，显示了梅花基因组中的三倍体化事件（图1-5B，表1-14）。

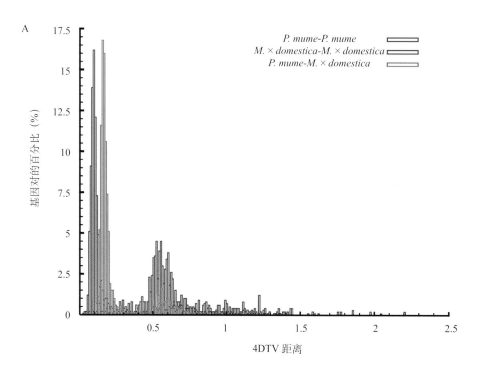

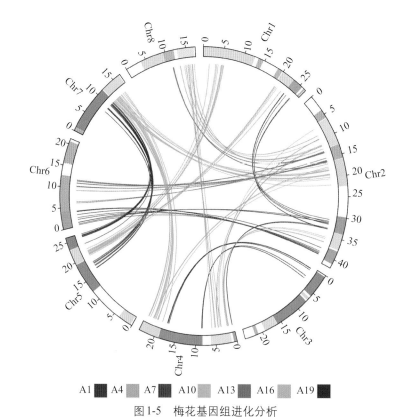

图1-5　梅花基因组进化分析
A.梅花和苹果基因组中重复基因的4DTv分布
B.梅花基因组中旁系同源基因重复分析（Chr1～Chr8），每条线代表一个重复基因；
7种不同的颜色代表7条古代双子叶植物连锁群（A1、A4、A7、A10、A13、A16、A19）

表1-14 梅花基因组重复事件

	复制	复制1	复制2	复制3	复制4	复制5	复制6	复制7
重复区段1	染色体	P2	P5	P1	P2	P1	P2	P2
	开始（bp）	16 992 294	14 060 750	12 949 182	31 923 472	2 602 977	11 712 243	119 940
	终止（bp）	23 088 808	18 630 967	14 361 861	34 040 190	5 067 713	15 429 650	1 417 363
重复区段2	染色体	P4	P5	P2	P2	P1	P2	P3
	开始（bp）	2 570 020	22 057 187	3 945 606	38 514 649	22 080 029	35 814 303	18 155 051
	终止（bp）	5 377 341	24 703 826	8 498 822	40 999 854	26 005 508	37 147 780	23 382 132
重复区段3	染色体	P7	P7	P6	P4	P5	P4	P4
	开始（bp）	12 535 131	7 554 732	2 627 776	24 217 613	19 148 875	17 135 398	6 713 077
	终止（bp）	16 932 682	11 672 136	5 434 757	24 297 493	20 540 249	23 236 888	9 278 331
重复区段4	染色体			P6	P6		P8	P4
	开始（bp）			9 430 223	15 636 532		12 986 087	15 116 961
	终止（bp）			14 424 467	19 244 734		16 939 327	15 814 163
重复区段5	染色体			P8				
	开始（bp）			9 851 845				
	终止（bp）			11 810 797				

2.10 蔷薇科祖先染色体构建

蔷薇科由100多个属，3 000多个种组成，是温带地区第三大重要的经济植物，包含水果、坚果、观赏植物等，均具有重要的食药用和观赏价值。根据果实类型，蔷薇科分为4个亚科，包括蔷薇亚科（x=7，8或9）、李亚科（x=8）、绣线菊亚科（x=9）和苹果亚科（x=17）。2012年，蔷薇科中苹果（Velasco et al., 2010）、草莓（Shulaev et al., 2010）和梅花（Zhang et al., 2012）已完成全基因组测序，为构建蔷薇科祖先染色体，开展蔷薇科物种间染色体的进化研究奠定基础。步骤如下：

（1）收集基因组数据。下载苹果（http://www.rosaceae.org/projects/apple_genome）、草莓（http://www.strawberrygenome.org/）和梅花（http://prunusmumegenome.bjfu.edu.cn）的基因CDS序列和基因在染色体上的定位信息。

（2）鉴定同源基因。根据累加一致性百分比（cumulative identity percentage，CIP）和累加比对长度百分比（cumulative alignment length percentage，CALP）鉴定同源基因（Illa et al., 2011）。将比对物种（query）基因与参考物种（subject）基因进行blastn分析，比对基因A和参考基因B的$CIP=\sum(NAB/LAB)\times100$，其中$NAB$为基因A和基因B比对上的基因长度，$LAB$为基因A和基因B参与比对的基因长度；基因A和基因B的$CALP=(LAB/LA)\times100$，其中LAB为基因A和基因B参与比对的基因长度，LA为基因A的长度。苹果自身比对时，blastn E-value小于1×10^{-5}，CIP和CALP都大于70的基因对判定为同源基因；梅花、草莓分别与苹果比对时，blastn E-value小于1×10^{-5}，CIP大于60，且CALP大于70的基因对判定为同源基因。苹果基因组内部比对得到85 560对同源基因；梅花与苹果基因组之间比对得到30 463对同源基因；草莓与苹果基因组之间比对得到13 227对同源基因。

（3）确定苹果染色体来源。根据苹果自身比对得到的同源基因，保留一个比对基因对应一个参考基因的结果，得到10 754对同源基因；根据筛选的基因对及其在染色体上的坐标信息，应用CloseUp软件（Minimum number of matches in a run=5，Minimum cluster density ratio=2，Maximum cluster length difference=40，其余参数默认）分析，得到苹果的复制区域，共57 986个区域块；根据基因交集合并重叠区域，得到253个区域块，共7 999对基因（表1-15）。

（4）比对参考物种和苹果的基因组序列。以梅花和草莓作为比对物种，分别与参考物种（苹果）的基因组比对得到同源基因，仅保留比对基因与参考基因相互对应的基因对，梅花与苹果基因组间得到5 915对同源基因，草莓与苹果基因组间得到3 012对同源基因。根据筛选的基因对及其在染色体上的坐标信息，应用CloseUp软件（参数同上）分析，得到比对物种和苹果的同源区域，梅花与苹果基因组间有25 503个区域块，草莓与苹果基因组间有8 103个区域块；根据基因交集合并重叠区域，梅花与苹果基因组间得到174个区域块，4 584对同源基因，草莓与苹果基因组间得到132个区域块，2 031对同源基因（表1-16，表1-17）。

（5）确定蔷薇科祖先染色体以及苹果、草莓和梅花的进化历史。根据苹果自身的复制信息及草莓和梅花与苹果比对得到的同源区域，确定了蔷薇科有9条祖先染色体，揭示了草莓经过15次染色体间的融合，由祖先的9条染色体演化为7条染色体；苹果经过1次全基因组复制和5次染色体间的融合，由祖先的9条染色体演化为17条染色体（表1-15）；梅花经过11次染色体间的融合，由祖先的9条染色体演化为8条染色体，梅花4、5、7号染色体并没有经历重排事件，分别来自祖先的3、7、6号染色体（表1-16，图1-6），为揭示蔷薇科起源进化奠定重要的研究基础。

表1-15 苹果染色体共线性区段统计和染色体来源分析

苹果染色体	苹果染色体起始位置（bp）	苹果染色体终止位置（bp）	苹果染色体	苹果染色体起始位置（bp）	苹果染色体终止位置（bp）	蔷薇科祖先染色体
1	3 119 100	8 345 491	15	2 636 666	3 311 539	9
1	8 489 176	9 365 008	15	36 855 986	396 487	9
1	8 874 942	9 746 869	7	12 925 912	13 422 687	7
1	10 465 265	12 000 531	7	15 918 823	18 088 833	7
1	14 268 634	14 685 741	7	20 878 719	21 118 501	7
1	22 508 512	25 640 238	7	21 611 754	23 927 101	7
1	26 654 985	29 365 857	7	24 061 921	26 598 823	7
2	607 413	8 230 113	15	7 009 538	16 402 135	9
2	8 852 448	14 100 918	15	16 550 152	21 341 507	9
2	15 404 275	18 100 969	15	22 847 807	26 215 043	9
2	18 720 854	19 180 584	15	13 088 872	13 390 537	9
2	24 466 278	36 282 701	7	117 676	10 266 526	7
3	721 344	114 499	11	9 291	619 862	2
3	1 752 392	11 670 249	11	2 206 067	12 255 757	2
3	11 385 669	13 646 922	11	12 409 999	14 537 001	2
3	17 434 847	17 574 561	11	15 942 254	16 065 409	2
3	17 739 491	1 787 303	11	19 103 398	19 125 362	2
3	20 678 219	21 267 201	11	19 296 452	207 136	2
3	2 204 877	24 276 546	11	2 117 853	23 636 091	2
3	24 308 462	33 967 713	11	25 022 042	3 525 598	2
3	30 537 078	30 695 848	11	30 352 522	3 055 278	2

（续）

苹果染色体	苹果染色体起始位置（bp）	苹果染色体终止位置（bp）	苹果染色体	苹果染色体起始位置（bp）	苹果染色体终止位置（bp）	蔷薇科祖先染色体
4	3 205 982	336 801	12	26 145 161	26 327 235	5
4	6 167 852	667 197	12	14 362 709	14 650 249	5
4	7 721 017	8 323 191	12	15 036 648	15 887 978	5
4	882 355	8 909 633	12	189 828	1 957 198	5
4	8 902 204	9 989 742	12	16 002 564	16 766 277	5
4	10 723 274	13 389 051	12	17 703 645	20 232 565	5
4	12 166 363	12 468 291	12	2 536 028	25 641 474	5
4	14 084 428	23 007 653	12	22 506 764	3 159 971	5
5	87 094	1 763 757	10	31 356 172	32 986 976	1
5	2 232 715	7 419 114	10	25 764 815	30 472 752	1
5	8 073 164	11 330 178	10	20 823 655	24 674 896	1
5	12 259 243	12 284 578	10	18 534 112	18 574 751	1
5	12 589 131	13 100 978	10	25 180 532	2 561 737	1
5	13 693 594	14 429 938	10	19 591 083	20 213 471	1
5	15 012 014	17 904 113	10	15 060 671	18 541 742	1
5	20 228 656	2 040 464	10	274 418	2 929 015	1
5	21 497 401	21 683 477	10	20 359 082	20 443 642	1
5	21 569 139	21 701 478	10	12 339 092	12 474 651	1
5	2 738 798	27 423 823	10	11 677 524	11 706 894	1
5	2 900 921	29 377 806	10	8 000 469	8 356 664	1
5	29 626 406	2 975 647	10	9 181 677	9 327 769	1
5	30 054 594	30 182 097	10	6 025 864	6 111 985	1
5	30 614 753	30 780 382	10	766 455	90 645	1
6	6 773 974	7 081 126	14	7 694 844	78 439	6
6	15 925 569	2 550 859	14	18 672 899	29 321 891	6
8	5 154 608	5 417 601	15	58 684	967 268	8
8	7 667 955	7 703 476	15	21 238 344	21 322 071	8
8	7 976 741	20 955 001	15	16 562	6 627 061	8
8	20 257 474	20 436 263	15	31 230 893	31 574 221	8
8	21 481 146	2 661 066	15	35 281 501	40 701 719	8
8	26 690 663	2 955 475	15	42 049 156	47 266 801	8
8	29 629 686	29 736 514	15	43 324 848	43 474 807	8
9	216 181	9 861 334	17	9 926	10 331 728	3
9	10 924 517	12 661 101	17	11 105 152	12 704 999	3
9	13 474 366	13 848 732	17	15 067 157	15 451 592	3
9	17 833 692	17 855 667	17	5 165 874	520 943	3
9	1 961 983	20 341 014	17	15 641 788	16 433 221	3
9	24 495 875	24 863 715	17	18 054 949	18 229 558	3
9	26 596 741	27 051 472	17	22 984 334	23 244 891	3

（续）

苹果染色体	苹果染色体起始位置（bp）	苹果染色体终止位置（bp）	苹果染色体	苹果染色体起始位置（bp）	苹果染色体终止位置（bp）	蔷薇科祖先染色体
9	28 333 521	28 614 884	17	21 019 387	21 409 871	3
9	28 745 945	31 644 179	17	21 851 986	24 438 911	3
9	32 272 668	3 240 143	17	17 767 877	17 810 469	3
9	32 449 145	33 155 844	17	1 910 909	19 675 638	3
9	33 511 762	33 723 567	17	24 765 753	24 878 807	3
12	171 170	4 295 808	14	156 564	5 713 952	5
12	5 665 689	6 258 675	14	6 782 286	7 614 928	5
12	6 533 214	7 776 996	14	9 875 913	11 039 428	5
12	9 721 657	10 360 611	14	13 191 992	13 641 128	5
12	11 243 901	11 968 829	14	15 450 488	16 084 608	5
12	12 351 338	13 665 728	14	16 213 681	16 997 356	5
12	2 373 941	24 018 295	14	3 503 389	3 823 244	5
13	4 511	896 096	16	6 883 934	7 746 299	4
13	1 460 629	881 706	16	78 585	6 853 974	4
13	12 138 628	12 547 988	16	7 964 248	8 447 188	4
13	13 610 993	13 969 168	16	8 581 474	89 271	4
13	14 236 263	1 921 939	16	11 207 635	15 290 355	4
13	20 543 235	21 000 723	16	15 481 159	16 065 262	4
13	21 548 682	22 031 227	16	16 289 039	16 866 536	4
13	30 789 189	31 408 863	16	18 822 923	19 467 387	4

表1-16　梅花和苹果染色体共线性区段统计和梅花染色体来源分析

梅花染色体	梅花染色体起始位置（bp）	梅花染色体终止位置（bp）	苹果染色体	苹果染色体起始位置（bp）	苹果染色体终止位置（bp）	蔷薇科祖先染色体
1	83 642	2 218 977	4	19 950 613	22 904 745	5
1	176 089	2 233 458	12	28 617 386	31 550 371	5
1	1 606 951	7 325 831	4	11 026 051	1 966 098	5
1	2 349 631	7 307 307	12	16 577 295	28 442 331	5
1	7 540 889	8 731 987	2	8 930 319	21 075 171	9
1	7 629 423	1 272 401	15	24 573 099	30 886 841	9
1	1 408 307	2 667 781	11	2 738 927	17 000 511	2
1	15 670 053	19 369 175	3	1 279 302	17 480 811	2
1	19 716 503	2 771 29	3	664 847	12 050 283	2
1	23 936 007	23 970 617	11	25 506 796	25 606 613	2
1	26 935 857	27 458 276	11	42 524	765 126	2
2	83 634	7 151 525	8	20 315 448	29 692 832	8
2	712 671	8 320 686	15	37 469 463	37 830 105	8
2	8 217 751	16 117 592	8	43 002	18 392 775	8
2	12 163 562	16 178 376	15	80 583	5 567 995	8

（续）

梅花染色体	梅花染色体起始位置（bp）	梅花染色体终止位置（bp）	苹果染色体	苹果染色体起始位置（bp）	苹果染色体终止位置（bp）	蔷薇科祖先染色体
2	16 191 222	16 286 995	13	1 131 115	1 151 439	4
2	16 390 112	23 741 068	13	3 933 591	10 432 782	4
2	16 402 429	2 160 073	16	2 534 916	6 853 974	4
2	2 258 271	2 545 048	4	43 258	1 049 663	5
2	25 694 687	30 375 227	9	12 943 369	15 269 988	3
2	27 451 114	28 854 132	9	16 496 313	16 655 443	3
2	30 377 716	34 158 497	13	11 553 562	18 359 786	4
2	30 689 936	36 045 527	16	8 043 095	14 331 416	4
2	35 523 321	37 361 245	13	32 865 901	34 561 386	4
2	3 624 031	39 354 776	13	3 060 834	3 153 515	4
2	38 627 927	39 962 142	13	27 061 612	27 915 981	4
2	38 933 413	39 444 962	16	9 535 935	1 031 892	4
2	39 692 615	40 631 785	13	18 828 642	21 688 056	4
2	39 747 876	41 654 603	16	14 889 804	16 723 699	4
2	40 828 202	41 594 893	13	24 949 733	26 703 208	4
2	41 716 894	42 617 259	9	15 505 305	16 357 826	3
3	2 132 817	292 082	3	18 936 999	20 292 161	2
3	3 564 033	5 581 158	15	6 717 007	7 297 342	9
3	7 498 599	1 415 304	3	21 657 419	29 487 507	2
3	7 795 462	14 112 569	11	19 167 869	31 497 191	2
3	14 182 798	2 440 569	10	19 845 042	33 436 984	1
4	3 344	2 266 409	9	4 334 031	9 288 713	3
4	81 966	2 475 402	17	5 032 053	7 754 421	3
4	2 402 184	230 169	9	196 383	424 103	3
4	2 467 738	5 155 496	17	1 233 747	4 953 844	3
4	5 210 431	6 025 554	17	141 731	1 126 586	3
4	6 050 557	10 412 191	9	6 107 943	12 418 889	3
4	6 075 982	10 620 064	17	6 882 846	12 551 274	3
4	10 594 998	1 264 058	9	2 755 017	29 341 651	3
4	12 548 808	14 418 989	17	1 925 489	20 104 658	3
4	12 958 178	14 422 896	9	32 580 665	33 128 916	3
4	13 537 696	21 219 067	17	15 615 306	19 194 043	3
4	15 638 713	17 826 132	9	23 701 689	26 969 038	3
4	18 713 798	24 495 801	9	16 753 467	20 697 444	3
4	20 673 298	23 283 651	9	12 484 011	14 070 312	3
4	22 822 948	24 637 714	17	21 917 086	24 857 362	3
4	2 348 265	24 572 261	9	30 316 269	33 681 715	3
5	42 388	16 475 124	2	20 225 689	36 495 979	7
5	309 377	26 086 426	7	72 786	4 081 149	7

（续）

梅花染色体	梅花染色体起始位置（bp）	梅花染色体终止位置（bp）	苹果染色体	苹果染色体起始位置（bp）	苹果染色体终止位置（bp）	蔷薇科祖先染色体
5	8 756 297	12 105 775	7	5 822 509	8 183 444	7
5	13 969 309	16 272 796	7	8 231 493	10 599 148	7
5	16 530 713	1 753 408	7	15 396 697	18 178 867	7
5	18 649 548	19 478 384	1	15 729 372	18 286 177	7
5	19 598 711	19 677 605	1	29 092 364	29 173 646	7
5	19 829 476	23 146 592	1	20 965 332	27 010 482	7
5	21 614 935	23 133 868	7	21 568 115	2 441 991	7
5	23 261 783	24 776 894	7	24 372 752	26 625 959	7
5	23 347 978	2 475 177	1	27 197 343	29 262 117	7
5	25 086 257	26 211 824	1	13 082 303	15 068 702	7
6	115 569	1 975 367	5	30 532 742	31 555 519	1
6	12 068	10 061 004	10	228 721	1 032 168	1
6	6 080 085	9 274 881	5	28 682 304	30 379 963	1
6	9 415 214	10 308 299	10	10 239 715	11 300 715	1
6	10 902 273	15 093 344	14	6 675 452	14 176 942	5
6	10 936 291	11 712 889	12	8 122 686	9 351 751	5
6	1 263 933	14 960 986	5	2 316 653	28 398 772	1
6	15 350 572	17 545 717	11	31 566 831	35 029 357	2
6	15 464 483	16 577 049	3	31 667 903	33 451 837	2
6	17 590 211	19 542 649	10	15 476 896	19 591 083	1
6	19 374 023	20 937 671	10	7 296 203	7 761 646	1
6	19 838 752	21 518 529	10	11 481 948	14 841 639	1
6	20 426 37	21 749 163	5	21 622 999	22 666 491	1
7	215 365	1 712 504	6	365 059	4 716 547	6
7	4 468 359	4 586 196	6	6 183 577	6 558 136	6
7	4 697 641	7 169 435	6	7 789 155	1 144 353	6
7	8 488 233	17 286 605	14	17 019 968	29 305 764	6
7	8 893 793	10 533 108	14	13 297 506	14 716 048	6
7	15 353 891	17 064 955	6	21 599 193	25 321 478	6
7	171 828	17 303 314	6	19 339 547	19 549 208	6
8	135 475	11 012 863	12	338 696	1 453 393	5
8	433 469	2 343 628	14	41 146	836 927	5
8	1 649 965	4 412 942	14	15 260 376	15 905 312	5
8	4 145 397	4 747 256	12	9 714 393	10 360 611	5
8	4 290 585	8 709 846	14	97 225	13 478 529	5
8	6 013 357	8 788 332	12	1 540 411	6 698 462	5
8	8 769 399	1 116 914	14	13 491 344	16 908 222	5
8	8 931 513	9 354 428	12	12 633 873	14 528 243	5
8	9 443 386	17 237 463	2	1 047 919	16 303 328	9
8	9 457 717	17 218 382	15	7 408 162	23 968 575	9

（续）

表 1-17　草莓和苹果染色体共线性区段统计和草莓染色体来源分析

草莓染色体	草莓染色体起始位置（bp）	草莓染色体终止位置（bp）	苹果染色体	苹果染色体起始位置（bp）	苹果染色体终止位置（bp）	蔷薇科祖先染色体
1	342 797	10 731 563	2	1 336 713	12 924 073	9
1	830 141	11 592 066	15	7 352 467	24 707 019	9
1	16 727 345	23 456 956	17	22 866 929	24 777 751	3
1	16 786 114	24 143 602	9	29 671 445	33 681 715	3
2	967 212	1 906 177	8	214 167	3 452 386	8
2	2 425 518	5 525 107	5	22 225 614	27 423 823	1
2	46 909	8 751 682	8	6 961 854	10 147 095	8
2	6 280 718	10 581 027	10	12 327 851	1 966 197	1
2	6 834 713	10 551 157	5	15 023 062	21 622 999	1
2	9 234 621	13 581 075	5	2 876 724	31 555 519	1
2	15 056 339	15 951 441	15	40 819 444	42 078 743	8
2	16 914 475	19 476 201	11	32 043 187	34 808 239	2
2	19 573 507	20 438 739	15	31 557 344	32 362 977	9
2	20 325 396	26 062 433	15	58 684	6 966 178	8
2	20 531 235	20 806 053	15	6 416 323	6 624 196	8
2	23 977 983	35 412 607	8	1 269 005	7 892 323	8
3	135 392	4 178 623	5	255 266	2 287 583	1
3	176 192	1 433 597	10	31 401 662	33 443 105	1
3	2 378 373	7 947 575	5	3 814 344	10 082 039	1
3	3 033 769	4 150 603	10	28 590 838	30 276 346	1
3	4 510 961	6 979 324	10	22 918 374	26 448 598	1
3	7 131 016	8 980 331	10	25 314 635	28 559 266	1
3	8 217 726	839 762	5	1 282 562	13 061 839	1
3	8 565 556	25 457 035	11	12 184 088	13 538 118	2
3	10 653 912	11 796 855	11	29 394 585	34 738 172	2
3	10 677 654	11 913 967	3	26 993 176	29 148 793	2
3	127 316	13 948 925	3	5 725 719	7 014 546	2
3	12 766 048	136 965	11	6 287 538	7 414 971	2
3	14 240 486	17 522 121	3	2 278 187	26 433 602	2
3	1 439 053	17 239 074	11	22 020 052	26 47 3465	2
3	19 803 177	2 088 251	3	7 494 851	9 691 546	2
3	20 879 136	29 221 595	11	60 665	10 007 788	2
3	21 371 749	29 143 994	3	721 344	5 416 674	2
4	57 438	2 364 201	13	25 581 406	27 061 612	4
4	665 756	1 088 149	16	9 405 506	9 659 046	4
4	3 515 665	21 425 748	13	1 017 461	23 186 028	4
4	10 316 575	12 427 604	16	11 343 444	13 563 853	4
4	21 568 897	22 242 357	13	28 273 466	29 305 782	4
4	22 485 116	23 983 215	16	3 763 579	7 694 316	4

（续）

草莓染色体	草莓染色体起始位置（bp）	草莓染色体终止位置（bp）	苹果染色体	苹果染色体起始位置（bp）	苹果染色体终止位置（bp）	蔷薇科祖先染色体
4	22 508 441	24 100 348	13	64 496	6 081 195	4
5	255 652	665 852	4	4 512 961	6 919 306	5
5	1 069 658	2 403 315	14	13 297 506	18 535 592	5
5	71 771	11 078 261	14	24 916 052	29 182 512	6
5	7 270 032	11 442 947	6	20 328 829	22 685 896	6
5	9 193 771	9 629 235	6	762 711	892 407	6
5	9 964 547	10 763 303	6	23 478 017	25 192 992	6
5	10 017 361	19 118 016	15	37 464 663	43 485 709	8
5	19 519 237	23 014 695	6	365 059	4 985 997	6
5	25 742 552	30 576 465	11	31 493 754	35 068 847	2
5	25 789 051	29 600 754	3	29 487 507	33 387 331	2
6	2 071 963	1 041 358	12	17 705 717	3 159 971	5
6	3 223 786	7 452 269	4	16 438 125	21 024 126	5
6	7 553 697	9 859 093	4	1 167 441	16 421 771	5
6	9 911 286	14 670 419	14	184 317	1 727 836	5
6	12 926 831	17 122 908	12	85 589	2 154 824	5
6	13 872 272	14 106 785	14	15 984 464	16 615 215	5
6	16 248 944	2 297 138	12	2 557 541	5 603 826	5
6	20 366 102	2 295 335	14	2 035 987	5 676 968	5
6	23 064 669	23 430 145	17	9 172 333	9 847 401	3
6	23 312 943	28 632 869	9	9 357 078	1 174 131	3
6	27 535 886	28 896 255	17	1 001 772	12 140 665	3
6	27 624 824	29 385 455	17	838 819	1 763 317	3
6	29 034 754	30 572 666	9	75 472	1 089 316	3
6	30 259 514	32 967 577	17	3 551 333	8 741 769	3
6	30 298 147	33 065 314	9	3 092 341	8 139 319	3
6	33 581 412	37 040 942	12	12 640 654	16 807 698	5
6	34 219 931	3 543 466	14	7 327 092	10 933 717	5
6	37 930 276	38 291 699	9	265 607	654 293	3
7	950 508	22 776 835	7	366 566	980 058	7
7	3 082 166	3 903 909	7	17 005 518	18 101 787	7
7	3 159 796	6 995 368	1	8 507 551	11 619 871	7
7	4 350 109	6 271 876	7	12 068 002	15 467 345	7
7	6 184 571	7 273 232	2	2 037 615	22 529 356	7
7	7 582 561	8 672 092	7	8 458 399	10 122 706	7
7	8 961 211	14 622 776	2	26 974 938	32 808 627	7
7	11 432 259	12 238 502	7	6 665 104	7 201 915	7
7	15 047 573	20 652 083	1	13 086 663	24 012 445	7
7	19 784 504	20 687 378	7	2 157 181	22 584 855	7
7	20 796 671	23 904 958	7	22 798 947	26 529 249	7

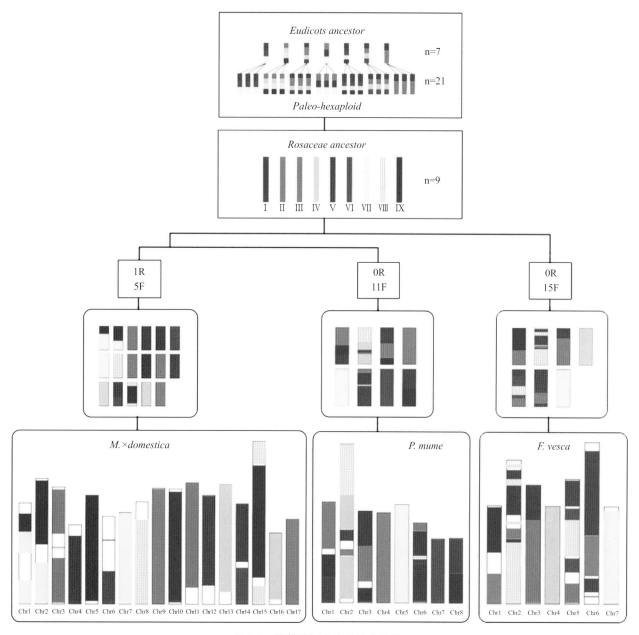

图 1-6　蔷薇科祖先染色体的构建

（9种颜色分别代表蔷薇科9条祖先染色体。蔷薇科祖先染色体的进化过程由R和F显示，R表示全基因组复制，F表示染色体融合。苹果、梅花和草莓基因组中染色体颜色与蔷薇科祖先染色体颜色相对应，未知起源的部分用白色表示）

2.11　梅花花香机制研究

花香是梅花的重要观赏特征，梅花特征花香主要挥发性成分为乙酸苯甲酯（Hao et al., 2014a、b；Zhao et al., 2017），*BEAT*基因（benzyl alcohol acetyltransferase，苯甲醇乙酰基转移酶）能调控催化苯甲醇生成乙酸苯甲酯（Aranovich et al., 2007）。鉴定梅花及其他物种中*BEAT*基因，结果显示梅花中有*BEAT*基因34个、苹果（*M.×domestica*）有16个，草莓（*F. vesca*）有14个，葡萄（*Vitis vinifera*）有4个，毛果杨（*P. trichocarpa*）有17个，拟南芥有3个。在梅花基因组中，有26个*BEAT*成员聚为一簇，其中12个成员为串联重复，表明梅花*BEAT*基因家族成员的扩张可能导致乙酸苯甲酯在花中的含量高，形成特征花香（图1-7，表1-18）。

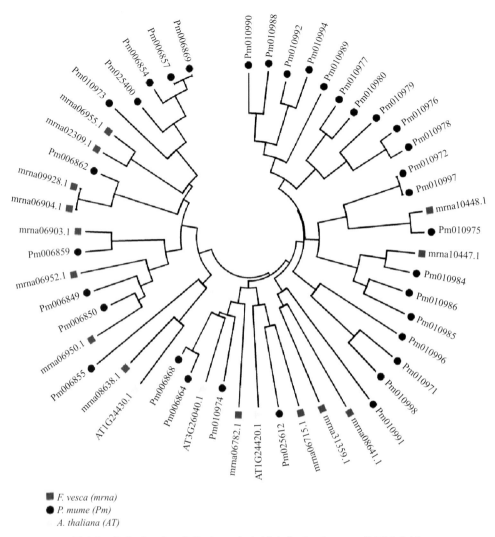

图1-7 梅花（*Pm*）、草莓（*mrna*）与拟南芥（*AT*）*BEAT*基因进化树

表1-18 梅花基因中*BEAT*基因簇状分布

染色体	类型	染色体起始位置（bp）	染色体终止位置（bp）	比分值	DNA链（+/−）	基因名称
Pm2	mRNA	19 561 090	19 562 397	0.541 383	+	ID=*Pm006849*
Pm2	mRNA	19 568 381	19 569 688	0.801 224	+	ID=*Pm006850*
Pm2	mRNA	19 597 787	19 599 115	0.999 924	+	ID=*Pm006854*
Pm2	mRNA	19 600 651	19 601 989	0.737 153	+	ID=*Pm006855*
Pm2	mRNA	19 640 968	19 642 296	0.999 955	+	ID=*Pm006857*
Pm2	mRNA	19 652 034	19 653 344	0.999 955	+	ID=*Pm006859*
Pm2	mRNA	19 670 279	19 672 730	1	+	ID=*Pm006862*
Pm2	mRNA	19 680 726	19 682 066	0.978 451	−	ID=*Pm006864*
Pm2	mRNA	19 710 735	19 712 075	0.978 451	−	ID=*Pm006868*
Pm2	mRNA	19 718 018	19 719 346	1	−	ID=*Pm006869*
Pm3	mRNA	8 086 964	8 088 316	1	−	ID=*Pm010971*
Pm3	mRNA	8 097 955	8 098 455	0.888 754	−	ID=*Pm010972*

（续）

染色体	类型	染色体起始位置（bp）	染色体终止位置（bp）	比分值	DNA链（+/−）	基因名称
Pm3	mRNA	8 107 320	8 109 158	0.806 803	+	ID=*Pm010973*
Pm3	mRNA	8 110 118	8 111 458	1	−	ID=*Pm010974*
Pm3	mRNA	8 113 148	8 114 512	0.999 903	−	ID=*Pm010975*
Pm3	mRNA	8 115 043	8 116 374	1	−	ID=*Pm010976*
Pm3	mRNA	8 119 387	8 120 736	1	−	ID=*Pm010977*
Pm3	mRNA	8 121 890	8 123 008	0.799 638	−	ID=*Pm010978*
Pm3	mRNA	8 129 028	8 130 350	1	−	ID=*Pm010979*
Pm3	mRNA	8 131 250	8 132 614	1	−	ID=*Pm010980*
Pm3	mRNA	8 158 666	8 159 994	1	−	ID=*Pm010984*
Pm3	mRNA	8 161 540	8 162 847	1	−	ID=*Pm010985*
Pm3	mRNA	8 169 726	8 171 039	0.999 725	−	ID=*Pm010986*
Pm3	mRNA	8 192 054	8 193 376	0.999 734	−	ID=*Pm010988*
Pm3	mRNA	8 204 439	8 205 755	1	−	ID=*Pm010989*
Pm3	mRNA	8 215 947	8 217 296	0.564 71	−	ID=*Pm010990*
Pm3	mRNA	8 225 266	8 226 025	0.999 194	−	ID=*Pm010991*
Pm3	mRNA	8 229 556	8 230 902	0.999 194	−	ID=*Pm010992*
Pm3	mRNA	8 236 905	8 238 248	1	−	ID=*Pm010994*
Pm3	mRNA	8 247 708	8 249 048	1	−	ID=*Pm010996*
Pm3	mRNA	8 252 941	8 255 332	0.672 47	+	ID=*Pm010997*
Pm3	mRNA	8 256 871	8 258 223	1	+	ID=*Pm010998*
Pm8	mRNA	916 180	917 508	0.996 351	−	ID=*Pm025400*
Pm8	mRNA	3 451 935	3 453 828	0.999 999	−	ID=*Pm025612*

2.12　梅花低温开花机制研究

梅花是冬春开花的重要观赏木本花卉，探索梅花低温开花机制具有重要理论与实践意义。研究发现 *DAM* 基因（dormancy-associated MADS-box transcription factor）在梅花花芽休眠解除中起着关键作用（Sasaki et al., 2011），在梅花全基因组中鉴定出6个 *DAM* 基因（*PmDAM01-PmDAM06*）（图1-8A）。利用PHYML 3.0软件分析梅花基因组中6个 *DAM* 基因的进化关系，结果显示它们源于基因串联重复事件，进化顺序依次为 *PmDAM01*、*PmDAM03*、*PmDAM02*、*PmDAM05*、*PmDAM04* 和 *PmDAM06*（图1-9），与桃基因组中该基因的进化一致（Sergio et al., 2009），但是此基因在苹果和草莓基因组中未出现串联重复事件，推测 *DAM* 基因重复事件在李属中是特有的。CBF（C-repeat binding transcription factor）也在花芽休眠解除中起着重要作用。在桃基因组中，*DAM4-DAM6* 基因上游1 000 bp处存在CBF结合位点，控制 *DAM* 基因转录（Sergio et al., 2009）。梅花基因组中，在 *DAM* 基因上游找到6个CBF结合位点，比桃基因组多3个CBF结合位点，分别是 *PmDAM01* 上游的1个结合位点和 *PmDAM06* 上游的2个结合位点（图1-8B）。因此，推测 *DAM* 基因和过多的CBF结合位点是梅花提早解除休眠的关键因子，从而解释了梅花在低温条件下开花，形成"傲雪开放"景观的原因。

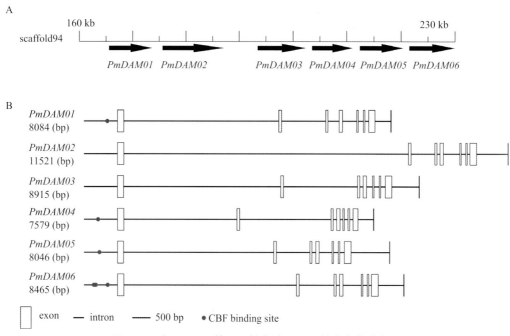

图1-8　6个 *PmDAM* 基因及其启动子 CBF 结合位点分析

A. 梅花基因组中6个串连重复的 *PmDAM*　B. *PmDAM* 启动子序列中 CBF 结合位点

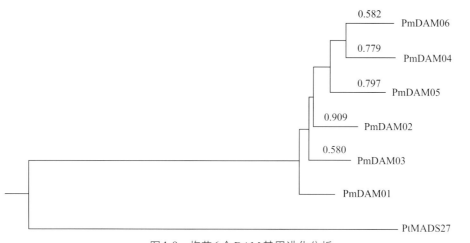

图1-9　梅花6个 DAM 基因进化分析

3　结论

（1）完成梅花全基因组测序和精细图谱绘制，组装基因组237 Mb，占梅花基因组序列的84.6%，预测编码蛋白基因31 390个，为揭示梅花花香、抗寒等重要性状形成的分子机制奠定了基础。

（2）构建了蔷薇科9条祖先染色体，首次揭示了祖先染色体经过11次融合演化为梅花现有的8条染色体，经过15次融合演化为草莓现有的7条染色体，经过1次全基因组复制和5次融合演化为苹果现有的17条染色体。

（3）鉴定梅花34个 *BEAT* 基因，26个成员簇状分布，其中12个成员为串联重复，推测该基因的扩张导致乙酸苯甲酯含量高，形成梅花特征花香。

（4）鉴定梅花6个 *DAM* 基因及其上游6个 CBF 结合位点，推测 *DAM* 基因和较多的 CBF 结合位点导致花芽提早解除休眠，实现梅花冬春开花。

参考文献

杨焕明, 2016. 基因组学[M]. 北京: 科学出版社.

Aranovich D, Lewinsohn E, Zaccai M, 2007. Post-harvest enhancement of aroma in transgenic lisianthus (*Eustoma grandiflorum*) using the Clarkia breweri benzyl alcohol acetyltransferase (BEAT) gene[J]. Postharvest Biology & Technology, 43(2):255-260.

Bairoch A, Apweiler R, 1997. The SWISS-PROT protein sequence data bank and its supplement TrEMBL[J]. Nucleic Acids Research, 25(1):31-36.

Benson G, 1999. Tandem repeats finder: a program to analyze DNA sequences[J]. Nucleic Acids Research, 27(2):573-580.

Elsik C G, Mackey A J, Reese J T, et al, 2007. Creating a honey bee consensus gene set[J]. Genome Biology, 8(1):R13.

Hao R J, Du D L, Wang T, et al, 2014a. A comparative analysis of characteristic floral scent compounds in *Prunus mume* and related species [J]. Bioscience, Biotechnology, and Biochemistry, 78(10):1640-1647.

Hao R J, Zhang Q, Yang W R, et al, 2014b. Emitted and endogenous floral scent compounds of *Prunus mume* and hybrids[J]. Biochemical Systematics and Ecology, 54:23-30.

Illa E, Sargent D J, Lopez G E, et al, 2011. Comparative analysis of rosaceous genomes and the reconstruction of a putative ancestral genome for the family[J]. BMC Evolutionary Biology, 11(1):9.

Initiative A G, 2000. Analysis of the genome sequence of the flowering plant *Arabidopsis thaliana*[J]. Nature, 408(6814):796-815.

Jurka J, Kapitonov V V, Pavlicek A, et al, 2005. Repbase Update, a database of eukaryotic repetitive elements[J]. Cytogenetic & Genome Research, 110(1-4):462-467.

Kanehisa M, Goto S, 2000. KEGG: Kyoto Encyclopedia of Genes and Genomes[J]. Nucleic Acids Research, 27(1):29-34.

Lambert P, Hagen L, Arus P, et al, 2004. Genetic linkage maps of two apricot cultivars (*Prunus armeniaca* L.) compared with the almond Texas × peach Earlygold reference map for Prunus[J]. Theoretical and Applied Genetics, 108(6):1120-1130.

Lowe T M, Eddy S R, 1997. tRNAscan-SE: a program for improved detection of transfer RNA genes in genomic sequence[J]. Nucleic Acids Research, 25(5):955-964.

Li R, Zhu H, Ruan J, et al, 2010. *De novo* assembly of human genomes with massively parallel short read sequencing[J]. Genome Research, 20(2):265-272.

Majoros W H, Pertea M, Salzberg S L, 2004. TigrScan and Glimmer HMM: two open source ab initio eukaryotic gene-finders[J]. Bioinformatics, 20(16):2878-2879.

Miller M R, Dunham J P, Amores A, et al, 2007. Rapid and cost-effective polymorphism identification and genotyping using restriction site associated DNA (RAD) markers[J]. Genome Research, 17(2):240-248.

Nawrocki E P, Kolbe D L, Eddy S R, 2009. Infernal 1 0: inference of RNA alignments[J]. Bioinformatics, 25(10):1335.

Salamov A A, Solovyev V V, 2000. Ab initio gene finding in drosophila genomic DNA[J]. Genome Research, 10(4):516.

Sasaki R, Yamane H, Ooka T, et al, 2011. Functional and Expressional Analyses of PmDAM Genes Associated with Endodormancy in Japanese Apricot[J]. Plant Physiology, 157(1):485-497.

Sergio Jiménez, Lawton-Rauh A L, Reighard G L, et al, 2009. Phylogenetic analysis and molecular evolution of the dormancy associated MADS-box genes from peach[J]. BMC Plant Biology, 9(1):81.

Stanke M, Keller O, Gunduz I, et al, 2006. AUGUSTUS: ab initio prediction of alternative transcripts[J]. Nucleic Acids Research, 34:435-439.

Tang H, Wang X, Bowers J E, et al, 2008. Unraveling ancient hexaploidy through multiply-aligned angiosperm gene maps[J]. Genome Research, 18(12):1944-1954.

Trapnell C, Pachter L, Salzberg S L, 2009. TopHat: discovering splice junctions with RNA-Seq[J]. Bioinformatics, 25(9):1105-1111.

Trapnell C, Williams B A, Pertea G, et al, 2010. Transcript assembly and quantification by RNA-Seq reveals unannotated transcripts and isoform switching during cell differentiation[J]. Nature Biotechnology, 28(5):511-515.

Velasco R, Zharkikh A, Troggio M, et al, 2007. A high quality draft consensus sequence of the genome of a heterozygous grapevine variety[J]. PLoS One, 2(12):e1326.

Verde I, Abbott A G, Scalabrin S, et al, 2013. The high-quality draft genome of peach (*Prunus persica*) identifies unique patterns of genetic diversity, domestication and genome evolution[J]. Nature Genetics, 45(5):487-494.

Wu J, Wang Z, Shi Z, et al, 2013. The genome of the pear (Rehd,)[J]. Genome Research, 23:396-408.

Zdobnov E M, Apweiler R, 2001. InterProScan-an integration platform for the signature-recognition methods in InterPro[J]. Bioinformatics, 17(9):847-848.

Zhang Q, Chen W, Sun L, et al, 2012. The genome of *Prunus mume*[J]. Nature Communications, 3:1318.

Zhao K, Yang W R, Zhou Y Z, et al, 2017. Comparative transcriptome reveals benzenoid biosynthesis regulation as inducer of floral scent in the woody plant *Prunus mume*[J]. Frontiers in Plant Science, (8):319.

附表　部分植物基因组测序

中文名	拉丁学名	科名	基因组大小	发表时间	刊物
拟南芥	*Arabidopsis thaliana*	十字花科	125 M	2000.12	Nature
水稻（籼稻）	*Oryza sativa* L. ssp. *indica*	禾本科	466 M	2002.04	Science
水稻（粳稻）	*Oryza sativa* L. ssp. *japonica*	禾本科	466 M	2002.04	Science
水稻（籼稻）	*Oryza sativa* L. ssp. *indica*	禾本科	466 M	2005.02	PLoS Biology
毛果杨	*Populus trichocarpa*	杨柳科	480 M	2006.09	Science
衣藻	*Chlamydomonas reinhardtii*	衣藻科	130 M	2007.01	Science
葡萄	*Vitis vinifera*	葡萄科	490 M	2007.09	Nature
小立碗藓	*Physcomitrella patens*	葫芦藓科	480 M	2008.01	Science
番木瓜	*Carica papaya*	番木瓜科	370 M	2008.04	Nature
百脉根	*Lotus japonicus*	豆科	472 M	2008.05	DNA Research
三角褐指藻	*Phaeodactylum tricornutum*	褐指藻科	27.4 M	2008.11	Nature
高粱	*Sorghum bicolor*	禾本科	730 M	2009.01	Nature
玉米	*Zea mays* ssp. *mays*	禾本科	2.3 G	2009.11	Science
黄瓜	*Cucumis sativus*	葫芦科	350 M	2009.11	Nature Genetics
大豆	*Glycine max*	豆科	1.1 G	2010.01	Nature
二穗短柄草	*Brachypodium distachyon*	禾本科	260 M	2010.02	Nature
长囊水云（丝状褐藻）	*Ectocarpus siliculosus*	水云属科	196 M	2010.06	Nature
团藻	*Volvox carteri*	团藻属	138 M	2010.07	Science
蓖麻	*Ricinus communis*	大戟科	350 M	2010.08	Nature Biotechnology
小球藻	*Chlorella variabilis*	小球藻科	46 M	2010.09	Plant Cell
苹果	*Malus×domestica*	蔷薇科	742 M	2010.09	Nature Genetics
森林草莓	*Fragaria vesca*	蔷薇科	240 M	2010.12	Nature Genetics
可可树	*Theobroma cacao*	梧桐科	430 M	2010.12	Nature Genetics
野生大豆	*Glycine soja*	豆科	915.4 M	2010.12	PNAS
麻疯树	*Jatropha curcas*	大戟科	410 M	2010.12	DNA Research
抑食金球藻	*Aureococcus anophagefferens*	蓝藻界	57 M	2011.02	PNAS
江南卷柏	*Selaginella moellendorffii*	卷柏科	212 M	2011.05	Science

（续）

中文名	拉丁学名	科名	基因组大小	发表时间	刊物
枣椰树	*Phoenix dactylifera*	棕榈科	685 M	2011.05	Nature Biotechnology
琴叶拟南芥	*Arabidopsis lyrata*	十字花科	206.7 M	2011.05	Nature Genetics
马铃薯	*Solanum tuberosum*	茄科	844 M	2011.07	Nature
条叶蓝芥	*Thellungiella parvula*	盐芥属	140 M	2011.08	Nature Genetics
白菜	*Brassica rapa*	十字花科	485 M	2011.08	Nature Genetics
印度大麻	*Cannabis sativa*	桑科	534 M	2011.10	Genome Biology
木豆	*Cajanus cajan*	豆科	833 M	2011.11	Nature Biotechnology
蒺藜苜蓿	*Medicago truncatula*	豆科	500 M	2011.11	Nature
谷子	*Setaria italica*	禾本科	490 M	2012.05	Nature Biotechnology
番茄	*Solanum lycopersicum*	茄科	900 M	2012.05	Nature
甜瓜	*Cucumis melo*	葫芦科	450 M	2012.07	PNAS
亚麻	*Linum usitatissimum*	亚麻科	373 M	2012.07	Plant Journal
盐芥	*Thellungiella salsuginea*	十字花科	260 M	2012.07	PNAS
小果野蕉	*Musa acuminata*	芭蕉科	523 M	2012.07	Nature
雷蒙德氏棉	*Gossypium raimondii*	锦葵科	775.2 M	2012.08	Nature Genetics
大麦	*Hordeum vulgare*	禾本科	5.1 G	2012.10	Nature
梨	*Pyrus bretschneideri*	蔷薇科	527 M	2012.11	Genome Research
西瓜	*Citrullus lanatus*	葫芦科	425 M	2012.11	Nature Genetics
甜橙	*Citrus sinensis*	芸香科	367 M	2012.11	Nature Genetics
小麦	*Triticum aestivum*	禾本科	17 G	2012.11	Nature
雷蒙德氏棉	*Gossypium raimondii*	锦葵科	761.4 M	2012.12	Nature
梅花	*Prunus mume*	蔷薇科	280 M	2012.12	Nature Communications
鹰嘴豆	*Cicer arietinum*	豆科	738 M	2013.01	Nature Biotechnology
橡胶树	*Hevea brasiliensis*	大戟科	2.15 G	2013.02	BMC Genomics
毛竹	*Phyllostachys heterocycla*	竹科	2.075 G	2013.02	Nature Genetics
短花药野生稻	*Oryza brachyantha*	禾本科	261 M	2013.03	Nature Communications
乌拉尔图小麦	*Triticum urartu*	禾本科	4.94 G	2013.03	Nature
节节麦	*Aegilops tauschii*	禾本科	4.36 G	2013.03	Nature
桃	*Prunus persica*	蔷薇科	265 M	2013.03	Nature Genetics
丝叶狸藻	*Utricularia gibba*	狸藻科	82 M	2013.05	Nature
莲	*Nelumbo nucifera*	睡莲科	929 M	2013.05	Genome Biology
欧洲云杉	*Picea abies*	松科	19.6 G	2013.05	Nature
矮桦	*Betula nana*	桦木科	450 M	2013.06	Molecular Ecology
虫黄藻	*Symbiodinium minutum*	囊沟藻科	1.5 G	2013.07	Current Biology
油棕榈	*Elaeis guineensis*	棕榈科	1.8 G	2013.07	Nature
枣椰树	*Phoenix dactylifera*	棕榈科	671 M	2013.08	Nature Communications
醉蝶花	*Tarenaya hassleriana*	醉蝶花科	290 M	2013.08	Plant Cell
莲	*Nelumbo nucifera*	睡莲科	879 M	2013.08	Plant Journal
桑树	*Morus notabilis*	桑科	357 M	2013.09	Nature Communications

(续)

中文名	拉丁学名	科名	基因组大小	发表时间	刊物
猕猴桃	*Actinidia chinensis*	猕猴桃科	758 M	2013.10	Nature Communications
胡杨	*Populus euphratica*	杨柳科	593 M	2013.11	Nature Communications
栽培草莓	*Fragaria×ananassa*	蔷薇科	692 M	2013.11	DNA Research
香石竹	*Dianthus caryophyllus*	石竹科	622 M	2013.12	DNA Research
无油樟	*Amborella trichopoda*	无油樟科	748 M	2013.12	Science
甜菜	*Beta vulgaris* ssp. *vulgaris*	藜科	731 M	2013.12	Nature
甜椒，黄灯笼辣椒	*Capsicum annuum, Capsicum chinense*	茄科	3.48 G, 3.14 G	2014.01	Nature Genetics
紫背浮萍	*Spirodela polyrhiza*	浮萍科	158 M	2014.02	Nature Communications
甜椒，鸟眼椒	*Capsicum annuum, Capsicum annuum* var. *glabriusculum*	茄科	3.35 G, 3.48 G	2014.03	PNAS
芝麻	*Sesamum indicum*	胡麻科	274 M	2014.03	Genome Biology
火炬松	*Pinus taeda*	松科	22 G	2014.03	Genome Biology
亚洲棉	*Gossypium arboretum*	锦葵科	1.75 G	2014.05	Nature Genetics
烟草	*Nicotiana tabacum*	茄科	4.60 G	2014.05	Nature Communications
甘蓝	*Brassica oleracea*	十字花科	630 M	2014.05	Nature Communications
萝卜	*Raphanus sativus*	十字花科	402 M	2014.05	DNA Research
巨桉树	*Eucalyptus grandis*	桃金娘科	640 M	2014.06	Nature
克里曼丁桔	*Citrus clementina*	芸香科	301.4 M	2014.06	Nature Biotechnology
菜豆	*Phaseolus vulgaris*	豆科	587 M	2014.06	Nature Genetics
非洲稻	*Oryza glaberrima*	禾本科	316 M	2014.07	Nature Genetics
小麦	*Triticum aestivum*	禾本科	6.274 G	2014.07	Science
野生番茄	*Solanum pennellii*	茄科	1.2 G	2014.07	Nature Genetics
野生大豆	*Glycine max*	豆科	1.17 G	2014.07	Nature Communications
簸箕柳	*Salix suchowensis*	杨柳科	425 M	2014.07	Cell Research
甘蓝型油菜	*Brassica napus*	十字花科	1.13 G	2014.08	Science
咖啡	*Coffea canephora*	茜草科	710 M	2014.09	Science
茄子	*Solanum melongena*	茄科	1.127 G	2014.09	DNA Research
枣	*Ziziphus jujuba*	鼠李科	444 M	2014.10	Nature Communications
木薯	*Manihot esculenta*	大戟科	742 M	2014.10	Nature Communications
小兰屿蝴蝶兰	*Phalaenopsis equestris*	兰科	1.16 G	2014.11	Nature Genetics
啤酒花	*Humulus lupulus*	桑科	2.57 G	2014.11	Plant and Cell Physiology
绿豆	*Vigna radiata*	豆科	543 M	2014.11	Nature Communications
青稞	*Hordeum vulgare*	禾本科	4.5 G	2015.01	PNAS
报春花	*Primula veris*	报春花科	479 M	2015.01	Genome Biology
麻疯树	*Jatropha curcas*	大戟科	320.5 M	2015.03	Plant Journal
陆地棉	*Gossypium hirsutum*	锦葵科	2.43 G	2015.04	Nature Biotechnology
海带	*Saccharina japonica*	海带科	537 M	2015.04	Nature Communications
牛耳草	*Boea hygrometrica*	苦苣苔科	1.69 G	2015.04	PNAS

中文名	拉丁学名	科名	基因组大小	发表时间	刊物
长春花	*Catharanthus roseus*	夹竹桃科	738 M	2015.04	Plant Journal
野生马铃薯	*Solanum commersonii*	茄科	830 M	2015.04	Plant Cell
圣罗勒	*Ocimum sanctum*	唇形科	386 M	2015.05	BMC Genomics
铁皮石斛	*Dendrobium officinale*	兰科	1.35 G	2015.06	Molecular Plant
辣木	*Moringa oleifera*	辣木科	289 M	2015.07	Life Sciences
茭白	*Zizania latifolia*	禾本科	604 M	2015.08	Plant Journal
海岛棉	*Gossypium barbadense*	锦葵科	2.47 G	2015.09	Scientific Reports
黑麦草	*Lolium perenne*	禾本科	2 G	2015.09	Plant Journal
小豆	*Vigna angularis*	豆科	466.7 M	2015.10	PNAS
蛋白核小球藻	*Chlorella pyrenoidosa*	小球藻科	56.8 M	2015.10	Plant Physiology
小豆	*Vigna angularis*	豆科	462.5 M	2015.11	Scientific Reports
菠萝	*Ananas comosus*	凤梨科	526 M	2015.11	Nature Genetics
复活草	*Oropetium thomaeum*	禾本科	245 M	2015.11	Nature
红花轴草	*Trifolium pratense*	豆科	430 M	2015.11	Scientific Reports
长雄野生稻	*Oryza longistaminata*	禾本科	347 M	2015.11	Molecular Plant
丹参	*Salvia miltiorrhiza*	唇形科	641 M	2015.12	GigaScience
大叶藻	*Zostera marina*	大叶藻科	202 M	2016.01	Nature
铁皮石斛	*Dendrobium catenatum*	兰科	1.11 G	2016.01	Scientific Reports
花生	*Arachis hypogaea*	豆科	2.7 G	2016.02	Nature Genetics
菜豆	*Phaseolus vulgaris*	豆科菜	549.6 M	2016.02	Genome Biology
木薯	*Manihot esculenta*	大戟科	751 M	2016.04	Nature Biotechnology
荞麦	*Fagopyrum esculentum*	蓼科	1.2 G	2016.04	DNA Research
胡萝卜	*Daucus carota*	伞形科	473 M	2016.05	Nature Genetics
橡胶树	*Hevea brasiliensis*	大戟科	1.47 G	2016.05	Nature Plants
矮牵牛	*Petunia hybrida*	茄科	1.4 G	2016.05	Nature Plants
丹参	*Salvia miltiorrhiza*	唇形科	633 M	2016.06	Molecular Plant
油橄榄	*Olea europaea* subsp. *europaea*	木犀科	1.38 G	2016.06	GigaScience
玛卡	*Lepidium meyenii*	十字花科	751 M	2016.07	Molecular Plant
藜麦	*Chenopodium quinoa*	藜科	1.39 G	2016.07	DNA Research
窄叶羽扇豆	*Lupinus angustifolius*	豆科	609 M	2016.08	Plant Biotechnology Journal
苹果	*Malus × domestica*	蔷薇科	632.4 M	2016.08	GigaScience
芥菜	*Brassica juncea*	十字花科	922 M	2016.09	Nature Genetics
碎米荠	*Cardamine hirsuta*	十字花科	198 M	2016.10	Nature Plants
甘草	*Glycyrrhiza uralensis*	豆科	379 M	2016.10	Plant Journal
豇豆	*Vigna unguiculata*	豆科	620 M	2016.10	Plant Journal
薄荷	*Mentha longifolia*	唇形科	353 M	2016.11	Molecular Plant
牵牛花	*Ipomoea nil*	旋花科	750 M	2016.11	Nature Communications
银杏	*Ginkgo biloba*	银杏科	10.6 G	2016.11	GigaScience
玉米	*Zea mays*	禾本科	2.1 G	2016.11	Plant Cell

（续）

中文名	拉丁学名	科名	基因组大小	发表时间	刊物
罗汉果	*Siraitia grosvenorii*	葫芦科	420 M	2016.11	PNAS
苦瓜	*Momordica charantia*	葫芦科	339 M	2016.12	DNA Research
枣	*Ziziphus jujuba*	鼠李科	350 M	2016.12	PLoS Genetics
欧洲白蜡树	*Fraxinus excelsior*	木犀科	877 M	2016.12	Nature
非洲栽培稻	*Oryza glaberrima*	禾本科	384 M	2016.12	PNAS
节节麦	*Aegilops tauschii*	禾本科	4.25 G	2017.01	Genome Research
圆柱拟脆杆藻	*Fragilariopsis cylindrus*	等片藻科	61.1 M	2017.01	Nature
土瓶草	*Cephalotus follicularis*	土瓶草科	2.11 G	2017.02	Nature Ecology & Evolution
藜麦	*Chenopodium quinoa*	藜科	1.39 G	2017.02	Nature
橡胶树	*Hevea brasiliensis*	大戟科	1.26 G	2017.02	Scientific Reports
维柯萨	*Xerophyta viscosa*	翡若翠科	296 M	2017.03	Nature Plants
田七	*Panax notoginseng*	五加科	2 G	2017.03	Molecular Plant
黄麻	*Corchorus olitorius,* *Corchorus capsularis*	椴树科	445 M, 338 M	2017.03	Nature Plants
龙眼	*Dimocarpus longan*	无患子科	471.88 M	2017.03	GigaScience
莴苣	*Lactuca sativa*	菊科	2.5 G	2017.04	Nature Communications
大麦	*Hordeum vulgare*	禾本科	4.79 G	2017.04	Nature
茶树	*Camellia sinensis* var. *assamica*	山茶科	3.02 G	2017.04	Molecular Plant
柑橘	*Citrus reticulata*	芸香科	345 M	2017.04	Nature Genetics
菠菜	*Spinacia oleracea*	藜科	996 M	2017.04	Nature Communications
水稻（籼稻）	*Oryza sativa* L. ssp. *indica*	禾本科	420 M	2017.05	Nature Communications
向日葵	*Helianthus annuus*	菊科	3.6 G	2017.05	Nature
垂枝桦	*Betula pendula*	桦木科	440 M	2017.05	Nature Genetics
博落回	*Macleaya cordata*	罂粟科	378 M	2017.05	Molecular Plant
大花红景天	*Rhodiola crenulata*	景天科	344.5 M	2017.05	GigaScience
山药	*Dioscorea rotundata*	薯蓣科	594 M	2017.05	BMC Biology
苹果	*Malus × domestica*	蔷薇科	651 M	2017.06	Nature Genetics
玉米	*Zea mays*	禾本科	2.3 G	2017.06	Nature
石榴	*Punica granatum*	石榴科	357 M	2017.06	Plant Journal
野生二粒小麦	*Triticum turgidum* ssp. *dicoccoides*	禾本科	10.1 G	2017.06	Science
野生烟草	*Nicotiana attenuata*	茄科	2.5 G	2017.06	PNAS
甘薯	*Ipomoea batatas*	旋花科	4.4 G	2017.08	Nature Plants
马缨杜鹃	*Rhododendron delavayi*	杜鹃花科	695 M	2017.08	GigaScience
苦荞	*Fagopyrum tataricum*	蓼科	489.3 M	2017.08	Molecular Plant
橡胶草	*Taraxacum kok-saghyz*	菊科	1.29 G	2017.09	National Science Review
深圳拟兰	*Apostasia shenzhenica*	兰科	349 M	2017.09	Nature
珍珠粟	*Cenchrus americanus*	禾本科	1.79 G	2017.09	Nature Biotechnology
榴莲	*Durio zibethinus*	木棉科	738 M	2017.09	Nature Genetics
南瓜和笋瓜	*Cucurbita moschata,* *Cucurbita maxima*	葫芦科	269.9 M, 271.4 M	2017.09	Molecular Plant

（续）

中文名	拉丁学名	科名	基因组大小	发表时间	刊物
野生油橄榄	*Olea europaea* var. *sylvestris*	木犀科	1.48 G	2017.10	PNAS
椰子	*Cocos nucifera*	棕榈科	2.42 G	2017.10	GigaScience
人参	*Panax ginseng*	五加科	3.5 G	2017.10	GigaScience
樱桃	*Prunus avium*	蔷薇科	380 M	2017.10	DNA Research
野生番茄	*Solanum pennellii*	茄科	1.12 G	2017.10	Plant Cell
薄荷	*Mentha longifolia*	唇形科	400 M	2017.10	Molecular Plant
青稞	*Hordeum vulgare*	禾本科	4.84 G	2017.10	Plant Biotechnology Journal
地钱	*Marchantia polymorpha*	地钱科	225.8 M	2017.10	Cell
芦笋	*Asparagus officinalis*	百合科	1.3 G	2017.11	Nature Communications
粗山羊草	*Aegilops tauschii*	禾本科	4.46 G	2017.11	Nature
小麦	*Triticum aestivum*	禾本科	15.34 G	2017.11	GigaScience
胡桃	*Juglans regia*	胡桃科	667 M	2017.12	Plant Journal
买麻藤	*Gnetum parvifolium*	买麻藤科	4.11 G	2018.01	Nature Plants
鳞叶卷柏	*Selaginella lepidophylla*	卷柏科	109 M	2018.01	Nature Communications
斑点野生稻	*Oryza punctata*	禾本科	394 M	2018.01	Nature Genetics
小立碗藓	*Physcomitrella patens*	葫芦藓科	462.3 M	2018.02	Plant Journal
野生马铃薯	*Solanum chacoense*	茄科	882 M	2018.02	Plant Journal
小叶委陵菜	*Potentilla micrantha*	蔷薇科	406 M	2018.02	GigaScience
黑树莓	*Rubus mesogaeus*	蔷薇科	237 M	2018.02	Horticulture Research
杜仲	*Eucommia ulmoides*	杜仲科	1.18 G	2018.03	Molecular Plant
小果咖啡	*Coffea arabica*	茜草科	1.3 G	2018.03	Plant Biotechnology Journal
茶树	*Camellia sinensis* var. *assamica*	山茶科	2.98 G	2018.04	PNAS
月季	*Rosa chinensis* 'Old Blush'	蔷薇科	560 M	2018.04	Nature Genetics
天麻	*Gastrodia elata*	兰科	1.18 G	2018.04	Nature Communications
黄花蒿	*Artemisia annua*	菊科	1.74 G	2018.04	Molecular Plant
蝴蝶兰	*Phalaenopsis aphrodite*	兰科	1.2 G	2018.04	Plant Biotechnology Journal
乌拉尔图小麦	*Triticum urartu*	禾本科	5 G	2018.05	Nature
卷柏	*Selaginella tamariscina*	卷柏科	301 M	2018.05	Molecular Plant
糙叶山黄麻	*Parasponia andersonii*	榆科	563 M	2018.05	PNAS
木棉	*Bombax ceiba*	木棉科	809 M	2018.05	Gigascience
西班牙栓皮栎	*Quercus suber*	壳斗科	934 M	2018.05	Sci. Data
柚木	*Tectona grandis*	马鞭草科	465 M	2018.05	DNA Research
一串红	*Salvia splendens*	鼠李科	808 M	2018.06	GigaScience
新疆沙冬青	*Ammopiptanthus nanus*	冬青科	890 M	2018.06	GigaScience
柑橘	*Citrus reticulata*	芸香科	370 M	2018.06	Molecular Plant
夏栎	*Quercus robur*	壳斗科	736 M	2018.06	Nature Plants
平原菟丝子	*Cuscuta campestris*	旋花科	580 M	2018.06	Nature Communications
细叶满江红	*Azolla filiculoides*	满江红科	750 M	2018.06	Nature Plants
勾叶槐叶苹	*Salvinia cucullata*	槐叶苹科	260 M	2018.06	Nature Plants

（续）

中文名	拉丁学名	科名	基因组大小	发表时间	刊物
欧洲桤木	*Alnus glutinosa*	桦木科	461 M	2018.07	Science
杨梅	*Myrica rubra*	杨梅科	322.7 M（雌株），319.2 M（雄株）	2018.07	Plant Biotechnology Journal
倒挂金钟秋海棠	*Begonia fuchsioides*	秋海棠科	935 M	2018.07	Science
北美假大麻	*Datisca glomerata*	大戟科	827 M	2018.07	Science
粗枝木麻黄	*Casuarina glauca*	木麻黄科	314 M	2018.07	Science
加拿大紫荆	*Cercis canadensis*	豆科	301 M	2018.07	Science
含羞草	*Mimosa pudica*	含羞草科	896 M	2018.07	Science
束状决明	*Chamaecrista fasciculata*	豆科	550 M	2018.07	Science
罂粟	*Papaver somniferum*	罂粟科	2.72 G	2018.08	Science
单叶省藤	*Calamus simplicifolius*	棕榈科	1.98 G	2018.08	GigaScience
油桐	*Vernica fordii*	大戟科	1.2 G	2018.08	Plant and Cell Physiology
日本樱花	*Prunus yedoensis*	蔷薇科	257 M	2018.09	Genome Biology
狭叶薰衣草	*Lavandula angustifolia*	唇形科	870 M	2018.09	Planta
甜根子草	*Saccharum spontaneum*	禾本科	3.36 G	2018.10	Nature Genetics
洛矶山耧斗菜	*Aquilegia coerulea*	毛茛科	307 M	2018.10	Elife
颤杨	*Populus tremuloides*	杨柳科	560 M	2018.10	PNAS
山杨	*Populus tremula*	杨柳科	442 M	2018.10	PNAS
短叶柴胡	*Lindernia brevidens*	伞形科	270 M	2018.10	Plant Cell
菊花脑	*Chrysanthemum nankingense*	菊科	2.53 G	2018.10	Molecular Plant
三裂叶薯	*Ipomoea triloba*	旋花科	496 M	2018.11	Nature Communications
果蕉	*Musa schizocarpa*	蕉科	587 M	2018.11	Nature Plants
桂花	*Osmanthus fragrans*	木犀科	727 M	2018.11	Horticulture Research
鹅掌楸	*Liriodendron chinense*	木兰科	1.74 G	2018.12	Nature Plants

第2章
梅花重要品种重测序
与全基因组关联分析

全基因组重测序（whole genome resequencing，WGR）是对已知基因组序列物种进行不同个体间的基因组测序，并对个体或群体开展差异性分析，通过序列比对，可以找到大量单核苷酸多态性位点（single nucleotide polymorphism，SNP）、插入缺失位点（insertion/deletion，InDel）、结构变异位点（structure variation，SV）和拷贝数变异位点（copy number variation，CNV），这些遗传位点信息的获得可为开展群体遗传学、全基因组关联分析和泛基因组研究奠定基础。群体遗传学（population genetics）是研究群体的遗传结构及其变化规律的学科，通过研究生物群体中基因频率和基因型频率变化，以及环境选择效应、遗传突变作用、迁移及遗传漂变等因素与遗传结构的关系，探讨生物进化机制，为育种工作提供理论基础。全基因组关联分析（genome wide association study，GWAS）是指在全基因组范围内找出碱基序列变异，应用数学和统计学方法筛选出与性状相关的分子标记应用在育种工作中。Klein 等（2005）首次开展了与人类年龄相关性的黄斑变性 GWAS 研究。随着测序技术的发展，GWAS 在植物研究中被广泛应用，如大豆（*Glycine max*）、玉米（*Zea mays*）、拟南芥（*Arabidopsis thaliana*）、水稻（*Oryza sativa*）、毛果杨（*Populus trichocarpa*）、番茄（*Lycopersicon esculentum*）和甘蓝（*Brassica* spp. L.）等（Hyten et al.，2006；Mcmullen et al.，2009；Atwell et al.，2010；Huang et al.，2011；Evans et al.，2014；Tao et al.，2014；Cheng et al.，2016），这为解析植物重要性状的遗传机理和开展分子聚合育种奠定基础。泛基因组（pan genome）是运用高通量测序及生物信息分析手段，对不同亚种或个体材料进行测序及组装，构建某一物种全部基因的集合，包括核心基因组（core genome，所有样本中都存在的序列）、非必须基因组（dispensable genome，在 2 个以上样本中存在的序列）和特有基因（specific gene，仅在某个样品中存在的序列）（Tettelin et al.，2005；Li et al.，2009）。Tettelin 等（2005）首次提出微生物泛基因组概念。Li 等（2010）采用全基因组组装方法对多个人类个体基因组进行拼接，提出人类泛基因组概念。目前，泛基因组在植物中的应用逐渐广泛，已构建玉米、毛果杨、甘蓝、小麦（*Triticum aestivum*）等泛基因组图谱（Hirsch et al.，2014；Pinosio et al.，2016；Golicz et al.，2016；Montenegro et al.，2017）。

基于梅花基因组数据（Zhang et al.，2012），对收集的野生梅花与栽培品种开展全基因组重测序，进行群体遗传学分析，解析种群结构、等位基因频率及遗传多样性程度，判断在驯化或育种过程中的受选择区域，定位关键基因。同时，对梅花核心品种及其近缘物种深度测序，构建梅花核心基因组和李属泛基因组。收集具有高度遗传多样性的梅花品种，进行低覆盖率测序，构建高分辨率梅花单倍体型图谱。对梅花品种的花色、花香、花型和株型等性状开展调查，利用 GWAS 分析，定位多个与观赏性状相关联的位点，挖掘关键候选基因（Zhang et al.，2018）。该研究开辟了高效定位梅花重要性状关键基因的新途径，为梅花分子遗传学研究和种质创新奠定了重要基础。

1　材料与方法

1.1　材料

在湖北武汉、山东青岛、四川、云南昆明及丽江和贵州等地选取 333 株梅花品种、15 株野生梅花以及梅花的近缘物种山杏、山桃和李作为全基因组重测序试验材料（表2-1，表2-2）。在中国梅花研究中心（武汉梅园）选取梅花品种'乌羽玉'和'米单绿'作为转录组测序试验材料，设置 3 个生物学重复。

表2-1　333株梅花重测序品种取样信息

品种群	品种数量	品种群	品种数量	品种群	品种数量
江梅品种群	59	朱砂品种群	56	龙游品种群	1
玉碟品种群	14	洒金品种群	8	杏梅品种群	16
宫粉品种群	127	黄香品种群	4	樱李梅品种群	4
绿萼品种群	15	垂枝品种群	29		

表2-2　15株野生梅花及近缘物种样品信息

编号/物种	取样地点	编号/物种	取样地点	编号/物种	取样地点
184	云南洱源	366	云南昆明	466	安徽黄山
329	西藏	376	浙江台州	471	安徽黄山
331	云南洱源	433	贵州威宁	473	江西景德镇
346	云南丽江	435	贵州赫章	山杏	北京林业大学
347	云南丽江	453	四川木里	李	北京林业大学
348	云南丽江	456	四川冕宁	山桃	北京林业大学

1.2　方法

1.2.1　基因组重测序

利用CTAB法提取新鲜或干燥叶片中的基因组DNA（Doyle，1987），并按照Illumina公司标准程序制备测序文库。使用压缩氮气喷雾方法将DNA样品片段化，在3'末端添加碱基A。针对每个样本，构建含有500 bp插入片段的重测序文库，并构建2 kb插入片段的核心基因组和泛基因组测序文库。所有文库在Illumina HiSeq 2000平台上进行测序，获得各个文库的配对末端序列。目的是为得到可用于组装的高质量DNA序列，过滤掉以下序列：（1）模糊碱基大于10%的序列；（2）在65%短插入或80%长插入片段测序文库中，具有Phred质量得分小于7的低质量序列；（3）10 bp的接头序列；（4）短插入片段两端之间大于10 bp的重叠序列；（5）末端相同的序列。

1.2.2　转录组测序

选取梅花品种'米单绿'（MDL）和'乌羽玉'（WYY）的新鲜花瓣进行转录组测序，设置3个生物学重复。用改良的CTAB法提取样品RNA，进行cDNA文库构建（Tel-Zur et al., 1999）。利用Agilent BioAnalyzer 2100毛细管电泳评估RNA质量，将Oligo d（T）法纯化后的mRNA分子片段化并反转录为cDNA。在Illumina Hiseq 2000平台上进行测序，共产生483.58 Mb原始数据。

1.2.3　遗传变异鉴定

使用BWA软件将所有测序序列与梅花参考基因组进行比对，利用GATK（v3.1）挖掘SNP标记（Li and Durbin，2010；McKenna et al., 2010）。使用GATK的UnifiedGenotyper模块，过滤掉QD< 2.0、FS> 60.0、MQ< 40.0或单倍型分析分数> 13.0的SNP，以及基因型缺失超过10%或偏离Hardy-Weinberg平衡的SNP标记。利用Break-Dancer软件鉴定结构变异，如删除、插入、反转和染色体内易位等（Chen et al., 2009）。

1.2.4　群体遗传学分析

利用全基因组SNP标记估计遗传距离（Xu et al., 2011），其中2个体间的遗传距离定义为：

$$D_{ij} = \frac{1}{L}\sum_{l=1}^{L} d_{ij}^{(l)}$$

式中，L表示SNP区域长度；在位置1，若基因型在2个体间相同或不同，$d_{ij}= 0$或1，其他情况$d_{ij}= 0.5$。

利用软件PHYLIP（v3.69）根据遗传距离矩阵生成进化树（Smith et al., 2010）。利用Haploview软件计算野生梅花、梅花栽培品种及特定性状群体的连锁不平衡，过滤参数设置为"–minMAF 0.05 –hwcutoff 0.01"Barrett et al., 2005）。LD衰变是由每对SNP的距离与其对应相关系数（r^2）的关系计算，LD衰变的估计值是LD衰减到最高值一半的距离。使用EIGENSOFT软件对全基因组SNP进行主成分分析（Price et al., 2006）。

1.2.5 基因组组装和核心基因组、泛基因组的建立

在Illumina HiSeq 2000平台上，对9个梅花品种和3个梅花近缘物种分别构建500 bp和2 kb文库并进行测序（测序深度约70×）。测序序列使用SOAPdenovo（v2.04）进行组装，采用SOAPdenovo的GapCloser（v1.12）进行断点连接（Luo et al., 2012）。在参考桃（*Prunus persica*）、梅花（*Prunus mume*）、草莓（*Fragaria vesca*）、梨（*Pyrus × bretschneideri*）基因集的基础上，采用同源序列和从头计算的方法，利用GLEAN软件对编码蛋白质的基因进行预测（Elsik et al., 2007；Shulaev et al., 2011；Wu et al., 2013）。核心基因组通过以下流程建立：（1）使用MUMmer软件的NUCmer将12个组装基因组、桃参考基因组比对到梅花参考基因组（Kurtz et al., 2004）；（2）过滤掉比对结果中一致性＜90%、map_len_min = 100 bp、query_seqs＜500 bp、覆盖率＜0.8的结果；（3）提取、保留不同比例下9个梅花品种和13个李属品种的核心基因组序列。

1.2.6 基因组中PAV序列的鉴定

为鉴定每个基因组组装中的存在－缺失变异（presence-absence variation，PAV），收集梅花、李属的核心基因组、泛基因组中未比对序列，使用BLAT软件将这些未比对序列重新比对梅花参考基因组，提取一致性＜95%、长度＞100 bp的序列（Kent，2002）。将提取序列再次比对到其他基因组上进行种间比较，找到一致性＜90%、长度＞100 bp的个体特异序列。为验证群体特异性的PAV，计算每个PAV在重测序351个样本上的覆盖率，剔除样本覆盖率＞90%的PAV。为研究PAV的种群模式，选择93个PAV，使用R软件的pheatmap绘制PAV在所有样品中的分布（Kolde，2015）。为鉴定P11亚群特异的PAV，计算每个PAV的平均覆盖率，利用R软件的ggmap分析PAV在梅花样品地理位置的分布（Kahle and Wickham，2013）。

1.2.7 系统进化分析

利用OrthoMCL聚类软件分析单拷贝直系同源基因，构建梅花和近缘物种的进化树（Kramer and Irish，1999）。根据生成时间假设，较短世代可能会加速物种的分子钟，导致分子钟发散率差异（Li and Graur，1991）。使用MUSCLE软件比对单拷贝基因的蛋白序列（Edgar，2004）。对于每个物种，将蛋白质序列逆转录为编码DNA序列，提取每个比对中的4dTv连接成1个超级基因，使用PhyML或MrBayes软件构建系统进化树（Guindon et al., 2010；Ronquist et al., 2012）。用4dTv估算每年的中性替代率和种间的分歧时间。利用PAML软件MCMCTREE的Correlated molecular clock和JC69模型来计算物种分歧时间（Yang，1997），独立运行MCMCTREE 4次（每次运行MCMC程序800 000次，迭代80 000次）。

1.2.8 梅花GWAS分析

以348个梅花品种为材料，开展GWAS分析，群体中个体表型测量值用以下回归模型表示：

$$y_i=\mu+x_i\beta+\xi_i a+\zeta_i d+\varepsilon_i$$

式中，y_i表示群体中个体i的某个表型测量值；μ表示总平均值；x_i表示个体i所属的亚群；β表示群体结构产生的效应；a和d分别表示SNP的加性和显性遗传效应；ξ_i和ζ_i分别表示个体i的SNP加性和显性遗传效应的指示向量；ε_i表示残差。

对于第j个SNP的ξ_i和ζ_i可分别表示为：

$$\xi_{ij}=\begin{cases} 1 & \text{假如}SNP_j\text{的基因型是AA} \\ 0 & \text{假如}SNP_j\text{的基因型是Aa} \\ -1 & \text{假如}SNP_j\text{的基因型是aa} \end{cases}$$

$$\zeta_{ij}=\begin{cases} 1 & \text{假如}SNP_j\text{的基因型是Aa} \\ 0 & \text{假如}SNP_j\text{的基因型是AA或Aa} \end{cases}$$

基于最大似然方法对未知参数进行估计。对于1个SNP是否影响表型，可通过以下假设检验进行检测：

$$H_0:a=0, d=0$$
$$H_1:\text{以上等式至少一个不成立}$$

式中，H_0为简化模型，H_1为全信息模型。

通过2类假设计算统计量——对数最大似然比（log-likelihood ratio，LR），并利用卡方分布将LR转换为相应的P值（P value）。为避免假阳性，使用Bonferroni对假设检验所获得的P值进行校正。

在实际的GWAS分析中，表型测量值可能是连续向量，也可能是离散向量。其中，离散向量通常也分为二元、多元以及有序变量等类型，例如，花的颜色可以划分为二元或多元变量，而花萼颜色由于色素积累，表现为经典的无序分类变量。针对不同的离散表型，基于逻辑回归模型使用3种不同方法对表型和基因型进行关联分析：（1）广义线性模型（general linear model，GLM），利用二元逻辑回归作为连接函数对二元变量与基因型进行检测；（2）多元逻辑回归（multinomial logistic model，MLM），用于多元变量检测，这些变量没有内在的排序；（3）有序逻辑回归（ordinal logistic regression，OLR），用于多元有序变量的关联分析。利用线性回归模型对连续变量进行假设检验，判断每个标记是否影响表型。

1.2.9 功能富集分析

利用GO和KEGG数据库对花部性状相关基因进行功能富集分析。通过比对梅花基因组，利用超几何分布找到目标基因富集的通路。P值定义为：

$$P = 1 - \sum_{i=0}^{m-1} \frac{\binom{M}{i}\binom{N-M}{n-i}}{\binom{N}{n}}$$

式中，N表示梅花基因组中功能注释的基因个数；n表示N中与花部性状相关的基因个数；M表示某些功能或通路中所有基因的个数；m表示M中与特定花部性状相关的基因个数。

将计算出的P值用Bonferroni校正，把校正P值$\leqslant 0.05$的功能或通路定义为显著富集的功能或通路。

2 研究结果

2.1 梅花基因组重测序和遗传变异挖掘

根据中国梅花分类系统，重测序试验材料333个梅花品种属于11个品种群，分别是江梅品种群、玉碟品种群、宫粉品种群、绿萼品种群、朱砂品种群、黄香品种群、洒金品种群、垂枝品种群、龙游梅品种群、杏梅品种群、樱李梅品种群（陈俊愉，1999）。利用Illumina HiSeq 2000测序平台对每个样品进行测序，平均测序深度19.3×，共产生162.8亿个原始读长序列，过滤后获得137.1亿个读长序列。将过滤数据比对到梅花基因组，得到534万个SNP标记。挖掘到位于基因编码区的SNP标记1 298 196个，其中非同义变异733 292个（表2-3），非同义/同义变异的比例在梅花群体中为1.30，该值与桃群体相似（1.31）（Cao et al.，2014）。另外，还检测到梅花群体中包含7 313个缺失、1 117个插入和623个结构变异。

表2-3　梅花重测序连锁群SNP统计和注释结果

染色体	SNP总数	基因间区	基因区			
			内含子		编码序列	
					非同义突变	
			内含子	同义突变	错义	无义
1	1 586 915	1 153 025	274 908	71 775	88 371	2 343
2	1 405 115	1 733 652	484 303	111 109	132 973	3 389
3	2 459 711	1 001 770	257 496	61 844	82 765	2 311
4	1 411 588	1 002 139	262 282	65 997	81 187	2 078
5	1 489 025	1 054 040	279 754	68 310	88 575	2 387

染色体	SNP总数	基因间区	基因区			
			内含子		编码序列	
					非同义突变	
			内含子	同义突变	错义	无义
6	1 227 443	860 831	237 857	56 467	74 938	2 028
7	956 489	678 433	180 124	44 568	53 526	1 361
8	1 040 788	744 457	188 244	48 788	59 702	1 459
其他	1 187 268	994 966	102 987	36 046	50 276	3 623
总计	12 764 342	9 223 313	2 267 955	564 904	712 313	20 979

注：1个SNP可能存在于多个基因上，因此统计的SNP总数小于基因注释的SNP总数。

2.2 梅花群体遗传学分析

以梅花近缘物种山杏、山桃和李为外类群，利用高质量SNP鉴定了351个梅花品种及近缘物种的进化关系，348个梅花品种可大致分为16个亚群（图2-1）。计算进化树中每个节点的bootstrap值，其中，91.1%的节点bootstrap值＞90，说明16个亚群分类具有很高的可信度。利用FastStructure（v1.0）软件对梅花群体结构进行分析（Raj et al., 2014），结果显示，该群体包含8个亚群，并且亚群之间高度混合，与进化树结构以及主成分分析（PCA）结果高度一致（图2-1，图2-2）。该结果作为GWAS分析回归模型中的固定协变量，以消除群体结构的影响。

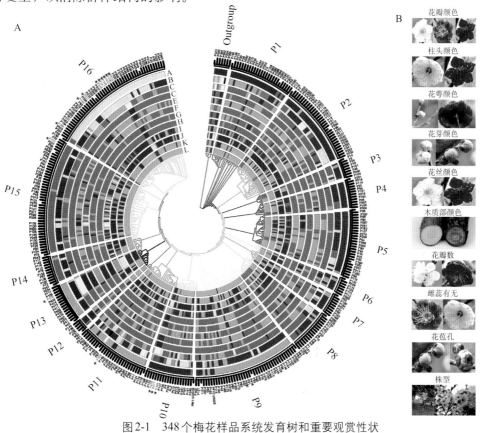

图2-1　348个梅花样品系统发育树和重要观赏性状

A.系统发育树包含16个亚群和1个外类群，不同颜色代表不同亚群，中间圈从外向内（A～L）依次代表群体结构、品种群、花瓣颜色、柱头颜色、花萼颜色、花芽颜色、花丝颜色、木质部颜色、花瓣数、雌蕊有无、花苞孔和株型，每个圆圈中的颜色代表不同表型　B.梅花10种重要观赏性状

分析野生梅花和不同梅花品种群之间的连锁不平衡（linkage disequilibrium，LD），结果表明，7个不同品种群中，5个品种群具有较高的LD，而江梅品种群和宫粉品种群的LD较低，可能是由于其他物种大规模基因渗透所致（图2-2C）。野生梅花和梅花栽培品种中的遗传多样性（π）分别是2.82×10^{-3}和2.01×10^{-3}。针对花芽颜色和雄蕊特征2个性状，相对表型的品种分别具有相似的LD，而红色木质部和绿色柱头品种的LD分别高于绿色木质部和红色柱头品种的LD（图2-2D）。

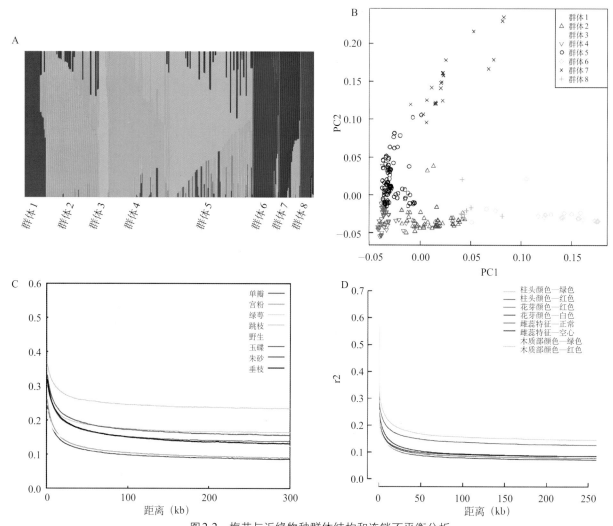

图2-2　梅花与近缘物种群体结构和连锁不平衡分析
A.基于模型的群体结构聚类分析（k = 8）　B.348个梅花品种及近缘物种的主成分分析
C.梅花品种群及野生梅花的连锁不平衡分析　D.梅花不同性状的连锁不平衡分析

2.3　杏和李的基因渗入

梅花品种分为真梅系、杏梅系和樱李梅系。真梅起源于野生梅，杏梅起源于真梅与杏（*P. armeniaca*）或山杏（*P. sibirica*）的杂交种，樱李梅起源于真梅与'紫叶李'（*P. cerasifera* 'Pissardii'）的杂交种（陈俊愉，1999），在梅花系统进化树上能明显区分（图2-1A）。其中，16个杏梅品种中有14个品种聚集到外类群或亚群P1，是由于这些杏梅品种起源于真梅和杏的自然杂交（Li，2010）。梅花与杏或杏梅之间的人工杂交所产生的众多梅花品种在遗传上更接近杏或杏梅（Chen et al.，2008；Wu et al.，2012；Zhang，1989）。总之，许多梅花品种都有来自李属物种的基因渗入。

利用F_3检验评估基因渗入程度（Li，2010；Patterson et al.，2012），结果表明，杏梅品种群和樱李梅品种群分别有杏和李的基因渗入（图2-3），宫粉品种群和江梅品种群表现出李属物种基因渗入现象（Z-score< −1.96）（图2-4），而垂枝品种群和朱砂品种群表现出较弱的种间渐渗特征。

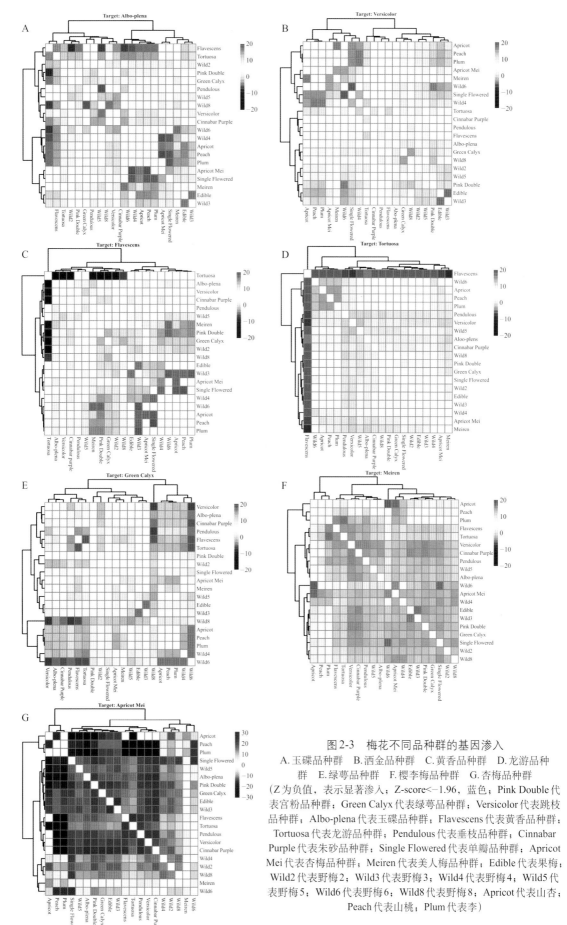

图2-3　梅花不同品种群的基因渗入

A. 玉碟品种群　B. 洒金品种群　C. 黄香品种群　D. 龙游品种群　E. 绿萼品种群　F. 樱李梅品种群　G. 杏梅品种群

（Z为负值，表示显著渗入，Z-score<−1.96，蓝色；Pink Double 代表宫粉品种群；Green Calyx 代表绿萼品种群；Versicolor 代表跳枝品种群；Albo-plena 代表玉碟品种群；Flavescens 代表黄香品种群；Tortuosa 代表龙游品种群；Pendulous 代表垂枝品种群；Cinnabar Purple 代表朱砂品种群；Single Flowered 代表单瓣品种群；Apricot Mei 代表杏梅品种群；Meiren 代表美人梅品种群；Edible 代表果梅；Wild2 代表野梅2；Wild3 代表野梅3；Wild4 代表野梅4；Wild5 代表野梅5；Wild6 代表野梅6；Wild8 代表野梅8；Apricot 代表山杏；Peach 代表山桃；Plum 代表李）

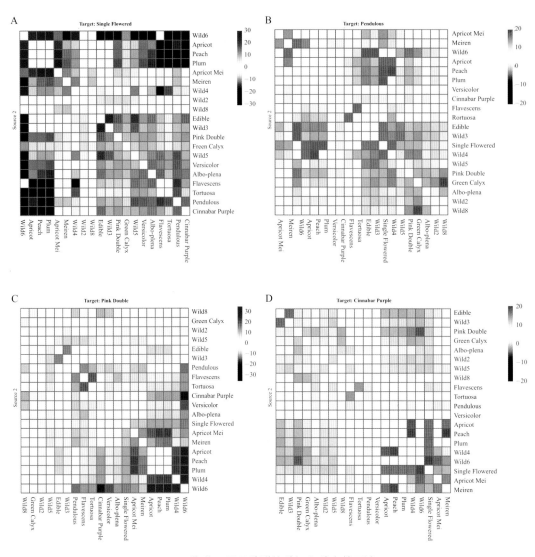

图2-4 梅花不同品种群的种间和种内基因渗入
A.江梅品种群 B.垂枝品种群 C.宫粉品种群 D.朱砂品种群的F_3检验的热图
（图注见图2-3）

2.4 梅花和李属近缘物种的泛基因组分析

泛基因组学是研究种群和基因组内遗传多样性的有力工具（Li et al., 2014）。利用来自8个梅花品种群和近缘物种的测序数据建立梅花和李属近缘物种的泛基因组。选择来自P2、P5、P6、P8、P9、P11、P15亚种群的8个梅花品种和1个来自P15亚种群的野生梅花进行基因组组装（图2-1）。利用这9个代表性梅花基因组，以及4个近缘物种（李、桃、山桃和山杏）基因组构建得到1个梅花和李属的泛基因组（Yang et al., 2005）。为评估每个基因组的组装质量，重新组装参考基因组并将其比对到其他物种的基因组上，比对结果的一致性比例达到98.13%，表明组装效果良好。基因组平均contig N50为15.5 kb，scaffold N50为22.6 kb（表2-4）。每个基因组平均注释出25 839个基因，占梅花参考基因组82.32%（表2-4），其中，梅花品种的核心基因集数量为22 499，李属的核心基因集数量为19 135。在梅花基因组中挖掘到130万～147万个SNP，在李属基因组中挖掘到285万～338万个SNP（表2-5），这些SNP位点具有频率低且一致性高的特点，表明梅花在驯化过程中的变异率较低。

表2-4　李属泛基因组组装和基因注释

样品名称	起源	组装基因组大小（Mb）	scaffold N50（kb）	contig N50（kb）	基因数量
P. mume	西藏通麦	232.82	24 358.62	32 607	31 390
野生梅花	贵州赫章	213.79	23.22	15 510	25 712
复萼玉碟	江苏南京	213.27	20.52	13 942	25 926
米单跳枝	湖北武汉	208.17	23.45	16 128	25 645
粉台垂枝	湖北武汉	215.74	19.73	13 737	25 533
虎丘晚粉	江苏苏州	211.53	21.98	14 682	25 484
黄金鹤	日本	208.43	32.05	19 783	25 575
金钱绿萼	重庆	219.68	17.42	12 260	26 593
骨红照水	湖北武汉	225.95	27.97	19 732	26 754
徽州骨红	安徽徽州	210.87	21.26	14 109	25 521
李	NA	210.25	14.67	10 307	24 294
山桃	NA	237.17	21.98	15 674	26 726
山杏	NA	217.96	26.50	19 703	26 303
桃	NA	227.25	26 807.72	214 242	27 792

表2-5　李属泛基因样品中SNP数量和基因注释

样品名称	SNP数量	注释		
		基因数量	功能	注释比例
野生梅花	662 804	25 712	23 021	89.53
复萼玉碟	—	25 926	23 265	89.74
米单跳枝	1 304 100	25 645	22 929	89.41
粉台垂枝	1 316 808	25 533	23 027	90.19
虎丘晚粉	1 422 453	25 484	22 903	89.87
黄金鹤	1 364 373	25 575	23 033	90.06
金钱绿萼	1 188 372	26 593	23 387	87.94
骨红照水	1 478 080	26 754	23 666	88.46
徽州骨红	1 341 577	25 521	23 031	90.24
李	3 146 510	24 294	22 199	91.38
山桃	3 325 429	26 726	23 902	89.43
山杏	2 856 920	26 303	23 468	89.22
桃	3 383 397	27 792	25 300	91.03

在梅花参考基因组中发现分别有71.68%和60.96%的基因与9个梅花品种和13个李属近缘物种相同，在梅花基因组中共有3 364个特有基因（表2-4），主要分布在类黄酮、苯丙素、芪类、二芳基庚烷类、姜酚生物和苯丙氨酸合成代谢相关途径中，这些特有基因可能参与梅花花色、花香和木质部颜色等重要性状的形成。该研究结果在之后的全基因组关联分析中得到进一步证实。通过全基因组关联分析，发现梅花基因组的6个*DAM*基因有3个未出现在李属的核心基因集中，这可能是梅花和李属近缘物种开花时间不同的原因之一（Zhang et al., 2012）。

通过将基因组序列与参考基因组、核心泛基因组比对，鉴定每个基因组中的特有序列。在梅花基因组中鉴定到的PAV长度为0.19～0.55 Mb，李属基因组中为8.94～25.85 Mb（表2-6）。为消除低可信度的PAV，将351个重测序样品序列比对到8个梅花基因组的PAV上，消除来自未组装序列的6.25% PAV。基于PAV序列的覆盖率和特征分布对样本进行分层聚类，发现样品聚集为16组，与之前确定的16个亚群数量一致（图2-5A）。经分析也发现几个特定亚群的PAV在地理亚群中显示出特定的分布模式。P11亚群包含梅花品种祖先的西藏野生梅花S329和S179，用来构建李属的核心泛基因组。S179中的2个PAV对于亚群P11具有高度特异性，在驯化过程中显示出不同的覆盖率变化模式。S179的PAV在源自我国西藏和南方的梅花品种中覆盖率高，在源自我国北京、青岛和日本的梅花品种中覆盖率低。PAV分析结果可用于鉴定梅花品种的起源和演化。

利用13个李属物种和3个蔷薇科中已测序近缘物种的核心基因推测李属演化历程，结果表明，在李属中，李与梅花的亲缘关系更近，与之前研究结果一致（Chin et al., 2014）。估算出梅花和其他李属物种之间的分化时间约为3.8百万年前（million years ago，MYA），野生梅花和栽培梅花的分化时间约为2.2 MYA，早于梅花栽培品种的驯化时间（图2-5B）。

表2-6　梅花和李属近缘物种的PAV信息

样品	基因组（bp）	PAV长度（identity<95）（bp）	占基因组比例（%）	PAV长度（identity<90）（bp）	占基因组比例（%）
野生梅花	213 789 697	13 912 559	6.51	189 811	0.09
复萼玉碟	208 167 184	22 766 053	10.94	389 753	0.19
米单跳枝	215 741 086	27 163 264	12.59	232 961	0.11
粉台垂枝	211 528 546	26 451 119	12.50	330 057	0.16
虎丘晚粉	208 425 300	25 792 527	12.37	488 227	0.23
黄金鹤	219 683 305	21 780 416	9.91	277 938	0.13
金钱绿萼	225 950 022	25 212 475	11.16	389 516	0.17
骨红照水	210 869 098	35 817 873	16.99	547 599	0.26
徽州骨红	210 250 286	22 957 470	10.92	279 462	0.13
李	213 274 876	76 217 755	35.74	25 846 255	12.12
山桃	237 165 143	117 850 420	49.69	13 921 660	5.87
山杏	217 955 667	90 018 666	41.30	12 759 303	5.85
桃	227 252 106	138 479 165	60.94	8 935 279	3.93

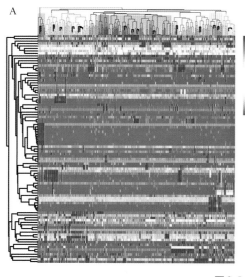

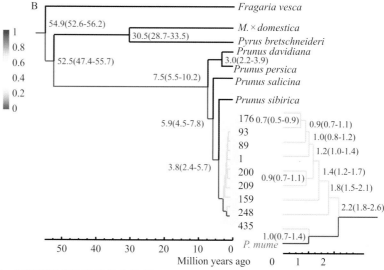

图2-5　梅花和近缘物种的进化分析

A.351个重测序样本聚类（采用梅花基因组PAV覆盖率）　B. P11亚群中不同梅花品种的分化（利用S176的PAV）

2.5　梅花10个观赏性状的GWAS分析

利用逻辑回归模型开展梅花观赏性状GWAS分析，在梅花4条染色体上共鉴定了5个显著的候选区域，与花色、花萼颜色、柱头颜色、花药颜色、花瓣数目、花径、木质部颜色和株型等10个性状相关（图2-7B）。为验证花表型性状相关的候选基因表达水平差异，对在花色、花型和木质部颜色等方面具有较大差异的梅花品种'乌羽玉'和'米单绿'进行转录组测序，有3 277个显著的差异表达基因（differentially expressed gene，DEG）（表2-7），其中有159个基因是特异表达基因（specifically expressed gene，SEG）（图2-6）。

表2-7　梅花品种'乌羽玉'和'米单绿'转录组测序

样品	原始数据（Mb）	总过滤后数据（Mb）	过滤后读长Q30（%）	过滤后读长比例（%）	总比对率（%）	唯一比对率（%）
MDL1A	82.52	59.42	94.56	72.01	70.46	67.79
MDL2A	82.50	59.75	94.62	72.42	67.52	65.08
MDL3A	80.81	59.04	94.59	73.06	69.96	67.35
WYY1A	79.21	59.12	94.63	74.63	63.46	61.42
WYY2A	79.27	59.34	94.14	74.86	66.85	64.56
WYY3A	79.27	59.43	93.29	74.96	68.73	66.34

注：MDL为'米单绿'；WYY为'乌羽玉'。

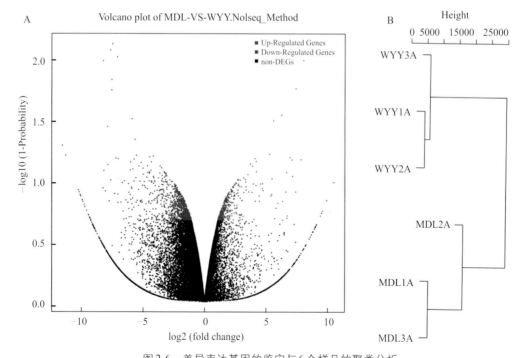

图2-6　差异表达基因的鉴定与6个样品的聚类分析

A.'米单绿'和'乌羽玉'DEG和SEG的鉴定，蓝色的点代表下调基因，红色点代表上调基因　B.基于DEG的6个样品聚类分析

通过对转录组数据分析，在4号染色体0.229～5.57 Mb，挖掘到了76个SNP标记与花瓣、花萼、花芽和柱头颜色相关联（图2-7，表2-8，表2-9，表2-10和表2-11）。同时在4号染色体上，挖掘到编码R2R3-MYB转录因子的候选基因*MYB108*（*Pm012912*，Chr4:411731:413009）（图2-7A），这个基因家族的一些成员与花色形成相关（Takahashi et al., 2011；Fraser et al., 2013；Zhu et al., 2015）。通过转录组数据分析，该基因仅在'乌羽玉'（花瓣为红色）中有表达，在'米单绿'（花瓣为白色）中没有表达（图2-7B）。

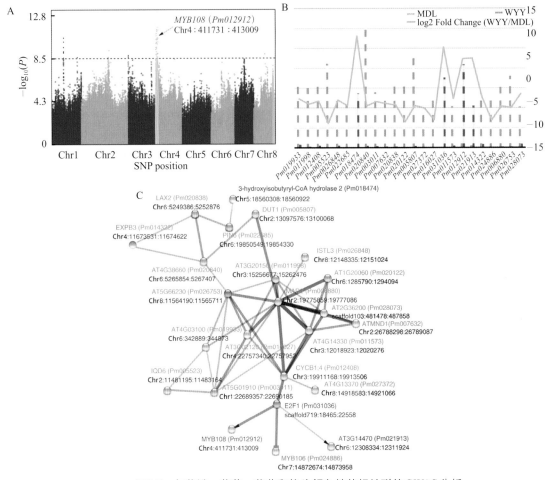

图 2-7　与花瓣、花萼、花芽和柱头颜色性状相关联的 GWAS 分析
A.梅花 8 条染色体上花瓣颜色的曼哈顿图　B.在 4 号染色体区域与花瓣、花萼、花芽和柱头颜色相关的 SEG 差异分析
C.基于拟南芥同源序列互作关系的 SEG 共表达网络

表 2-8　梅花花色形成相关的主要 SNP 位点

染色体	位置	$-\log_{10}(P)$	基因 ID	基　因　注　释
4	229 450	11.71	*Pm012880*	gi|596110848|ref|XP_007221514.1|//hypothetical protein PRUPE_ppa012984mg [*Prunus persica*]
4	252 648	11.44	*Pm012884*	gi|645243013|ref|XP_008227790.1|//PREDICTED: uncharacterized protein LOC103327263 [*Prunus mume*]
4	252 693	11.75	*Pm012884*	gi|645243013|ref|XP_008227790.1|//PREDICTED: uncharacterized protein LOC103327263 [*Prunus mume*]
4	253 360	11.47	*Pm012884*	gi|645243013|ref|XP_008227790.1|//PREDICTED: uncharacterized protein LOC103327263 [*Prunus mume*]
4	253 846	11.06	*Pm012884*	gi|645243013|ref|XP_008227790.1|//PREDICTED: uncharacterized protein LOC103327263 [*Prunus mume*]
4	254 882	11.92	*Pm012884*	gi|645243013|ref|XP_008227790.1|//PREDICTED: uncharacterized protein LOC103327263 [*Prunus mume*]
4	257 359	11.89	*Pm012884*	gi|645243013|ref|XP_008227790.1|//PREDICTED: uncharacterized protein LOC103327263 [*Prunus mume*]
4	257 360	11.09	*Pm012884*	gi|645243013|ref|XP_008227790.1|//PREDICTED: uncharacterized protein LOC103327263 [*Prunus mume*]
4	257 462	11.04	*Pm012884*	gi|645243013|ref|XP_008227790.1|//PREDICTED: uncharacterized protein LOC103327263 [*Prunus mume*]
4	257 532	13.88	*Pm012884*	gi|645243013|ref|XP_008227790.1|//PREDICTED: uncharacterized protein LOC103327263 [*Prunus mume*]
4	257 798	11.46	*Pm012884*	gi|645243013|ref|XP_008227790.1|//PREDICTED: uncharacterized protein LOC103327263 [*Prunus mume*]
4	259 673	12.55	*Pm012884*	gi|645243013|ref|XP_008227790.1|//PREDICTED: uncharacterized protein LOC103327263 [*Prunus mume*]
4	302 880	12.56	*Pm012891*	gi|596109522|ref|XP_007221496.1|//hypothetical protein PRUPE_ppa010066mg [*Prunus persica*]
4	302 952	17.46	*Pm012891*	gi|596109522|ref|XP_007221496.1|//hypothetical protein PRUPE_ppa010066mg [*Prunus persica*]

（续）

染色体	位置	$-\log_{10}(P)$	基因ID	基 因 注 释
4	303 295	12.49	*Pm012891*	gi|596109522|ref|XP_007221496.1|//hypothetical protein PRUPE_ppa010066mg [*Prunus persica*]
4	303 441	12.72	*Pm012891*	gi|596109522|ref|XP_007221496.1|//hypothetical protein PRUPE_ppa010066mg [*Prunus persica*]
4	304 189	18.42	*Pm012891*	gi|596109522|ref|XP_007221496.1|//hypothetical protein PRUPE_ppa010066mg [*Prunus persica*]
4	304 228	11.40	*Pm012891*	gi|596109522|ref|XP_007221496.1|//hypothetical protein PRUPE_ppa010066mg [*Prunus persica*]
4	354 630	13.80	*Pm012902*	gi|645243062|ref|XP_008227809.1|//PREDICTED: nitrogen regulatory protein P-Ⅱ homolog [*Prunus mume*]
4	354 688	12.69	*Pm012902*	gi|645243062|ref|XP_008227809.1|//PREDICTED: nitrogen regulatory protein P-Ⅱ homolog [*Prunus mume*]
4	354 853	15.67	*Pm012902*	gi|645243062|ref|XP_008227809.1|//PREDICTED: nitrogen regulatory protein P-Ⅱ homolog [*Prunus mume*]
4	362 638	11.32	*Pm012903*	gi|645243064|ref|XP_008227810.1|//PREDICTED: uncharacterized protein LOC103327283 [*Prunus mume*]
4	366 023	17.33	*Pm012903*	gi|645243064|ref|XP_008227810.1|//PREDICTED: uncharacterized protein LOC103327283 [*Prunus mume*]
4	367 560	15.60	*Pm012903*	gi|645243064|ref|XP_008227810.1|//PREDICTED: uncharacterized protein LOC103327283 [*Prunus mume*]
4	408 886	15.63	*Pm012912*	gi|645243081|ref|XP_008227817.1|//PREDICTED: transcription factor MYB108 [*Prunus mume*]
4	408 966	13.12	*Pm012912*	gi|645243081|ref|XP_008227817.1|//PREDICTED: transcription factor MYB108 [*Prunus mume*]
4	409 270	11.29	*Pm012912*	gi|645243081|ref|XP_008227817.1|//PREDICTED: transcription factor MYB108 [*Prunus mume*]
4	409 474	15.58	*Pm012912*	gi|645243081|ref|XP_008227817.1|//PREDICTED: transcription factor MYB108 [*Prunus mume*]
4	409 595	13.25	*Pm012912*	gi|645243081|ref|XP_008227817.1|//PREDICTED: transcription factor MYB108 [*Prunus mume*]
4	410 893	16.14	*Pm012912*	gi|645243081|ref|XP_008227817.1|//PREDICTED: transcription factor MYB108 [*Prunus mume*]
4	411 479	11.40	*Pm012912*	gi|645243081|ref|XP_008227817.1|//PREDICTED: transcription factor MYB108 [*Prunus mume*]
4	411 752	11.49	*Pm012912*	gi|645243081|ref|XP_008227817.1|//PREDICTED: transcription factor MYB108 [*Prunus mume*]
4	412 670	14.25	*Pm012912*	gi|645243081|ref|XP_008227817.1|//PREDICTED: transcription factor MYB108 [*Prunus mume*]
4	412 797	11.54	*Pm012912*	gi|645243081|ref|XP_008227817.1|//PREDICTED: transcription factor MYB108 [*Prunus mume*]
4	413 146	11.06	*Pm012912*	gi|645243081|ref|XP_008227817.1|//PREDICTED: transcription factor MYB108 [*Prunus mume*]
4	542 367	11.81	*Pm012931*	gi|645243128|ref|XP_008227837.1|//PREDICTED: uncharacterized protein LOC103327302 [*Prunus mume*]
4	542 391	12.14	*Pm012931*	gi|645243128|ref|XP_008227837.1|//PREDICTED: uncharacterized protein LOC103327302 [*Prunus mume*]
4	542 476	12.90	*Pm012931*	gi|645243128|ref|XP_008227837.1|//PREDICTED: uncharacterized protein LOC103327302 [*Prunus mume*]
4	542 866	11.71	*Pm012931*	gi|645243128|ref|XP_008227837.1|//PREDICTED: uncharacterized protein LOC103327302 [*Prunus mume*]
4	549 924	16.01	*Pm012931*	gi|645243128|ref|XP_008227837.1|//PREDICTED: uncharacterized protein LOC103327302 [*Prunus mume*]
4	550 062	12.26	*Pm012931*	gi|645243128|ref|XP_008227837.1|//PREDICTED: uncharacterized protein LOC103327302 [*Prunus mume*]
4	550 421	12.10	*Pm012931*	gi|645243128|ref|XP_008227837.1|//PREDICTED: uncharacterized protein LOC103327302 [*Prunus mume*]
4	550 548	12.36	*Pm012931*	gi|645243128|ref|XP_008227837.1|//PREDICTED: uncharacterized protein LOC103327302 [*Prunus mume*]
4	550 623	12.31	*Pm012931*	gi|645243128|ref|XP_008227837.1|//PREDICTED: uncharacterized protein LOC103327302 [*Prunus mume*]

表2-9 梅花柱头颜色形成相关的主要SNP位点

染色体	位置	$-\log_{10}(P)$	基因ID	基 因 注 释
4	542 287	20.07	*Pm012931*	gi|645243128|ref|XP_008227837.1|//PREDICTED: uncharacterized protein LOC103327302 [*Prunus mume*]
4	548 939	23.45	*Pm012931*	gi|645243128|ref|XP_008227837.1|//PREDICTED: uncharacterized protein LOC103327302 [*Prunus mume*]
4	548 991	20.93	*Pm012931*	gi|645243128|ref|XP_008227837.1|//PREDICTED: uncharacterized protein LOC103327302 [*Prunus mume*]
4	549 001	20.88	*Pm012931*	gi|645243128|ref|XP_008227837.1|//PREDICTED: uncharacterized protein LOC103327302 [*Prunus mume*]
4	549 077	23.34	*Pm012931*	gi|645243128|ref|XP_008227837.1|//PREDICTED: uncharacterized protein LOC103327302 [*Prunus mume*]
4	549 167	23.34	*Pm012931*	gi|645243128|ref|XP_008227837.1|//PREDICTED: uncharacterized protein LOC103327302 [*Prunus mume*]

（续）

染色体	位置	$-\log_{10}(P)$	基因ID	基 因 注 释
4	549 194	23.42	*Pm012931*	gi|645243128|ref|XP_008227837.1|//PREDICTED: uncharacterized protein LOC103327302 [*Prunus mume*]
4	549 266	21.13	*Pm012931*	gi|645243128|ref|XP_008227837.1|//PREDICTED: uncharacterized protein LOC103327302 [*Prunus mume*]
4	549 306	22.41	*Pm012931*	gi|645243128|ref|XP_008227837.1|//PREDICTED: uncharacterized protein LOC103327302 [*Prunus mume*]
4	549 322	22.45	*Pm012931*	gi|645243128|ref|XP_008227837.1|//PREDICTED: uncharacterized protein LOC103327302 [*Prunus mume*]
4	549 331	20.74	*Pm012931*	gi|645243128|ref|XP_008227837.1|//PREDICTED: uncharacterized protein LOC103327302 [*Prunus mume*]
4	549 506	23.31	*Pm012931*	gi|645243128|ref|XP_008227837.1|//PREDICTED: uncharacterized protein LOC103327302 [*Prunus mume*]
4	549 598	24.09	*Pm012931*	gi|645243128|ref|XP_008227837.1|//PREDICTED: uncharacterized protein LOC103327302 [*Prunus mume*]
4	550 184	23.50	*Pm012931*	gi|645243128|ref|XP_008227837.1|//PREDICTED: uncharacterized protein LOC103327302 [*Prunus mume*]
4	550 405	24.34	*Pm012931*	gi|645243128|ref|XP_008227837.1|//PREDICTED: uncharacterized protein LOC103327302 [*Prunus mume*]
4	550 453	25.90	*Pm012931*	gi|645243128|ref|XP_008227837.1|//PREDICTED: uncharacterized protein LOC103327302 [*Prunus mume*]
4	550 708	22.58	*Pm012931*	gi|645243128|ref|XP_008227837.1|//PREDICTED: uncharacterized protein LOC103327302 [*Prunus mume*]
4	550 732	25.05	*Pm012931*	gi|645243128|ref|XP_008227837.1|//PREDICTED: uncharacterized protein LOC103327302 [*Prunus mume*]
4	550 796	24.55	*Pm012931*	gi|645243128|ref|XP_008227837.1|//PREDICTED: uncharacterized protein LOC103327302 [*Prunus mume*]
4	550 797	24.55	*Pm012931*	gi|645243128|ref|XP_008227837.1|//PREDICTED: uncharacterized protein LOC103327302 [*Prunus mume*]
4	550 805	22.09	*Pm012931*	gi|645243128|ref|XP_008227837.1|//PREDICTED: uncharacterized protein LOC103327302 [*Prunus mume*]
4	550 891	21.10	*Pm012931*	gi|645243128|ref|XP_008227837.1|//PREDICTED: uncharacterized protein LOC103327302 [*Prunus mume*]
4	550 920	21.57	*Pm012931*	gi|645243128|ref|XP_008227837.1|//PREDICTED: uncharacterized protein LOC103327302 [*Prunus mume*]
4	551 134	21.01	*Pm012931*	gi|645243128|ref|XP_008227837.1|//PREDICTED: uncharacterized protein LOC103327302 [*Prunus mume*]
4	551 193	20.15	*Pm012931*	gi|645243128|ref|XP_008227837.1|//PREDICTED: uncharacterized protein LOC103327302 [*Prunus mume*]
4	551 364	21.44	*Pm012931*	gi|645243128|ref|XP_008227837.1|//PREDICTED: uncharacterized protein LOC103327302 [*Prunus mume*]
4	551 455	21.53	*Pm012931*	gi|645243128|ref|XP_008227837.1|//PREDICTED: uncharacterized protein LOC103327302 [*Prunus mume*]
4	551 470	23.31	*Pm012931*	gi|645243128|ref|XP_008227837.1|//PREDICTED: uncharacterized protein LOC103327302 [*Prunus mume*]
4	551 497	23.30	*Pm012931*	gi|645243128|ref|XP_008227837.1|//PREDICTED: uncharacterized protein LOC103327302 [*Prunus mume*]
4	551 523	23.38	*Pm012931*	gi|645243128|ref|XP_008227837.1|//PREDICTED: uncharacterized protein LOC103327302 [*Prunus mume*]
4	553 129	20.80	*Pm012931*	gi|645243128|ref|XP_008227837.1|//PREDICTED: uncharacterized protein LOC103327302 [*Prunus mume*]
4	553 580	20.22	*Pm012931*	gi|645243128|ref|XP_008227837.1|//PREDICTED: uncharacterized protein LOC103327302 [*Prunus mume*]
4	553 764	21.35	*Pm012931*	gi|645243128|ref|XP_008227837.1|//PREDICTED: uncharacterized protein LOC103327302 [*Prunus mume*]

表2-10　梅花花萼颜色形成相关的主要SNP位点

染色体	位置	$-\log_{10}(P)$	基因ID	基 因 注 释
4	219 740	19.33	*Pm012879*	gi|645242990|ref|XP_008227780.1|//PREDICTED: protein transport protein SEC23-2 [*Prunus mume*]
4	221 197	18.89	*Pm012879*	gi|645242990|ref|XP_008227780.1|//PREDICTED: protein transport protein SEC23-2 [*Prunus mume*]
4	223 845	19.72	*Pm012879*	gi|645242990|ref|XP_008227780.1|//PREDICTED: protein transport protein SEC23-2 [*Prunus mume*]
4	224 950	17.70	*Pm012879*	gi|645242990|ref|XP_008227780.1|//PREDICTED: protein transport protein SEC23-2 [*Prunus mume*]
4	229 717	16.95	*Pm012880*	gi|596110848|ref|XP_007221514.1|//hypothetical protein PRUPE_ppa012984mg [*Prunus persica*]
4	229 985	19.25	*Pm012880*	gi|596110848|ref|XP_007221514.1|//hypothetical protein PRUPE_ppa012984mg [*Prunus persica*]
4	231 151	17.83	*Pm012880*	gi|596110848|ref|XP_007221514.1|//hypothetical protein PRUPE_ppa012984mg [*Prunus persica*]

染色体	位置	$-\log_{10}(P)$	基因ID	基 因 注 释
4	231 233	19.67	Pm012880	gi|596110848|ref|XP_007221514.1|//hypothetical protein PRUPE_ppa012984mg [Prunus persica]
4	231 299	18.35	Pm012880	gi|596110848|ref|XP_007221514.1|//hypothetical protein PRUPE_ppa012984mg [Prunus persica]
4	231 499	18.85	Pm012880	gi|596110848|ref|XP_007221514.1|//hypothetical protein PRUPE_ppa012984mg [Prunus persica]
4	231 691	17.91	Pm012880	gi|596110848|ref|XP_007221514.1|//hypothetical protein PRUPE_ppa012984mg [Prunus persica]
4	252 707	18.67	Pm012884	gi|645243013|ref|XP_008227790.1|//PREDICTED: uncharacterized protein LOC103327263 [Prunus mume]
4	302 952	15.01	Pm012891	gi|596109522|ref|XP_007221496.1|//hypothetical protein PRUPE_ppa010066mg [Prunus persica]
4	411 795	20.96	Pm012912	gi|645243081|ref|XP_008227817.1|//PREDICTED: transcription factor MYB108 [Prunus mume]
4	748 177	15.59	Pm012960	gi|645243209|ref|XP_008227873.1|//PREDICTED: probable acyl-activating enzyme 6 [Prunus mume]
4	851 099	17.60	Pm012977	gi|645243183|ref|XP_008227861.1|//PREDICTED: protein DJ-1 homolog D-like [Prunus mume]
4	851 101	17.60	Pm012977	gi|645243183|ref|XP_008227861.1|//PREDICTED: protein DJ-1 homolog D-like [Prunus mume]
4	855 856	17.69	Pm012978	gi|645243181|ref|XP_008227860.1|//PREDICTED: protein DJ-1 homolog D-like [Prunus mume]
4	856 419	16.29	Pm012978	gi|645243181|ref|XP_008227860.1|//PREDICTED: protein DJ-1 homolog D-like [Prunus mume]
4	857 455	17.43	Pm012978	gi|645243181|ref|XP_008227860.1|//PREDICTED: protein DJ-1 homolog D-like [Prunus mume]
4	857 972	15.83	Pm012978	gi|645243181|ref|XP_008227860.1|//PREDICTED: protein DJ-1 homolog D-like [Prunus mume]
4	864 414	15.97	Pm012978	gi|645243181|ref|XP_008227860.1|//PREDICTED: protein DJ-1 homolog D-like [Prunus mume]
4	907 343	20.57	Pm012986	gi|645243251|ref|XP_008227890.1|//PREDICTED: butyrate--CoA ligase AAE11，peroxisomal-like [Prunus mume]
4	907 585	18.29	Pm012986	gi|645243251|ref|XP_008227890.1|//PREDICTED: butyrate--CoA ligase AAE11，peroxisomal-like [Prunus mume]
4	909 731	19.96	Pm012986	gi|645243251|ref|XP_008227890.1|//PREDICTED: butyrate--CoA ligase AAE11，peroxisomal-like [Prunus mume]
4	911 421	18.23	Pm012986	gi|645243251|ref|XP_008227890.1|//PREDICTED: butyrate--CoA ligase AAE11，peroxisomal-like [Prunus mume]
4	911 961	20.08	Pm012986	gi|645243251|ref|XP_008227890.1|//PREDICTED: butyrate--CoA ligase AAE11，peroxisomal-like [Prunus mume]
4	926 610	17.46	Pm012986	gi|645243251|ref|XP_008227890.1|//PREDICTED: butyrate--CoA ligase AAE11，peroxisomal-like [Prunus mume]
4	930 336	15.80	Pm012986	gi|645243251|ref|XP_008227890.1|//PREDICTED: butyrate--CoA ligase AAE11，peroxisomal-like [Prunus mume]
4	1 020 863	15.19	Pm012998	gi|645243287|ref|XP_008227906.1|//PREDICTED: LOW QUALITY PROTEIN: protein REVEILLE 1 [Prunus mume]
4	1 021 233	16.30	Pm012998	gi|645243287|ref|XP_008227906.1|//PREDICTED: LOW QUALITY PROTEIN: protein REVEILLE 1 [Prunus mume]
4	1 022 535	17.12	Pm012998	gi|645243287|ref|XP_008227906.1|//PREDICTED: LOW QUALITY PROTEIN: protein REVEILLE 1 [Prunus mume]
4	1 024 144	25.77	Pm012998	gi|645243287|ref|XP_008227906.1|//PREDICTED: LOW QUALITY PROTEIN: protein REVEILLE 1 [Prunus mume]
4	1 024 736	24.94	Pm012998	gi|645243287|ref|XP_008227906.1|//PREDICTED: LOW QUALITY PROTEIN: protein REVEILLE 1 [Prunus mume]
4	1 059 085	17.09	Pm013003	gi|595967025|ref|XP_007217240.1|//hypothetical protein PRUPE_ppa006356mg [Prunus persica];gi|645243301|ref|XP_008227912.1|//PREDICTED: isocitrate dehydrogenase [NADP] [Prunus mume]
4	1 060 621	20.43	Pm013003	gi|595967025|ref|XP_007217240.1|//hypothetical protein PRUPE_ppa006356mg [Prunus persica];gi|645243301|ref|XP_008227912.1|//PREDICTED: isocitrate dehydrogenase [NADP] [Prunus mume]
4	1 060 649	16.55	Pm013003	gi|645243301|ref|XP_008227912.1|//PREDICTED: isocitrate dehydrogenase [NADP] [Prunus mume]

表 2-11　梅花花芽颜色形成相关的主要 SNP 位点

染色体	位置	$-\log_{10}(P)$	基因 ID	基 因 注 释
4	254 882	15.50	*Pm012884*	gi|645243013|ref|XP_008227790.1|//PREDICTED: uncharacterized protein LOC103327263 [*Prunus mume*]
4	257 532	16.36	*Pm012884*	gi|645243013|ref|XP_008227790.1|//PREDICTED: uncharacterized protein LOC103327263 [*Prunus mume*]
4	302 880	15.62	*Pm012891*	gi|596109522|ref|XP_007221496.1|//hypothetical protein PRUPE_ppa010066mg [*Prunus persica*]
4	302 952	18.90	*Pm012891*	gi|596109522|ref|XP_007221496.1|//hypothetical protein PRUPE_ppa010066mg [*Prunus persica*]
4	304 189	18.74	*Pm012891*	gi|596109522|ref|XP_007221496.1|//hypothetical protein PRUPE_ppa010066mg [*Prunus persica*]
4	354 630	21.32	*Pm012902*	gi|645243062|ref|XP_008227809.1|//PREDICTED: nitrogen regulatory protein P-II homolog [*Prunus mume*]
4	354 688	18.52	*Pm012902*	gi|645243062|ref|XP_008227809.1|//PREDICTED: nitrogen regulatory protein P-II homolog [*Prunus mume*]
4	354 853	17.44	*Pm012902*	gi|645243062|ref|XP_008227809.1|//PREDICTED: nitrogen regulatory protein P-II homolog [*Prunus mume*]
4	362 638	15.25	*Pm012903*	gi|645243064|ref|XP_008227810.1|//PREDICTED: uncharacterized protein LOC103327283 [*Prunus mume*]
4	366 023	19.85	*Pm012903*	gi|645243064|ref|XP_008227810.1|//PREDICTED: uncharacterized protein LOC103327283 [*Prunus mume*]
4	408 886	21.09	*Pm012912*	gi|645243081|ref|XP_008227817.1|//PREDICTED: transcription factor MYB108 [*Prunus mume*]
4	409 474	18.46	*Pm012912*	gi|645243081|ref|XP_008227817.1|//PREDICTED: transcription factor MYB108 [*Prunus mume*]
4	409 595	16.55	*Pm012912*	gi|645243081|ref|XP_008227817.1|//PREDICTED: transcription factor MYB108 [*Prunus mume*]
4	410 893	17.88	*Pm012912*	gi|645243081|ref|XP_008227817.1|//PREDICTED: transcription factor MYB108 [*Prunus mume*]
4	412 670	17.01	*Pm012912*	gi|645243081|ref|XP_008227817.1|//PREDICTED: transcription factor MYB108 [*Prunus mume*]
4	542 391	15.55	*Pm012931*	gi|645243128|ref|XP_008227837.1|//PREDICTED: uncharacterized protein LOC103327302 [*Prunus mume*]
4	549 924	18.18	*Pm012931*	gi|645243128|ref|XP_008227837.1|//PREDICTED: uncharacterized protein LOC103327302 [*Prunus mume*]
4	589 002	19.16	*Pm012937*	gi|645243140|ref|XP_008227842.1|//PREDICTED: NADH dehydrogenase [ubiquinone] 1 alpha subcomplex assembly factor 3-like [*Prunus mume*]
4	591 846	19.20	*Pm012937*	gi|645243140|ref|XP_008227842.1|//PREDICTED: NADH dehydrogenase [ubiquinone] 1 alpha subcomplex assembly factor 3-like [*Prunus mume*]
4	592 544	16.92	*Pm012937*	gi|645243140|ref|XP_008227842.1|//PREDICTED: NADH dehydrogenase [ubiquinone] 1 alpha subcomplex assembly factor 3-like [*Prunus mume*]
4	592 771	15.01	*Pm012937*	gi|645243140|ref|XP_008227842.1|//PREDICTED: NADH dehydrogenase [ubiquinone] 1 alpha subcomplex assembly factor 3-like [*Prunus mume*]
4	593 759	16.10	*Pm012937*	gi|645243140|ref|XP_008227842.1|//PREDICTED: NADH dehydrogenase [ubiquinone] 1 alpha subcomplex assembly factor 3-like [*Prunus mume*]
4	593 868	17.60	*Pm012937*	gi|645243140|ref|XP_008227842.1|//PREDICTED: NADH dehydrogenase [ubiquinone] 1 alpha subcomplex assembly factor 3-like [*Prunus mume*]
4	864 405	15.53	*Pm012978*	gi|645243181|ref|XP_008227860.1|//PREDICTED: protein DJ-1 homolog D-like [*Prunus mume*]
4	864 421	16.85	*Pm012978*	gi|645243181|ref|XP_008227860.1|//PREDICTED: protein DJ-1 homolog D-like [*Prunus mume*]
4	908 875	15.12	*Pm012986*	gi|645243251|ref|XP_008227890.1|//PREDICTED: butyrate--CoA ligase AAE11，peroxisomal-like [*Prunus mume*]
4	912 609	26.32	*Pm012986*	gi|645243251|ref|XP_008227890.1|//PREDICTED: butyrate--CoA ligase AAE11，peroxisomal-like [*Prunus mume*]
4	912 678	16.11	*Pm012986*	gi|645243251|ref|XP_008227890.1|//PREDICTED: butyrate--CoA ligase AAE11，peroxisomal-like [*Prunus mume*]
4	913 641	17.89	*Pm012986*	gi|645243251|ref|XP_008227890.1|//PREDICTED: butyrate--CoA ligase AAE11，peroxisomal-like [*Prunus mume*]
4	913 784	16.14	*Pm012986*	gi|645243251|ref|XP_008227890.1|//PREDICTED: butyrate--CoA ligase AAE11，peroxisomal-like [*Prunus mume*]

（续）

染色体	位置	$-\log_{10}(P)$	基因ID	基 因 注 释
4	913 938	16.63	*Pm012986*	gi|645243251|ref|XP_008227890.1|//PREDICTED: butyrate--CoA ligase AAE11，peroxisomal-like [*Prunus mume*]
4	914 360	17.04	*Pm012986*	gi|645243251|ref|XP_008227890.1|//PREDICTED: butyrate--CoA ligase AAE11，peroxisomal-like [*Prunus mume*]
4	1 006 569	16.22	*Pm012996*	gi|645243280|ref|XP_008227902.1|//PREDICTED: uncharacterized protein LOC103327370 [*Prunus mume*]
4	1 006 801	18.18	*Pm012996*	gi|645243280|ref|XP_008227902.1|//PREDICTED: uncharacterized protein LOC103327370 [*Prunus mume*]
4	1 020 694	15.70	*Pm012998*	gi|645243287|ref|XP_008227906.1|//PREDICTED: LOW QUALITY PROTEIN: protein REVEILLE 1 [*Prunus mume*]
4	1 022 747	15.17	*Pm012998*	gi|645243287|ref|XP_008227906.1|//PREDICTED: LOW QUALITY PROTEIN: protein REVEILLE 1 [*Prunus mume*]
4	1 022 748	18.38	*Pm012998*	gi|645243287|ref|XP_008227906.1|//PREDICTED: LOW QUALITY PROTEIN: protein REVEILLE 1 [*Prunus mume*]
4	1 024 371	15.83	*Pm012998*	gi|645243287|ref|XP_008227906.1|//PREDICTED: LOW QUALITY PROTEIN: protein REVEILLE 1 [*Prunus mume*]
4	1 024 925	19.89	*Pm012998*	gi|645243287|ref|XP_008227906.1|//PREDICTED: LOW QUALITY PROTEIN: protein REVEILLE 1 [*Prunus mume*]
4	1 024 968	20.35	*Pm012998*	gi|645243287|ref|XP_008227906.1|//PREDICTED: LOW QUALITY PROTEIN: protein REVEILLE 1 [*Prunus mume*]
4	1 025 014	15.67	*Pm012998*	gi|645243287|ref|XP_008227906.1|//PREDICTED: LOW QUALITY PROTEIN: protein REVEILLE 1 [*Prunus mume*]
4	1 025 066	19.01	*Pm012998*	gi|645243287|ref|XP_008227906.1|//PREDICTED: LOW QUALITY PROTEIN: protein REVEILLE 1 [*Prunus mume*]
4	1 025 178	22.86	*Pm012998*	gi|645243287|ref|XP_008227906.1|//PREDICTED: LOW QUALITY PROTEIN: protein REVEILLE 1 [*Prunus mume*]
4	1 056 596	17.94	*Pm013003*	gi|645243301|ref|XP_008227912.1|//PREDICTED: isocitrate dehydrogenase [NADP] [*Prunus mume*]

利用String database数据库（http://string-db.org/）（Franceschini et al., 2013），构建了梅花SEG互作网络，从中发掘到影响*MYB108*表达的调控网络（图2-7C）。*E2F1*（*E2F transcription factor 1*）是拟南芥中具有不同活性的多基因家族（De Jager et al., 2001），与*MYB108*表达模式一致，并与*CDC6*基因的启动子区域相结合，可能参与*MYB108*的表达调控。利用TSSP软件（Solovyev et al., 2001）发现*MYB108*上游启动子区域存在1个显著的SNP标记（Chr4:411479，P=11.39），也可能影响其表达。在已公布的植物基因组中，*MYB108*基因均为单拷贝基因。在蔷薇科李属中，*MYB108*基因高度保守，但在各个分支中又显著不同（图2-8，图2-9），在调控梅花花瓣的颜色中很可能起着至关重要的作用。

为挖掘与梅花木质部颜色和花丝颜色相关的数量性状位点（quantitative trait locus，QTL），对这些性状进行了GWAS分析，均在3号染色体上定位了与其相关的2个区域，分别是R1（20 601 577）控制木质部颜色和R2（444 623～3 375 607）控制花丝颜色（图2-10A，表2-12，表2-13）。R1为231 kb，包含与木质部颜色相关的346个SNP，及其相关的48个候选基因（图2-10B）。计算不同木质部颜色亚群之间的F_{st}和π值（Wright et al., 1978），并鉴定这些亚群在R1区的遗传多样性，结果显示该区在进化过程中存在人为的选择性消除效应（Tajima et al., 1989）（图2-10C）。R2区域中定位了104个与花丝颜色相关的SNP，利用DEG分析挖掘得到候选基因，主要包含*AP1*启动子上游结合位点的转录因子*SPL5*（*Pm010075*）、影响木质素合成与降解的*PRXR1*（*Pm009792*）（Preston et al., 2013）（图2-10D、E）。

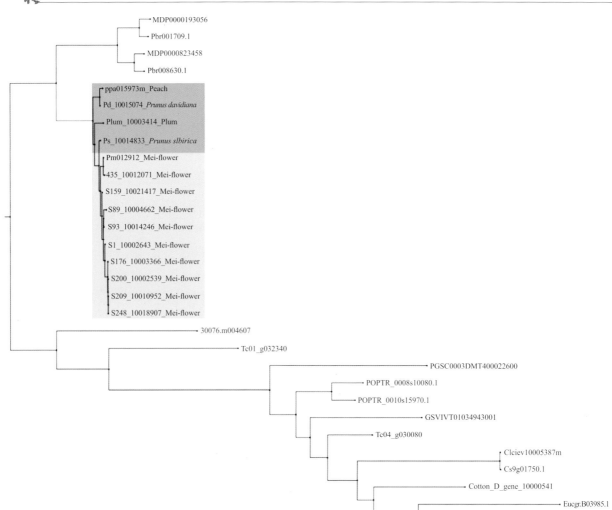

图2-8　李属中梅花、桃、山桃、山杏和李*MYB108*系统发育树

图2-9　李属中MYB108氨基酸序列比对

(李属包含梅花及8个进行泛基因组学研究的梅花品种、桃、山桃、山杏和李)

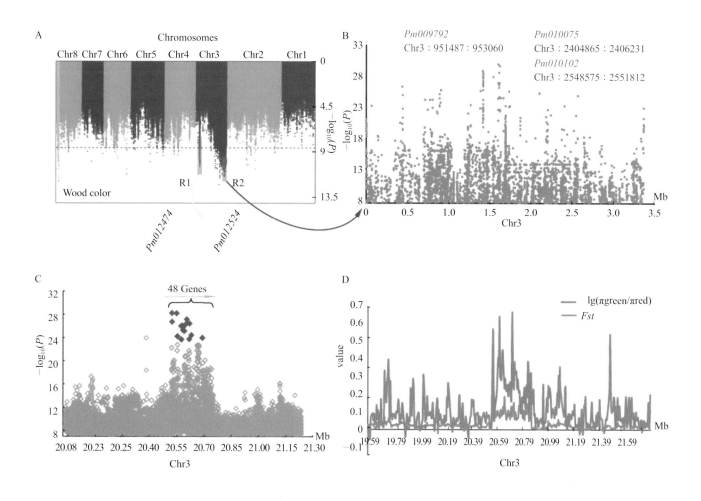

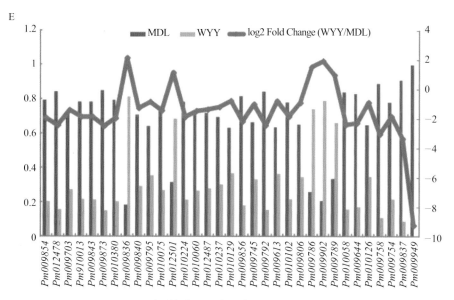

图2-10　木质部颜色和花丝颜色相关联的GWAS分析

A.梅花8条染色体上木质部颜色的曼哈顿图　B.与花丝颜色显著关联的R2区域　C.与木质部颜色显著关联的R1区域，包含48
个候选基因　D.不同木质部颜色的亚群中SNP多态性的比较分析（利用Fst和π值鉴定选择消除区域）
E.R1区域中与木质部颜色和花丝颜色显著相关的SEG比较分析

表2-12　梅花木质部颜色形成相关的主要SNP位点

染色体	位置	$-\log_{10}(P)$	基因ID	基 因 注 释
3	35 958	25.35	*Pm009610*	gi|645236201|ref|XP_008224624.1|//PREDICTED: anthrax toxin receptor-like [*Prunus mume*]
3	36 171	26.88	*Pm009610*	gi|645236201|ref|XP_008224624.1|//PREDICTED: anthrax toxin receptor-like [*Prunus mume*]
3	36 493	26.91	*Pm009610*	gi|645236201|ref|XP_008224624.1|//PREDICTED: anthrax toxin receptor-like [*Prunus mume*]
3	37 025	26.83	*Pm009610*	gi|645236201|ref|XP_008224624.1|//PREDICTED: anthrax toxin receptor-like [*Prunus mume*]
3	44 549	30.37	*Pm009613*	gi|645236204|ref|XP_008224625.1|//PREDICTED: nucleolar protein 58-like [*Prunus mume*]
3	45 208	25.70	*Pm009613*	gi|645236204|ref|XP_008224625.1|//PREDICTED: nucleolar protein 58-like [*Prunus mume*]
3	45 860	25.61	*Pm009613*	gi|645236204|ref|XP_008224625.1|//PREDICTED: nucleolar protein 58-like [*Prunus mume*]
3	51 273	26.03	*Pm009613*	gi|645236204|ref|XP_008224625.1|//PREDICTED: nucleolar protein 58-like [*Prunus mume*]
3	55 966	26.98	*Pm009613*	gi|645236204|ref|XP_008224625.1|//PREDICTED: nucleolar protein 58-like [*Prunus mume*]
3	56 299	26.10	*Pm009613*	gi|645236204|ref|XP_008224625.1|//PREDICTED: nucleolar protein 58-like [*Prunus mume*]
3	57 037	27.30	*Pm009614*	gi|645236206|ref|XP_008224626.1|//PREDICTED: oligopeptide transporter 3 [*Prunus mume*]
3	57 254	25.58	*Pm009614*	gi|645236206|ref|XP_008224626.1|//PREDICTED: oligopeptide transporter 3 [*Prunus mume*]
3	149 481	25.20	*Pm009636*	gi|595863150|ref|XP_007211529.1|//hypothetical protein PRUPE_ppa008181mg [*Prunus persica*]
3	190 006	26.37	*Pm009644*	gi|645236261|ref|XP_008224651.1|//PREDICTED: glucan endo-1 3-beta-glucosidase 5 [*Prunus mume*]
3	190 136	26.26	*Pm009644*	gi|645236261|ref|XP_008224651.1|//PREDICTED: glucan endo-1 3-beta-glucosidase 5 [*Prunus mume*]
3	191 885	25.55	*Pm009644*	gi|645236261|ref|XP_008224651.1|//PREDICTED: glucan endo-1 3-beta-glucosidase 5 [*Prunus mume*]
3	192 048	25.77	*Pm009644*	gi|645236261|ref|XP_008224651.1|//PREDICTED: glucan endo-1 3-beta-glucosidase 5 [*Prunus mume*]
3	192 901	26.98	*Pm009644*	gi|645236261|ref|XP_008224651.1|//PREDICTED: glucan endo-1 3-beta-glucosidase 5 [*Prunus mume*]
3	444 623	32.48	*Pm009690*	gi|645236370|ref|XP_008224704.1|//PREDICTED: proline synthase co-transcribed bacterial homolog protein [*Prunus mume*]
3	445 767	32.62	*Pm009690*	gi|645236370|ref|XP_008224704.1|//PREDICTED: proline synthase co-transcribed bacterial homolog protein [*Prunus mume*]
3	514 285	38.00	*Pm009703*	gi|645236392|ref|XP_008224715.1|//PREDICTED: protein polybromo-1-like [*Prunus mume*]
3	516 250	37.96	*Pm009703*	gi|645236392|ref|XP_008224715.1|//PREDICTED: protein polybromo-1-like [*Prunus mume*]

表2-13　梅花花丝颜色形成相关的主要SNP位点

染色体	位置	$-\log_{10}(P)$	基因ID	基 因 注 释
3	51 273	15.74	*Pm009613*	gi|645236204|ref|XP_008224625.1|//PREDICTED: nucleolar protein 58-like [*Prunus mume*]
3	54 672	15.88	*Pm009613*	gi|645236204|ref|XP_008224625.1|//PREDICTED: nucleolar protein 58-like [*Prunus mume*]
3	191 885	15.49	*Pm009644*	gi|645236261|ref|XP_008224651.1|//PREDICTED: glucan endo-1 3-beta-glucosidase 5 [*Prunus mume*]
3	514 285	16.19	*Pm009703*	gi|645236392|ref|XP_008224715.1|//PREDICTED: protein polybromo-1-like [*Prunus mume*];gi|595873766|ref|XP_007212039.1|//hypothetical protein PRUPE_ppa011288mg [*Prunus persica*]
3	516 250	16.22	*Pm009703*	gi|645236392|ref|XP_008224715.1|//PREDICTED: protein polybromo-1-like [*Prunus mume*]
3	737 005	16.95	*Pm009745*	gi|645236524|ref|XP_008224779.1|//PREDICTED: tyrosyl-DNA phosphodiesterase 1 isoform X1 [*Prunus mume*];gi|645236526|ref|XP_0082 24780.1|//PREDICTED: tyrosyl-DNA phosphodiesterase 1 isoform X2 [*Prunus mume*];gi|645236521|ref|XP_008224778.1|//PREDICTED: dnaJ homolog subfamily C member 25 homolog [*Prunus mume*]
3	741 572	17.10	*Pm009745*	gi|645236524|ref|XP_008224779.1|//PREDICTED: tyrosyl-DNA phosphodiesterase 1 isoform X1 [*Prunus mume*]

（续）

染色体	位置	$-\log_{10}(P)$	基因ID	基 因 注 释
3	741 865	22.68	Pm009745	gi|645236524|ref|XP_008224779.1|//PREDICTED: tyrosyl-DNA phosphodiesterase 1 isoform X1 [Prunus mume]
3	750 678	16.78	Pm009748	gi|595915063|ref|XP_007214775.1|//hypothetical protein PRUPE_ppa023926mg [Prunus persica]
3	750 742	15.63	Pm009748	gi|595915063|ref|XP_007214775.1|//hypothetical protein PRUPE_ppa023926mg [Prunus persica]
3	766 059	15.83	Pm009754	gi|645236545|ref|XP_008224789.1|//PREDICTED: pectinesterase [Prunus mume]
3	768 264	24.22	Pm009754	gi|645236545|ref|XP_008224789.1|//PREDICTED: pectinesterase [Prunus mume]
3	916 373	15.49	Pm009786	gi|645236618|ref|XP_008224823.1|//PREDICTED: uncharacterized GPI-anchored protein At1g61900-like [Prunus mume]
3	916 541	16.04	Pm009786	gi|645236618|ref|XP_008224823.1|//PREDICTED: uncharacterized GPI-anchored protein At1g61900-like [Prunus mume]
3	917 869	16.91	Pm009786	gi|645236618|ref|XP_008224823.1|//PREDICTED: uncharacterized GPI-anchored protein At1g61900-like [Prunus mume]
3	919 658	15.11	Pm009786	gi|645236618|ref|XP_008224823.1|//PREDICTED: uncharacterized GPI-anchored protein At1g61900-like [Prunus mume]
3	927 468	15.24	Pm009789	gi|645236625|ref|XP_008224827.1|//PREDICTED: uncharacterized protein LOC103324534 [Prunus mume]
3	927 864	15.44	Pm009789	gi|645236625|ref|XP_008224827.1|//PREDICTED: uncharacterized protein LOC103324534 [Prunus mume]
3	928 203	16.20	Pm009789	gi|645236625|ref|XP_008224827.1|//PREDICTED: uncharacterized protein LOC103324534 [Prunus mume]
3	934 455	15.38	Pm009789	gi|645236625|ref|XP_008224827.1|//PREDICTED: uncharacterized protein LOC103324534 [Prunus mume]
3	937 383	15.19	Pm009789	gi|645236625|ref|XP_008224827.1|//PREDICTED: uncharacterized protein LOC103324534 [Prunus mume]
3	939 441	15.14	Pm009789	gi|645236625|ref|XP_008224827.1|//PREDICTED: uncharacterized protein LOC103324534 [Prunus mume]
3	953 074	16.35	Pm009792	gi|645236632|ref|XP_008224830.1|//PREDICTED: peroxidase 42 [Prunus mume]
3	953 948	18.73	Pm009792	gi|645236632|ref|XP_008224830.1|//PREDICTED: peroxidase 42 [Prunus mume]
3	971 607	16.91	Pm009795	gi|645236638|ref|XP_008224833.1|//PREDICTED: ATP synthase gamma chain, chloroplastic [Prunus mume]
3	1 033 522	15.56	Pm009806	gi|645236659|ref|XP_008224843.1|//PREDICTED: putative lactoylglutathione lyase [Prunus mume]
3	1 035 153	16.19	Pm009806	gi|645236659|ref|XP_008224843.1|//PREDICTED: putative lactoylglutathione lyase [Prunus mume]
3	1 035 487	16.17	Pm009806	gi|645236659|ref|XP_008224843.1|//PREDICTED: putative lactoylglutathione lyase [Prunus mume]
3	1 035 555	16.17	Pm009806	gi|645236659|ref|XP_008224843.1|//PREDICTED: putative lactoylglutathione lyase [Prunus mume]
3	1 035 864	15.13	Pm009806	gi|645236659|ref|XP_008224843.1|//PREDICTED: putative lactoylglutathione lyase [Prunus mume]
3	1 036 704	16.37	Pm009806	gi|645236659|ref|XP_008224843.1|//PREDICTED: putative lactoylglutathione lyase [Prunus mume]
3	1 238 840	22.10	Pm009836	gi|645236725|ref|XP_008224875.1|//PREDICTED: thioredoxin-like protein CXXS1 [Prunus mume]
3	1 243 747	15.42	Pm009837	gi|645236727|ref|XP_008224876.1|//PREDICTED: kinesin-1 [Prunus mume]
3	1 251 464	16.12	Pm009840	gi|595904502|ref|XP_007213979.1|//hypothetical protein PRUPE_ppa013252mg [Prunus persica]
3	1 251 476	18.71	Pm009840	gi|595904502|ref|XP_007213979.1|//hypothetical protein PRUPE_ppa013252mg [Prunus persica]

在梅花1号染色体的3.64 Mb区域内鉴定出与花瓣数量相关的341个SNP（图2-11，表2-14）、花苞孔相关的131个SNP（图2-12，表2-15）、雌蕊有无相关的45个SNP（图2-13，表2-16）。这些区域包含41个差异表达基因，主要为LAC17（Pm000751）和PRS（Pm000753）。LAC17与木质素降解相关（Berthet et al., 2011；Zhao et al., 2013）；PRS是在花发育过程中调控花萼形成的转录因子（Matsumoto et al., 2001；Zhao et al., 2013）。

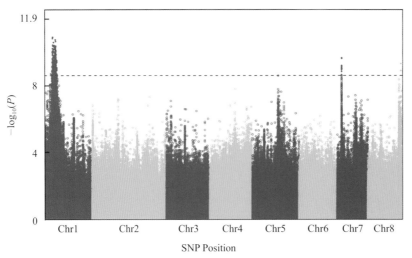

图2-11 梅花中花苞孔相关联的GWAS分析
(Chr1～Chr8代表梅花的8条染色体，每个点代表1个SNP标记)

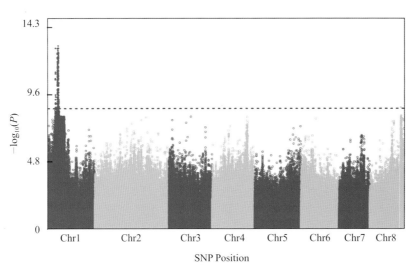

图2-12 梅花中雌蕊有无相关联的GWAS分析
(Chr1～Chr8代表梅花的8条染色体，每个点代表1个SNP标记)

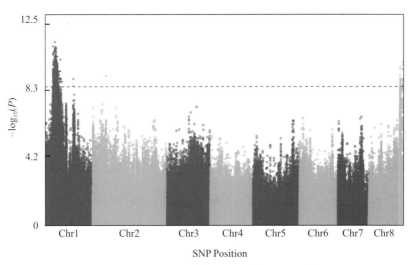

图2-13 梅花中花瓣数量相关联的GWAS分析
(Chr1～Chr8代表梅花的8条染色体，每个点代表1个SNP标记)

表2-14 梅花花瓣数量相关的主要SNP位点

染色体	位置	$-\log_{10}(P)$	基因ID	基 因 注 释
1	3 538 365	20.60	*Pm000575*	gi|645216391|ref|XP_008220899.1|//PREDICTED: uncharacterized protein LOC103320935 [*Prunus mume*]
1	4 058 003	19.77	*Pm000667*	gi|645216599|ref|XP_008221969.1|//PREDICTED: tropinone reductase homolog At1g07440-like [*Prunus mume*]
1	4 144 781	19.43	*Pm000678*	gi|645216610|ref|XP_008222016.1|//PREDICTED: tropinone reductase homolog At1g07440-like [*Prunus mume*]
1	4 305 317	19.99	*Pm000709*	gi|645216687|ref|XP_008222342.1|//PREDICTED: uncharacterized protein C24B11.05 [*Prunus mume*]
1	4 305 433	24.16	*Pm000709*	gi|645216687|ref|XP_008222342.1|//PREDICTED: uncharacterized protein C24B11.05 [*Prunus mume*]
1	4 514 526	19.63	*Pm000743*	gi|645216738|ref|XP_008222552.1|//PREDICTED: BTB/POZ domain-containing protein At5g60050 [*Prunus mume*]
1	4 548 780	25.09	*Pm000751*	gi|645217058|ref|XP_008223967.1|//PREDICTED: laccase-17，partial [*Prunus mume*]
1	4 551 342	22.90	*Pm000751*	gi|645217058|ref|XP_008223967.1|//PREDICTED: laccase-17，partial [*Prunus mume*]
1	4 554 604	19.82	*Pm000751*	gi|645217058|ref|XP_008223967.1|//PREDICTED: laccase-17，partial [*Prunus mume*]
1	4 558 118	25.69	*Pm000753*	gi|595843885|ref|XP_007208702.1|//hypothetical protein PRUPE_ppa019793mg [*Prunus persica*]
1	4 558 518	25.37	*Pm000753*	gi|595843885|ref|XP_007208702.1|//hypothetical protein PRUPE_ppa019793mg [*Prunus persica*]
1	4 559 106	27.50	*Pm000753*	gi|595843885|ref|XP_007208702.1|//hypothetical protein PRUPE_ppa019793mg [*Prunus persica*]
1	4 560 342	23.25	*Pm000753*	gi|595843885|ref|XP_007208702.1|//hypothetical protein PRUPE_ppa019793mg [*Prunus persica*]
1	4 560 443	24.90	*Pm000753*	gi|595843885|ref|XP_007208702.1|//hypothetical protein PRUPE_ppa019793mg [*Prunus persica*]
1	4 560 905	24.26	*Pm000753*	gi|595843885|ref|XP_007208702.1|//hypothetical protein PRUPE_ppa019793mg [*Prunus persica*]
1	4 560 924	24.54	*Pm000753*	gi|595843885|ref|XP_007208702.1|//hypothetical protein PRUPE_ppa019793mg [*Prunus persica*]
1	4 560 966	22.52	*Pm000753*	gi|595843885|ref|XP_007208702.1|//hypothetical protein PRUPE_ppa019793mg [*Prunus persica*]
1	4 561 014	22.37	*Pm000753*	gi|595843885|ref|XP_007208702.1|//hypothetical protein PRUPE_ppa019793mg [*Prunus persica*]
1	4 561 016	22.06	*Pm000753*	gi|595843885|ref|XP_007208702.1|//hypothetical protein PRUPE_ppa019793mg [*Prunus persica*]
1	4 561 289	20.00	*Pm000753*	gi|595843885|ref|XP_007208702.1|//hypothetical protein PRUPE_ppa019793mg [*Prunus persica*]
1	4 562 906	24.26	*Pm000753*	gi|595843885|ref|XP_007208702.1|//hypothetical protein PRUPE_ppa019793mg [*Prunus persica*]
1	4 566 344	24.53	*Pm000753*	gi|595843885|ref|XP_007208702.1|//hypothetical protein PRUPE_ppa019793mg [*Prunus persica*]
1	4 566 631	21.58	*Pm000753*	gi|595843885|ref|XP_007208702.1|//hypothetical protein PRUPE_ppa019793mg [*Prunus persica*]
1	4 567 512	25.83	*Pm000753*	gi|595843885|ref|XP_007208702.1|//hypothetical protein PRUPE_ppa019793mg [*Prunus persica*]
1	4 609 804	21.71	*Pm000761*	gi|645216754|ref|XP_008222615.1|//PREDICTED: 125 kDa kinesin-related protein [*Prunus mume*]
1	4 613 357	20.34	*Pm000761*	gi|645216754|ref|XP_008222615.1|//PREDICTED: 125 kDa kinesin-related protein [*Prunus mume*]
1	4 613 458	20.24	*Pm000761*	gi|645216754|ref|XP_008222615.1|//PREDICTED: 125 kDa kinesin-related protein [*Prunus mume*]
1	4 614 024	19.89	*Pm000761*	gi|645216754|ref|XP_008222615.1|//PREDICTED: 125 kDa kinesin-related protein [*Prunus mume*]
1	4 614 469	20.11	*Pm000761*	gi|645216754|ref|XP_008222615.1|//PREDICTED: 125 kDa kinesin-related protein [*Prunus mume*]
1	4 614 479	20.31	*Pm000761*	gi|645216754|ref|XP_008222615.1|//PREDICTED: 125 kDa kinesin-related protein [*Prunus mume*]
1	4 614 484	20.28	*Pm000761*	gi|645216754|ref|XP_008222615.1|//PREDICTED: 125 kDa kinesin-related protein [*Prunus mume*]
1	4 644 623	19.43	*Pm000766*	gi|645217071|ref|XP_008224034.1|//PREDICTED: receptor-like protein kinase HERK 1 [*Prunus mume*];gi|645216772|ref|XP_008222676.1|//PREDICTED: receptor-like protein kinase HERK 1 [*Prunus mume*]
1	4 645 290	24.56	*Pm000766*	gi|645217071|ref|XP_008224034.1|//PREDICTED: receptor-like protein kinase HERK 1 [*Prunus mume*]
1	4 645 302	23.68	*Pm000766*	gi|645217071|ref|XP_008224034.1|//PREDICTED: receptor-like protein kinase HERK 1 [*Prunus mume*]

表2-15 梅花雌蕊特征相关的主要SNP位点

染色体	位置	$-\log_{10}(P)$	基因ID	基 因 注 释
1	5 742 569	21.89	*Pm000940*	gi|645217192|ref|XP_008224719.1|//PREDICTED: 40S ribosomal protein S21-2-like [*Prunus mume*]
1	5 743 162	20.27	*Pm000940*	gi|645217192|ref|XP_008224719.1|//PREDICTED: 40S ribosomal protein S21-2-like [*Prunus mume*]
1	5 756 156	20.93	*Pm000942*	gi|645217194|ref|XP_008224731.1|//PREDICTED: 40S ribosomal protein S21-2-like [*Prunus mume*]
1	5 756 415	21.57	*Pm000942*	gi|645217194|ref|XP_008224731.1|//PREDICTED: 40S ribosomal protein S21-2-like [*Prunus mume*]
1	5 756 584	21.19	*Pm000942*	gi|645217194|ref|XP_008224731.1|//PREDICTED: 40S ribosomal protein S21-2-like [*Prunus mume*]
1	5 756 756	21.12	*Pm000942*	gi|645217194|ref|XP_008224731.1|//PREDICTED: 40S ribosomal protein S21-2-like [*Prunus mume*]
1	5 758 811	20.03	*Pm000942*	gi|645217194|ref|XP_008224731.1|//PREDICTED: 40S ribosomal protein S21-2-like [*Prunus mume*]
1	5 761 837	20.57	*Pm000942*	gi|645217194|ref|XP_008224731.1|//PREDICTED: 40S ribosomal protein S21-2-like [*Prunus mume*]
1	5 763 423	21.53	*Pm000942*	gi|645217194|ref|XP_008224731.1|//PREDICTED: 40S ribosomal protein S21-2-like [*Prunus mume*]
1	5 777 936	22.23	*Pm000942*	gi|645217194|ref|XP_008224731.1|//PREDICTED: 40S ribosomal protein S21-2-like [*Prunus mume*]
1	5 840 305	19.54	*Pm000954*	gi|645217210|ref|XP_008224802.1|//PREDICTED: tetraspanin-3 [*Prunus mume*]
1	5 841 115	21.21	*Pm000954*	gi|645217210|ref|XP_008224802.1|//PREDICTED: tetraspanin-3 [*Prunus mume*]
1	5 841 253	21.52	*Pm000954*	gi|645217210|ref|XP_008224802.1|//PREDICTED: tetraspanin-3 [*Prunus mume*]
1	5 846 549	21.20	*Pm000954*	gi|645217210|ref|XP_008224802.1|//PREDICTED: tetraspanin-3 [*Prunus mume*]
1	5 846 563	19.21	*Pm000954*	gi|645217210|ref|XP_008224802.1|//PREDICTED: tetraspanin-3 [*Prunus mume*]
1	5 851 279	21.90	*Pm000955*	gi|645217213|ref|XP_008224813.1|//PREDICTED: LOW QUALITY PROTEIN: interactor of constitutive active ROPs 3 [*Prunus mume*]
1	5 933 328	21.28	*Pm000967*	gi|645217243|ref|XP_008224940.1|//PREDICTED: L-ascorbate peroxidase，cytosolic [*Prunus mume*]
1	5 938 887	20.80	*Pm000967*	gi|645217243|ref|XP_008224940.1|//PREDICTED: L-ascorbate peroxidase，cytosolic [*Prunus mume*]
1	5 938 898	19.65	*Pm000967*	gi|645217243|ref|XP_008224940.1|//PREDICTED: L-ascorbate peroxidase，cytosolic [*Prunus mume*]
1	5 939 042	20.67	*Pm000967*	gi|645217243|ref|XP_008224940.1|//PREDICTED: L-ascorbate peroxidase，cytosolic [*Prunus mume*]
1	5 939 411	21.85	*Pm000967*	gi|645217243|ref|XP_008224940.1|//PREDICTED: L-ascorbate peroxidase，cytosolic [*Prunus mume*]
1	5 956 183	20.10	*Pm000967*	gi|645217243|ref|XP_008224940.1|//PREDICTED: L-ascorbate peroxidase，cytosolic [*Prunus mume*]
1	5 962 121	20.54	*Pm000967*	gi|645217243|ref|XP_008224940.1|//PREDICTED: L-ascorbate peroxidase，cytosolic [*Prunus mume*]
1	5 962 541	20.37	*Pm000967*	gi|645217243|ref|XP_008224940.1|//PREDICTED: L-ascorbate peroxidase，cytosolic [*Prunus mume*]
1	6 164 420	21.14	*Pm000988*	gi|645217300|ref|XP_008225258.1|//PREDICTED: general transcription factor IIH subunit 2 [*Prunus mume*]
1	6 167 556	19.21	*Pm000988*	gi|645217300|ref|XP_008225258.1|//PREDICTED: general transcription factor IIH subunit 2 [*Prunus mume*]
1	6 167 639	19.67	*Pm000988*	gi|645217300|ref|XP_008225258.1|//PREDICTED: general transcription factor IIH subunit 2 [*Prunus mume*]
1	6 167 688	21.24	*Pm000988*	gi|645217300|ref|XP_008225258.1|//PREDICTED: general transcription factor IIH subunit 2 [*Prunus mume*]
1	6 168 259	21.16	*Pm000988*	gi|645217300|ref|XP_008225258.1|//PREDICTED: general transcription factor IIH subunit 2 [*Prunus mume*]
1	6 168 300	21.16	*Pm000988*	gi|645217300|ref|XP_008225258.1|//PREDICTED: general transcription factor IIH subunit 2 [*Prunus mume*]
1	6 168 389	19.48	*Pm000988*	gi|645217300|ref|XP_008225258.1|//PREDICTED: general transcription factor IIH subunit 2 [*Prunus mume*]
1	6 168 465	20.27	*Pm000988*	gi|645217300|ref|XP_008225258.1|//PREDICTED: general transcription factor IIH subunit 2 [*Prunus mume*]
1	6 184 482	19.52	*Pm000993*	gi|645217318|ref|XP_008225328.1|//PREDICTED: isovaleryl-CoA dehydrogenase，mitochondrial [*Prunus mume*]
1	6 184 862	21.85	*Pm000993*	gi|645217318|ref|XP_008225328.1|//PREDICTED: isovaleryl-CoA dehydrogenase，mitochondrial [*Prunus mume*]

表2-16　梅花花苞孔特征相关的主要SNP位点

染色体	位置	$-\log_{10}(P)$	基因ID	基 因 注 释
1	4 144 781	10.37	Pm000678	gi|645216610|ref|XP_008222016.1//PREDICTED: tropinone reductase homolog At1g07440-like [Prunus mume]
1	4 144 787	10.06	Pm000678	gi|645216610|ref|XP_008222016.1//PREDICTED: tropinone reductase homolog At1g07440-like [Prunus mume]
1	4 144 815	9.85	Pm000678	gi|645216610|ref|XP_008222016.1//PREDICTED: tropinone reductase homolog At1g07440-like [Prunus mume]
1	4 305 317	9.29	Pm000709	gi|645216687|ref|XP_008222342.1//PREDICTED: uncharacterized protein C24B11.05 [Prunus mume]
1	4 305 567	9.26	Pm000709	gi|645216687|ref|XP_008222342.1//PREDICTED: uncharacterized protein C24B11.05 [Prunus mume]
1	4 548 780	9.82	Pm000751	gi|645217058|ref|XP_008223967.1//PREDICTED: laccase-17，partial [Prunus mume]
1	4 552 443	9.44	Pm000751	gi|645217058|ref|XP_008223967.1//PREDICTED: laccase-17，partial [Prunus mume]
1	4 552 692	9.53	Pm000751	gi|645217058|ref|XP_008223967.1//PREDICTED: laccase-17，partial [Prunus mume]
1	4 554 604	10.15	Pm000751	gi|645217058|ref|XP_008223967.1//PREDICTED: laccase-17，partial [Prunus mume]
1	4 555 222	9.59	Pm000751	gi|645217058|ref|XP_008223967.1//PREDICTED: laccase-17，partial [Prunus mume]
1	4 558 118	9.09	Pm000753	gi|595843885|ref|XP_007208702.1//hypothetical protein PRUPE_ppa019793mg [Prunus persica]
1	4 558 518	9.71	Pm000753	gi|595843885|ref|XP_007208702.1//hypothetical protein PRUPE_ppa019793mg [Prunus persica]
1	4 559 106	9.42	Pm000753	gi|595843885|ref|XP_007208702.1//hypothetical protein PRUPE_ppa019793mg [Prunus persica]
1	4 560 443	9.93	Pm000753	gi|595843885|ref|XP_007208702.1//hypothetical protein PRUPE_ppa019793mg [Prunus persica]
1	4 560 924	10.24	Pm000753	gi|595843885|ref|XP_007208702.1//hypothetical protein PRUPE_ppa019793mg [Prunus persica]
1	4 561 014	9.69	Pm000753	gi|595843885|ref|XP_007208702.1//hypothetical protein PRUPE_ppa019793mg [Prunus persica]
1	4 561 016	9.44	Pm000753	gi|595843885|ref|XP_007208702.1//hypothetical protein PRUPE_ppa019793mg [Prunus persica]
1	4 566 344	10.16	Pm000753	gi|595843885|ref|XP_007208702.1//hypothetical protein PRUPE_ppa019793mg [Prunus persica]
1	4 567 512	9.82	Pm000753	gi|595843885|ref|XP_007208702.1//hypothetical protein PRUPE_ppa019793mg [Prunus persica]
1	4 614 024	9.06	Pm000761	gi|645216754|ref|XP_008222615.1//PREDICTED: 125 kDa kinesin-related protein [Prunus mume]
1	4 645 290	9.95	Pm000766	gi|645217071|ref|XP_008224034.1//PREDICTED: receptor-like protein kinase HERK 1 [Prunus mume];gi|645216772|ref|XP_008222676.1//PREDICTED: receptor-like protein kinase HERK 1 [Prunus mume]
1	4 645 302	9.13	Pm000766	gi|645217071|ref|XP_008224034.1//PREDICTED: receptor-like protein kinase HERK 1 [Prunus mume];gi|645216772|ref|XP_008222676.1//PREDICTED: receptor-like protein kinase HERK 1 [Prunus mume]
1	4 671 876	9.47	Pm000767	gi|645216772|ref|XP_008222676.1//PREDICTED: receptor-like protein kinase HERK 1 [Prunus mume]
1	4 671 959	10.05	Pm000767	gi|645216772|ref|XP_008222676.1//PREDICTED: receptor-like protein kinase HERK 1 [Prunus mume]
1	5 055 307	10.96	Pm000830	gi|645216875|ref|XP_008223101.1//PREDICTED: glycine-rich RNA-binding protein [Prunus mume]
1	5 059 670	10.88	Pm000830	gi|645216875|ref|XP_008223101.1//PREDICTED: glycine-rich RNA-binding protein [Prunus mume]
1	5 329 987	9.14	Pm000877	gi|645216975|ref|XP_008223523.1//PREDICTED: metallothionein-like protein type 2 [Prunus mume]
1	5 368 798	9.79	Pm000889	gi|645216990|ref|XP_008223598.1//PREDICTED: glucan endo-1 3-beta-glucosidase-like [Prunus mume]
1	5 368 840	10.58	Pm000889	gi|645216990|ref|XP_008223598.1//PREDICTED: glucan endo-1 3-beta-glucosidase-like [Prunus mume]
1	5 368 962	11.01	Pm000889	gi|645216990|ref|XP_008223598.1//PREDICTED: glucan endo-1 3-beta-glucosidase-like [Prunus mume]
1	5 369 110	9.82	Pm000889	gi|645216990|ref|XP_008223598.1//PREDICTED: glucan endo-1 3-beta-glucosidase-like [Prunus mume]
1	5 369 155	10.00	Pm000889	gi|645216990|ref|XP_008223598.1//PREDICTED: glucan endo-1 3-beta-glucosidase-like [Prunus mume]
1	5 369 173	9.31	Pm000889	gi|645216990|ref|XP_008223598.1//PREDICTED: glucan endo-1 3-beta-glucosidase-like [Prunus mume]
1	5 369 239	11.35	Pm000889	gi|645216990|ref|XP_008223598.1//PREDICTED: glucan endo-1 3-beta-glucosidase-like [Prunus mume]

构建梅花垂枝性状遗传图谱，将控制垂枝性状的候选基因定位在7号染色体1.15 Mb区域（Zhang et al., 2015）。利用梅花品种GWAS数据，在7号染色体上重新挖掘到一些与垂枝性状相关的候选基因（图2-14）。结合遗传图谱QTL定位与梅花品种GWAS分析，得到控制垂枝性状的 *bHLH157*（*Pm024214*）和 *P450 78A9*（*CYP78A9*，*Pm024229*）等13个候选基因（表2-17）。苯丙烷类化合物代谢通路以依赖P450反应为特征，调控木质素合成（Kim et al., 1998）。上述候选基因为开展垂枝性状的分子遗传学研究奠定基础。

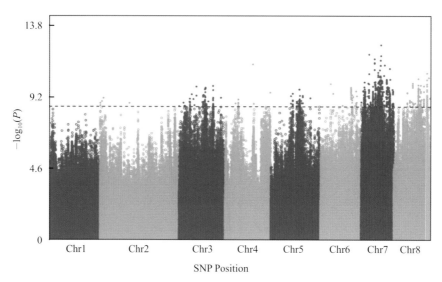

图2-14　梅花垂枝性状的GWAS关联分析
（Chr1～Chr8代表梅花的8条染色体，每个点代表1个SNP标记）

表2-17　梅花垂枝性状相关的主要SNP位点

染色体	位置	$-\log_{10}(P)$	GO注释	KEGG注释
7	10 985 740	20.06	GO:0003677; DNA binding; function	NA
7	11 182 911	37.83	NA	NA
7	11 247 201	23.85	NA	NA
7	11 258 807	20.49	GO:0030170; pyridoxal phosphate binding; function	K01761|1|0.0|758|pop:POPTR_709036|methionine-gamma-lyase [EC:4.4.1.11]
7	11 264 566	22.03	NA	NA
7	11 267 974	30.56	NA	NA
7	11 275 091	27.92	NA	NA
7	11 275 754	29.02	NA	NA
7	11 276 453	29.07	NA	NA
7	11 276 665	27.42	NA	NA
7	11 276 676	27.42	NA	NA
7	11 276 936	27.81	NA	NA
7	11 280 717	25.34	GO:0001104; RNA polymerase II transcription cofactor activity; function	NA
7	11 358 938	24.09	GO:0004252; serine-type endopeptidase activity; function	NA
7	11 365 428	25.98	GO:0003677; DNA binding; function	K09287|1|1e-43|178|vvi:100262843|RAV-like factor
7	11 687 973	20.57	NA	NA
7	11 687 974	22.10	NA	NA

3　结论

（1）完成梅花品种重测序研究，平均测序深度19.3×，挖掘到534万个SNP。发现杏梅品种群、樱李梅品种群中分别有明显的杏、李基因渗入，宫粉品种群、江梅品种群中有显著的李属物种基因渗入，垂枝品种群、朱砂品种群中有较弱的种间渐渗特征。

（2）完成梅花和李属泛基因组学研究，获得梅花核心基因22 499个，李属核心基因19 135个。梅花基因组中包含3 364个特有基因，主要在类黄酮、苯丙烷类、苯基丙氨酸等代谢通路中富集，这些特有基因可能与梅花花色、花香等重要观赏性状形成相关。

（3）完成梅花品种重要观赏性状的GWAS分析，获得76个与花瓣、花萼、花芽和柱头颜色相关联的SNP。挖掘到控制花色性状的*MYB108*、控制垂枝性状的*bHLH157*等13个与木质素合成相关的候选基因，为开展梅花重要性状分子遗传学研究奠定基础。

参考文献

陈俊愉, 1999. 中国梅花品种分类最新修正体系[J].北京林业大学学报, 21(2):1-6.

Atwell S, Huang Y S, Vilhjálmsson B J, et al, 2010. Genome-wide association study of 107 phenotypes in *Arabidopsis thaliana* inbred lines[J]. Nature, 465(7298): 627-631.

Barrett J C, Fry B, Maller J, et al, 2005. Haploview: analysis and visualization of LD and haplotype maps[J]. Bioinformatics, 21(2):263-265.

Berthet S, Demont-Caulet N, Pollet B, et al, 2011. Disruption of LACCASE4 and 17 results in tissue-specific alterations to lignification of *Arabidopsis thaliana* stems[J]. The Plant Cell, tpc. 110.082792.

Cao K, Zheng Z, Wang L, et al, 2014. Comparative population genomics reveals the domestication history of the peach, *Prunus persica*, and human influences on perennial fruit crops[J]. Genome Biology, 15(7): 415.

Chen K, Wallis J W, Mclellan M D, et al, 2009. Break Dancer: an algorithm for high-resolution mapping of genomic structural variation[J]. Nature Methods, 6(9):677-681.

Cheng F, Sun R, Hou X, et al, 2016. Subgenome parallel selection is associated with morphotype diversification and convergent crop domestication in *Brassica rapa* and *Brassica oleracea*[J]. Nature Genetics, 48(10):1218-1224.

De S J, Menges M, Bauer U M, et al, 2001. *Arabidopsis* E2F1 binds a sequence present in the promoter of S-phase-regulated gene *AtCDC6* and is a member of a multigene family with differential activities[J]. Plant Molecular Biology, 47(4):555-568.

Edgar R C, 2004. MUSCLE: multiple sequence alignment with high accuracy and high throughput[J]. Nucleic Acids Research, 32(5):1792-1797.

Evans L M, Slavov G T, Eli R M, et al, 2014. Population genomics of *Populus trichocarpa* identifies signatures of selection and adaptive trait associations[J]. Nature Genetics, 46(10):1089-1096.

Fraser L G, Seal A G, Montefiori M, et al, 2013. An R2R3 MYB transcription factor determines red petal colour in an *Actinidia* (kiwifruit) hybrid population[J]. BMC Genomics, 14(1):28.

Guindon S, Dufayard J F, Lefort V, et al, 2010. New algorithms and methods to estimate maximum-likelihood phylogenies: assessing the performance of PhyML 3.0[J]. Systematic Biology, 59(3):307-321.

Golicz A A, Bayer P E, Barker G C, et al, 2016. The pangenome of an agronomically important crop plant *Brassica oleracea*[J]. Nature Communications (7):13390.

Hyten D L, Qijian S, Youlin Z, et al, 2006. Impacts of genetic bottlenecks on soybean genome diversity[J]. Proceedings of the National Academy of Sciences, 103(45):16666-16671.

Huang X, Zhao Y, Wei X, et al, 2012. Genome-wide association study of flowering time and grain yield traits in a worldwide collection of rice germplasm[J]. Nature Genetics, 44(1):32-39.

Hirsch C N, Foerster J M, Johnson J M, et al, 2014. Insights into the maize pan-genome and pan-transcriptome[J]. The Plant Cell, 26(1):121-135.

Jinn T L, Stone J M, Walker J C, 2000. HAESA, an *Arabidopsis* leucine-rich repeat receptor kinase, controls floral organ abscission[J]. Genes & Development, 14(1):108-117.

Kahle D, Wickham H, 2015. ggmap: Spatial Visualization with ggplot2[J]. R Journal, 5(1):144-161.

Kim G T, 1998. The *ROTUNDIFOLIA3* gene of *Arabidopsis thaliana* encodes a new member of the cytochrome P-450 family that is required for the regulated polar elongation of leaf cells[J]. Genes & Development, 12(15):2381-2391.

Kramer E M, Irish V F, 1999. Evolution of genetic mechanisms controlling petal development[J]. Nature, 399(6732):144-148.

Kurtz S, Phillippy A, Delcher A L, et al, 2004. Versatile and open software for comparing large genomes[J]. Genome Biology, 5(2):R12.

Li Y H, Zhou G, Ma J, et al, 2014. *De novo* assembly of soybean wild relatives for pan-genome analysis of diversity and agronomic traits[J]. Nature Biotechnology, 32(10):1045-1052.

Li R, Li J, Zhou G, et al, 2010. Building the sequence map of the human pan-genome[J]. Nature Biotechnology, 28(1):57-63.

Luo R, Liu B, Xie Y, et al, 2012. SOAPdenovo2: an empirically improved memory-efficient short-read *de novo* assembler[J]. GigaScience, 1(1):18.

Matsumoto N, Okada K, 2001. A homeobox gene, *PRESSED FLOWER*, regulates lateral axis-dependent development of *Arabidopsis* flowers[J]. Genes & Development, 15(24):3355-3364.

Montenegro J D, Golicz A A, Bayer P E, et al, 2017. The pangenome of hexaploid bread wheat[J]. The Plant Journal, 90(5):1007.

Morris G P, Ramu P, Deshpande S P, et al, 2013. Population genomic and genome-wide association studies of agroclimatic traits in sorghum[J]. Proceedings of the National Academy of Sciences, 110(2):453-458.

Mcmullen M D, Stephen K, Hector Sanchez V, et al, 2009. Genetic properties of the maize nested association mapping population[J]. Science, 325(5941):737-740.

Preston J C, Hileman L C, 2013. Functional evolution in the plant *SQUAMOSA-PROMOTER BINDING PROTEIN-LIKE* (*SPL*) gene family[J]. Frontiers in Plant Science (4): 80.

Price A L, Patterson N J, Plenge R M, et al, 2006. Principal components analysis corrects for stratification in genome-wide association studies[J]. Nature Genetics, 38(8): 904.

Pinosio S, Giacomello S, Faivre-Rampant P, et al, 2016. Characterization of the poplar pan-genome by genome-wide identification of structural variation[J]. Molecular Biology & Evolution, 33(10):2706-2719.

Quiroga M, Guerrero C, Botella M A, et al, 2000. A tomato peroxidase involved in the synthesis of lignin and suberin[J]. Plant Physiology, 122(4): 1119-1128.

Ronquist F, Teslenko M, Van Der Mark P, et al, 2012. MrBayes 3.2: efficient Bayesian phylogenetic inference and model choice across a large model space[J]. Systematic Biology, 61(3): 539-542.

Smith S A, Beaulieu J M, Donoghue M J, 2010. An uncorrelated relaxed-clock analysis suggests an earlier origin for flowering plants[J]. Proceedings of the National Academy of Sciences: 201001225.

Solovyev V V, Shahmuradov I A, Salamov A A, 2010. Identification of promoter regions and regulatory sites[M]. Computational biology of transcription factor binding. Humana Press, Totowa, NJ, 2010:57-83.

Tettelin H, Masignani V, Cieslewicz M J, et al, 2005. Genome analysis of multiple pathogenic isolates of *Streptococcus agalactiae*: implications for the microbial "pan-genome" [J]. Proceedings of the National Academy of Sciences, 102(39):13950-13955.

Tao L, Guangtao Z, Junhong Z, et al, 2014. Genomic analyses provide insights into the history of tomato breeding[J]. Nature Genetics, (46):1220-1226.

Watanabe K, Matsumoto N, Funaki S, et al, 2003. Axis-dependent regulation of lateral organ development in plants[M]. Morphogenesis and Pattern Formation in Biological Systems. Springer, Tokyo.

Xu X, Liu X, Ge S, et al, 2012. Resequencing 50 accessions of cultivated and wild rice yields markers for identifying agronomically important genes[J]. Nature Biotechnology, 30(1):105-111.

Zhang Q, Chen W, Sun L, et al, 2012. The genome of *Prunus mume*[J]. Nature Communications, 3(4):1318.

Zhang J, Zhang Q, Cheng T, et al, 2015. High-density genetic map construction and identification of a locus controlling weeping trait in an ornamental woody plant (*Prunus mume* Sieb. et Zucc)[J]. DNA Research, 22(3):183.

Zhao Q, Dixon R A, 2013. *LACCASE* is necessary and nonredundant with *PEROXIDASE* for lignin polymerization during vascular development in *Arabidopsis*[J]. The Plant Cell, 25(10):3976-3987.

Zhang Q, Zhang H, Sun L, et al, 2018. The genetic architecture of floral traits in the woody plant *Prunus mume*[J]. Nature Communications, 9(1):1702.

第3章
梅花遗传图谱构建与重要性状QTL定位

遗传连锁图谱即遗传图谱，是依据染色体交换与重组，以标记间重组率为"图距"和多态性遗传标记为"路标"，确定不同多态性标记位点在每条连锁群上排列顺序和遗传距离的线性连锁图谱（徐云碧等，1994）。由于SSR和SNP分子标记均为共显性标记，在基因组中标记位点丰富、多态性高、遗传稳定性强且可进行全自动化操作等特点，广泛应用于遗传多样性分析、遗传图谱构建、全基因组关联分析以及基因组选择等研究。RAD-tag（restriction-site associated DNA tag）技术是通过对基因组DNA序列酶切获得的RAD标签进行高通量测序，利用生物信息学手段快速鉴定大量分子标记的方法（Miller et al.，2007；Baird et al.，2008；Chutimanitsakun et al.，2011）。Miller等（2007）首次将RAD测序技术应用到果蝇（*Drosophila melanogaster*）和三刺鱼（*Gasterosteus aculeatus*）的研究中，并迅速应用到大麦（*Hordeum vulgare*）、茄子（*Solanum melongena*）和油菜（*Lupinus angustifolius*）等植物育种中（Barchi et al.，2011；Chutimanitsakun et al.，2011；Yang et al.，2012）。SLAF-seq（specific locus amplified fragment sequencing）是近几年开发的一种特定RAD-tag方法，利用内切酶Ⅰ对基因组DNA进行酶切后加barcode，然后用内切酶Ⅱ进行酶切，最后加接头进行建库测序。该方法通过重复利用多种接头序列，可以同时对较大群体多个位点进行序列测定。SLAF分子标记是根据SLAF位点中SNP情况进行基因分型，采用双酶切可以提高基因分型准确性（Sun et al.，2013），目前已成功应用于芝麻（*Sesamum indicum*）、黄瓜（*C. sativus*）和玉米（*Z. mays*）等重要物种的分子标记开发及高密度遗传连锁图谱构建（Zhang et al.，2013；Wei et al.，2014；Xia et al.，2015）。

在梅花全基因组测序基础上（Zhang et al.，2012），以梅花品种'粉瓣'和'扣子玉碟'杂交所得的F$_1$代（190株）为作图群体，通过RAD-tag测序方法，开发SNP标记，构建含有1 613个标记的梅花高密度遗传图谱，与李属T×E参考图谱进行比较基因组学分析，揭示梅花在李属中的演化规律（Sun et al.，2013）；利用复合区间作图法对株高、地径、叶长、叶宽、叶脉数目和叶面积等重要表型性状进行QTL分析（Sun et al.，2014）；构建梅花垂枝性状F$_1$代分离群体，利用SLAF-seq测序技术构建包含8 007个标记的遗传图谱，开发了10个与垂枝性状紧密连锁的SLAF分子标记，定位于7号染色体10.14～13.12 Mb和13.86～15.54 Mb的候选基因区域，挖掘到69个垂枝候选基因，其中11个基因与细胞壁形成相关（Zhang et al.，2015），为今后进行分子标记辅助早期选择、相关基因的图位克隆和比较基因组学研究奠定基础。

1 材料与方法

1.1 材料

选择梅花品种'粉瓣'×'扣子玉碟'杂交F$_1$代群体（190株子代）、梅花品种'六瓣'×'粉台垂枝'杂交F$_1$代群体（387株子代）为试验材料，构建梅花高密度遗传图谱。

1.2 方法

1.2.1 遗传作图群体构建

梅花作图群体构建步骤如下：

（1）选择生长健壮、子房饱满、柱头发育良好、结实率高的植株为母本，选择花药饱满、散粉量大、花粉生活力高的植株为父本，进行人工杂交。

（2）在父本初花期至盛花期，在中等长势、无病虫害和生理缺陷枝条上，选择中蕾期和大蕾期花蕾，用消毒的医用镊子剥离花药平铺在硫酸纸上，室温20～25℃、相对湿度40%以下，自然散粉15～20 h，4℃干燥冷藏备用。

（3）在母本初花期，选择生长健壮中短花枝，适当修剪，先去除已开花朵和过小花蕾，在保留花萼情况下，用镊子小心地将花瓣和雄蕊去除。去雄完成后，在10～16时，柱头上具有发亮黏液时，用毛笔蘸取父本花粉，轻轻涂于柱头，完成授粉，计数并挂牌，套硫酸纸袋。

（4）授粉后6～10 d，待柱头干燥变黑、子房膨大后去袋。果实发育80～90 d后，为防止落果，进行套网；果实发育110～120 d后，人工采收，在通风阴凉处放置15～20 d，使种子充分后熟。

（5）将去除果肉的种子取出、洗净、晾干，置于4℃冷库中沙藏催芽，待种子露白时，进行播种。

（6）将已露白种子播种于温室中，待幼苗株高达到20～30 cm，移栽至大田，注意病虫害防护。

1.2.2 荧光SSR引物设计与筛选

在梅花基因组组装序列中，随机选择670个SSR标记位点，利用软件Primer 3（v.1.1.4）（Rozen and Skaletsky，2000）对含有这些SSR标记位点侧翼序列进行引物设计。用聚丙烯酰胺凝胶电泳进行检测，共有144对SSR引物在亲本与5个分离子代中具有多态性，可用于遗传图谱构建。将144对多态性SSR引物上游序列5′端分别进行FAM（蓝色）、TEMRA（黄色）或HEX（绿色）3种荧光标记，与下游引物（无荧光标记）配对，进行PCR反应。

3种荧光染料标记的SSR引物，均在10 μL PCR反应体系中进行，体系如下：1 μL基因组DNA（50 ng/μL），1 μL 10×buffer，1.2 μL dNTP（2.5 mmol/L），1 μL上下游引物（10 μmol/L），1 U *Taq* DNA聚合酶（Promega，madison，WI，USA），最后添加ddH$_2$O达到10 μL体系。PCR反应程序为：预变性，95℃，4 min；变性，95℃，30 s，最佳退火温度30 s，延伸，72℃，1 min，30个循环；延伸，72℃，6 min。

1.2.3 SSR标记分离检测与数据采集

利用卡方（χ^2）检验检测共显性SSR标记在F$_1$代群体中等位基因分离比例是否符合1:1、1:2:1或1:1:1:1孟德尔分离规律（Han et al.，2011）。将1 μL PCR扩增产物、1 μL LIZ-500 size standard（Applied biosystems，USA）和8 μL Hi-Di formamide混合，利用ABI 3730 DNA毛细管测序仪检测并进行STR分型，计算每个个体中等位基因型扩增片段大小。

利用ABI 3730 DNA毛细管测序仪进行扩增产物检测，然后利用GeneMapper（v3.7）（applied biosystems，USA）软件进行图像收集，结合扩增片段进行SSR条带判读，将扩增产物信号强度≥ 500且在扩增片段范围内的条带作为SSR位点。利用Joinmap（v4.1）软件CP模型，将SSR原始数据的分离条带类型转换为对应数据编码，录入Excel中备用（Ooijen，2006）。

1.2.4 RAD文库构建与测序

RAD文库构建流程：利用限制性核酸内切酶对目标基因组DNA进行酶切消化处理，在酶切片段两端加上含有PCR扩增引物位点、测序引物位点、样品标签和酶切位点这4个部分的P1接头，将带有不同P1接头样品混合在一起，利用物理方法将其打断成300～700 bp片段，加上P2接头，PCR扩增富集样品RAD标签，上机测序（图3-1）。

具体步骤如下：取1.5 μg基因组DNA，加ddH$_2$O稀释到50 ng/μL，用*Eco*R I限制性内切酶在50 μL反应体系中于37℃孵育1 h，取5 μL酶切产物电泳检测酶切效果；于65℃孵育20 min，使*Eco*R I内切酶失活。用T$_4$ DNA连接酶将酶切产物连接带有*Eco*R I黏性末端和条形码标签的Solexa P1接头（5′-AATGATACGGCGACCAC CGAGATCTACACTCTTTCCCTACACGACGCTCTTCCGATCTXXXXXTTAA-3′，X代表条形码标签），于20℃孵育25 min，于65℃孵育20 min失活。每24个含有P1接头样品为1组，共有8组，每组含有3～5 μg基因组DNA，总体积为240 μL的混合液。利用Covaris DNA超声打断仪（设置参数cycle＝2）将DNA混合液打断为主带500 bp左右小片段。将磁珠和打断产物转移到1.5 mL离心管，离心后取上清液至另一新离心管，经Qiagen PCR纯化试剂盒纯化后，用50 μL EB溶解，4℃保存。将含有P1接头目的片段末端加A修复，连接P2接头，在PCR仪中于25℃孵育40 min，将纯化后的连接产物通过PCR扩增进行富集。将20 μL产物进行2%琼脂糖凝胶电泳，以100 bp DNA Marker为参照，切取300～500 bp条带进行胶纯化回收，溶于50 μL EB溶液备用。

利用Illumina HiSeq 2000测序平台，对制备好的RAD文库进行上机测序。在192个样品（190个子代和2亲本）中每24个样品为一组放到同一个测序池中，进行单末端50 bp测序，产生约608.4 Mb读长序列，平均每个样品有3.2 Mb，原始序列已上传到NCBI数据库中，序列号为SRA057102。

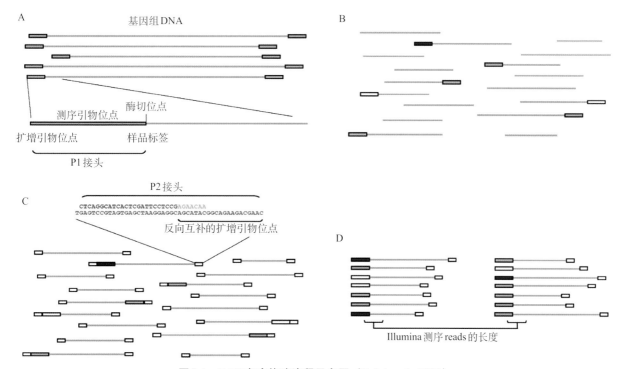

图 3-1　RAD文库构建流程示意图（Baird et al., 2008）
A. 限制性核酸内切酶消化基因组DNA，加上P1接头　B. 带有不同P1接头的样品混合在一起，采用物
理方法打断成300～700 bp的片段　C. 加上P2接头　D. PCR扩增富集RAD-tags及测序

1.2.5　RAD测序中SNP标记挖掘

对192个样品的下机数据进行过滤（在条形码标签和酶切位点处允许1个碱基错配），过滤后的读长序列在允许2个碱基错配条件下进行聚类，产生原始RAD-tag序列。过滤掉测序深度2×以下的RAD-tag序列，聚类得到RAD cluster（允许1个碱基错配），进行个体间RAD cluster比对（允许1个碱基错配），在亲本及190个分离子代中检测多态性SNP位点。利用Joinmap软件CP模型，将亲本和子代中SNP标记位点转换为对应数据编码，进行后期遗传图谱连锁分析和构建。

1.2.6　SLAF文库构建及测序

利用梅花基因组信息进行酶切预测，估计不同内切酶对基因组酶切后所产生的分子标记数量及在基因组上的分布，开展SLAF标记开发试验，选定*Hae* III和*Hpy* 166 II（new england biolabs，NEB，USA）2种酶对梅花基因组DNA进行消化处理，加入Klenow片段（NEB）和dATP，于37℃温育，使消化后DNA末端接上A碱基，利用T$_4$连接酶在A碱基末端连接双条形码标签接头（PAGE-purified，life technologies，USA）。将稀释后的连接产物进行PCR扩增，回收扩增产物，完成文库构建，利用Illumina HiSeq 2500进行双末端测序。

1.2.7　SLAF测序数据分组及分型

SLAF标记分型流程如下（Sun et al., 2013）：（1）过滤掉低质量读长片段后，根据双条形码标签接头序列将读长与每个F$_1$后代对应；（2）去除所有原始读长接头及末端5 bp碱基序列后得到的读长用于后续分析（Li et al., 2008）；（3）只有比对到基因组相同位置且有95%相似性读长的对应位点被认为是一个SLAF位点（Zhang et al., 2013）；（4）根据在父母本中测序深度>20×以及在后代中完整度>30%的读长，鉴定每个SLAF的等位位点标签并进行基因分型，过滤掉包含3个以上SNP的SLAF位点。

采用贝叶斯方法，对每个SLAF标记分型结果进行打分，保证标记分型质量（Sun et al., 2013）。根据每个SLAF位点基因型覆盖度和多态性，计算个体在该位点拥有某个基因型的概率，采用动态优化过程将每个SLAF位点基因型概率转换成基因型分型质量分值。当所有SLAF标记平均基因型分型质量分值达到边界值时，结束动态优化迭代过程。进一步筛选高质量SLAF分子标记，要求每个SLAF位点在F_1后代中平均测序深度 > 7×，在父母本中测序深度 > 80×；去除在F_1代群体中完整度 <70%的SLAF分子标记；通过卡方检验检测偏分离标记，去除严重偏分离标记（$P<0.05$），最终得到SLAF分子标记用于遗传连锁图谱构建。

1.2.8　遗传连锁分析和遗传图谱构建

利用Joinmap软件构建梅花F_1代群体遗传图谱：将数据导入作图软件，对F_1代作图群体进行卡平方（χ^2）检验（$P< 0.05$），检测SSR、SNP和SLAF标记在该群体中是否符合孟德尔分离比例（1:1、1:2:1或1:1:1:1），按照回归作图算法，将标记分为8条连锁群[LOD ≥ 5.0，r（重组率）≤ 0.3]，通过Kosambi函数（Kosambi，1943）对r进行矫正，将其转换为遗传图距，单位为厘摩（cM），得到标记在连锁群上的位置和顺序。

1.2.9　梅花基因组与李属参考图谱间共线性分析

从NCBI公共数据库下载613条李属参照图谱的蔷薇科保守同源（rosaceae conserved ortholog set，RosCOS）序列（Cabrera et al., 2009）。利用Blat软件（Kent, 2002）将这些标记序列与锚定到梅花高密度遗传图谱基因组序列进行BLASTed比对（比对长度 ≥ 11 bp，得分 ≥ 30，一致性 ≥ 80%，覆盖度 ≥ 80%），筛选得到525个RosCOS序列，用于后续共线性分析。根据Shulaev等方法（2010）将李属参考图谱的遗传图距转化为物理图谱，用于后续与梅花基因组间共线性分析。利用Circos软件（Krzywinski et al., 2009）将梅花基因组与李属参考图谱间共线性关系进行可视化。根据Vilanova等方法（2008）来确定梅花基因组与李属参考图谱之间染色体重排，即每次染色体易位伴随着染色体的一次断裂。

1.2.10　垂枝性状QTL定位

用R软件进行QTL分析，选择表型二项分布选项对垂枝位点进行定位（Broman and Sen, 2009）。显著阈值取1 000次迭代置换后得到数值，采用区间作图分析方法进行QTL分析。利用Mutmap类似策略对垂枝性状进行定位。作图群体每个个体高质量SLAF标记分别根据对应的表型（垂枝或者直枝）分为2组混合建池。采用类似SNP index的方法（定义为SLAF-index），分别计算该SLAF位点在垂枝池和直枝池的基因型频率。垂枝池和直枝池基因型频率差异记做 Δ（SLAF-index），计算所有SLAF标记的 Δ（SLAF-index）值，用于衡量标记与垂枝性状的连锁程度。

1.2.11　候选基因筛选及功能注释

基于梅花基因组信息鉴定垂枝候选区域内基因，利用'六瓣'和'粉台垂枝'重测序信息对该区域多态性进行分析。在父母本中存在至少1个氨基酸水平差异的基因被当做垂枝候选基因用于后续分析。采用BLASTX软件将候选基因在UniProt蛋白数据库中进行NR蛋白序列比对及GO功能注释。

2　研究结果

2.1　梅花遗传作图群体构建

利用'粉瓣'בすこ玉碟'与'六瓣'×'粉台垂枝'，构建遗传群体（表3-1，图3-2）。

表3-1　梅花遗传作图群体构建结果

编号	杂交组合	授粉量	结实量	出苗量
1	'粉瓣'×'扣子玉碟'	4 120	561	300
2	'六瓣'×'粉台垂枝'	3 995	502	387

图3-2　梅花遗传作图群体
A.母本'粉瓣'（*P. mume* 'Fenban'）　B.'扣子玉碟'（*P. mume* 'Kouzi Yudie'）
C.杂种后代出苗情况　D.杂种后代移栽大田

2.2　梅花遗传框架图谱构建

2.2.1　SSR引物筛选结果和多态性分析

在'粉瓣'בKouzi扣子玉碟'F₁代作图群体中随机选取5个分离子代为试验材料，进行670对SSR引物多态性筛选。结果显示有648对SSR引物能产生清晰、稳定条带，占引物总数96.7%。经过聚丙烯酰胺凝胶电泳筛选共有144对SSR引物在亲本间及5个分离子代中具有多态性，比例为21.5%（图3-3）。将144对多态性SSR引物分别进行FAM、HEX和TAMRA荧光标记，在F₁代作图群体中进行PCR扩增。

用卡方检验（χ^2）检测144对多态性SSR标记位点分离情况，129对SSR标记符合孟德尔分离比例（1∶1、1∶2∶1或1∶1∶1∶1），15对SSR标记产生偏分离（$P< 0.05$），偏分离比例为10.4%，144对SSR引物产生了425个多态性位点，平均每对引物产生3个多态性位点。

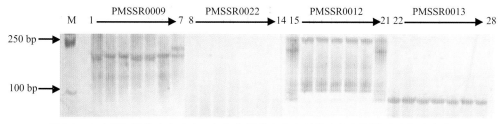

图3-3　4对SSR引物在亲本和5个分离子代中多态性位点的聚丙烯酰胺凝胶电泳
[每对引物的7个样本（从左向右）依次为母本、父本、子代1～5]

2.2.2 F₁代作图群体SSR标记分离检测

应用JoinMap软件，根据亲本基因型和SSR带型在F₁代群体中基因型分离的5种典型情况进行具体分析（不包含零等位基因）。结果显示，引物PMSSR0046的SSR标记位点在母本中杂合，父本中纯合，有2个等位基因位点，F₁代作图群体中子代出现2种带型，符合1∶1分离比例（图3-4A）。引物PMSSR0094

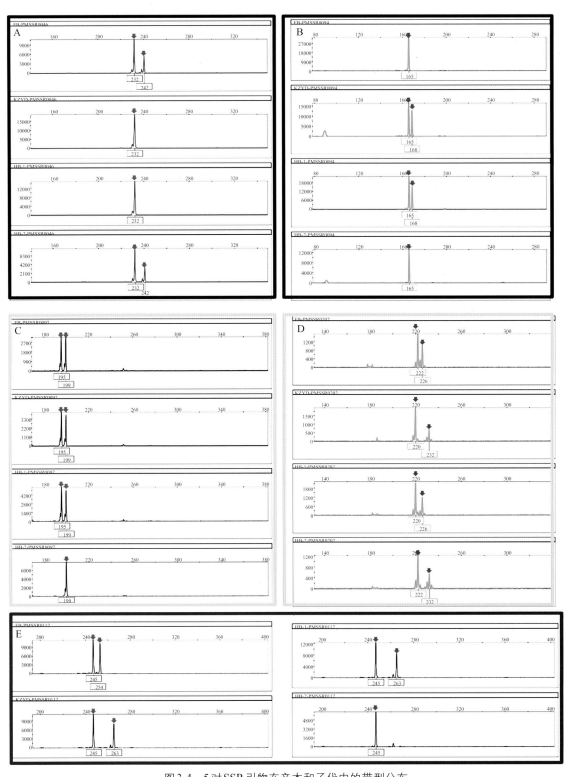

图3-4　5对SSR引物在亲本和子代中的带型分布

（蓝色、绿色和黑色分别表示FAM、HEX和TAMRA 3种荧光标记的上游引物。FB表示母本'粉瓣'，

KZYD表示父本'扣子玉碟'，HB表示杂交后代）

的SSR标记位点在母本中纯合,父本中杂合,有2个等位基因位点,子代出现2种带型符合1∶1分离比例(图3-4B)。引物PMSSR0097的SSR标记位点在双亲中均为杂合,有2个等位基因位点,F₁代作图群体中子代出现3种带型并符合1∶2∶1分离比例(图3-4C)。引物PMSSR0202的SSR标记位点在双亲中均为杂合,有4个等位基因位点,F₁代作图群体中子代出现4种带型并符合1∶1∶1∶1分离比例(图3-4D)。引物PMSSR0112的SSR位点在双亲中均为杂合,有3个等位基因位点,F₁代作图群体中子代出现4种带型并符合1∶1∶1∶1分离比例(图3-4E)。

144个SSR标记在F₁代作图群体中发生5种分离类型(表3-2):39个SSR标记在作图群体中的分离为lm×ll类型,31个SSR标记的分离为nn×np类型,11个SSR标记的分离为hk×hk类型,38个SSR标记的分离为ef×eg类型,25个SSR标记的分离为ab×cd类型。综上,129个SSR标记符合孟德尔分离规律,15个SSR标记在群体中发生偏分离。

表3-2 梅花F₁代作图群体SSR扩增分离类型

分离类型	亲 本		子代 F₁	分离比例	分离类型数量
	母本	父本			
lm×ll	lm	ll	lm:ll	1:1	39
nn×np	nn	np	nn:np	1:1	31
hk×hk	hk	hk	hh:hk:kk	1:2:1	11
ef×eg	ef	eg	ee:ef:eg:fg	1:1:1:1	38
ab×cd	ab	cd	ac:ad:bc:bd	1:1:1:1	25

2.2.3 梅花SSR框架遗传图谱构建

筛选了144个多态性SSR标记用于梅花SSR框架遗传图谱构建,经过卡方检验,有15对SSR引物不符合孟德尔分离比例,产生偏分离($P<0.05$)。由于偏分离标记的排除可能会降低基因组覆盖率并导致某些QTL缺失(卢艳丽,2010),因此构建的图谱中包含偏分离标记。用JoinMap软件作图,构建梅花8条连锁群,总遗传图距668.7 cM,标记间平均间距为4.6 cM(表3-3,图3-5)。该图谱中,LG1连锁群含有标记数最多(40个),LG8连锁群最少(7个)。标记间隔大于20 cM有3个,均位于连锁群近末端区域。

在15个偏分离SSR标记中,有10个标记在连锁群上呈簇状分布,LG1、LG7连锁群上分别有6个和4个簇状分布的偏分离标记。在许多植物中,偏分离标记在连锁群中均成簇状分布,这些区域被称为偏分离热点区域(segregation distrotion region,SDR)(Paillard et al.,2003)。在梅花8条连锁群上,共有3个偏分离热点区域,LG1连锁群近末端上有2个(分别包含4个和2个SSR偏分离标记),LG7连锁群末端有1个(包含4个SSR偏分离标记)。

表3-3 梅花SSR框架遗传图谱中每条连锁群的标记分布

连锁群	标记数目	遗传图距(cM)	锚定组装序列	组装序列大小	平均间距(cM)	最大间距(cM)
LG1	40	129.5	13	15.4	3.2	10.5
LG2	13	80.2	8	7.8	6.2	16.7
LG3	14	72.7	7	9.8	5.2	20.8
LG4	18	68.5	9	4.9	3.8	18.1
LG5	15	72.7	9	7.4	4.8	21.0

（续）

连锁群	标记数目	遗传图距（cM）	锚定组装序列	组装序列大小	平均间距（cM）	最大间距（cM）
LG6	25	101.2	14	11.0	4.0	17.0
LG7	12	83.5	6	5.4	7.0	20.3
LG8	7	60.4	5	4.8	8.6	18.7
总计	144	668.7	71	66.5	4.6	143.1

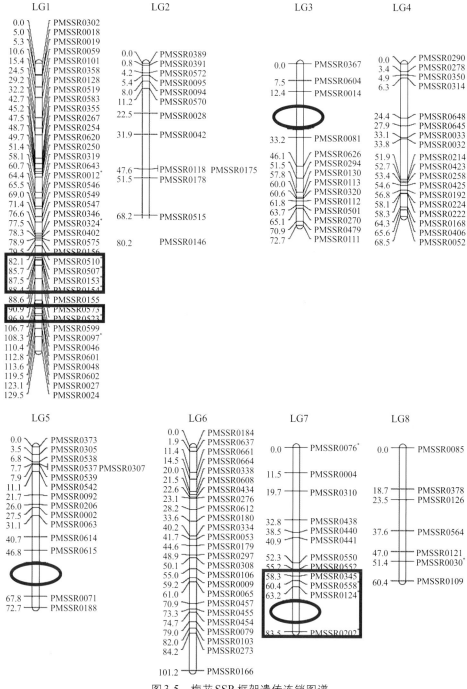

图 3-5　梅花 SSR 框架遗传连锁图谱

[每条连锁群左边的数字为每个标记的位置，单位为 cM。偏分离的 SSR 标记用 * 表示（*，*P* < 0.05），矩形表示偏分离区域，椭圆表示标记间距大于 20 cM 遗传图距]

2.3 梅花高密度遗传图谱构建与生长性状的QTL定位

2.3.1 RAD标签测序与SNP标记多态性分析

测序产生608.4 Mb长度为50 bp的读长序列，平均每个样本3.2 Mb，经过滤产生603.2 Mb读长序列，占原始读长序列99.2%，平均每个样本3.1 Mb。过滤后亲本中得到8.9 Mb读长序列，190个子代读长范围为0.17～5.65 Mb，总计594.3 Mb，用于后续SNP分析（表3-4）。

将测序深度2×以上的RAD-tag（29 258 092），在每个样本RAD-tag序列间允许1个碱基错配筛选条件下，进行聚类得到199 641个RAD-cluster。随着RAD-tag数量增加，RAD-cluster数量不断降低，含1～5个RAD-tag的RAD-cluster最多（119 849），含有50个RAD-tag以上RAD-cluster最少（129）。在192个样本RAD-cluster中，允许1个碱基错配条件下进行比对，亲本中共检测到30 071个多态性SNP标记，在190个子代中检测到2 166个多态性SNP标记（表3-4）。

表3-4　梅花作图群体中RAD测序序列统计

统计类型	数量
Illumina 原始读长总数（Mb）	608.4
过滤后读长总数（条形码标签和酶切位点允许1个错配）（Mb）	603.2
190个子代读长总数范围（条形码标签和酶切位点允许1个错配）（Mb）	0.17~5.65
RAD-tag总数	30 543 585
RAD-tag总数（≥2×测序深度）	29 258 092
RAD-cluster总数	199 641
亲本中多态性SNP标记总数	30 071
190个子代中多态性SNP标记总数	2 166

2.3.2 作图群体SNP标记多态性分析和分离检测

根据JoinMap软件要求，结合亲本基因型，对F₁代作图群体中SNP标记基因型按3种情况进行统计和分析（不包含零等位基因）。结果显示，亲本有30 071个多态性SNP标记，13 861个SNP标记在母本中杂合，父本中纯合，在子代中有835个SNP标记符合此分离类型，经卡方检验，有672个SNP标记符合1：1孟德尔分离比例；9 423个SNP标记在母本中纯合，父本中杂合，在子代中有685个SNP标记符合此分离类型，经卡方检验，有551个SNP标记符合1：1孟德尔分离比例；有6 787个SNP标记在双亲中均为杂合，在作图群体子代中有646个SNP标记为此分离类型，经卡方检验，有261个SNP标记符合1：2：1孟德尔分离比例。遗传作图群体中有2 166个多态性SNP标记，经卡方检验，有1 484个SNP标记符合孟德尔分离规律（1：1或1：2：1），682个SNP标记发生偏分离（$P<0.05$）。1 484个SNP标记产生3 229个多态性位点，平均每个SNP标记产生2个多态性位点。

2.3.3 梅花高密度遗传图谱构建

将符合孟德尔分离比例的129个SSR标记和1 484个SNP标记用于梅花高密度遗传图谱构建。利用JoinMap软件，采用Kosambi函数（LOD≥6.0，$r\leqslant0.3$），确定各连锁群上标记最佳顺序，构建含有8条连锁群的高密度遗传图谱，与梅花单倍体染色体数相同，总遗传图距780.9 cM，平均每条连锁群图距97.6 cM，LG4连锁群遗传图距最小（78.8 cM），LG1连锁群遗传图距最大（143.4 cM）（表3-5，图3-6）。该图谱中，标记间最大图距为5.7 cM，最小为0 cM，平均间距为0.5 cM；各连锁群平均间距均在1 cM以内，其中LG4连锁群上标记密度最大，平均间距为0.3 cM，LG2和LG6连锁群平均间距均为0.4 cM。

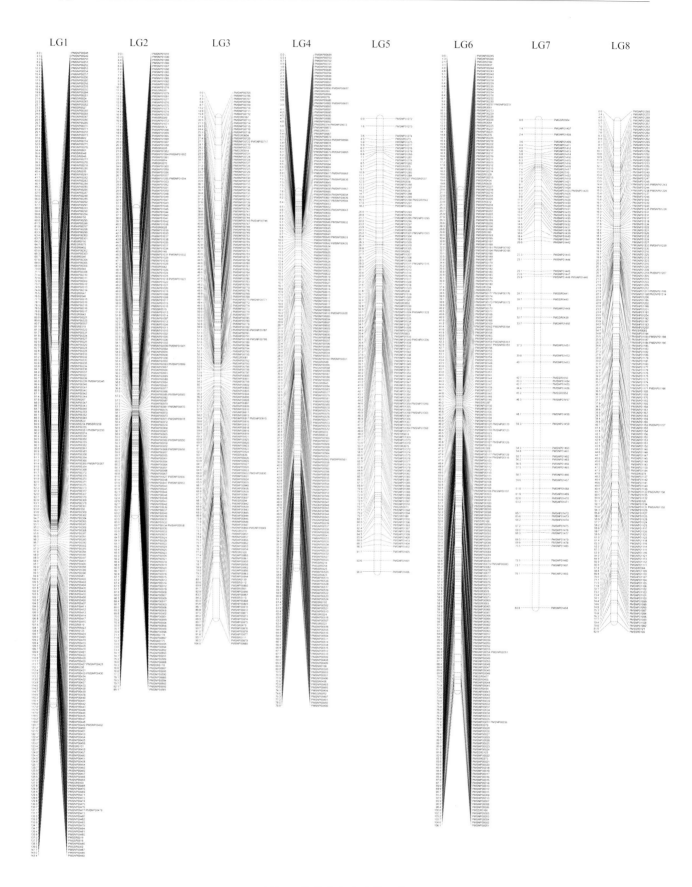

图3-6　梅花高密度遗传图谱

与SSR框架遗传图谱相比，该高密度遗传图谱中标记间遗传距离均＜10 cM，但各连锁群的部分区域仍存在标记密集和稀疏现象，如LG1连锁群中，PMSNP00356～PMSNP00377的20个标记总间距为1.9 cM，标记平均间距0.1 cM，PMSNP00248与PMSNP00249的2个标记间距为4.3 cM；LG3连锁群中，PMSNP00785～PMSNP00798的20个标记总间距为2.7 cM，标记平均间距0.1 cM，PMSNP00879与PMSNP00880的标记间距为8.3 cM。低重组率的标记密集区域可能是染色体着丝粒区或异染色质区，高重组率的标记稀疏区域可能是染色体基因富集区、端粒区或近端粒区（Ma et al., 2004；Ren et al., 2012）。高密度遗传图谱比框架图谱能更加准确地预测各条染色体着丝粒区、基因富集区和端粒区，为梅花基因组结构和功能的研究奠定重要基础。

表3-5 梅花连锁群SNP标记分布及锚定scaffold

连锁群	标记数量	遗传图距（cM）	锚定scaffolds数量	平均间距（cM）	scaffolds大小（Mb）
LG1	273	143.4	88	0.5	42.1
LG2	224	88.1	55	0.4	24.0
LG3	190	104.8	83	0.6	25.8
LG4	233	78.8	43	0.3	17.1
LG5	151	96.0	75	0.6	24.6
LG6	272	106.1	75	0.4	26.8
LG7	85	80.8	34	1.0	17.3
LG8	185	82.9	61	0.5	21.3
总计	1 613	780.9	513	0.5	199.0

2.3.4 F_1代作图群体表型性状统计

测量F_1代作图群体生长旺盛期的株高、地径、叶长、叶宽、叶脉数和叶面积，重复3次。使用CI-203 Laser Area Meter测量叶面积。利用SPSS（v10.0）软件对上述表型性状进行最小值、最大值、平均值、标准差、方差、峰度、偏度及变异系数等参数统计分析，获得各个性状频率分布柱形图（图3-7）。6种表型性状的变异系数为12.96%～29.41%，叶长变异系数最小12.96%，叶面积变异系数最大29.41%。6个表型性状变异系数均超过10%，说明个体间的表型变异较大（表3-6）。

由性状频率分布图可知，地径峰度为－0.12，表示正态分布平缓。株高、叶长、叶宽、叶面积和叶脉数峰度均为正值，表示正态分布曲线比较陡峭。这6个性状在F_1代群体中分布偏度和峰度均小于1，在频率分布图上均接近于单峰正态分布（图3-7），表明这些性状均为微效多基因控制的数量性状，可进行QTL分析（刘建超等，2010）。

表3-6 F_1代作图群体表型性状统计

表型	最大值	最小值	平均值	标准差	方差	峰度	偏度	变异系数（%）
株高	220.0	50.0	150.28	25.91	671.26	0.90	－0.46	17.24
地径	3.95	1.00	2.16	0.58	0.34	－0.12	0.70	26.87
叶长	6.96	3.04	5.00	0.65	0.42	0.14	0.33	12.96
叶宽	5.68	1.86	3.64	0.59	0.35	0.12	0.33	16.29
叶面积	25.37	4.85	11.57	3.40	11.57	0.88	0.85	29.41
叶脉数	16	3	10.95	1.91	3.63	0.56	－0.28	17.41

注：株高、地径、叶长、叶宽单位为cm，叶面积单位为cm²。

相关性分析结果表明，株高与叶长、叶宽、叶面积、叶脉数、地径均呈极显著正相关，叶长、叶宽和叶面积之间呈极显著正相关，叶脉数、叶宽和叶面积之间呈极显著正相关。地径与叶长、叶宽、叶面积不相关，与叶脉数显著负相关（表3-7）。

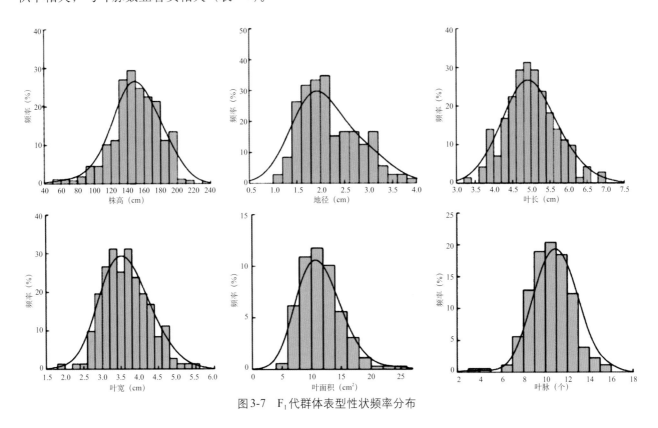

图3-7　F₁代群体表型性状频率分布

表3-7　F₁代群体表型性状相关分析

性状	叶长	叶宽	叶面积	叶脉数	地径
叶宽	0.77**				
叶面积	0.84**	0.91**			
叶脉数	0.23*	0.35**	0.37**		
地径	0.02	0.05	0.01	−0.16*	
株高	0.42**	0.44**	0.47**	0.21**	0.36**

注：**和*分别表示 $P < 0.01$ 和 $P < 0.05$。

2.3.5　梅花重要生长性状QTL定位分析

利用 Windows QTL Cartographer (v2.5) 软件 Standard Model 和 Forward Regressin Method（步长为1.0，置换次数为1 000次，LOD=2.5），对梅花F₁代群体6个表型性状进行复合区间作图分析，挖掘与性状连锁QTL位点。

对梅花6个表型性状进行复合区间作图分析，检测到与性状相关QTL位点84个，可解释表型变异1.02%～13.37%（表3-8）。有8个QTL与1个标记位点连锁，控制着多个表型性状，可能是由于控制这些性状的QTL一因多效所致。控制叶面积和叶脉数QTL位点最多（均为35个），控制地径QTL位点最少（1个）。有13个QTL位点可解释表型变异10%以上，其中LG6连锁群上控制叶面积的QTLla-23（LOD=4.0）最大，可解释表型变异的13.37%（表3-8）。

数量遗传学研究表明，由于存在一因多效现象，数量性状间存在明显的相关性（张飞等，2011）。

张德强（2002）在研究与毛新杨×毛白杨叶片表型连锁的AFLP标记时，发现E4446331r标记与叶宽、地径和材积等3个性状连锁。张飞等（2011）在研究与菊花5个花部性状连锁的SRAP标记时，发现Me4Em1-3标记与花径、舌状花长、舌状花宽和舌状花数等4个性状连锁。张瑞萍等（2011）在利用AFLP标记进行与梨果实相关性状QTL研究时发现，在9个被检测到QTL位点中，多数位于LG1、LG6和LG7连锁群相同或相近区域。在利用复合区间作图法分析时发现，梅花LG1连锁群标记PMSNP00333与PMSNP00332间QTL位点控制着叶长、叶宽和叶面积等3个表型性状，LG2连锁群标记PMSSR0570与PMSNP01080间QTL位点控制着叶面积和叶宽2个表型性状。数量性状之间可能存在着遗传相关，多个表型性状与相同QTL位点连锁，是由于控制性状的QTL一因多效所致（杨小红等，2007）。

表3-8　表型性状QTL定位

性状	QTL	连锁群	标记区间	峰值位置（cM）	LOD值	加性效应	解释表型变异率（%）
株高	QTLph-1	LG6	PMSNP00155~PMSNP00152	42.9	3.2	−2.054	2.72
	QTLph-2	LG6	PMSNP00129~PMSNP00114	47.5	2.7	−3.121	6.52
	QTLph-3	LG6	PMSNP00108~PMSNP00105	50.7	3.4	1.277	5.72
地径	QTLgd-1	LG3	PMSSR0367~PMSNP00713	17.6	2.5	0.224	3.56
叶长	QTLll-1	LG1	PMSNP00333~PMSNP00332	83.2	2.9	−1.001	4.35
	QTLll-2	LG2	PMSNP01044~PMSNP01040	35.1	2.9	−0.153	10.34
	QTLll-3	LG4	PMSNP00623~PMSNP00622	15.0	2.6	−1.204	5.64
	QTLll-4	LG4	PMSNP00549~PMSNP00545	45.5	2.9	−0.669	5.87
	QTLll-5	LG5	PMSNP01333~PMSNP01331	33.2	3.2	−1.046	4.93
	QTLll-6	LG5	PMSNP01329~PMSSR0063	35.1	2.6	0.121	3.42
	QTLll-7	LG5	PMSNP01373~PMSNP01370	52.1	2.6	−0.212	3.71
	QTLll-8	LG6	PMSNP00013~PMSNP00012	89.7	4.5	−0.777	12.44
	QTLll-9	LG7	PMSNP01414~PMSNP01410	5.9	3.3	−1.257	3.83
	QTLll-10	LG8	PMSSR0126~PMSNP01134	51.4	3.0	1.269	1.49
	QTLll-11	LG8	PMSNP01097~PMSNP01094	75.4	4.0	−0.885	6.49
叶宽	QTLlw-1	LG1	PMSNP00333~PMSNP00332	83.2	3.3	0.019	4.88
	QTLlw-2	LG2	PMSNP01071~PMSSR0572	17.6	3.0	−0.052	3.73
	QTLlw-3	LG2	PMSSR0570~PMSNP01060	24.1	4.3	0.017	12.75
	QTLlw-4	LG2	PMSNP01049~PMSNP01047	31.9	4.0	0.007	5.49
	QTLlw-5	LG4	PMSNP00556~PMSNP00558	41.6	3.3	0.039	2.29
	QTLlw-6	LG4	PMSNP00541~PMSNP00533	53.3	4.7	0.001	5.01
	QTLlw-7	LG4	PMSNP00520~PMSSR0423	58.5	4.0	0.163	3.61
	QTLlw-8	LG4	PMSNP00522~PMSNP00523	60.5	5.0	0.079	5.79
	QTLlw-9	LG5	PMSNP01369~PMSNP01373	50.7	3.2	0.303	3.36
叶面积	QTLla-1	LG1	PMSNP00333~PMSNP00332	83.2	4.0	0.869	3.14
	QTLla-2	LG1	PMSNP00363~PMSNP00358	91.0	3.4	−3.924	11.81
	QTLla-3	LG2	PMSSR0570~PMSNP01060	24.1	2.7	−0.091	11.48
	QTLla-4	LG2	PMSNP01047~PMSNP01043	32.5	3.2	−0.151	3.94
	QTLla-5	LG2	PMSNP00937~PMSNP00940	63.1	3.4	0.164	7.85
	QTLla-6	LG2	PMSNP00897~PMSSR0175	72.2	3.6	−0.576	5.77
	QTLla-7	LG2	PMSNP00884~PMSNP00883	79.3	3.3	−0.611	1.37

（续）

性状	QTL	连锁群	标记区间	峰值位置（cM）	LOD值	加性效应	解释表型变异率（%）
叶面积	QTLla-8	LG2	PMSNP00882~PMSNP00881	82.6	3.5	0.105	3.28
	QTLla-9	LG3	PMSNP00717~PMSNP00719	28.0	3.7	−0.111	2.52
	QTLla-10	LG3	PMSNP00744~PMSNP00745	39.7	3.2	−0.042	6.91
	QTLla-11	LG3	PMSNP00847~PMSNP00850	71.5	2.8	0.078	2.16
	QTLla-12	LG4	PMSNP00663~PMSNP00660	7.8	4.1	−0.113	2.43
	QTLla-13	LG4	PMSNP00620~PMSNP00628	13.0	3.7	−7.651	3.45
	QTLla-14	LG4	PMSNP00619~PMSNP00616	15.6	3.7	0.072	1.91
	QTLla-15	LG4	PMSNP00566~PMSNP00569	37.7	3.1	0.138	10.80
	QTLla-16	LG4	PMSNP00560~PMSNP00556	41.0	3.6	−0.224	1.22
	QTLla-17	LG4	PMSNP00538~PMSNP00536	51.4	3.5	0.176	1.02
	QTLla-18	LG4	PMSNP00515~PMSNP00512	67.0	3.9	−0.895	2.16
	QTLla-19	LG5	PMSSR0373~PMSNP01275	4.6	4.3	−7.447	12.91
	QTLla-20	LG5	PMSNP01306~PMSNP01311	28.6	3.1	−0.033	1.69
	QTLla-21	LG5	PMSNP01325~PMSNP01334	33.8	5.6	0.898	2.58
	QTLla-22	LG5	PMSNP01329~PMSSR0063	35.1	5.5	0.279	3.03
	QTLla-23	LG6	PMSNP00192~PMSNP00194	32.5	4.0	−3.221	13.37
	QTLla-24	LG6	PMSNP00167~PMSNP00168	41.0	4.2	0.135	1.53
	QTLla-25	LG6	PMSNP00144~PMSNP00142	44.2	3.0	−0.022	1.57
	QTLla-26	LG6	PMSNP00127~PMSNP00126	46.8	2.6	−0.312	5.18
	QTLla-27	LG6	PMSNP00071~PMSNP00069	58.5	3.3	0.099	3.28
	QTLla-28	LG6	PMSNP00013~PMSNP00012	89.7	6.4	0.077	11.97
	QTLla-29	LG6	PMSNP00004~PMSNP00002	104.1	3.7	−3.124	1.57
	QTLla-30	LG7	PMSNP01415~PMSNP01416	6.5	4.9	−3.798	11.44
	QTLla-31	LG7	PMSNP01457~PMSNP01458	47.5	3.1	−1.172	3.81
	QTLla-32	LG7	PMSNP01471~PMSNP01472	64.4	3.3	−1.211	4.12
	QTLla-33	LG8	PMSNP01237~PMSNP01246	15.6	3.6	0.126	1.58
	QTLla-34	LG8	PMSSR0126~PMSNP01134	52.0	4.4	−0.042	1.71
	QTLla-35	LG8	PMSNP01097~PMSNP01094	75.4	4.5	0.195	1.42
叶脉	QTLlv-1	LG1	PMSSR0046~PMSNP00277	37.1	3.5	1.732	9.80
	QTLlv-2	LG1	PMSNP00336~PMSNP00337	84.8	2.8	−0.055	3.24
	QTLlv-3	LG1	PMSSR0519~PMSNP00423	108.0	3.1	−0.215	7.57
	QTLlv-4	LG1	PMSNP00440~PMSNP00441	115.6	3.5	0.413	11.07
	QTLlv-5	LG2	PMSNP01075~PMSNP01073	13.7	2.7	−0.378	5.57
	QTLlv-6	LG2	PMSNP01074~PMSNP01070	16.3	3.2	0.162	10.01
	QTLlv-7	LG2	PMSNP00984~PMSNP00980	56.6	3.3	0.076	5.64
	QTLlv-8	LG2	PMSNP00970~PMSNP00973	58.1	3.3	−0.062	3.88
	QTLlv-9	LG2	PMSNP00956~PMSNP00948	61.1	3.1	−0.076	6.83
	QTLlv-10	LG2	PMSNP00895~PMSNP00894	72.8	3.1	0.128	3.30
	QTLlv-11	LG2	PMSNP00884~PMSNP00883	79.3	3.1	0.009	3.46
	QTLlv-12	LG3	PMSNP00723~PMSSR0014	28.7	3.3	0.038	2.74

（续）

性状	QTL	连锁群	标记区间	峰值位置（cM）	LOD值	加性效应	解释表型变异率（%）
叶脉	QTLlv-13	LG3	PMSNP00735~PMSNP00737	37.1	3.2	0.107	2.98
	QTLlv-14	LG3	PMSNP00744~PMSNP00745	39.7	3.0	0.004	2.50
	QTLlv-15	LG3	PMSNP00754~PMSNP00755	42.4	3.0	−0.082	2.72
	QTLlv-16	LG4	PMSNP00694~PMSNP00669	6.5	3.6	0.493	1.42
	QTLlv-17	LG4	PMSSR0425~PMSNP00520	58.1	2.7	0.226	5.73
	QTLlv-18	LG4	PMSNP00501~PMSNP00496	71.1	3.3	0.125	5.11
	QTLlv-19	LG5	PMSNP01326~PMSNP01329	34.5	3.1	−0.795	5.88
	QTLlv-20	LG5	PMSNP01332~PMSNP01337	36.9	4.2	0.514	3.12
	QTLlv-21	LG5	PMSNP01344~PMSNP01343	38.3	5.4	0.284	6.52
	QTLlv-22	LG6	PMSNP00228~PMSNP00226	11.6	2.6	1.743	5.41
	QTLlv-23	LG6	PMSNP00097~PMSSR0106	52.7	3.0	0.025	1.92
	QTLlv-24	LG6	PMSNP00064~PMSNP00063	60.5	3.6	−0.091	2.88
	QTLlv-25	LG6	PMSNP00049~PMSNP00050	67.0	3.4	0.288	1.56
	QTLlv-26	LG6	PMSSR0457~PMSSR0455	70.9	3.2	−0.211	4.21
	QTLlv-27	LG6	PMSNP00015~PMSNP00014	87.1	3.1	3.231	10.11
	QTLlv-28	LG7	PMSNP01427~PMSNP01428	10.4	3.8	−0.357	4.16
	QTLlv-29	LG7	PMSNP01434~PMSNP01432	14.3	3.0	0.006	1.62
	QTLlv-30	LG7	PMSNP01451~PMSNP01452	37.6	3.9	0.161	2.13
	QTLlv-31	LG7	PMSNP01457~PMSNP01458	47.2	3.0	0.751	4.25
	QTLlv-32	LG8	PMSNP01227~PMSNP01233	18.9	3.1	−0.113	1.37
	QTLlv-33	LG8	PMSNP01168~PMSNP01169	36.9	3.0	−0.015	1.97
	QTLlv-34	LG8	PMSNP01109~PMSNP01110	69.1	3.1	−0.711	5.43
	QTLlv-35	LG8	PMSNP01094~PMSNP01096	75.9	3.3	−0.033	1.43

2.4　梅花基因组与李属参考图间共线性分析

　　利用Blat软件对锚定到李属T×E参考图谱上的613个多态性蔷薇科保守同源序列（RosCOS）进行同源比对，得到525个同源序列，用以分析梅花基因组和李属参考图谱间共线性关系。李属参考图谱与梅花基因组间有5条染色体呈完全共线性关系（Pg3-Pm5，Pg4-Pm2，Pg5-Pm4，Pg6-Pm3和Pg8-Pm8）（图3-8），结果与此前报道的李属参考图谱和桃、李、杏、樱桃图谱具有较强的共线性关系一致（Dirlewanger et al., 2004；Olmstead et al., 2008），推断梅花基因组与李属其他物种基因组间存在保守性，为李属种间远缘杂交育种提供分子遗传学理论依据。

　　当一个物种的2条或2条以上染色体与另一个物种1条染色体相对应时，显示这两个物种分化后，染色体间发生了断裂、融合和易位事件（Vilanova et al., 2008）。在杏与桃杂交（*P. amygdalus* 'Garfi' × *P. persica* 'Nemared'）F₂代群体中，在LG6连锁群和LG8连锁群间发生1次染色体易位事件（Jáuregui et al., 2001）。梅花基因组和李属参考图谱间存在着较强共线性关系，但也存在染色体重排事件。梅花基因组8条染色体中，Pm3染色体对应李属Pg1、Pg6和Pg7染色体，Pm4染色体对应李属Pg2和Pg5染色体，因此推测在梅花基因组进化过程中，Pm3和Pm4染色体发生2次重排事件。

　　基于梅花基因组与李属T×E参考图谱间共线性关系，分析梅花8条染色体进化结果表明，梅花Pm3染色体主要起源于李属Pg6染色体，也有部分区域起源于李属Pg1和Pg7染色体。梅花Pm4染色体主要起源于李属Pg5染色体，也有部分起源于李属Pg2染色体，为揭示梅花起源演化奠定重要研究基础（图3-8）。由此推断梅花从李属进化过程中，可能经历了较为复杂的染色体重排事件，为梅花与近缘物种间比较基因组学研究提供重要理论依据。

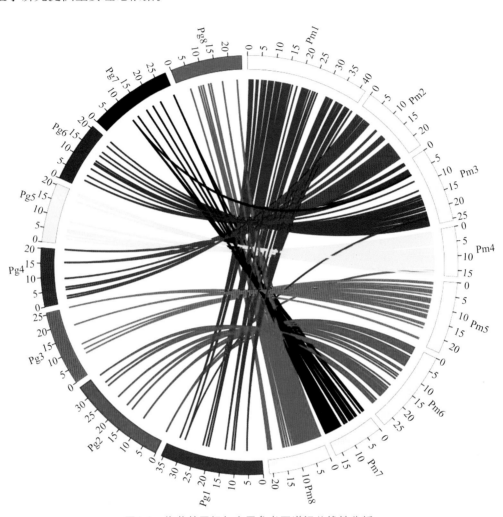

图3-8　梅花基因组与李属参考图谱间共线性分析

2.5　梅花高密度遗传图谱及垂枝性状QTL定位

2.5.1　SLAF测序及基因分型

SLAF测序产生9.2 Gb原始数据，提交到NCBI SRA数据库（项目登记号为PRJNA273338），得到472.66 Mb双末端测序读长，其中每个F_1子代平均产生1.11 Mb。父母本得到43.09 Mb，占总读长9.31%，大于平均读长的比例。对读长进行聚类分析得到230 584个SLAF位点，其在双亲中平均测序深度为35.15×，在F_1代中为4×。经过滤得到高质量多态性SLAF位点，占比40.35%（表3-9），对父母本及所有F_1代个体多态性SLAF位点进行基因分型，可分为ab×cd、ef×eg、hk×hk、lm×ll、nn×np等5种类型，其中lm×ll类型最多，nn×np类型次之，符合CP作图群体标记分型。

测序深度不能完全保证高质量的基因分型，依据基因分型质量分值进一步筛选合格的SLAF标记。在每轮分型打分循环中去除质量最低的SLAF标记，一直重复直到所有SLAF标记平均基因分型质量值达到临界值30。9 412个SLAF标记在双亲中测序深度达到80×以上，在F_1代中测序深度达到7×，在F_1代群体中标记完整度大于70%的SLAF标记被认为分型准确，可用于遗传连锁图谱构建。

表3-9　梅花F₁代群体SLAF测序数据统计

总读长	总读长数量（个）	472 655 544
	高质量读长数量（个）	183 454 384
	重复读长数量（个）	13 619 794
	低测序深度读长数量（个）	8 778 576
高质量SLAF位点	SLAF位点数量（个）	230 584
	平均SLAF位点测序深度（×）	795.61
	双亲SLAF位点测序深度（×）	35.13
	后代SLAF位点平均测序深度（×）	4.00
	多态性SLAF位点数量（个）	93 031
高质量多态性SLAF位点	双亲多态性SLAF位点测序深度（×）	127.31
	后代多态性SLAF位点平均测序深度（×）	7.85
	SNP总数（个）	14 388
	每1 000 kb SNP比率（%）	6.02
高质量SLAF标记	数量（个）	9 412

2.5.2　梅花高密度遗传连锁图谱构建

根据9 412个SLAF标记在梅花基因组的位置以及各SLAF标记之间MLOD（modified logarithm of odds）值（至少有1个MLOD值>5），将SLAF标记锚定到梅花连锁群上。父本图谱上SLAF标记平均测序深度156×，母本图谱上SLAF标记平均测序深度98×，每个F₁代个体测序深度8×，由于测序深度与分子标记准确分型直接相关，该分析结果一定程度上反映了SLAF标记分型准确性。SLAF标记在F₁代作图群体中完整度是反应遗传连锁图谱质量的重要参数，分析发现所有上图SLAF标记在F₁代作图群体中平均完整度为96%。

构建了梅花8条连锁群包含8 007个SLAF标记的高密度遗传图谱，标记间平均遗传距离0.195 cM，总图距1 550.62 cM，其中LG2为最大连锁群，包含1 722个SLAF标记，平均距离0.15 cM，LG6是最小连锁群，包含698个SLAF标记，平均距离0.20 cM（表3-10，图3-9）。

表3-10　梅花遗传连锁图谱各连锁群信息

连锁群	标记总数（个）	遗传距离（cM）	平均遗传距离（cM）	最大Gap（cM）	偏分离标记个数[*]	偏分离标记个数[**]	SDR（个）
LG1	1 139	238.14	0.21	24.13	10	49	0
LG2	1 722	263.84	0.15	2.95	156	181	1
LG3	1 131	216.97	0.19	2.86	3	9	0
LG4	917	205.79	0.22	5.53	1	1	0
LG5	972	231.69	0.24	3.4	32	39	0
LG6	698	142.48	0.2	12.79	78	105	3
LG7	704	129.8	0.18	6.93	0	15	0
LG8	724	121.9	0.17	3.13	0	0	0
Max	1 722	263.84	0.24	24.13	156	181	3
Min	698	121.9	0.15	2.86	0	0	0
Total	8 007	1 550.62	1.56	61.72	280	399	4

注：* 表示P<0.05，** 表示P<0.01。

　　在梅花8条连锁群上SLAF标记密度较大，分布较均匀，但梅花LG4和LG5连锁群上有几个较大gap（图3-9）。在SLAF分子标记中包含3.5%偏分离标记（$P<0.05$）和4.98%偏分离标记（$P<0.01$）。将包含4个成簇分布的偏分离标记区域定义为偏分离区域（SDR），LG2连锁群上有1个SDR，LG6连锁群上有3个SDR，可能与基因在父母本中的偏好选择有关，但不影响遗传连锁图谱准确性（Weber，1990）。

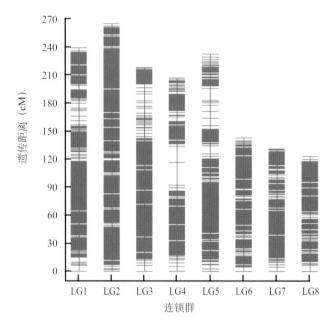

图3-9　SLAF分子标记在梅花8条连锁群上的分布
[X轴代表梅花8个连锁群，每条线代表1个SLAF标记；Y轴代表遗传距离（cM）]

2.5.3　梅花高密度遗传连锁图谱共线性分析

　　为评估所构建梅花遗传连锁图谱质量，将梅花遗传连锁图谱上SLAF标记比对到梅花基因组上，每条连锁群均在对角线位置形成一条连续线，表明梅花8条连锁群上SLAF标记的遗传距离和物理距离高度对应，反映了所构建遗传连锁图谱与梅花基因组具有较好的共线性（图3-10）。梅花LG1和LG4染色体上存在2个重组热点区域（红色区域）（图3-11）。

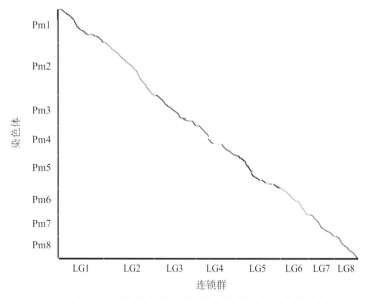

图3-10　梅花遗传图谱连锁群与基因组共线性分析
（X轴代表梅花8条连锁群；Y轴代表梅花8条染色体；图中对角线上的每1个点对应1个SLAF标记）

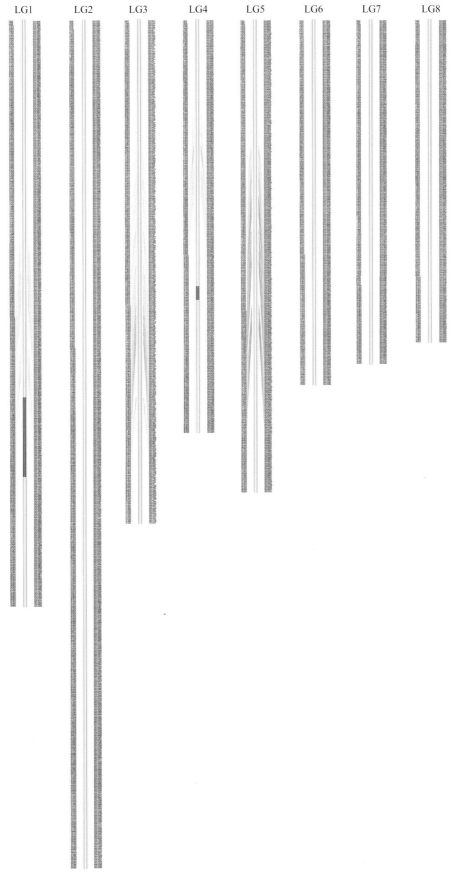

图3-11 梅花'六瓣'×'粉台垂枝'遗传连锁图谱

(图谱中含8 007个SLAF标记，红色区域代表梅花2个重组热点区域)

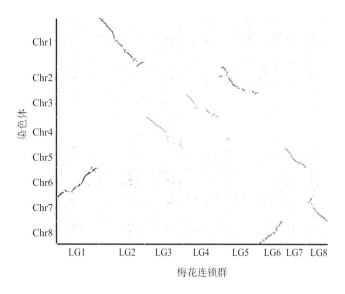

将梅花遗传连锁图谱与桃基因组比对，有6 837 SLAF标记比对到桃基因组上，说明梅花与桃基因组具有较好的共线性关系。梅花LG1连锁群、LG6连锁群分别与桃6号染色体、8号染色体对应，而梅花LG5连锁群对应桃2号和4号染色体，推测这2个李属物种可能存在染色体裂变和易位现象（图3-12）。

图3-12 梅花遗传图谱连锁群与桃基因组共线性分析
（X轴代表梅花8条连锁群；Y轴代表桃8条染色体；图中每1个点对应1个SLAF标记）

2.6 梅花重要性状定位分析

2.6.1 梅花数量性状统计分析

对梅花F_1代作图群体12个数量性状进行统计分析，结果表明各表型性状的遗传变异程度各不相同（表3-11）。其中叶面积、叶长、叶宽、株高、地径等生长相关性状的遗传变异系数为26.43%～44.67%，其中叶面积变异系数最大（44.67%）。株型对应5个数量性状变异系数范围为12.11%～55.45%，其中分枝数和节间数变异较大，变异系数分别为52.00%和55.45%；花瓣数变异系数为23.95%，花径变异系数为16.02%。表明梅花F_1代作图群体中与株型相关性状遗传变异较大，花型相关性状变异较小。

对上述性状在F_1代群体中频率分布进行分析，结果表明除节间长1（11）和节间长2（12）频率分布不符合正态分布外，其余10组表型数据均呈连续变异，频率分布基本上符合正态分布（图3-13），适合进行QTL分析（张德强，2002）。李慧慧等（2010）对QTL遗传模型分析指出，数量性状QTL分析时，表型数据不必要完全符合正态分布，当QTL数量较少、存在主效QTL时，表型数据即使不符合正态分布，也可进行QTL作图。对于11和12这2个数量性状，在后续分析中仍然和其他10个数量性状一起应用MapQTL6.0软件进行QTL分析。

表3-11 梅花F_1代作图群体数量性状统计分析

性状	最小值	最大值	平均值	标准差	偏度	变异系数（%）
叶面积	2.50	34.33	12.94	5.78	0.71	44.67
叶长	1.50	7.84	3.78	1.08	0.76	28.57
叶宽	2.40	15.70	6.30	2.07	0.89	32.86
地径	7.35	47.37	27.88	7.37	−0.14	26.43
株高	36.00	315.00	161.65	53.60	0.04	33.16
节间长1	0.30	151.00	10.07	3.78	3.29	37.54
节间长2	0.20	141.00	8.61	2.44	3.40	28.34
最长节间距	1.40	151.00	26.67	3.23	1.82	12.11
分枝数	3.00	75.00	26.29	13.67	0.96	52.00
节间数	3.00	73.00	24.33	13.49	1.02	55.45
花瓣数	5.00	17.67	11.69	2.80	−0.59	23.95
花径	3.13	1.10	2.19	0.35	−0.01	16.02

注：叶面积单位为cm^2，叶长、叶宽、地径、株高、节间长、最长节间距、花径单位为cm。下同。

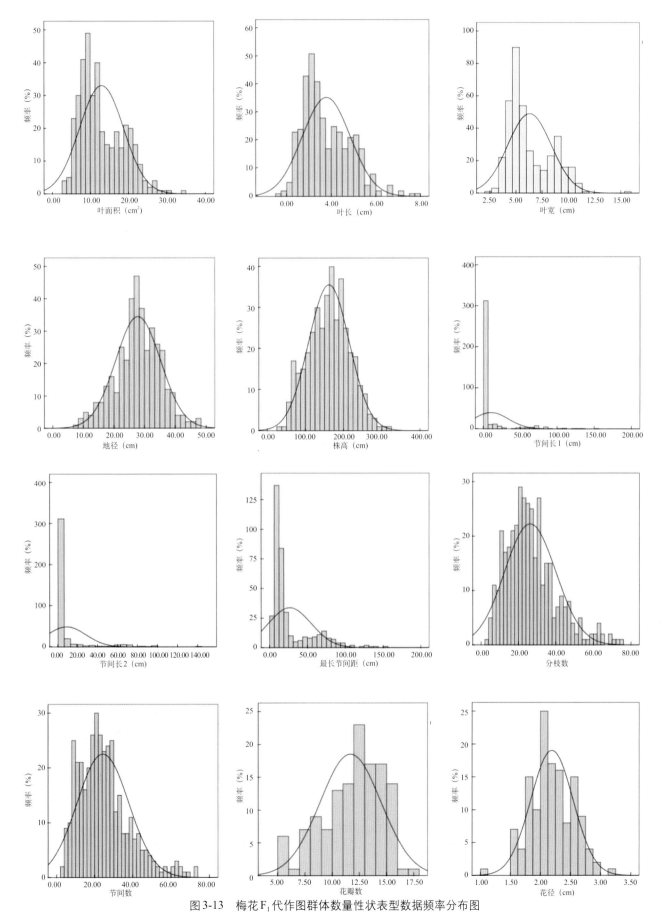

图3-13　梅花F₁代作图群体数量性状表型数据频率分布图

2.6.2 梅花数量性状间相关性分析

表型性状之间的相关性分析能够反映性状之间关联性，对于理解这些性状间基因互作及关联代谢通路等具有重要意义（蔡长福，2015）。10个生长、株型相关表型性状的相关性分析结果显示，节间距和叶长、叶宽显著正相关（$P < 0.05$），与地径、株高、分枝数这3个性状极显著正相关（$P < 0.01$），符合生长指标之间的相关性推测（表3-12）。叶面积则与叶长、叶宽、地径、株高极显著正相关（$P < 0.01$）。节间长1与株高、地径均为极显著正相关（$P < 0.01$），节间长2与株高极显著正相关（$P < 0.01$），最长节间距与株高、地径、节间长1和节间长2极显著正相关（$P < 0.01$）。分枝数与株高、地径、叶长、叶宽极显著正相关（$P < 0.01$）；生长与株型相关数量性状间具有较高相关性，花瓣数和花径2个数量性状间显著正相关（$P < 0.05$）。

表3-12 梅花F_1代作图群体生长相关数量性状相关性分析

性状	叶面积	叶长	叶宽	地径	株高	节间长1	节间长2	最长节间距	分枝数
叶长	0.879**								
叶宽	0.901**	0.747**							
地径	0.277**	0.236**	0.262**						
株高	0.297**	0.254**	0.284**	0.583**					
节间长1	−0.020	−0.034	−0.021	0.168**	0.276**				
节间长2	0.100	0.081	0.077	0.011	0.223**	−0.064			
最长节间距	0.040	0.002	0.029	0.177**	0.380**	0.636**	0.476**		
分枝数	0.086	0.101*	0.102*	0.354**	0.336**	0.007	−0.042	−0.093	
节间数	0.091	0.111*	0.108*	0.345**	0.323**	0.006	−0.049	−0.096	0.989**

注：*代表$P < 0.05$，**代表$P < 0.01$。

2.6.3 梅花生长相关性状QTL分析

检测到与梅花叶面积、叶长、叶宽、地径、株高等数量性状相关的29个QTL，其中与叶面积相关的QTL 2个，分别位于梅花LG2染色体194.28 cM和9.25 cM处，解释表型变异70%和69.1%，侧翼分子标记分别为Marker1101950和Marker1167853，对应LOD值为6.78和7.77（表3-13）。

与叶长相关QTL 5个，位于梅花LG7染色体上74.64～100.41 cM区域内，可解释表型变异18.7%，侧翼分子标记分别为Marker394009、Marker315769、Marker386116、Marker394366、Marker350360，对应LOD值为3.05、3.27、3.00、3.02、3.29（表3-13）。

与叶宽相关QTL 5个，分别位于梅花LG2染色体9.25 cM、38.66 cM、39.53 cM、43.11 cM、194.28 cM处，可分别解释表型变异77.50%、3.80%、3.70%、3.70%、4.20%、77.70%，相连分子标记为Marker1167853、Marker1107035、Marker1231250、Marker1308154、Marker1084960、Marker1101950，LOD值分别为157.35、3.17、3.11、3.11、3.57、20.09。qtlsw.2.1和qtlsw.2.5解释表型变异77.50%和77.70%，对应LOD值较高，说明这2个QTL可能是控制叶宽性状的主效位点（表3-13）。

表3-13 梅花数量性状QTL检测结果统计

性状	QTL编码	所在连锁群	LOD值	峰值位置（cM）	QTL连锁标记	贡献率（%）
叶面积	qtlsla.2.1	2	6.78	9.25	Marker1167853	69.10
	qtlsla.2.2	2	7.77	194.28	Marker1101950	70.00

（续）

性状	QTL编码	所在连锁群	LOD值	峰值位置（cM）	QTL连锁标记	贡献率（%）
叶长	qtlsl.7.1	7	3.05	74.64	Marker394009	3.60
	qtlsl.7.2	7	3.27	76.83	Marker315769	3.90
	qtlsl.7.3	7	3.00	94.51	Marker386116	3.60
	qtlsl.7.4	7	3.02	96.29	Marker394366	3.70
	qtlsl.7.5	7	3.29	100.41	Marker350360	3.90
叶宽	qtlsw.2.1	2	17.35	9.25	Marker1167853	77.50
	qtlsw.2.2	2	3.17	38.66	Marker1107035	3.80
	qtlsw.2.3	2	3.11	39.53	Marker1231250	3.70
			3.11	39.53	Marker1308154	3.70
	qtlsw.2.4	2	3.57	43.11	Marker1084960	4.20
	qtlsw.2.5	2	20.09	194.28	Marker1101950	77.70
地径	qtlsd.2.1	2	4.42	128.90	Marker1184280	4.90
			4.42	129.28	Marker1356649	4.90
	qtlsd.2.2	2	4.15	131.06	Marker1375625	4.50
			4.15	131.06	Marker1207252	4.50
	qtlsd.2.3	2	3.95	131.51	Marker1323669	4.40
	qtlsd.2.4	2	5.15	137.14	Marker1307190	5.60
	qtlsd.2.5	2	5.31	152.14	Marker1164438	5.70
	qtlsd.2.6	2	4.61	167.41	Marker1221350	5.20
	qtlsd.7.1	7	3.97	50.02	Marker352160	4.40
	qtlsd.7.2	7	6.78	73.97	Marker313919	7.40
	qtlsd.7.3	7	5.72	90.76	Marker339202	6.30
株高	qtlsh.2.1	2	5.37	129.47	Marker1320849	4.10
	qtlsh.2.2	2	4.26	135.21	Marker1400825	3.20
			4.26	135.51	Marker1278826	3.20
			4.26	135.80	Marker1172363	3.20
	qtlsh.2.3	2	4.32	143.66	Marker1126307	3.20
	qtlsh.2.4	2	3.93	162.22	Marker1283868	3.30
	qtlsh.7.1	7	3.91	19.71	Marker413859	4.60
			3.91	19.71	Marker386141	4.60
	qtlsh.7.2	7	3.92	21.53	Marker407774	4.60
			3.92	21.53	Marker446682	4.60
	qtlsh.7.3	7	3.92	21.79	Marker409199	4.60
	qtlsh.7.4	7	37.13	73.97	Marker313919	36.10
节间长1	qtlsl1.3.1	3	3.93	154.06	Marker196592	4.60
节间长2	qtlsl2.6.1	6	3.03	102.10	Marker1545645	3.40
			3.03	102.10	Marker1507625	3.40
	qtlsl2.6.2	6	3.09	107.03	Marker1672633	3.50
	qtlsl2.6.2	6	3.09	107.07	Marker1547846	3.50
			3.09	107.07	Marker1610488	3.50
			3.09	107.07	Marker1573685	3.50

（续）

性状	QTL编码	所在连锁群	LOD值	峰值位置（cM）	QTL连锁标记	贡献率（%）
节间长2			3.09	107.07	Marker1585014	3.40
			3.09	107.07	Marker1691318	3.40
			3.09	107.07	Marker1571017	3.50
			3.09	107.07	Marker1694148	3.50
			3.09	107.07	Marker1547700	3.50
			3.09	107.07	Marker1566374	3.50
	qtlsl2.6.3	6	3.10	108.15	Marker1647104	3.50
	qtlsl2.6.4	6	3.12	110.16	Marker1646899	3.50
	qtlsl2.6.5	6	3.06	112.23	Marker1632891	3.40
			3.06	112.23	Marker1533737	3.40
			3.06	112.24	Marker1666402	3.40
	qtlsl2.6.6	6	3.35	117.66	Marker1620288	3.80
	qtlsl2.6.7	6	3.00	120.95	Marker1708679	3.40
			3.00	120.95	Marker1681094	3.40
			3.00	120.95	Marker1551573	3.40
			3.00	120.95	Marker1663139	3.40
			3.00	120.95	Marker1538032	3.40
			3.00	120.95	Marker1525569	3.40
			3.00	120.95	Marker1525697	3.40
			3.00	120.95	Marker1690034	3.40
			3.00	120.95	Marker1526014	3.40
	qtlsl2.6.8	6	3.41	125.54	Marker1632236	3.80
	qtlsl2.6.9	6	3.29	130.94	Marker1517181	3.70
	qtlsl2.6.10	6	3.30	131.53	Marker1525961	3.70
			3.30	131.67	Marker1520356	3.70
	qtlsl2.7.1	7	3.50	52.90	Marker311140	3.90
	qtlsl2.7.2	7	3.06	61.59	Marker432679	3.40
	qtlsl2.7.3	7	3.20	62.75	Marker446259	3.60
			3.20	62.75	Marker317415	3.60
			3.20	62.75	Marker382115	3.60
			3.20	62.75	Marker434234	3.60
	qtlsl2.7.4	7	3.05	73.05	Marker359157	3.40
	qtlsl2.8.1	8	3.79	16.99	Marker2000197	12.70
最长节间距	qtlsid.7.1	7	5.67	74.64	Marker394009	6.50
			5.67	74.87	Marker390453	6.50
	qtlsid.8.1	8	7.87	16.99	Marker2000197	51.20
分枝数	qtlsbn.8.1	8	3.89	74.53	Marker2134879	4.70
			3.89	74.53	Marker2042160	4.70
	qtlsbn.8.2	8	4.42	77.84	Marker2053366	5.20
			4.42	78.31	Marker1993005	5.20
	qtlsbn.8.3	8	4.55	88.33	Marker2035736	5.30

（续）

性状	QTL编码	所在连锁群	LOD值	峰值位置（cM）	QTL连锁标记	贡献率（%）
分枝数	qtlsbn.8.4	8	3.70	92.81	Marker2032713	4.40
节间数	qtlsin.7.1	7	4.28	68.63	Marker378171	4.70
	qtlsin.7.2	7	4.34	69.63	Marker348136	4.80
			4.34	69.63	Marker431969	4.80
	qtlsin.7.3	7	4.07	71.88	Marker437413	4.50
			4.07	71.88	Marker321918	4.50
			4.07	71.88	Marker353041	4.50
	qtlsin.8.1	8	4.39	82.22	Marker2052764	5.20
	qtlsin.8.2	8	4.71	88.33	Marker2035736	5.50
花瓣数	qtlshbs.2.1	2	4.94	116.46	Marker1133672	35.60
			4.94	116.46	Marker1238909	35.60
	qtlshbs.2.2	2	4.10	131.51	Marker1438279	32.00
花径	qtlshj.2.1	2	3.09	224.10	Marker1437665	9.90
			3.09	224.36	Marker1223521	9.90
			3.09	224.36	Marker1178809	9.90
			3.09	224.74	Marker1164348	9.90
			3.09	224.74	Marker1210174	9.90
			3.09	225.13	Marker1399718	9.90
			3.09	225.13	Marker1220795	9.90
			3.09	225.13	Marker1169859	9.90
			3.09	225.13	Marker1240844	9.90
			3.09	225.13	Marker1341492	9.90
			3.09	225.47	Marker1252625	9.90
			3.09	225.47	Marker1306751	9.90
			3.09	225.47	Marker1177765	9.90
花瓣层数	qtlshbcs.2.1	2	55.54	116.46	Marker1133672	90.30
			55.54	116.46	Marker1238909	90.30
有无飞瓣	qtlsywfb.2.1	2	99.99	9.25	Marker1167853	100.00
花色	qtlshbys.4.1	4	99.99	0.00	Marker618005	100.00
	qtlshbys.4.2	4	11.43	34.53	Marker617330	29.60
			11.43	34.531	Marker677159	29.60
			11.43	34.531	Marker604645	29.60
			11.43	34.531	Marker702496	29.60
	qtlshbys.4.3	4	10.71	35.931	Marker702453	28.60
	qtlshbys.4.4	4	10.95	38.171	Marker578832	28.60
	qtlshbys.4.5	4	11.45	139.982	Marker692834	65.70

控制地径的QTL有9个，其中6个位于LG2连锁群，3个位于LG7连锁群。LG2连锁群上6个QTL对应区间依次为131.51 cM、141.59～152.89 cM、130.92～131.06 cM、162.22～167.41 cM、128.71～129.47 cM、134.62～137.88 cM，各QTL紧密连锁的SLAF标记分别为Marker352160、Marker1164438、Marker1375625和Marker1207252、Marker1221350、Marker1184280和Marker1356649、Marker1307190、

可分别解释表型变异4.40%、5.70%、4.50%、5.20%、4.90%、5.60%，LOD值分别为3.95、5.31、4.15、4.61、4.42、5.15。LG7连锁群上3个QTL对应区间分别为50.02～50.15 cM、53.23～82.38 cM、84.23～95.10 cM，各QTL紧密连锁的SLAF标记分别为Marker352160、Marker313919、Marker339202，对应的LOD值分别为3.97、6.78、5.72（表3-13）。

控制株高的QTL有8个，其中4个位于LG2连锁群，4个位于LG7连锁群。LG2连锁群上4个QTL在图谱上的位置分别为129.47 cM、135.21 cM、135.51 cM、135.80 cM、143.66 cM、162.22 cM，各QTL紧密连锁的SLAF标记为Marker1320849、Marker1400825、Marker1278826和Marker1172363、Marker1126307、Marker1283868，可分别解释表型变异为4.10%、3.20%、3.20%、3.30%，LOD值分别为5.37、4.26、4.32、3.93。LG7连锁群上4个QTL对应的区间为25.36～130.80 cM、19.71 cM、21.79 cM、21.53 cM，各QTL紧密连锁的SLAF标记分别为Marker313919、Marker413859、Marker409199、Marker407774，可解释表型变异36.10%、4.60%、4.60%、4.60%，qtlsh.7.4对株高贡献率为36.10%，LOD值为37.13（表3-13）。

2.6.4　梅花株型相关数量性状QTL分析

由于株型性状难以量化，借鉴苹果F$_1$代群体株型性状QTL分析方法（Segura et al., 2006），将梅花株型分成5个与之紧密相关的数量性状，即节间长1（l1）、节间长2（l2）、最长间节距离（id）、分枝数（bn）和节间数（in）。对梅花株型性状进行QTL定位分析，共检测到27个QTL，其中，与l1性状紧密连锁的QTL 1个，位于LG3连锁群154.06 cM，LOD值为3.93，表型贡献率为4.60%，紧密连锁SLAF标记为Marker196592；与l2性状紧密连锁的QTL 15个，10个位于LG6连锁群，4个位于LG7连锁群，1个位于LG8连锁群，LG6连锁群上10个QTL都在102.1～131.67 cM，解释表型变异35.7%，LOD值分别为3.03、3.09、3.10、3.12、3.06、3.35、3.00、3.41、3.29、3.30，与31个SLAF标记紧密连锁（表3-13）。

控制最长节间距性状QTL有2个，分别位于LG7连锁群74.64～74.87 cM和LG8连锁群16.99 cM，对应LOD值为5.67和7.87，可分别解释表型变异6.50%和51.20%，紧密连锁SLAF标记有3个，为Marker394009、Marker390453和Marker2000197（表3-13）。

控制分枝数性状QTL有4个，位于LG8连锁群上，对应的LOD值分别为3.89、4.42、4.55、3.70，分别位于74.53 cM、77.84 cM、88.33 cM、92.81 cM，对应的SLAF标记为Marker2134879、Marker2042160、Marker2053366、Marker1993005、Marker2035736、Marker2032713，可分别解释表型变异4.70%、5.20%、5.30%、4.40%（表3-13）。

控制节间数性状有5个QTL，位于LG7连锁群68.63 cM、69.63 cM、71.88 cM和LG8连锁群82.22 cM、88.33 cM，LOD值分别为4.28、4.34、4.07、4.39、4.71，可解释表型变异24.7%（表3-13）。

2.6.5　梅花花部重要性状QTL分析

对梅花花瓣数、花径性状进行QTL检测，控制花瓣数的QTL有2个，位于LG2连锁群116.46 cM和131.51 cM，LOD值分别为4.94和4.10，可分别解释表型变异的35.60%和32.00%，紧密连锁SLAF标记分别为Marker1133672和Marker1238909，这2个位点表型贡献率都在10%以上。控制花径QTL位于LG2连锁群224.10～225.47 cM，可解释表型变异9.90%，有13个SLAF标记，LOD值为3.09（表3-13）。

近几年对观赏植物花色、花型等性状的研究逐渐深入，认为花色是属于多基因控制的数量性状。该作图群体父本'粉台垂枝'为红色系重瓣花，母本'六瓣'为白色系单瓣花，在后代花色分离为红色或白色，瓣型为重瓣或单瓣。将这2个性状作为质量性状进行二项分布赋值并开展QTL定位分析。结果表明，控制花瓣层数qtlshbcs.2.1位于LG2染色体上116.46 cM，紧密连锁标记为Marker1133672，可解释表型贡献率90.30%，LOD值为55.54；控制飞瓣性状qtlsywfb.2.1位于LG2染色体9.25 cM，紧密连锁标记为Marker1167853，解释表型贡献率100.00%，LOD值为99.99。控制花色QTL有5个，位于LG4染色体上0.00 cM、34.53 cM、35.93 cM、38.17 cM、139.98 cM，可分别解释表型贡献率100.00%、29.60%、28.60%、28.60%、65.70%，LOD值分别为99.99、11.43、10.71、10.95、11.45（表3-13）。

2.6.6　梅花重要性状QTL区域候选基因分析

参考梅花基因组注释信息，对梅花15个重要性状连锁的66个QTL区间内候选基因进行注释，其中15个QTL区间未检测到基因（表3-14）。选取表型贡献率和LOD值均较高且区间小于5 cM的QTL进行候选基因功能注释（Celton et al., 2014）。

控制叶面积的qtlsla.2.2位点贡献率大于50%，未包含候选基因。控制叶宽的qtlsw.2.1和qtlsw.2.5可分别解释表型变异77.50%和77.70%，LOD值较高，这2个QTL区间内检测到候选基因（表3-14）。控制叶长的qtlsl.7.1位于LG7连锁群74.64～74.87 cM，qtlsl.7.1区间内包含的*Pm024265*候选基因可能是拟南芥PHD finger蛋白*At1g33420*的同源基因，在基因转录和染色质调控方面起重要作用。

控制地径的4个QTL位于LG2连锁群130.91～131.06 cM、128.71～129.47 cM、134.62～137.88 cM以及LG7连锁群50.02～50.15 cM，这4个QTL对地径贡献率在4.5%～5.2%，qtlsd.2.1内检测到67个候选基因，GO注释结果表明，39个基因的分子功能主要集中在催化活性、核酸结合转录因子活性和转运活性。Swissprot数据库注释结果表明*Pm006406*可能是拟南芥*WRKY57*转录因子的同源基因，*Pm006396*和*Pm006394*是拟南芥*NAC29*转录因子的同源基因，在基因调控网络中起重要作用。qtlsd.2.2区间内检测到3个候选基因，*Pm006466*可能是组蛋白赖氨酸N-甲基转移酶*ASHR2*。qtlsd.2.4区间内检测到77个候选基因（图3-14），通过COG功能分类及Swissprot数据库注释，大多参与无机离子运输和代谢、糖类运输和代谢等转录调控及信号转导；同时发现候选基因中存在4个FMO（flavin-containing monooxygenase）家族成员（*Pm023539*、*Pm023542*、*Pm023543*、*Pm023540*），在拟南芥中可能参与NADP或NADPH的结合。

控制梅花株高性状的qtlsh.7.4位点贡献率较大，对应区间也较大（105.44 cM），包含2 214个候选基因。控制株高的其他3个QTL均位于LG2连锁群上的qtlsh.2.1区间内，包含120个候选基因，COG功能分类主要集中在细胞周期控制、细胞分裂和染色体分裂，可能与细胞分裂活性和株高表型关联紧密（图3-14）。Swissprot数据库注释结果发现候选基因中存在6个转录因子，*Pm006464*可能是*MYB76*转录因子，*Pm006394*、*Pm006396*和*Pm006470*可能是*NAC29*转录因子，*Pm006406*可能是*WRKY57*转录因子，*Pm006438*可能是*WRKY 3*转录因子。控制株高的qtlsh.2.2区间为3.27 cM，包含77个候选基因，与控制地径的QTL位点qtlsd.2.4重叠。发现控制地径QTL位点的qtlsd.2.1与株高QTL位点qtlsh.2.1部分重叠，控制地径QTL位点qtlsd.2.6与株高QTL位点qtlsh.2.4部分重叠，说明梅花地径性状和株高性状具有较高相关性，与相关性分析结果一致。控制株高的qtlsh.2.3区间内包含13个候选基因，2个基因注释到翻译后修饰和蛋白质转换功能，2个基因注释到辅酶转运和代谢功能，2个基因注释到能量生产与转换功能（图3-14）。

控制节间长1的QTL只有1个，区间超过5 cM，对91个候选基因进行了功能注释，COG功能注释到转录、糖类转运、代谢、复制、重组和修复（图3-14），可能与糖类运输、代谢和转录调控紧密相关。控制节间长2的QTL有11个，表型贡献率均在3.5%，其中7个QTL位于LG6连锁群。控制节间长2的qtlsl2.6.5区间内包含26个候选基因，其中18个基因比对到已有基因注释数据库（2个基因参与翻译、核糖体的结构与合成，2个基因参与辅酶运输和代谢）。GO注释主要富集到分子功能的催化活性、酶调节活性和营养库活性，其中*Pm022327*基因可能参与RNA甲基化过程。控制梅花节间长2的qtlsl2.6.4区间内包含45个候选基因，COG注释主要富集到氨基酸转运、组织内离子运输和代谢以及信号转导等功能类别（图3-14）；控制节间长2的qtlsl2.6.3区间为1.02 cM，候选基因分子功能主要富集在催化活性和运输活性；控制节间长2的qtlsl2.6.9区间内有30个候选基因，主要富集到催化活性；控制节间长2的qtlsl2.6.8区间有52个候选基因，*Pm022572*和*Pm022570*可能是三螺旋转录因子，在拟南芥中参与转录调控（Smalle et al., 1998）；控制节间长2的qtlsl2.6.2区间为1.14 cM，该区间内候选基因的分子功能主要富集在催化活性和运输活性（图3-14）；控制节间长2的qtlsl2.6.10区间内存在3个候选基因，*Pm022798*可能在植物信号转导中起作用，其余2个基因未能比对到已知数据库中的功能基因；控制节间长2的qtlsl2.7.3区间内存在2个可能的*MYB*转录因子*Pm023938*和*Pm023937*；控制最长节间距的qtlsid.7.1区间位于LG7连锁群71.88～75.77 cM，包含83个候选基因，其中*Pm024217*可能是生长素相关蛋白，*Pm024257*推测为生长调节因子，该区域有3个重要转录因子，*Pm024214*可能是*bHLH155*转录因子，*Pm024260*预测是*NAC*家族成员，*Pm024189*可能是*MYB3*转录因子。上述与植物生长相关的功能基因以及转录因子可能与梅花F_1代群体中节间距差异相关。控制分枝数qtlsbn.8.1区间位于LG8连锁群73.93~74.53 cM，含候选基因21个，*Pm026586*可能是特定序列DNA结合转录因子（GO:0003700），*Pm026578*参与转录调控区域特定序列DNA结合（GO:0000976），*Pm026577*可能参与RNA甲基化作用（GO:0001510），*Pm026569*可能为泛素蛋白连接酶（GO:0004842）。控制节间数的2个QTL分别位于LG7连锁群69.63~69.76 cM和71.58~71.88 cM，qtlsin.7.2区间包含25个候选基因，*Pm024135*、*Pm024134*、*Pm024130*参与依赖钙离子丝氨酸/苏氨酸磷酸酶反应（GO:0004723）。*Pm024136*可能参与木聚糖代谢（GO:0045491）。控制节间数的qtlsin.7.3区间为0.29 cM，*Pm024189*可能为*MYB3*转录因子。

控制花径的qtlshj.2.1位于LG2连锁群224.10~225.47 cM，包含候选基因70个，主要富集在转录、复制、重组、修复和信号转导等功能分类（图3-14），其中2个基因可能与花径性状有关，*Pm008734*是MADS-box蛋白*AGL62*，*Pm008789*可能为*AP2-like*乙烯响应转录因子*AIL5*。控制花瓣数的2个QTL区间内检测到3个候选基因，qtlshbs.2.1区间的候选基因*Pm006271*可能参与调控细胞大小的生物过程（GO:0008361），*Pm006270*可能参与转录起始因子的调控（GO:0003743）。qtlshbs.2.2区间包含1个候选基因*Pm006480*，功能未知。控制花瓣层数的qtlshbcs.2.1位点位于LG2连锁群116.46~116.46 cM，候选基因*Pm006271*可能是拟南芥*WAT1*同源基因，参与次生细胞壁形成，候选基因*Pm006270*功能未知。控制花色性状的qtlshbys.4.2和qtlshbys.4.3区间位于LG4连锁群34.15~34.53 cM和35.93~35.94 cM，qtlshbys.4.2区间包含14个候选基因，主要富集在信号转导、氨基酸转运及代谢等功能类别（图3-14）。qtlshbys.4.3区间只有1个候选基因，*Pm013337*可能是不溶性同工酶*CWINV1*的同源基因。

表3-14　梅花数量性状QTL区间注释结果

性状	QTL编号	染色体编号	QTL起始位置（cM）	QTL终止位置（cM）	QTL区间大小（cM）	区间内基因总数
叶面积	qtlsla.2.1	2	9.25	9.25	0.00	0
	qtlsla.2.2	2	194.28	194.28	0.00	0
叶长	qtlsl.7.1	7	74.64	74.87	0.22	1
	qtlsl.7.2	7	76.22	76.83	0.61	10
	qtlsl.7.3	7	94.51	94.51	0.00	0
	qtlsl.7.4	7	96.29	96.29	0.00	1
	qtlsl.7.5	7	100.41	100.41	0.00	0
叶宽	qtlsw.2.3	2	39.53	39.53	0.00	23
	qtlsw.2.5	2	194.28	194.28	0.00	0
	qtlsw.2.1	2	9.25	9.25	0.00	0
	qtlsw.2.4	2	41.78	46.04	4.26	119
	qtlsw.2.2	2	38.14	38.66	0.52	19
地径	qtlsd.2.3	2	131.51	131.51	0.00	0
	qtlsd.2.5	2	141.59	152.88	11.29	236
	qtlsd.7.3	7	84.23	95.10	10.86	277
	qtlsd.2.2	2	130.91	131.06	0.15	3
	qtlsd.2.6	2	162.22	167.41	5.19	38
	qtlsd.7.2	7	53.23	82.38	29.15	680
	qtlsd.2.1	2	128.71	129.47	0.77	67
	qtlsd.7.1	7	50.02	50.15	0.13	20
	qtlsd.2.4	2	134.62	137.88	3.27	77
株高	qtlsh.7.4	7	25.36	130.80	105.44	2 214
	qtlsh.7.1	7	19.71	19.71	0.00	2

（续）

性状	QTL编号	染色体编号	QTL起始位置（cM）	QTL终止位置（cM）	QTL区间大小（cM）	区间内基因总数
株高	qtlsh.7.3	7	21.79	21.79	0.00	0
	qtlsh.2.1	2	128.71	131.51	2.80	120
	qtlsh.2.2	2	134.62	137.88	3.27	77
	qtlsh.7.2	7	21.53	21.53	0.00	6
	qtlsh.2.3	2	143.61	143.90	0.29	13
	qtlsh.2.4	2	162.22	162.22	0.00	10
节间长1	qtlsl1.3.1	3	147.92	154.23	6.31	91
节间长2	qtlsl2.8.1	8	16.99	16.99	0.00	0
	qtlsl2.6.7	6	120.94	120.94	0.00	18
	qtlsl2.6.5	6	112.23	112.50	0.27	26
	qtlsl2.6.4	6	109.90	111.72	1.82	45
	qtlsl2.6.3	6	107.96	108.99	1.02	27
	qtlsl2.6.9	6	130.15	130.94	0.79	30
	qtlsl2.6.8	6	124.06	126.09	2.03	52
	qtlsl2.6.1	6	102.10	102.10	0.00	0
	qtlsl2.7.3	7	62.23	63.13	0.90	84
	qtlsl2.7.4	7	71.88	73.97	2.09	54
	qtlsl2.6.2	6	106.26	107.40	1.14	78
	qtlsl2.7.1	7	52.40	54.95	2.54	72
	qtlsl2.7.2	7	61.41	61.76	0.34	38
	qtlsl2.6.10	6	131.53	131.67	0.15	3
	qtlsl2.6.6	6	113.28	120.56	7.28	101
最长节间距	qtlsid.7.1	7	71.88	75.77	3.89	83
分枝数	qtlsid.8.1	8	16.99	16.99	0.00	0
	qtlsbn.8.2	8	75.24	84.80	9.56	249
	qtlsbn.8.1	8	73.93	74.53	0.61	21
	qtlsbn.8.4	8	92.81	92.81	0.00	0
	qtlsbn.8.3	8	85.14	92.03	6.89	136
节间数	qtlsin.7.3	7	71.58	71.88	0.29	25
	qtlsin.8.2	8	85.49	91.25	5.77	100
	qtlsin.7.2	7	69.63	69.76	0.12	29
	qtlsin.8.1	8	75.94	82.74	6.79	180
	qtlsin.7.1	7	68.63	68.63	0.00	60
花瓣数	qtlshbs.2.1	2	116.46	116.46	0.00	2
	qtlshbs.2.2	2	131.51	131.51	0.00	1
花径	qtlshj.2.1	2	224.10	225.47	1.37	70
花瓣层数	qtlshbcs.2.1	2	116.46	116.46	0.00	2
有无飞瓣	qtlsywfb.2.1	2	9.25	9.25	0.00	0
花色	qtlshbys.4.1	4	0.00	32.67	32.67	441
	qtlshbys.4.2	4	34.15	34.53	0.38	14
	qtlshbys.4.3	4	35.93	35.93	0.00	1
	qtlshbys.4.4	4	139.98	139.98	0.00	0
	qtlshbys.4.5	4	38.17	38.17	0.00	0

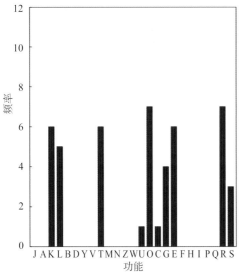

控制梅花地径的qtlsd.2.4区间候选基因COG功能注释

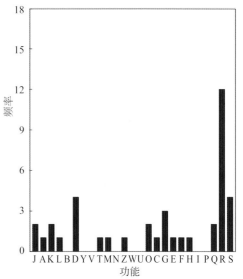

控制梅花株高的qtlsh.2.1区间候选基因COG功能注释

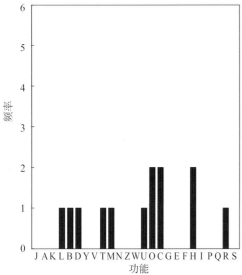

控制梅花株高的qtlsh.2.3区间候选基因
COG功能注释

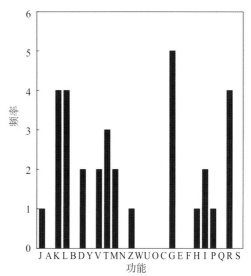

控制梅花节间长1的qtlsl1.3.1区间候选基因
COG功能注释

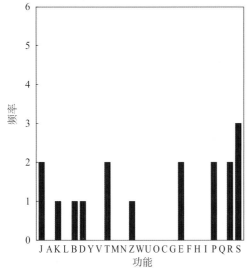

控制梅花节间长2的qtlsl2.6.4区间候选基因
COG功能注释

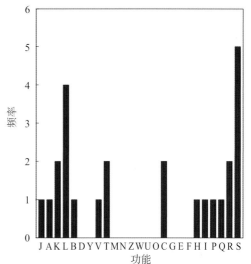

控制梅花节间长2的qtlsl2.6.2区间候选基因
COG功能注释

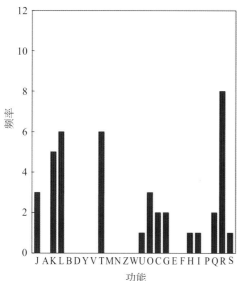
控制花径的qtlshj.2.1区间候选基因COG功能注释

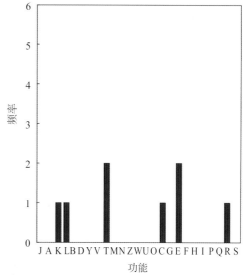
控制花色的qtlshbys.4.2区间候选基因COG功能注释

图3-14　控制梅花重要性状QTL区间候选基因COG功能注释
（注：J.翻译，核蛋白结构和生物发生；A.RNA加工和修饰；K.转录；
L.重复，重组和修饰；B.染色质结构和动态；D.细胞周期调控，细胞分裂和染色体分裂；Y.核酸结构；V.防御机制；
T.信号传导机制；M.细胞壁/膜/外被膜生物发生；N.细胞运动性；Z.细胞骨架；W.细胞外结构；U.胞内运输，分泌和膜泡运输；O.翻译
后修饰，蛋白质周转，伴侣；C.能量生产与转换；G.糖类的运输和代谢；E.氨基酸运输和代谢；F.核酸运输和代谢；H.辅酶运输和代谢；
I.脂类运输和代谢；P.无机离子运输和代谢；Q.次生代谢生物合成、运输和分解代谢；R.一般功能预测；S.未知功能）

2.7　梅花垂枝性状精细定位及候选基因筛选

2.7.1　梅花垂枝性状遗传规律分析

作图群体'六瓣'×'粉台垂枝'F$_1$代中垂枝（165株）和直枝（222株）分离比例基本符合1∶1（χ^2= 4.20，$P< 0.05$），略有偏分离，在后代中也观察到不同程度枝条分枝角度，推测垂枝性状由一个主效基因和一个或多个微效基因控制。

2.7.2　梅花垂枝性状QTL定位

在构建高密度遗传连锁图谱基础上，结合后代表型性状分离情况，对梅花垂枝性状进行连锁分析。通过置换检测，LOD值（$P= 0.05$）设定为4.35。在LG7连锁群71.88 cM位置存在一个明显的单峰（包含3个SLAF标记，分别为marker353041、marker437413和marker321918），推测是控制垂枝性状的位点（图3-15）。研究表明，LG7连锁群LOD值高于其他连锁群，与垂枝性状紧密连锁的QTL单峰LOD值最大（87.65），95% QTL置信区间范围4.80～87.65 cM，几乎覆盖了整条7号染色体。

2.7.3　梅花垂枝性状精细定位

为缩小控制垂枝性状PI基因候选范围，利用Mutmap类似策略对SLAF标记多态性进行分析，F$_1$代作图群体是由2组不同株型后代组成。Mutmap策略是在BSA基础上演变而来，通过计算SNP-index参数来估算位点对于突变型性状贡献率的方法（Abe et al., 2012）。把垂枝性状当做突变型性状，计算梅花基因组上每个SLAF标记Δ（SLAF-index）值。SLAF标记在基因组上的位置与Δ（SLAF-index）值对应关系见图3-16。除了7号染色体，Δ（SLAF-index）值在整个基因组上大多数位置都接近0。当Δ（SLAF-index）阈值设为0.85时，梅花7号染色体上存在1个明显单峰。5个平均阈值＞0.9的SLAF标记（marker334902、marker430976、marker446598、marker431969和marker348136）与梅花垂枝性状紧密连锁，位于LG7连

锁群69.63～75.52 cM。假设梅花垂枝性状由单基因控制，垂枝性状被当作一个标记（marker0），计算marker0与SLAF标记重组率，根据重组率大小对控制垂枝性状位点进行分析，结果表明，控制垂枝性状位点被定位到了LG7连锁群与marker0重组率最小的2个SLAF标记76.83 cM（marker315769）和82.99 cM（Marker418421）之间，在7号染色体10.54～11.68 Mb上得到了与垂枝性状紧密连锁的10个SLAF标记及18个候选基因（图3-17）。

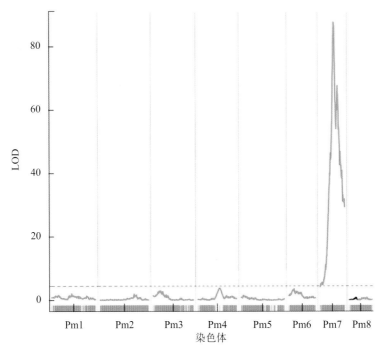

图3-15　垂枝性状QTL分析结果

[X轴代表梅花每条连锁群的遗传距离，Y轴代表LOD值；虚线代表LOD= 4.35（*P*= 0.05）]

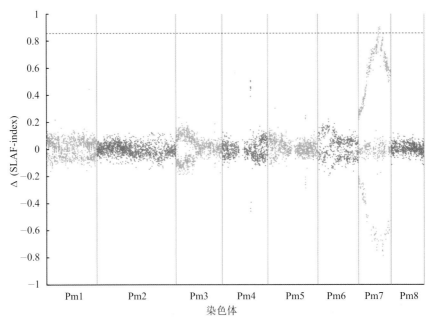

图3-16　梅花垂枝性状Mutmap类似策略分析结果

[X轴代表梅花每条染色体位置，Y轴代表 Δ（SLAF-index）值；橘色点代表垂枝个体特有SLAF标记，
绿色点代表直枝个体特有SLAF标记；虚线代表 Δ（SLAF-index）=0.85]

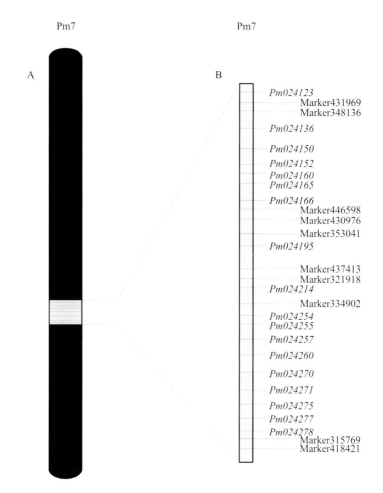

图3-17　梅花7号染色体与垂枝性状紧密连锁标记及候选基因分布
A.垂枝性状在梅花7号染色体上候选区域　B.与垂枝性状紧密连锁10个SLAF标记及18个候选基因

2.7.4　梅花垂枝候选区域基因功能注释

梅花垂枝候选区域为1.14 Mb，包含159个预测基因。利用梅花基因组注释信息（http://prunusmumegenome.bjfu.edu.cn./）对候选区域基因进行功能预测。根据'六瓣'×'粉台垂枝'SLAF-seq结果对159个候选基因多态性分析，只保留在父母本中存在多态性基因用于后续分析。经过筛选得到了69个垂枝候选基因，其中19个基因在已知的蛋白数据库中无功能注释，最终50个基因用于后续详细功能分析（表3-15）。

在50个候选基因中存在9个预测功能与细胞壁形成发育及木质素合成紧密关联的基因。*Pm024150*和*Pm024152*可能为纤维素合酶*CSL*（cellulose synthase-like）家族成员，纤维素合酶在细胞壁发育和生长过程中起到关键作用（Liepman et al., 2005）。*Pm024254*编码一种在植物不同生长阶段及细胞延伸过程中对细胞壁改变起关键作用的葡聚糖酶（endo-beta-1, 4-glucanase）（Lashbrook et al., 1994；Bujang et al., 2014）。2个候选基因（*Pm024195*和*Pm024255*）参与细胞壁形成和组装（Adair and Apt, 1990；Baumberger et al., 2003）。生长素诱导蛋白*5NG4-like*（Pm024277），是生长素代谢途径中正调控因子，参与次生细胞壁生物合成（Busov et al., 2004）。木质素生物合成能够影响纤维发育可能导致应力木结构差异，垂枝梅花枝条近轴面木质素含量高于远轴面，直枝梅花中近轴面木质素含量低于远轴面。与木质素生物合成相关基因可能会参与垂枝性状形成，*Pm024278*可能催化木质素单体合成肉桂醇脱氢酶1（cinnamyl alcohol dehydrogenase 1）（Barakat et al., 2009），*Pm024136*可能参与木聚糖代谢。NAC家族基因NAC保守域蛋白43（*Pm024277*）可能调节组织次生细胞壁木质化（Mitsuda et al., 2007）。

垂枝性状可能是由一个引起下游基因调控网络差异表达的调控基因控制（Sugano et al., 2004）。对垂枝性状候选区域进行注释，发现有9个基因在转录水平或转录后水平调节基因表达。26S蛋白酶体（*Pm024160*）可能在枝条发育过程中细胞延伸和细胞分化平衡中起关键作用（Kurepa et al., 2009）。22蛋白NLP7（*Pm024166*）是参与调节硝酸盐同化及硝酸盐信号转导过程的转录因子，21蛋白NLP6（*Pm024165*）是功能未知的转录调控因子（Castaings et al., 2009）。bHLH155（*Pm024214*）可能参与调节根系发育的转录因子，生长调节因子8（*Pm024257*）可能作为转录激活因子参与分生组织细胞延伸的调节（Heim et al., 2003）。4个在'六瓣'דׁ粉台垂枝'中存在明显功能变异的候选基因（*Pm024270*、*Pm024271*、*Pm024275*和*Pm024123*）可能是DNA导向RNA聚合酶Ⅱ亚组RPB1，促进Pol Ⅱ移动，而Pol Ⅱ为参与转录起始、延伸、终止以及mRNA合成的因子组装提供了平台（Zheng et al., 2009）。

一些与垂枝性状相关的候选基因可能与关键酶活性相关。Marker437413所对应的*Pm024200*基因可能参与辅酶转运及代谢，在棉花中乙烯能够促进细胞延伸（Andersson, 2005），由于丝氨酸/苏氨酸蛋白激酶构向改变可能激活下游乙烯信号转导过程，编码丝氨酸/苏氨酸蛋白激酶*WNK8*的候选基因*Pm024219*和编码类枯草菌素蛋白酶的候选基因*Pm024247*，可能参与细胞伸长过程（Andersson, 2005）。*Pm024237*参与mRNA腺苷甲基化的N6-腺苷-甲基转移酶MT-A70类似蛋白，在mRNA剪切、转运和翻译过程中起到重要作用。

表3-15　梅花垂枝候选基因注释结果

基因序列号	InDel/SNP	基因注释
Pm024136	10NON_SYN,13SYN,29INTRON	Uncharacterized protein; xylan metabolic process（GO）
Pm024150	1NON_SYN, 4INTRON	Cellulose synthase-like protein G3
Pm024152	1FRAME SHIFT	Glycosyltransferase,cell wall biogenesis/degradation（GO）
Pm024195	1NON_SYN,2INTRON	Vegetative cell wall protein gp1（Precursor）; Structural constituent of cell wall（UNIPROT）
Pm024254	1NON_SYN,1SYN,1INTRON	Endo-beta-1 4-glucanase; Cell wall-associated enzymes（UNIPROT）
Pm024255	1NON_SYN,1SYN	Leucine-rich repeat extensin-like protein 5（Precursor）; Structural constituent of cell wall（UNIPROT）
Pm024260	3NON_SYN,2SYN,2INTRON	NAC domain-containing protein 43; May regulates the secondary cell wall lignification of tissues（UNOPROT）
Pm024277	2NON_SYN	Auxin-induced protein 5NG4-like; secondary cell wall biogenesis（UNIPROT）
Pm024278	3NON_SYN,1SYNON	Probable cinnamyl alcohol dehydrogenase 1; Involved in lignin biosynthesis（UNIPROT）
Pm024123	1NON_SYN	DNA-directed RNA polymerase Ⅱ subunit RPB1; Platform for assembly of factors that regulate transcription initiation, elongation, termination and mRNA processing（UNIPROT）
Pm024270	11NON_SYN,6SYN, 6INTRON	
Pm024271	2 FRAME SHIFT, 22NON_SYN, 3SYN	
Pm024275	3NON_SYN,1SYN,5INTRON	
Pm024160	1NON_SYN	26S proteasome non-ATPase regulatory subunit 8 homolog A; Acts as a regulatory subunit of the 26S proteasome which is involved in the ATP-dependent degradation of ubiquitinated proteins（UNIPROT）
Pm024165	11NON_SYN,9SYN,10INTRON	Protein NLP6; Probable transcription factor（GO）
Pm024166	2NON_SYN,5SYN	Protein NLP7; Transcription factor involved in regulation of nitrate assimilation and in transduction of the nitrate signal（GO）
Pm024214	1 FRAME SHIFT	Transcription factor bHLH155; Transcription factor that may regulate root development（UNIPROT）
Pm024257	1NON_SYN	Growth-regulating factor 8; Regulate meristem function（UNOPROT）

（续）

基因序列号	InDel/SNP	基因注释
Pm024237	1NON_SYN,2SYN	N6-adenosine-methyltransferase MT-A70-like; Methylates adenosine residues of some mRNAs（UNIPROT）
Pm024200	1NON_SYN,3SYNO,9INTRON	Glutamine-dependent NAD（+）synthetase-like; Acting on carbon-nitrogen（but not peptide）bonds（GO）
Pm024219	1NON_SYN,2SYN	Serine/threonine-protein kinase WNK8
Pm024247	1 FRAME SHIFT,2NON_SYN,4SYN;6INTRON	Subtilisin-like protease（Precursor）; Serine protease（UNIPROT）
Pm024124	2NON_SYN,SYN	Probable phosphatidylinositol 4-kinase type 2-beta; Together with PI4K2B and the type Ⅲ PI4Ks（PIK4CA and PIK4CB）it contributes to the overall PI4-kinase activity of the cell（UNIPROT）
Pm024133	2NON_SYN,2SYN	GDSL esterase/lipase; Lipid metabolic process（UNIPROT）
Pm024138	1NON_SYN,4INTRON	ATP-dependent zinc metalloprotease FtsH; Acts as a processive，ATP-dependent zinc metallopeptidase（UNIPROT）
Pm024182	2NON_SYN,2INTRON	DNA repair helicase UVH6; A negative regulator of stress response in plants to UV damage and heat（UNIPROT）
Pm024186	3NON_SYN,6INTRON	Trehalase
Pm024226	1NON_SYN	DNA-binding protein RHL1; Component of the DNA topoisomerase VI complex（UNIPROT）
Pm024228	1NON_SYN	Methionine gamma-lyase; Hydrolase, Serine esterase（GO）
Pm024273	1 FRAME SHIFT	Low-temperature-induced 65 kDa protein; Response to abscisic acid stimulus（UNIPROT）
Pm024258	1NON_SYN	Protein IQ-DOMAIN 14-like; May be involved in cooperative interactions with calmodulins or calmodulin-like proteins（UNIPROT）
Pm024268	3NON_SYN,SYN,1INTRON	Ubiquitin carboxyl-terminal hydrolase 9; Recognizes and hydrolyzes the peptide bond at the C-terminal Gly of ubiquitin（GO）
Pm024265	3NON_SYN,SYN,4INTRON	PHD finger protein At1g33420 zinc finger; Zinc ion binding，regulation of transcription（GO）
Pm024130	1NON_SYN,2SYN	Calcineurin B-like protein 7; Acts as a calcium sensor（GO）
Pm024135	1NON_SYN	
Pm024137	4NON_SYN,1SYN	E3 ubiquitin-protein ligase SINAT3; Protein modification，protein ubiquitination（GO）
Pm024144	1 FRAME SHIFT 1NON_SYN,1SYN	RNA polymerase Ⅱ transcriptional coactivator KELP
Pm024139	2NON_SYN,2SYN	Uncharacterized protein; Anchored component of plasma membrane（GO）
Pm024190	1NON-SYN,1INTRON	Guanine nucleotide-binding protein subunit beta; Required for the GTPase activity，Transducer（UNIPROT）
Pm024236	1NON_SYN,6SYN,9INTRON	Oligopeptide transporter 7; Translocation of tetra- and pentapeptides across the cellular membrane（GO）
Pm024297	3NON_SYN,3SYN	Respiratory burst oxidase homolog protein C; Calcium-dependent NADPH oxidase that generates superoxide，may be responsible for the oxidative burst in response to pathogen attack in the leaves.（UNIPROT）
Pm024215	1NON_SYN	Aluminum-activated malate transporter 10-like; malate transport（GO）
Pm024229	1NON_SYN,2SYN	Cytochrome P450 78A9; Encodes a cytochrome p450 monooxygenase（GO）
Pm024234	1NON_SYN,4SYN	Protein yippee-like（GO）
Pm024256	1NON_SYN,1SYN	Protein BRANCHLESS TRICHOME（GO）
Pm024227	1NON_SYN,3SYN,16INTRON	Embryogenesis-associated protein（GO）
Pm024298	1NON_SYN	Crystal structure of SMU.472; a putative methyltransferase complexed with SAH（GO）

（续）

基因序列号	InDel/SNP	基因注释
Pm024187	1NON_SYN	Structural and biochemical characterization of human orphan DHRS10; reveals a novel enzyme with steroid dehydrogenase activity (GO)
Pm024291	1NON_SYN	Structural insights into the negative regulation of BRI1; signaling by BRI1-interacting protein BKI1 （GO）

3　结论

（1）构建含有1 613个SNR标记的梅花高密度遗传连锁图谱，总遗传图距为780.9 cM，标记间平均距离为0.5 cM，锚定513条梅花基因组组装序列，大小为199.0 Mb，覆盖基因组84.0%。

（2）梅花遗传连锁图谱与李属参考图谱共线性分析表明，在梅花基因组进化过程中，仅有Pm3和Pm4染色体发生染色体重排事件，即Pm3染色体来源于李属的Pg1、Pg6和Pg7染色体，Pm4染色体来源于李属的Pg2和Pg5染色体。

（3）利用SSR标记连锁分析，共检测到与株高、地径、叶长、叶宽、叶面积和叶脉数等6个表型性状连锁的84个QTL。

（4）构建含有8 007个SLAF标记的梅花遗传连锁图谱，总遗传图距为1 550.62 cM，标记间平均距离为0.195 cM，覆盖梅花基因组64.31%，检测到与株型、花部等15个重要性状连锁的66个QTL，筛选出58个候选基因。

（5）垂枝性状定位到梅花7号染色体10.54～11.68 Mb区域，检测到与该性状紧密连锁的10个SLAF标记和18个候选基因，其中9个基因与细胞壁形成发育及木质素合成相关。

参考文献

蔡长福, 2015. 牡丹高密度遗传图谱构建及重要性状QTL分析[D]. 北京：北京林业大学.

卢艳丽, 2010. 不同类型玉米种质分子特征分析及耐旱相关性状的连锁–连锁不平衡联合作图[D]. 成都：四川农业大学.

刘建超, 褚群, 蔡红光, 等, 2010. 玉米SSR连锁图谱构建及叶面积的QTL定位[J]. 遗传, 32(6): 625-631.

李慧慧, 张鲁燕, 王建康, 2010. 数量性状基因定位研究中若干常见问题的分析与解答[J]. 作物学报, 36(6): 918-931.

杨小红, 严建兵, 郑艳萍, 等, 2007. 植物数量性状关联分析研究进展[J]. 作物学报, 33(4): 523-530.

徐云碧, 朱立煌, 1994. 分子数量遗传学[M]. 北京：中国农业出版社.

张德强, 2002. 毛白杨遗传连锁图谱的构建及重要性状的分子标记[D]. 北京：北京林业大学.

张飞, 陈发棣, 房伟民, 等, 2011. 菊花管状花数量和花心直径的QTL分析[J]. 中国农业科学, 44(7): 1443.

张瑞萍, 吴俊, 李秀根, 等, 2011. 梨AFLP标记遗传图谱构建及果实相关性状的[J]. 园艺学报, 38(10): 1991-1998.

Abe A, Kosugi S, Yoshida K, et al, 2012. Genome sequencing reveals agronomically important loci in rice using MutMap[J]. Nature Biotechnology, 30(2): 174-178.

Adair W S, Apt K E, 1990. Cell wall regeneration in Chlamydomonas: accumulation of mRNA sencoding cell wall hydroxyproline-rich glycoproteins[J]. Proceedings of the National Academy ofSciences, 87(19): 7355-7359.

Andersson Gunnerås, sara, 2005. Wood formation and transcript analysis with focus on tension wood and ethylene biology[D]. Sweden: Swedish University of Agricultural Sciences.

Baird N A, Etter P D, Atwood T S, et al, 2008. Rapid SNP discovery and genetic mapping using sequenced RAD markers[J]. PLOS One, 3(10):e3376.

Baumberger N, Doesseger B, Guyot R, et al, 2003. Whole-genome comparison of leucine-rich repeat extensins in *Arabidopsis* and rice. A conserved family of cell wall proteins form avegetative and a reproductive clade[J]. Plant Physiology, 131(3):1313-1326.

Barakat A, Bagniewska-Zadworna A, Choi A, et al, 2009. The cinnamyl alcohol dehydrogenase gene family in *Populus*: phylogeny, organization, and expression[J]. BMC Plant Biology, 9(1): 26.

Barchi L, Lanteri S, Portis E, et al, 2011. Identification of SNP and SSR markers in eggplant using RAD tag sequencing[J]. BMC Genomics, 12(1):304.

Broman KW, Sen S, 2009. A Guide to QTL Mapping with R/qtl[M]. Germany: Springer.

Bujang N, Harrison N, Su NY, 2014. A phylogenetic study of endo-beta-1, 4-glucanase in higher termites[J]. Insectes Sociaux, 61(1), 29-40.

Busov V B, Johannes E, Whetten R W, et al, 2004. An auxin-inducible gene from loblolly pine (*Pinus taeda* L.) is differentially expressed in mature and juvenile-phase shoots and encodes aputative transmembrane protein[J]. Planta, 218(6): 916-927.

Cabrera A, Kozik A, Howad W, et al, 2009. Development and bin mapping of a Rosaceae Conserved Ortholog Set (COS) of markers[J]. BMC Genomics, 10(1):562.

Chen J, Yang B, Yang W, et al, 2013. Chromosome sectioning of *Prunus mume* Siet. et Zucc all the year around[J]. Acta Agrticulturae Boreali-occidentalis Sinica, 22(1): 150-154.

Chutimanitsakun Y, Nipper R W, Cuesta-Marcos A, et al, 2011. Construction and application for QTL analysis of a Restriction Site Associated DNA (RAD) linkage map in barley[J]. BMC Genomics, 12(1):4.

Celton J M, Kelner J J, Martinez S, et al, 2014. Fruit self-thinning: a trait to consider for genetic improvement of apple tree[J]. PLOS One, 9(3): e91016.

Castaings L, Camargo A, Pocholle D, et al, 2009. The nodule inception-like protein 7 modulates nitrate sensing and metabolism in *Arabidopsis*[J]. The Plant Journal, 57(3): 426-435.

Dirlewanger E, Cosson P, Howad W, et al, 2004. Microsatellite genetic linkage maps of myrobalan plum and an almond-peach hybrid-location of root-knot nematode resistance genes[J]. Theoretical and Applied Genetics, 109(4):827-838.

Heim MA, Jakoby M, Werber M, et al, 2003. The basic helix-loop-helix transcription factor family in plants: a genome-wide study of protein structure and functional diversity[J]. Molecular Biology and Evolution, 20(1): 735-747.

Jáuregui B, De Vicente M, Messeguer R, et al, 2001. A reciprocal translocation between 'Garfi' almond and 'Nemared' peach[J]. Theoretical and Applied Genetics, 102(8):1169-1176.

Kosambi D, 1943. The estimation of map distances from recombination values[J]. Annals of Human Genetics, 12(1):172-175.

Kent W J, 2002. BLAT-the BLAST-like alignment tool[J]. Genome Research, 12(4):656-664.

Krzywinski M, Schein J, Birol i et al, 2009. Circos: an information aesthetic for comparative genomics[J]. Genome Research, 19(9):1639-1645.

Kurepa J, Wang S, Li Y, et al, 2009. Loss of 26S proteasome function leads to increased cell size and decreased cell number in Arabidopsis shoot organs[J]. Plant Physiology, 150(1): 178-189.

Lashbrook C C, Gonzalez-Bosch C, Bennett AB, 1994. Two divergent endo-beta-1, 4-glucanase genes exhibit overlapping expression in ripening fruit and abscising flowers[J]. The Plant Cell, 6(10): 1485-1493.

Liepman A H, Wilkerson C G, Keegstra K, 2005. Expression of *cellulose synthase-like* (*Csl*) genes in insect cells reveals that CslA family members encode mannan synthases[J]. Proceedings of the National Academy of Sciences of the United States of America, 102(6): 2221-2226.

Ma H, Moore P H, Liu Z, et al, 2004. High-density linkage mapping revealed suppression of recombination at the sex determination locus in papaya[J]. Genetics, 166(1):419-436.

Miller M R, Dunham J P, Amores A, et al, 2007. Rapid and cost-effective polymorphism identification and genotyping using restriction site associated DNA (RAD) markers[J]. Genome Research, 17(2):240-248.

Mitsuda N, Iwase A, Yamamoto H, et al, 2007. NAC transcription factors, *NST1* and *NST3*, are key regulators of the formation of secondary walls in woody tissues of *Arabidopsis*[J]. The Plant Cell, 19(1): 270-280.

Olmstead J W, Sebolt A M, Cabrera A, et al, 2008. Construction of an intra-specific sweet cherry (*Prunus avium* L.) genetic linkage map and synteny analysis with the *Prunus* reference map[J]. Tree Genetics & Genomes, 4(4):897-910.

Ooijen J V, 2006. JoinMap®4, software for the calculation of genetic linkage maps in experimental populations[M]. Wageningen, The Netherlands.

Paillard S, Schnurbusch T, Winzeler M, et al, 2003. An integrative genetic linkage map of winter wheat (*Triticum aestivum* L.)[J]. Theoretical and Applied Genetics, 107(7):1235-1242.

Ren Y, Zhao H, Kou Q, et al, 2012. A high resolution genetic map anchoring scaffolds of the sequenced watermelon genome[J]. PLOS One, 7(1):e29453.

Rozen S, Skaletsky H, 1999. Primer3 on the WWW for general users and for biologist programmers[M]. Bioinformatics Methods and Protocols. Humana Press.

Shulaev V, Korban S S, Sosinski B, et al, 2008. Multiple models for Rosaceae genomics[J]. Plant Physiology, 147(3):985.

Sun L, Yang W, Zhang Q, et al, 2013. Genome-wide characterization and linkage mapping of simple sequence repeats in Mei (*Prunus mume* Sieb. et Zucc.)[J]. PLOS One, 8(3):e59562.

Sun L, Wang Y, Yan X, et al, 2014. Genetic control of juvenile growth and botanical architecture in an ornamental woody plant, *Prunus mume* Sieb. et Zucc. as revealed by a high-density linkage map[J]. BMC Genetics, 15(S1):1-9.

Sun, X W, Liu D Y, Zhang X F, et al, 2013. SLAF-seq: An efficient method of large-scale *de novo* SNP discovery and genotyping using high-throughput sequencing[J]. PLOS One, 8(3): e58700.

Segura V, Cilas C, Laurens F, et al, 2006. Phenotyping progenies for complex architectural traits: a strategy for 1-year-old apple trees (*Malus x domestica* Borkh.)[J]. Tree Genetics & Genomes, 2(3): 140-151.

Sugano M, Nakagawa Y, Nyunoya H, et al, 2004. Expression of gibberellin 3 β -hydroxylase gene in a gravi-response mutant, weeping Japanese flowering cherry[J]. Biological Sciences in Space, 18(4): 261-266.

Vilanova S, Sargent D J, Arús P, et al, 2008. Synteny conservation between two distantly-related Rosaceae genomes: *Prunus* (the stone fruits) and *Fragaria* (the strawberry)[J]. BMC Plant Biology, 2008, 8(1):67.

Weber, J. L, 1990. Informativeness of human (dC-dA) n · (dG-dT) n polymorphisms[J]. Genomics, 7(4): 524-530.

Wei Q, Wang Y, Qin X, et al, 2014. An SNP-based saturated genetic map and QTL analysis of fruit-related traits in cucumber using specific-length amplified fragment (SLAF) sequencing[J]. BMC Genomics, 15(1): 1158.

Xia C, Chen L, Rong T, et al, 2015. Identification of a new maize inflorescence meristem mutant and association analysis using SLAF-seq method[J]. Euphytica, 202(1): 35-44.

Yang H, Tao Y, Zheng Z, et al, 2012. Application of next-generation sequencing for rapid marker development in molecular plant breeding: a case study on anthracnose disease resistance in Lupinus angustifolius L[J]. BMC Genomics, 13(1):318.

Zheng B, Wang Z, Li S, et al, 2009. Intergenic transcription by RNA polymerase II coordinates Pol IV and Pol V in siRNA-directed transcriptional gene silencing in *Arabidopsis*[J].Genes &Development, 23(24): 2850-2860.

Zhang Q, Chen W, Sun L, et al, 2012. The genome of *Prunus mume*[J]. Nature Communications, (3):1318.

Zhang Y X, Wang L H, Xin H G, et al, 2013. Construction of a high-density genetic map for sesame based on large scale marker development by specific length amplified fragment (SLAF) sequencing[J]. BMC Plant Biol, 13(1): 141.

Zhang J, Zhang Q, Cheng T, et al, 2015. High-density genetic map construction and identification of a locus controlling weeping trait in an ornamental woody plant (*Prunus mume* Sieb. et Zucc)[J]. DNA Research, 22(3): 183-191.

第4章
梅花花香分子
机理研究

花香是观赏植物的品质性状之一，具有重要的美学价值、经济价值和应用价值。自然界中，植物利用花香吸引昆虫授粉实现物种繁衍。花香成分由小分子、易挥发的化学物质组成，其代谢是一个非常复杂的生理生化过程（Dudareva and Pichersky，2000）。随着植物次生代谢研究的进一步深入，花香物质成分及其生物合成分子机制不断被阐明（Hoballah et al.，2005；Schwab et al.，2008）。目前，花香挥发性苯环类物质及代谢途径是近年来研究的热点（Boatright et al.，2004；Verdonk et al.，2005）。

梅花具有特征花香，"疏影横斜水清浅，暗香浮动月黄昏"正是这一特征的写照。目前研究认为，梅花典型花香的主要成分为苯基/苯丙烷芳香族化合物，这与其花朵开放过程中苯环类物质结构基因（如 *BEAT*，Zhang et al.，2012）和转录因子基因（如 *MYB* 基因，Hoballah et al.，2005；Verdonk et al.，2005）表达调控相关。通过梅花与李属植物花朵挥发性成分比较而确定梅花特征花香成分，分析梅花及其子代挥发性成分差异，比较花香成分顶空挥发与内源合成之间的相互关系，研究了梅花香气成分的时空挥发模式；以梅花'三轮玉碟'不同发育阶段、不同花朵部位为材料，通过转录组测序和生物信息学方法分析了相关基因的表达情况，明确了梅花花香物质的合成途径及其调控方式；研究了 *BAHD* 和 *BEAT* 结构基因、MYB 类转录因子对花香形成调控作用（Hao et al.，2014a，b；Zhao et al.，2017），解析了其候选基因的表达模式及功能，为阐明梅花特征花香形成机理奠定了基础。

1 材料与方法

1.1 材料

试验材料采自北京林业大学，包括'三轮玉碟'（*P. mume* 'Sanlun Yudie'）、'粉红'梅（*P. mume* 'Fenhong'）、'燕杏'梅（*P. mume* 'Yanxing'）、'美人'梅（*P. mume* 'Meiren'）、'紫叶李'（*P. cerasifera* 'Pissardii'）、'曹杏'（*P. armeniaca* 'Caoxing'）、杏（*P. armeniaca*）、山杏（*P. sibirica*）、桃（*P. persica*）、李（*P. salicina*）、榆叶梅（*P. triloba*）、日本晚樱（*P. serrulata*）和山桃（*P. davidiana*）等。

1.2 方法

1.2.1 花香挥发物表型数据测定

1.2.1.1 挥发物成分采集

挥发物成分采用离体静态顶空套袋－吸附采集法（Kong et al.，2012）收集，将装填有 Tenax GR 吸附剂的吸附管（CAMSCO，Houston，USA）放在热脱附仪上，于270℃条件下通入 N_2 干吹 2 h 以清除杂质，称重后装入大气采样袋（Ted-050，Plastic Film Corp，USA）。利用大气采样仪将采样袋内空气尽量排空，然后通过装有活性炭的干燥塔用大气采样仪向采样袋内充入清洁空气 3 L，静置于20℃恒温培养箱 1 h。最后将大气采样袋内空气以200 mL/min 的速率经吸附管抽干后保存于－20℃冰箱待测。各处理重复 3 次。

1.2.1.2 内源萃取物采集

花瓣内源挥发物采用乙酸乙酯溶剂萃取法采集。称量各树种盛开的花朵0.50 g，将其用液氮速冻，并研磨成粉末，然后用 1.5 mL 乙酸乙酯抽提，在溶液中加入丙酸苯甲酯作为内标，同时加入无水硫酸钠除去水分（Oyama-Okubo et al.，2005），将抽提液保存于－20℃冰箱。试验重复 3 次。

1.2.1.3 醇类催化活性比较及底物特异性试验

以超纯水为溶剂，将己醇（正己醇）、己烯醇（顺-3-己烯-1-醇）、苯甲醇、苯乙醇、肉桂醇标准品（Sigma，USA）分别配制成 4 mmol/L 溶液，各取 5 mL 底物加入 10 mL 离心管中，再加入0.50 g样品至离心管中，保持材料全部被液体浸泡，并置于20℃恒温培养箱静置 2 h（Aranovich et al.，2007）。迅速取出材料，用滤纸吸干残留溶液，再将其用液氮速冻，以采集内源萃取物的方法进行溶剂萃取。试验重复 3 次。

1.2.1.4 ATD-GC-MS检测

挥发性成分采用ATD-GC-MS法检测。ATD（Auto thermal desorber，TurboMatrix 650，PerkinElmer，USA）工作条件：载气为N_2；一级热脱附温度为260℃，时间为10 min，一级热脱附冷阱捕集温度为-25℃；二级热脱附冷阱温度为300℃，升温速率为40℃/s，阀温230℃，进入气质联用仪管道温度为250℃；进入气质联用气体分流为4.6%。GC（Gas chromatograph，Clarus 600，PerkinElmer，USA）条件：载气为He；色谱柱为DB-5 Low Bleed/MS柱，规格为30 m×0.25 mm×0.25 μm；程序升温条件设置为起始40℃，保持时间2 min，之后升温速率为4℃/min，在180℃保持3 min，最后升温至220℃，速率为20℃/min。MS（Mass spectrometry，Clarus 600T，PerkinElmer，USA）条件：电离方式为EI；质谱荷质比（*m/z*）扫描范围为29～500 amu；电子能量为70 eV；GC/MS接口温度为250℃；离子源温度为220℃。

内源萃取物分析采用相同的仪器和相同的分析条件进行。样品采用微量注射器注入进样口，进样口温度为250℃，分流方式为不分流模式，进样量1 μL，溶剂延迟时间为3 min。

1.2.1.5 挥发成分与内源萃取成分定量分析

挥发物成分的定量采用外标定量法，将苯甲醛、苯甲醇与乙酸苯甲酯标样分别用乙酸乙酯梯度稀释，分别取1 μL标样加入吸附管，在60℃烘箱放置15 min使标样被吸附剂充分吸附（Proffit and Johnson，2009）。以ATD-GC/MS条件进行定量分析，根据结果绘制标准曲线，用得到线性回归方程进行外标计算。内源萃取成分通过加入的丙酸苯甲酯内标进行计算（Dötterl et al.，2005）。

1.2.2 二代转录组测序与生物信息学分析

1.2.2.1 样本RNA提取及cDNA文库构建

方法见第1章1.2.7。

1.2.2.2 Illumina测序及数据处理

方法见第1章1.2.7。

1.2.2.3 差异基因获得及表达规律分析

利用FPKM（fragments per kilo base of exon per million fragments mapped）计算读长表达丰度（Shahriyari，2017），对结果进行均一化处理。利用edgeR软件对两组数据比较，通过负二项分布筛选差异基因，对读长数量进行分析，筛选阈值为*P*-adj（FDR）< 0.05且|fold change|> 1。利用STEM（short time series expression miner）软件分析基因变化趋势（Ernst and Bar-Joseph，2006），从聚类结果中筛选与花香释放生物学特性相关的基因集。

1.2.2.4 差异基因注释及富集分析

利用Blast2GO软件对差异表达基因进行GO功能注释与富集（Conesa，2005）。利用GOseq软件（Young et al.，2010）计算差异基因富集概率。利用ReviGO软件呈现分组间差异基因GO富集结果（Supek，2011）。采用Mapman软件标注代谢通路及基因变化（Thimm，2004），获取与拟南芥数据库比对结果，通过预设模型构建差异基因在不同通路中的富集，进行可视化分析。

1.2.2.5 同源基因检索及转录因子鉴定

采用HMMER（v3.0）软件在梅花基因组检索同源基因（$1×10^{-5}$）（Prakash，2017），确定目的基因。利用iTAK在线比对分类工具（http://bioinfo.bti.cornell.edu/cgi-bin/itak/index.cgi）鉴定转录因子并进行分类（Zheng et al.，2016）。

1.2.2.6 qRT-PCR验证

采用qRT-PCR验证转录组测序结果。采用Trizol法提取样品总RNA，加入DNA酶去除基因组DNA后，经TIANScript First Strand cDNA Synthesis Kit（Tiangen，China）试剂盒反转录为cDNA，于PikoReal real-time PCR system（Thermo Fisher Scientific，Germany）仪器进行qRT-PCR。通过溶解曲线筛选特异性引物，设置3次生物学重复、3次技术重复，相对表达量采用$2^{-\triangle\triangle Ct}$法计算。

1.2.3 PacBio高通量平台建库测序

1.2.3.1 文库构建与测序

按照PacBio（California，USA）操作说明富集mRNA，利用SMARTer PCR cDNA Synthesis Kit（Clontech Laboratories，Inc., CA，USA）反转录为cDNA，采用BluePippin自动化核酸回收系统回收>4 000 bp的片段分别建库。将全长cDNA进行损伤修复、末端修复、连接接头后，利用Pacbio单分子实时（switching mechanism at 5' end of the RNA transcript，SMART）测序。

1.2.3.2 下机数据分析

利用SMRTLink（v4.0）软件对PacBio下机原始测序数据进行过滤和处理（minLength= 200，minReadScore= 0.75），得到靶序列（Subreads）。采用Iso-Seq软件获取全长转录本序列（minPasses= 1，minPredictedAccuracy= 0.8）。使用Proovread软件，结合独立样品二代测序数据对混合样本的全长转录本进行错误校正。利用GMAP软件将一致性序列比对到参考基因组，比对结果分为5种类型（Unmapped，Multiple mapped，Uniquely mapped，Reads map to '+'，Reads map to '−'）。

1.2.3.3 基因结构分析

对获得转录本进行结构分析，包括基因的融合转录本分析、可变剪切分析以及可变多聚腺苷酸化分析（alternative polyadenylation，APA）分析。利用SpliceGrapher进行可变剪切事件挖掘与具体事件绘图。利用Subread软件Subjunc功能挖掘长片段比对至基因组的融合基因事件。

1.2.3.4 转录本分析

利用ANGEL软件进行CDS预测，使用iTAK软件将新基因比对到转录因子数据库，预测植物转录因子。

1.2.3.5 LncRNA分析

长链非编码RNA（long non-coding RNA，lncRNA）是一类转录本长度超过200 nt，不编码蛋白质的RNA分子。利用CNCI、CPC及Pfam数据库筛选PacBio测序数据中的lncRNA并分类（LincRNA：基因间区lncRNA；Anti-sense lncRNA：反义链lncRNA；Intronic lncRNA：基因内lncRNA）。

1.2.4 梅花MYB基因克隆与功能分析

1.2.4.1 基因克隆

以'三轮玉碟'花的总RNA为样品进行反转录（TIANScript cDNA试剂盒，天根）及PCR扩增。反应体系（50 μL）：5×PrimeSTAR Buffer 10 μL，10 mmol/L dNTP 4 μL，上、下游引物（10 μmol/L）各2 μL，PrimeSTAR Polymerase 0.5 μL，cDNA 0.5 μL，ddH$_2$O 31 μL。反应程序：94℃，2 min；98℃ 10 s，退火温度56℃ 5 s，72℃ 1 min，30个循环；72℃ 7 min。

1.2.4.2 亚克隆载体构建

将目的片段与线性化亚克隆载体进行连接。连接反应：载体片段与目的片段的摩尔比为

（1:3～1:10），连接反应体系10 μL。反应条件：16℃，1 h。反应结束后转化大肠杆菌感受态DH5α，涂于含有抗生素的LB固体培养基，37℃倒置培养10～15 h。挑取单菌落进行PCR验证及测序。按照高纯度质粒小提中量试剂盒（天根，北京，中国）操作说明提取质粒并保存。

1.2.4.3 酵母表达载体构建

利用In-Fusion方法分别构建基因的诱饵表达载体pGBKT7-genes和猎物表达载体pGADT7-genes。采用*Bam*H I 和*Eco*R I（NEB，USA）进行双酶切，酶切产物与目的基因经纯化后连接并转化大肠杆感受态DH5α，提取质粒获得酵母表达载体。

1.2.4.4 酵母感受态制备

酵母感受态制备方法参考Clonetech公司相关产品的操作手册。具体流程：吸取少量酵母菌株（Y2H gold，Y187）在YPDA固体培养基平板上划线分离，于30℃暗环境培养箱倒置培养2～3 d。挑取活力旺盛的2～3 mm单菌落于3 mL YPDA液体培养基进行扩增培养（250 r/min，8～10 h）。用50 mL新鲜的YPDA液体培养基对10 μL菌液进行再次培养（30℃，250 r/min，18～20 h）至菌液OD_{600}= 0.15～0.3。将菌液分装于50 mL离心管中，700 r/min离心5 min，弃废液，用100 mL YPDA液体培养基重悬菌体并培养（30℃，250 r/min，3～5 h）至菌液OD_{600}= 0.4～0.5。离心富集菌体（700 r/min离心5 min），吸除上清液。用30 mL无菌ddH_2O悬浮菌体，700 r/min离心5 min，弃上清。用1.5 mL 1.1× TE/LiAc溶液重悬菌体，并分装于1.5 mL离心管，12 000 r/min离心15 s，吸除上清液，600 μL 1.1× TE/LiAc溶液悬浮菌体，得到酵母感受态细胞。

1.2.4.5 酵母遗传转化

利用Yeastmaker Yeast Transformation System 2（Clonetech）试剂盒将构建好的诱饵载体和猎物载体分别转入Y2H gold和Y187菌株。具体流程：将1.5 mL离心管预冷，分别加入5 μL预变性Carrier DNA（10 μg/μL）、100 ng诱饵/猎物载体、50 μL酵母感受态、500 μL PEG/LiAc。轻柔混匀混合液后于30℃孵育30 min（每10 min混匀1次）。将20 μL DMSO加入到混合液中，轻柔混匀后于42℃水浴15 min（每5 min混匀1次），12 000 r/min离心15 s，弃上清，加入1 mL YPD Plus液体培养基，30℃ 200 r/min培养1～2 h，12 000 r/min离心15 s，弃上清，加入1 mL 0.9% NaCl重悬菌体。取10 μL菌液，用0.9% NaCl稀释到100 μL，均匀涂于SD/–Trp或SD/–Leu平板上培养，30℃倒置2～3 d。

1.2.4.6 毒性与自激活检测

毒性检测：将含有空载体与目的基因的Y2H gold菌液各10 μL，用0.9% NaCl稀释到100 μL，并分别涂于SD/–Trp固体培养基，30℃倒置2～3 d，观察菌落生长速度。

自激活检测：将含有目的基因的Y2H gold菌液取10 μL在SD/–Trp/–His/–Ade和SD/–Trp固体培养基上培养，30℃倒置2～3 d，观察SD/–Trp/–His/–Ade培养基上菌落生长情况。

1.2.4.7 酵母双杂交

取10 μL Y2H gold（pGBKT7::gene）菌液和Y187（pGADT7::gene）菌液于15 mL无菌试管中，用500 μL 2× YPDA溶液悬浮菌体，30℃ 80 r/min培养20～24 h。取10 μL菌液，用2× YPDA溶液稀释到100 μL，涂于DDO（SD/–Leu/–Trp）固体培养基上，30℃倒置2～3 d。挑取2 mm单菌落于50 mL无菌离心管，并加入10 mL DDO液体培养基，30℃ 250 r/min培养16～20 h后700 r/min离心2 min，弃上清，加入1.5 mL无菌ddH_2O悬浮菌体，700 r/min离心2 min，弃上清，加入无菌ddH_2O重悬菌体（OD_{600}=0.7～0.8），按1:1、1:10、1:100、1:1 000比例稀释菌液，各取10 μL分别涂布SD/–Leu/–Trp和SD/–Leu/–Trp/–His/–Ade/X–α–Gal/AbA固体培养基上，30℃倒置2～3 d。

1.2.4.8 农杆菌感受态制备

挑取农杆菌（GV3101）单菌落于3 mL LB液体培养基（50 mg/L庆大霉素+50 mg/L利福平），28℃，200 r/min振荡培养24 h后5 000 r/min离心5 min，弃上清，加入50 mL LB液体培养基重悬菌体，28℃ 200 r/min振荡培养（< 10 h）至菌液OD_{600}= 0.5左右。冰浴静置30 min，4℃，5 000 r/min离心5 min，弃上清，加入15 mL预冷的0.1 mol/L NaCl溶液重悬菌体，4℃，5 000 r/min离心5 min，弃上清，加入1 mL预冷的20 mmol/L $CaCl_2$（含25%甘油）溶液悬浮菌体，液氮速冻后保存于−80℃冰箱。

1.2.4.9 农杆菌遗传转化

在1.5 mL离心管中，加入5 μL质粒和50 μL农杆菌感受态，轻柔混匀，依次进行冰浴（30 min）、液氮（1 min）、37℃培养箱培养（5 min）、冰浴（2 min）处理，加入1 mL LB液体培养基悬浮菌体并培养（28℃，180 r/min，5 h），取200 μL菌液涂于LB固体培养基（50 mg/L庆大霉素+50 mg/L卡那霉素+50 mg/L利福平），28℃倒置培养2 ~ 3 d。

1.2.4.10 亚细胞定位分析

通过In-Fusion方法构建亚细胞定位表达载体pSuper1300-genes。利用限制性内切酶Sal I和Spe I进行双酶切反应，反应体系（50 μL）：10 μL表达载体（100 ng/ μL pSuper1300::GFP），1.5 μL Sal I，6 μL Spe I，7.5 μL NEB buffer，25 μL ddH_2O，37℃ 4 h。载体经纯化、连接并转化大肠杆菌DH5α感受态，获得亚细胞定位过表达载体。

所得质粒转化农杆菌后，侵染烟草叶片，在激光共聚焦显微镜SP8下检测GFP信号和DAPI信号（激发光488 nm观察GFP信号，405 nm观察DAPI，514 nm观察YFP信号）。

1.2.4.11 双分子荧光互补（BiFC）试验

通过In-Fusion转化体系将基因克隆至构建好的pCambia1300::YFP-N和pCambia1300::YFP-C 2个载体中，形成单色荧光的BiFC表达载体。利用BamH I和Sal I进行双酶切反应，反应体系（50 μL）：10 μL pCambia1300-YFP-N和pCambia1300-YFP-C表达载体（100 ng/ μL），2 μL BamH I，2 μL Sal I，5 μL NEB buffer，31 μL ddH_2O，37℃ 4 h。载体经纯化、连接并转化大肠杆菌DH5α感受态，获得BiFC表达载体。质粒转化农杆菌，等比混合2种菌液侵染（OD_{600}=0.5）本氏烟草，在激光共聚焦显微镜SP8下检测YFP信号。

1.2.5 梅花*BAHD*基因克隆与功能分析

1.2.5.1 梅花*BAHD*家族基因鉴定

根据梅花基因组数据，采用2种方法获得*BAHD*家族基因。基于*BEAT*（*benzyl alcohol acetyltransferase*）基因（*AAN09796.1*）的短序列DFGWG在梅花蛋白数据库中进行本地blast检索；利用HMMER软件中HMM模型（PF02458）在本地数据库中检索。合并上述2种方法得到的结果，并剔除不含有HXXXD及DFGWG保守结构域的基因。

1.2.5.2 梅花*BAHD*家族基因理化性质分析

利用expasy（http://web.expasy.org/protparam/）数据库查询梅花*BAHD*家族的蛋白序列长度、等电点、分子量、综合疏水指数等数据，在PSORT Prediction（http://psort.hgc.jp/form.htmL）数据库中预测基因家族的亚细胞定位。

1.2.5.3 梅花BAHD家族基因系统进化树构建

在NCBI数据库下载部分物种BAHD家族基因蛋白序列，利用ClustalX（v1.83）软件与梅花BAHD

家族基因数据进行多重序列比对，用MEGA6.0软件构建NJ系统进化树（Bootstrap=1 000，替代模型为泊松模型，采用配对状态删除），采用同样方法构建桃与梅花的BAHD家族系统进化树。

1.2.5.4 梅花*BAHD*家族基因结构及保守结构域分析

在梅花基因组数据库下载CDS序列及基因组序列，利用GSDS（http://gsds.cbi.pku.edu.cn/index.php）软件进行基因结构分析。采用MEME（http://meme.nbcr.net/meme/）软件进行保守结构域分析（结构域发生分配参数选择任何数量重复，不同结构域数目选择20，最小结构域宽度选择5，最大结构域宽度选择60）。

1.2.5.5 梅花*BAHD*家族基因染色体定位分析

基于梅花基因组数据，统计各基因在染色体上的位置，利用MapDraw软件画图（刘仁虎等，2003）。

1.2.5.6 梅花*BAHD*家族基因表达模式分析

基于已有的梅花根、茎、叶、花、果实的转录组数据，从中提取各基因表达量RPKM值（Wagner et al., 2012），将数值进行对数处理，利用Genesis3.0软件作图（Cornelis et al., 2012）。

1.2.5.7 梅花*BAHD*基因克隆

方法见第4章1.2.4。

1.2.5.8 植物表达载体构建及转化农杆菌

方法见第4章1.2.4。

1.2.5.9 烟草遗传转化

将含有植物表达载体的农杆菌划线挑取单克隆，接种于10 mL LB液体培养基中，28℃培养48 h，按1：100稀释后，取1 mL菌液至100 mL LB液体培养基中培养（28℃，200 r/min）至菌液OD_{600}=0.6左右，4℃ 4 000 r/min离心10 min收集菌体，弃上清，加入1/2 MS液体培养基重悬菌液，完成侵染液制备。

将烟草组培苗叶片剪成1 cm×1 cm的叶盘，平铺于MS固体分化培养基（MS+2 mg/L 6-BA+0.1 mg/L NAA），预培养1 d后，将叶片浸泡于侵染液中，5 min后置于MS固体培养基，25℃暗培养2 d，将叶片转移至含有抗生素的MS分化培养基上进行抗性筛选，每隔3～5 d更换新鲜培养基，直至出芽，将抗性芽分离后继续培养，待抗性苗长至2 cm后，转移至生根培养基（MS+0.25 mg/L NAA）继续培养。将根系发育良好的小苗移入培养箱，筛选T_2代。

1.2.5.10 拟南芥遗传转化

用与侵染烟草相同的方法制备农杆菌菌液，第2次摇菌（OD_{600}= 0.8左右），离心弃上清，重悬于含有5%蔗糖、5‰ Silwet L-77无菌水中（Clough and Bent, 1998），侵染拟南芥花序30～50 s，覆盖薄膜后置于培养箱中暗培养（25℃，1 d），然后转入光下继续培养（16 h光照/8 h黑暗，白天24℃/夜晚20℃）。当拟南芥种子变黄时，收获种子置于4℃冰箱保存，消毒后播种于筛选培养基上，挑选转基因阳性幼苗移栽于营养钵中继续培养，筛选T_3代。

1.2.5.11 转基因植株鉴定

提取拟南芥和烟草转基因植株叶片DNA，设计特异性引物进行PCR验证。

提取转基因烟草株系叶片RNA并反转录为cDNA，以烟草*Ubiquitin*为参照基因，进行半定量PCR检测。反应体系（20 μL）：2×Taq PCR Master Mix 10 μL，cDNA 1 μL，上下游引物各1 μL，dd H_2O补齐至20 μL，反应条件：94℃ 1 min；94℃ 30 s；60℃ 30 s；72℃ 30 s，29个循环；72℃ 7 min。琼脂糖

凝胶电泳检测后，利用Quantity One（v4.01）软件分析结果。

1.2.5.12 转基因植物的底物催化试验

以转基因植株及野生型植株花和叶片为材料，收集顶空挥发成分，通过ATD-GC-MS测试挥发成分。利用GC-MS对经过乙酸乙酯萃取的各株系及野生型烟草植株叶片、拟南芥T_3植株叶片（28 d）进行内源萃取成分的分析。将异丁醇、己醇、己烯醇、苯甲醇、苯乙醇、肉桂醇标准品（Sigma，USA）配制成4 mmol/L底物溶液，取烟草开花期叶片及拟南芥（28 d）叶片进行底物催化试验。

2 研究结果

2.1 李属花香挥发物成分与遗传变异分析

2.1.1 李属植物花顶空挥发性成分

对9种李属植物盛花期顶空挥发物进行分析，鉴定出61种挥发性成分。9种材料均含有苯甲醛、辛醛、苯乙酮、壬醛和癸醛。23种挥发性成分为各李属植物特有，其中，梅花特有成分最多（6种），日本晚樱次之（4种），'紫叶李'、桃、山杏中无特有成分。梅花中挥发性成分最多（40种），桃中最少（14种）（图4-1）。各树种挥发性成分根据合成途径可分为3大类：苯环及苯丙烷类、脂肪酸类和萜烯类，其中苯环类及脂肪酸类化合物数量较多，是主要挥发物类型。

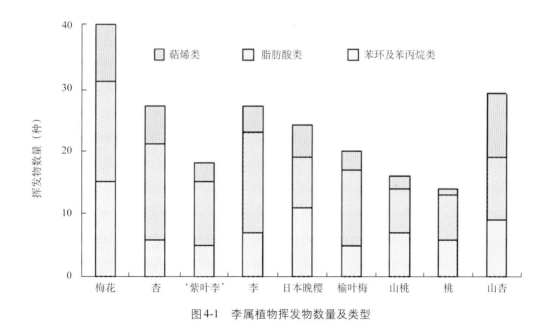

图4-1 李属植物挥发物数量及类型

比较各李属植物主要挥发性成分（取挥发量最高的4种成分）相对含量结果表明，苯甲醛是各材料中主要且共有的挥发成分，在杏、'紫叶李'、日本晚樱、山桃及山杏中均超过50%。3,5-二甲氧基甲苯是桃的主要挥发性成分，其相对含量达到69.31%，乙酸苯甲酯是梅花的主要挥发性成分，相对含量超过90%（图4-2）。

各树种顶空挥发物的相对总峰面积见图4-3，以挥发量最小的榆叶梅为基准。各树种挥发物的总峰面积差异明显，梅花的挥发量最大，是榆叶梅挥发量的515.05倍；其次是山杏，挥发量是榆叶梅的61.28倍。桃、榆叶梅、李、'紫叶李'的挥发量较低，而且这些树种的实际观赏性状也表现为无明显香味。梅花中乙酸苯甲酯占总挥发量的90%以上，表明乙酸苯甲酯是区别于其他树种的主要挥发物，与同为苯环类代谢途径的苯甲醛、苯甲醇有重要的研究价值。

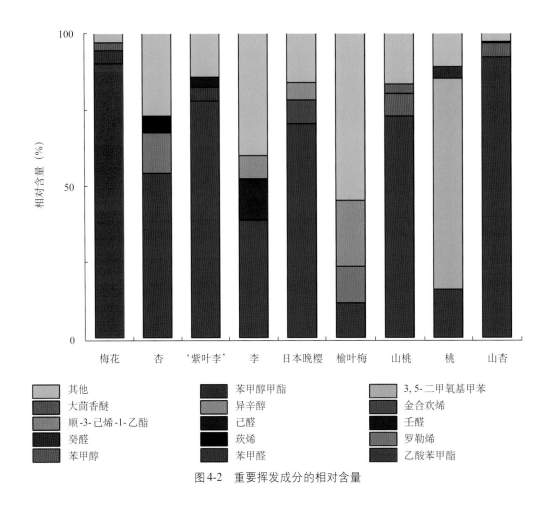

图4-2 重要挥发成分的相对含量

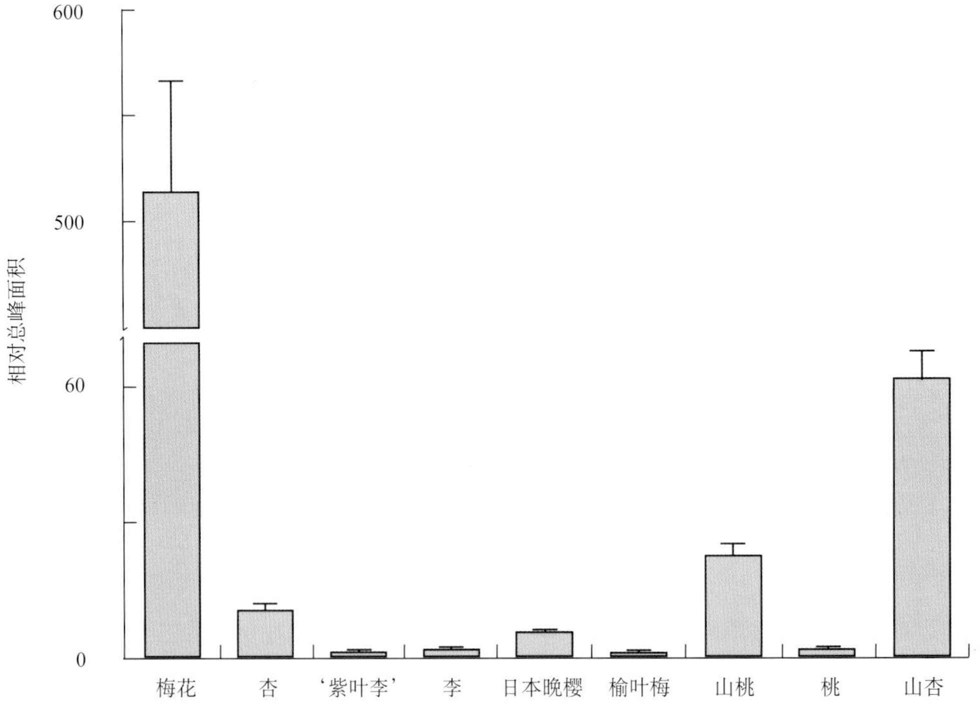

图4-3 李属植物顶空挥发物相对总峰面积

2.1.2　李属植物花朵挥发物相对含量分析

　　各植物开花时挥发物成分的组成各异（图4-4）。针对苯甲醛、苯甲醇、乙酸苯甲酯3种成分，梅花与山杏相似，在挥发物中都检测到了这3种挥发物，而其他3种只检测到苯甲醛。乙酸苯甲酯在梅花挥发物成分中相对含量达到90.36%，山杏中仅有0.06%。苯甲醛是5个树种中共有的挥发物成分，在杏、山杏、'紫叶李'中都超过57.60%，山杏中高达91.88%。上述结果表明，乙酸苯甲酯是梅花特征性挥发成分。

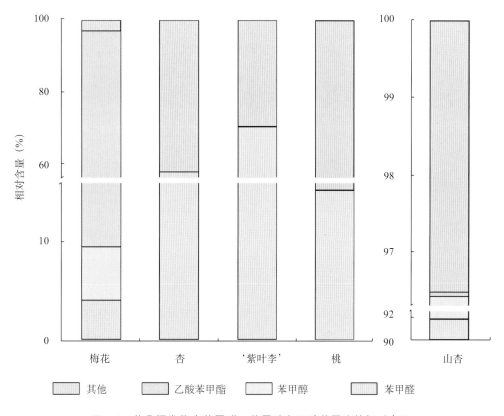

图4-4　花朵挥发物中苯甲醛、苯甲醇和乙酸苯甲酯的相对含量

2.1.3　李属植物花朵内源萃取物相对含量分析

　　苯甲醛、苯甲醇及乙酸苯甲酯在乙酸乙酯萃取物中的相对含量情况见图4-5，苯甲醛与苯甲醇是5个树种的共有成分，杏与桃未检测到乙酸苯甲酯。从各成分的相对含量来看，苯甲醛是萃取物中的主要成分，在'紫叶李'中含量最低为73.22%，在桃中最高为94.60%。苯甲醇在杏与桃中的相对含量较低，仅有0.51%与0.19%，而在梅花中含量达到3.51%。梅花中乙酸苯甲酯的相对含量在5个树种中最高，达到10.28%。数据表明，在李属近缘种中广泛地检测到苯甲醛，但仅在少数树种中大量合成乙酸苯甲酯。

2.1.4　挥发性及内源性苯甲醛、苯甲醇和乙酸苯甲酯定量分析

　　3种挥发物在5个树种中内源萃取及顶空挥发物的定量情况见表4-1。内源萃取物中，山杏的苯甲醛含量达到864.38 μg/g，显著高于其他4个树种，是'紫叶李'中含量的7.5倍；梅花中乙酸苯甲酯的含量显著高于山杏与'紫叶李'。顶空挥发物中，山杏的苯甲醛含量最高，为605.18 ng/（g·h），显著高于其他树种，桃的苯甲醛挥发量最低为2.96 ng/（g·h）；梅花中苯甲醇与乙酸苯甲酯的挥发量很大，梅花中乙酸苯甲酯挥发量高达4 846.80 ng/（g·h），山杏中仅有0.39 ng/（g·h）。试验检测了花朵顶空挥发1 h的量，但挥发量与内源萃取量差别巨大，桃苯甲醛的内源萃取量是挥发量的9.49×10⁴倍，梅花的乙酸苯甲酯内

源萃取量是挥发量的18.14倍，在山杏中二者相差6.03×10⁴倍。上述结果表明，不同花香物质挥发效率不同，花香物质内源总量与挥发效率相关。

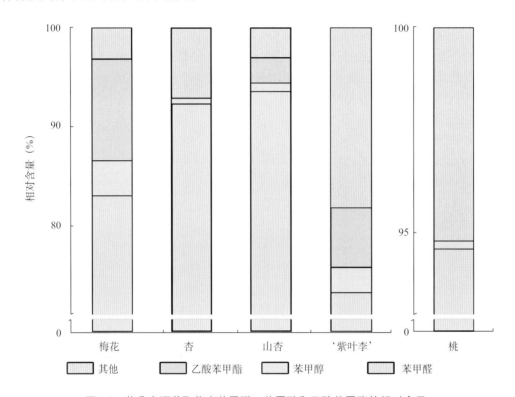

图4-5 花朵内源萃取物中苯甲醛、苯甲醇和乙酸苯甲酯的相对含量

表4-1 挥发及内源萃取苯甲醛、苯甲醇和乙酸苯甲酯的定量分析

类型	成分	梅花	杏	山杏	'紫叶李'	桃
内源 （µg/g）	苯甲醛	578.93±1.34 b	676.38±205.81 b	864.38±11.22 a	115.32±67.39 c	280.8±31.21 c
	苯甲醇	14.86±4.40 a	2.76±1.08 b	7.37±0.25 ab	3.93±2.31 ab	0.63±0.11 b
	乙酸苯甲酯	87.91±34.41 a	—	23.52±0.72 b	9.61±6.06 b	—
挥发 [ng/(g·h)]	苯甲醛	220.06±96.50 b	66.89±37.53 c	605.18±165.33a	10.1±0.67 c	2.96±0.31 c
	苯甲醇	205.72±77.61 a	—	43.67±21.42 b	—	—
	乙酸苯甲酯	4 846.80±806.6 a	—	0.39±0.31 b	—	—

注：表中数据表示相同处理各重复的平均值与标准误差；采用邓肯氏新复极差法进行检验（*P* < 0.05）；"—"表示未检测到。

2.1.5 李属植物花朵对醇类底物催化作用分析

各醇类底物在相同浓度、反应时间与温度等条件下，不同树种的催化率存在差异（表4-2）。己醇在梅花与山杏中的催化效率最高，显著高于其他树种，乙酸己酯产量在梅花中达到7.78 µg/g，是桃的4.83倍。不同于己醇的催化效率，己烯醇在梅花中产物含量为5.98 µg/g，显著低于杏（8.46 µg/g）与山杏（9.36 µg/g）。苯甲醇及其产物乙酸苯甲酯，在杏、山杏与'紫叶李'的产量均超过梅花中自然生成的内源乙酸苯甲酯含量（87.91 µg/g）。梅花自身能够大量挥发乙酸苯甲酯，在加入同样的苯甲醇底物后，其催化效率反而低于杏、山杏和'紫叶李'。对于苯乙醇，杏对应的产物含量最高，显著高于其他树种。'紫叶李'对肉桂醇的反应效率最高。试验表明，桃对各底物的催化效率都显著低于其他树种，山杏对于多种底物的催化效率都显著高于其他树种。

表4-2　不同树种花中醇类底物催化产物产量分析

底物	产物	梅花	杏	山杏	'紫叶李'	桃
己醇	乙酸己酯	7.78±0.29 aA	6.98±0.51 bA	7.80±0.01 aA	4.04±0.43 cB	1.61±0.07 dC
己烯醇	乙酸己烯酯	5.98±0.22 cB	8.46±0.57 bA	9.36±0.41 aA	5.95±0.63 cB	1.52±0.04 dC
苯甲醇	乙酸苯甲酯	134.41±9.21 dD	194.97±12.90 bB	234.56±9.00 aA	162.62±14.77 cC	18.65±1.69 E
苯乙醇	乙酸苯乙酯	14.44±0.91 dB	26.56±2.35 aA	22.70±1.50 bA	17.78±1.85 cB	1.73±0.01 eC
肉桂醇	乙酸肉桂酯	2.34±0.13 cC	1.03±0.13 dD	3.21±0.24 bB	4.15±0.27 aA	0.96±0.16 dD

注：表中数据为同一处理各重复酯类产量的平均值（μg/g）±标准误差，大写、小写字母分别代表$P<0.01$、$P<0.05$水平。

2.1.6　李属植物的花对醇类底物的选择特异性

试验研究了各树种不同醇类底物的酯类产物萃取量，表明各树种对苯甲醇反应底物都具有选择特异性，在各树种中与苯甲醇对应的乙酸苯甲酯产量都显著高于其他醇类底物。苯乙醇的催化效率较高，在杏与山杏中乙酸苯乙酯产量显著高于己醇等醇类产物。己醇、己烯醇与肉桂醇3种底物在各树种中催化效率差异不显著（图4-6）。

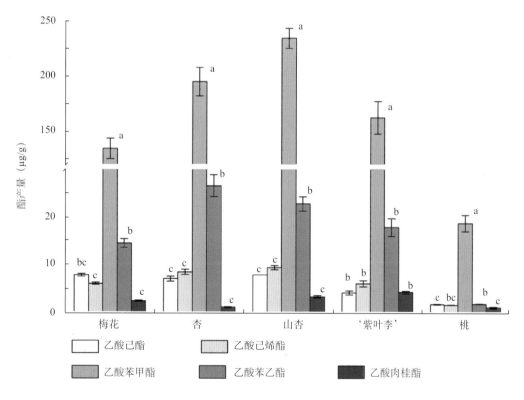

图4-6　各树种不同醇类底物的酯类产物萃取量

2.1.7　苯甲醇底物处理对苯甲醛、苯甲醇和乙酸苯甲酯的影响

用苯甲醇溶液处理各树种的花后，除桃花中苯甲醛的萃取量升高外，其他物种苯甲醛的萃取量均发生下降（图4-7A）；处理后的各物种花均能萃取到大量苯甲醇，远超于花的内源苯甲醇含量（图4-7B），表明反应体系中存在充足的苯甲醇底物；同时，发现苯甲醇溶液处理后各树种的花都产生了乙酸苯甲酯，其中梅花、山杏及'紫叶李'生成的乙酸苯甲酯量都超过了处理前的内源乙酸苯甲酯量（图4-7C）。

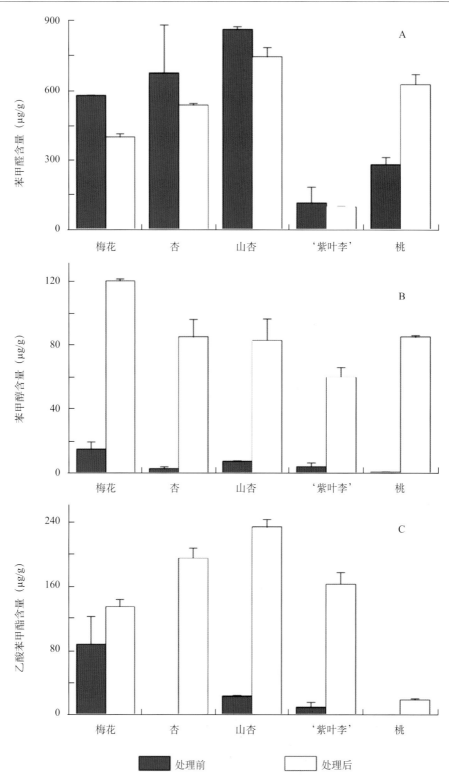

图4-7　苯甲醇处理前后对各树种苯甲醛、苯甲醇及乙酸苯甲酯含量的影响
A.苯甲醛　B.苯甲醇　C.乙酸苯甲酯

2.2　杏梅和樱李梅特征花香缺失分析

　　杏梅与樱李梅是梅花重要的杂交品种，抗寒性强，但这些远缘杂交品种大都不具有特征花香性状（陈俊愉，2010）。以真梅品种（'粉红'梅）及北方广泛栽培的杏梅品种（'燕杏'梅）、樱李梅品种（'美

人'梅)和'曹杏'、'紫叶李'为材料,分析各树种花中苯甲醛、苯甲醇、乙酸苯甲酯及苯甲酸苯甲酯的顶空挥发量和内源含量,进一步研究了在提供外源醇类底物时对应酯类产物的生成情况,判断梅花远缘杂交品种花对外源醇类底物的催化能力。

2.2.1 梅花及其近缘种挥发性成分分析

在'粉红'梅、'美人'梅、'燕杏'梅、'曹杏'、'紫叶李'中共检测到45种挥发性成分,13种为共有成分,其中'粉红'梅的挥发性成分最多,而'紫叶李'与'曹杏'的挥发性成分分别为18、26种。'燕杏'梅挥发物成分为31种,略多于其亲本'粉红'梅;'美人'梅有27种挥发物,多于其亲本'紫叶李'(表4-3)。

根据化合物的合成途径,45种挥发性成分归为苯环类、脂肪酸类和萜烯类3大类。苯环类在'粉红'梅中占98.1%,其他4个品种相对含量均在50%以上,'美人'梅中高达89.7%,'曹杏'与'燕杏'梅、'美人'梅与'紫叶李'的苯环类物质含量分别比较接近。'燕杏'梅中脂肪酸类物质达到33.3%,'曹杏'中萜烯类物质占28.1%,高于脂肪酸类物质的含量,'粉红'梅中萜烯类物质仅有0.5%。

'粉红'梅挥发物中,乙酸苯甲酯含量最高为90.4%,'燕杏'梅中为22.8%,'曹杏'、'美人'梅、'紫叶李'缺失该物质。'粉红'梅中苯甲醛、苯甲醇、丁子香酚的含量相对较高,其他4个品种中,苯甲醛是重要的挥发性物质,'紫叶李'和'美人'梅中苯甲醛都超过了70.3%,'曹杏'中也超过57.6%。'曹杏'中萜烯类物质含量较高,其中罗勒烯、茨烯、茨酮、蒎烯含量均超过4.3%。'燕杏'梅中脂肪酸类物质含量较高,顺-3-己烯醇含量达到10.2%。'美人'梅中苯甲醇含量1.9%。水杨酸甲酯在5个品种中含量均较高。

表4-3　5个品种挥发物成分相对含量分析

成分	保留指数	相对含量(%)				
		'粉红'梅	'曹杏'	'燕杏'梅	'紫叶李'	'美人'梅
苯环及苯丙烷类		98.1±1.1	59.6±7.7	53.2±3.3	80.2±10.0	89.7±3.4
苯甲醚	918	0.1±0.1	0.2±0.1	1.0±0.2	—	—
苯甲醛	964	4.1±2.4	57.6±10.7	20.1±1.8	70.3±14.6	84.9±43.5
苯酚	984	tr	0.2±0.1	0.6±0.3	0.5±0.1	0.3±0.2
对甲苯甲醚	1 022	tr	—	3.5±1.0		0.1±0.1
苯甲醇	1 048	2.7±0.7	—	1.6±0.4		1.9±1.6
苯乙酮	1 067	tr	0.1±0.1	0.9±0.7	1.8±0.8	0.7±0.3
甲酸苄酯	1 080	tr				
苯甲酸甲酯	1 094	tr		0.4±0.1		0.2±0.1
乙酸苯甲酯	1 163	90.4±2.9		22.8±3.5		
苯甲酸	1 179	—			6.5±1.8	1.4±0.3
2-甲氧基-3-甲酚	1 189	tr				
水杨酸甲酯	1 190	0.2±0.1	1.4±0.1	1.2±0.5	1.1±0.8	0.2±0.2
草蒿脑	1 199	0.1±0.1	—	0.5±0.3		0.1±0.1
对甲氧基苯乙烯	1 257	tr				
丁子香酚	1 352	0.4±0.1		0.6±0.1		
甲基丁香酚	1 400	tr	—	—		

（续）

成分	保留指数	相对含量（%）				
		'粉红'梅	'曹杏'	'燕杏'梅	'紫叶李'	'美人'梅
脂肪酸类		1.4±0.6	12.4±8.3	33.3±4.7	16.3±10.1	6.5±2.5
己烯醛	859	tr	0.3±0.2	—	1.0±0.7	0.6±0.4
顺-3-己烯醇	862	0.1±0.1	3.1±3.0	10.2±2.1	1.1±0.9	1.4±0.9
顺-2-己烯醇	872	0.1±0.1	—	—	—	—
己醇	876	tr	2.6±1.4	1.9±0.2	0.7±0.3	0.8±0.5
乙酸异戊酯	881	0.1±0.1	0.2±0.1	2.7±1.8	—	—
庚醛	905	tr	0.3±0.1	0.3±0.2	0.4±0.1	0.3±0.2
2-异戊烯乙酸酯	927	tr	—	—	—	—
庚醇	993	—	0.5±0.2	0.3±0.2	—	0.2±0.1
辛醛	1 006	tr	1.1±0.5	0.4±0.2	1.4±0.4	0.5±0.2
乙酸顺-3-己烯酯	1 008	0.5±0.4	0.7±0.5	6.1±1.8	1.1±0.5	0.3±0.2
乙酸己酯	1 016	0.2±0.1	0.8±0.1	8.8±2.3	—	—
乙酸顺-2-己烯酯	1 019	0.3±0.2	0.4±0.1	0.7±0.2	—	—
2-乙基己醇	1 034	tr	0.2±0.1	0.4±0.3	1.4±0.5	0.2±0.2
异辛醇	1 076	—	0.1±0.1	—	—	—
十一碳烯	1 093	—	0.7±0.1	0.2±0.1	—	—
壬醛	1 104	tr	0.9±0.1	1.0±0.8	3.1±1.8	0.9±0.5
2-壬烯-1-醇	1 174	—	—	—	0.7±0.1	0.2±0.1
癸醛	1 205	tr	0.8±0.5	0.6±0.5	5.4±2.7	1.1±0.7
乙酸辛酯	1 213	tr	—	—	—	—
萜烯类		0.5±0.4	28.1±0.7	13.5±4.1	3.6±1.2	3.7±1.9
α-蒎烯	934	tr	4.3±1.5	1.8±0.9	2.1±1.6	0.2±0.1
莰烯	951	tr	6.2±2.3	1.4±1.0	—	0.2±0.1
甲基庚烯酮	985	tr	—	0.6±0.2	0.4±0.3	0.3±0.1
月桂烯	989	—	0.8±0.1	0.3±0.3	—	0.2±0.1
柠檬烯	1 030	tr	0.6±0.1	0.2±0.2	—	0.1±0.1
（E）-β-罗勒烯	1 049	0.2±0.1	11.5±5.8	8.7±3.4	1.1±0.4	2.7±1.2
芳樟醇	1 100	tr	—	—	—	—
莰酮	1 150	tr	4.7±2.7	0.5±0.2	—	—
雪松烯	1 418	0.2±0.2	—	—	—	0.1±0.1
β-紫罗兰酮	1 479	tr	—	—	—	—
总和		100	100	100	100	100

注：保留指数根据卡瓦指数计算；各挥发成分相对含量用同一处理各重复的平均值±标准误差表示；"—"，代表未检测到；tr 代表痕量成分（相对含量＜0.1%）。

2.2.2 主要挥发物成分定量分析

用外标法对各品种花器官挥发性成分进行定量分析（表4-4），14种主要挥发物成分占总量的87.0%以上，'粉红'梅中高达99.0%。各品种挥发物总的绝对含量差异显著，'粉红'梅的挥发量达到5 367.37 ng/（g·h），是'紫叶李'挥发量的419倍，'曹杏'、'美人'梅、'燕杏'梅的总挥发物成分均小于110.40 ng/（g·h）。'粉红'梅挥发物中，乙酸苯甲酯含量最高为4 846.80 ng/（g·h），苯甲醛、苯甲醇的含量分别为220.06 ng/（g·h）和205.72 ng/（g·h）。'燕杏'梅中乙酸苯甲酯和丁子香酚的含量分别为8.21 ng/（g·h）和0.11 ng/（g·h）。

表4-4   5个品种挥发物成分定量分析

成分	'粉红'梅	'曹杏'	'燕杏'梅	'紫叶李'	'美人'梅
顺-3-己烯醇	2.77±0.29 a	2.41±1.16 ab	1.64±0.44 ab	0.06±0.08 b	0.36±0.21 ab
乙酸异戊酯	5.12±3.67 a	0.12±0.03 b	0.44±0.48 b	—	—
α-蒎烯	1.81±1.16 b	7.14±3.67 a	0.90±0.46 b	0.34±0.12 b	0.12±0.06 b
莰烯	2.20±0.70 b	10.30±2.69 a	0.71±0.25 b		0.12±0.10 b
苯甲醛	220.06±96.50 a	67.22±23.53 b	7.2±0.61 b	10.84±2.64 b	47.94±11.56 b
乙酸顺-3-己烯酯	29.34±16.69 a	0.79±0.35 b	2.24±0.56 b	0.18±0.08 b	0.17±0.15 b
乙酸己酯	12.33±3.63 a	0.95±0.21 bc	3.13±0.68 b		
苯甲醇	205.72±77.61 a	—	0.54±0.48 b	—	1.55±1.90 b
(E)-β-罗勒烯	15.38±9.88 ab	18.26±4.64 a	4.26±1.58 bc	0.23±0.09 c	2.10±1.44 c
壬醛	0.77±0.17 ab	1.04±0.72 a	0.33±0.23 b	0.45±0.35 ab	0.50±0.18 ab
乙酸苯甲酯	4 846.80±806.60 a	—	8.21±1.40 b	—	
水杨酸甲酯	7.43±4.27 a	1.36±0.83 ab	0.23±0.12 b	0.10±0.11 b	0.09±0.10 b
癸醛	1.37±0.16 a	0.74±0.21 ab	0.21±0.15 b	0.59±0.24 ab	0.60±0.28 ab
丁子香酚	16.23±4.12 a		0.11±0.01 b		
总绝对含量	5 367.37±752.31 a	110.40±74.26 b	30.15±0.35 b	12.80±2.54 b	53.55±16.40 b
总相对含量（%）	99.0±0.3	87.0±1.0	87.8±2.6	89.9±5.9	94.4±1.2

注：表中数据为同一处理各重复的平均值[ng/（g·h）]±标准误差；小写字母代表显著差异（$P < 0.05$）；"—"代表未检测到。

2.2.3 内源成分萃取分析

用乙酸乙酯萃取5个品种花的内源成分，并用GC-MS及内标法进行定量分析（表4-5）。5个品种中共鉴定了25种挥发性物质，其中'粉红'梅有23种。内源萃取物在总量上差异显著，'粉红'梅达701.80 μg/g，是'紫叶李'的4.5倍。苯甲醛是各品种内源含量最高的成分，相对含量在'紫叶李'中最低为73.3%，在'曹杏'中高达92.3%。'粉红'梅中苯甲醛含量最高，达到了578.93 μg/g，而'紫叶李'为115.32 μg/g，各品种间差异显著。乙酸苯甲酯绝对含量在'粉红'梅中为87.91 μg/g，'燕杏'为17.83 μg/g，'美人'梅为25.67 μg/g。

表4-5 5个品种内源成分萃取分析

成分	保留指数	'粉红'梅		'曹杏'		'燕杏'梅		'紫叶李'		'美人'梅	
		RA	AA	RA	AA	RA	AA	RA	AA	RA	AA
脂肪酸类											
己烯醛	859	tr	0.12±0.10 b	0.3±0.2	2.35±0.79 a	tr	0.21±0.05 b	0.4±0.1	0.65±0.12 ab	0.1±0.1	0.35±0.05 b
顺-3-己烯醇	862	tr	0.12±0.02 a	tr	0.24±0.21 a	tr	0.14±0.02 a	0.1±0.1	0.16±0.02 a	tr	0.10±0.01 a
乙酸异戊酯	881	tr	0.08±0.05 b	—	—	tr	0.12±0.02 a	tr	0.06±0.01 b	tr	0.09±0.02 ab
乙酰酮	993	—	—	—	—	—	—	1.5±0.2	2.32±0.51 a	0.4±0.1	1.89±0.18 a
辛醛	1 006	tr	0.18±0.02 b	—	—	tr	0.12±0.01 c	0.2±0.1	0.24±0.06 a	—	—
壬醛	1 104	0.5±0.1	3.21±0.22 a	0.2±0.1	0.99±0.40 b		1.05±0.01 b	0.4±0.1	0.64±0.09 b	0.2±0.1	0.99±0.23 b
4-氧代异佛尔酮	1 143	—	—	tr	0.20±0.10 a		0.06±0.02 b	—	—		
苯环及苯丙烷类											
苯甲醛	964	83.0±4.9	578.93±1.34 a	92.3±1.8	527.87±113.48 a	92.5±0.7	483.95±6.58 ab	73.3±0.8	115.32±10.40 c	87.1±1.0	427.08±9.89 b
苯酚	984	tr	0.15±0.04 b	—	—	tr	0.12±0.02 b	0.1±0.1	0.23±0.06 ab	0.1±0.1	0.28±0.11 a
苯甲醇	1 048	3.5±1.1	14.86±6.40 a	0.5±0.2	2.76±1.08 b	0.5±0.1	2.73±0.46 b	2.6±0.5	3.93±0.44 b	0.2±0.1	1.02±0.26 b
苯乙醛	1 057	0.1±0.1	0.78±0.18 b	0.2±0.2	1.07±0.86 b	0.2±0.1	0.87±0.08 b	1.8±0.2	2.94±0.65 a	0.6±0.1	2.73±0.58 a
苯甲酸甲酯	1 094	0.1±0.1	1.03±0.45 a	0.5±0.2	2.91±1.12 a	0.2±0.1	1.19±0.30 a	0.2±0.1	0.27±0.03 a	0.3±0.1	1.26±0.11 a
乙酸苯甲酯	1 163	10.3±0.5	87.91±4.41 a	—	—	3.4±0.2	17.83±1.31 b	6.0±0.9	9.61±2.43 b	5.2±1.3	25.67±7.03 b
苯甲酸乙酯	1 168	0.9±0.6	4.08±2.23 c	0.9±0.1	5.10±1.11 c	1.6±1.0	8.20±4.92 c	10.6±0.1	16.69±1.87 b	4.6±0.6	22.54±2.25 a
苯甲酸	1 179	tr	0.55±0.29 b	3.3±0.3	18.69±4.27 a	tr	0.55±0.19 b	tr	0.21±0.10 b	tr	0.27±0.12 b
对烯丙基苯酚	1 252	0.1±0.1	0.66±0.11	—	—	—	—	—	—	—	—
乙烯基愈创木酚	1 304	0.2±0.1	1.45±0.20 c	1.1±0.1	5.97±0.78 a	0.3±0.1	1.62±0.27 c	2.8±0.3	4.40±0.04 b	0.9±0.1	4.53±0.79 b
丁子香酚	1 352	0.9±0.2	7.03±1.53 a	—	—	0.3±0.1	1.69±0.24 b	—	—	0.2±0.2	1.22±0.93 b
异香草醛	1 390	tr	0.16±0.06 a	—	—	tr	0.09±0.01 b		0.08±0.02 b	tr	0.14±0.02 a
异丁子香酚	1 444	tr	0.04±0.02	—	—	—	—	—	—	—	—
苯甲酸苯甲酯	1 752	0.1±0.1	1.25±0.40 b	—	—	0.6±0.1	3.03±0.15 a	tr	0.04±0.01 d	0.1±0.1	0.48±0.02 c
萜烯类											
月桂烯	989	tr	0.04±0.01 a	0.4±0.1	2.22±0.50 a	tr	0.07±0.01 a	tr	0.04±0.01 a		0.09±0.01 a
柠檬烯	1 030	tr	0.18±0.13 b	0.1±0.1	0.71±0.12 a	tr	0.08±0.05 b	tr	0.04±0.01 b	tr	0.07±0.01 b
(E)-β-罗勒烯	1 049	tr	0.09±0.08 b	0.1±0.1	0.53±0.46 a	tr	0.05±0.05 b		0.13±0.04 b	tr	0.05±0.01 b
β-紫罗兰酮	1 479	tr	0.05±0.02	—	—	—	—	—	—	—	—
总和		100	701.80±60.13 a	100	570.76±114.21 b	100	523.07±3.07 b	100	157.61±15.88 c	100	490.55±16.87 b

注：RA代表相对含量（%）；AA代表绝对含量（μg/g）；表中数据为同一处理各重复的平均值（μg/g）±标准误差；小写字母代表显著差异（$P<0.05$）；"—"代表未检测到；tr代表痕量成分（相对含量<0.1%）。

2.2.4 重要挥发成分挥发效率分析

对乙酸苯甲酯、苯甲醛、苯甲醇和丁子香酚挥发量及内源含量关系进行分析（图4-8），结果显示，4种挥发物内源含量都远远超过挥发量，即大部分香气物质以各种形态存在于植物体内，只有少量挥发到空气中，其中以'粉红'梅乙酸苯甲酯挥发比例最高。比较'燕杏'梅和'粉红'梅4种挥发成分比例，'粉红'梅均高于'燕杏'梅。

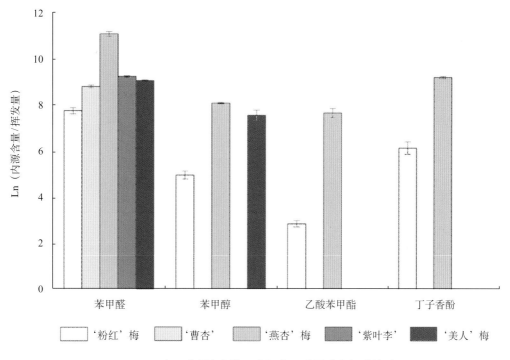

图4-8　5个品种顶空挥发及内源萃取重要成分相对关系

2.2.5　花香物质相对含量分析

　　'粉红'梅与'燕杏'梅挥发物中都检测到苯甲醛、苯甲醇、乙酸苯甲酯3种成分，'粉红'梅中乙酸苯甲酯占90.36%，而'美人'梅未检测到乙酸苯甲酯；各品种内源萃取物中均检测到苯甲酸苯甲酯等4种花香物质，而挥发物中未检测到苯甲酸苯甲酯。苯甲醛是3个品种共有的挥发物，'美人'梅为84.92%，'粉红'梅为83.02%；苯甲醇在'燕杏'梅与'美人'梅中相对含量较低，仅有0.52%和0.21%，而'粉红'梅为3.51%。内源萃取物中，乙酸苯甲酯相对含量在'粉红'梅中最高（10.28%），而苯甲酸苯甲酯相对含量在'燕杏'梅中最高（0.58%）（图4-9）。

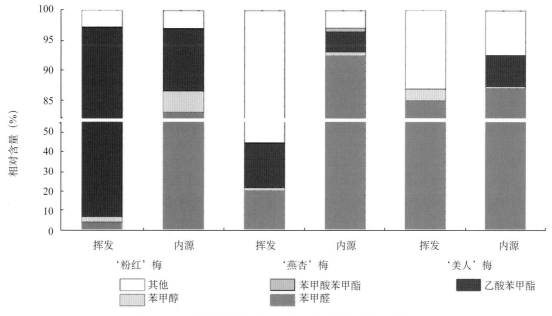

图4-9　3种梅花顶空挥发物及内源性成分相对含量分析

2.2.6 花香物质定量分析

4种花香物质在3个梅花品种中顶空挥发及内源萃取的定量分析结果表明，内源萃取物中，苯甲醛、苯甲醇及乙酸苯甲酯在'粉红'梅中绝对含量均显著高于'燕杏'梅和'美人'梅；'粉红'梅中乙酸苯甲酯含量达到87.91 μg/g，是'燕杏'梅的4.9倍；苯甲酸苯甲酯在'燕杏'梅中的含量显著高于'粉红'梅。顶空挥发物中，'粉红'梅的苯甲醛含量最高[220.06 ng/（g·h）]，显著高于其他品种，'燕杏'梅的苯甲醛含量最低[7.20 ng/（g·h）]；'粉红'梅中苯甲醇与乙酸苯甲酯的含量均很高，'粉红'梅中乙酸苯甲酯的含量为4 846.80 ng/（g·h），'燕杏'梅中仅有8.21 ng/（g·h）。挥发量与内源萃取量差异显著，'燕杏'梅苯甲醛的内源萃取量是挥发量的6.72×10^4倍，'粉红'梅乙酸苯甲酯内源萃取量是挥发量的18.14倍，说明不同花香物质挥发效率不同，内源总量与挥发效率相关（表4-6）。

表4-6　3种梅花顶空挥发物及内源萃取物定量分析

来源	物质	'粉红'梅	'燕杏'梅	'美人'梅
挥发 [ng/（g·h）]	苯甲醛	220.06±96.50 a	7.20±0.61 b	47.94±11.56 b
	苯甲醇	205.72±77.61 a	0.54±0.48 b	1.55±1.90 b
	乙酸苯甲酯	4 846.80±806.60 a	8.21±1.40 b	—
	苯甲酸苯甲酯	—	—	—
内源 （μg/g）	苯甲醛	578.93±1.34 a	483.95±6.58 ab	427.08±9.89 b
	苯甲醇	14.86±6.40 a	2.73±0.46 b	1.02±0.26 b
	乙酸苯甲酯	87.91±4.41 a	17.83±1.31 b	25.67±7.03 b
	苯甲酸苯甲酯	1.25±0.40 b	3.03±0.15 a	0.48±0.02 c

注：表中数据表示相同处理各重复的平均值与标准误差；采用邓肯氏新复极差法进行检验，小写字母代表差异显著（$P < 0.05$）；"—"代表未检到。

2.2.7 各醇类底物催化效率分析

醇类底物催化反应结果显示，各醇类底物在相同浓度、反应时间和温度等条件下，3个品种的催化效率差异显著。己醇、己烯醇、苯甲醇和苯乙醇在'美人'梅中的催化效率最高，在'粉红'梅中最低，其中'美人'梅中乙酸己烯酯的产量达到13.61 μg/g，是'粉红'梅的2.28倍，肉桂醇在'燕杏'梅中的催化效率最高，是'粉红'梅的3.70倍，而'粉红'梅与'美人'梅之间差异不显著（表4-7）。

表4-7　3个品种各醇类底物催化效率分析

底物	产物	'粉红'梅	'燕杏'梅	'美人'梅
己醇	乙酸己酯	7.78±0.29 b	10.16±2.24 ab	12.4±2.38 a
己烯醇	乙酸己烯酯	5.98±0.22 b	10.15±4.03 ab	13.61±2.46 a
苯甲醇	乙酸苯甲酯	134.41±9.21 b	215.26±15.99 ab	244.98±17.54 a
苯乙醇	乙酸苯乙酯	14.44±0.91 b	24.58±11.5 ab	33.89±3.39 a
肉桂醇	乙酸肉桂酯	2.34±0.13 b	8.66±2.22 a	4.59±0.32 b

注：表中数据为同一处理各重复酯类产量的平均值（μg/g）±标准误差，小写字母代表差异显著（$P < 0.05$）。

2.2.8 各醇类底物选择特异性

各品种对苯甲醇底物都具有选择特异性，苯甲醇对应的乙酸苯甲酯产量都显著高于其他醇类底物。苯乙醇的利用也表现出较强的催化效率，在'粉红'梅与'美人'梅中乙酸苯乙酯产量均显著高于乙酸己酯、乙酸己烯酯及乙酸肉桂酯。己醇、己烯醇与肉桂醇3种底物在各品种中的催化效率差异均不显著，3种品种对上述醇类底物表现出较强的底物特异性，各品种均能够高效地选择性利用苯甲醇合成乙酸苯甲酯（图4-10）。

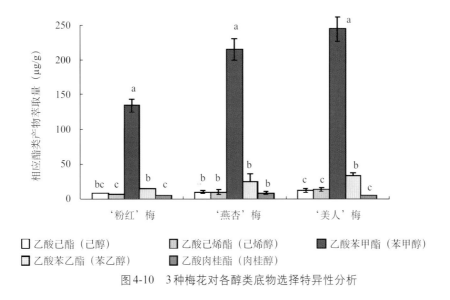

图4-10　3种梅花对各醇类底物选择特异性分析

2.2.9　苯甲醇处理对乙酸苯甲酯及苯甲酸苯甲酯合成的影响

用4 mmol/L苯甲醇溶液浸泡处理各品种的花，可从中萃取到大量乙酸苯甲酯、苯甲酸苯甲酯和苯甲醇（图4-11A～C），其中苯甲醇萃取量远高于内源的苯甲醇含量（图4-11C），表明试验为反应体系提供了充足的苯甲醇底物。3个品种都能自身合成乙酸苯甲酯，但加入充足苯甲醇底物后，萃取获得的乙酸苯甲酯量明显增加，'燕杏'梅与'美人'梅均对苯甲醇有良好的催化效率（图4-11A）。苯甲酸苯甲酯的合成底物为苯甲醇与苯甲酰辅酶A，3个品种自身能合成少量的苯甲酸苯甲酯（图4-11B），经苯甲醇底物处理后，'燕杏'梅与'美人'梅的苯甲酸苯甲酯萃取量显著增加，'燕杏'梅中苯甲酸苯甲酯的萃取量达到9.03 μg/g（图4-11B）。在苯甲醇处理后，3个品种中苯甲醛萃取量下降（图4-11D）。

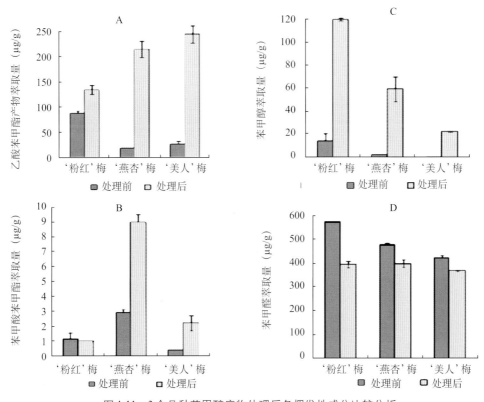

图4-11　3个品种苯甲醇底物处理后各挥发性成分比较分析
A.乙酸苯甲酯　B.苯甲酸苯甲酯　C.苯甲醇　D.苯甲醛

2.3 梅花花香主要挥发性成分时空挥发模式

2.3.1 '三轮玉碟'梅花花器官不同部位中挥发性成分相对含量

梅花花瓣、雄蕊、雌蕊+萼片挥发性成分存在差异，在雄蕊中检测到26种挥发性成分，花瓣和雌蕊+萼片中分别检测到22种和20种（表4-8，图4-12）。各部位都存在特异挥发的成分，其中大茴香醚、水杨酸甲酯、甲基丁香酚仅能在花瓣中检测到，庚醛、梨醇酯、苯甲酸甲酯仅能在雄蕊中检测到，柠檬烯是雌蕊+萼片的特异挥发物。乙酸苯甲酯、苯甲醛和苯甲醇是各个部位的主要挥发成分，乙酸苯甲酯在花瓣与雄蕊中相对含量较高，分别为93.11%和72.56%，而雌蕊+萼片中仅占9.88%。苯甲醛在雌蕊+萼片中含量最高，为74.45%，但在花瓣中仅为3.51%。丁子香酚是另一个与梅花特征花香相关的挥发性成分，但在雌蕊+萼片中，相对含量仅为0.02%，小于该部位绝大部分挥发性成分含量。

表4-8 '三轮玉碟'花器官不同部位挥发性成分相对含量

成分	RI	花瓣	雄蕊	雌蕊+花萼
己醛	803	0.02 ± 0.01	0.26 ± 0.06	1.54 ± 0.44
2-己烯醛	858	—	0.06 ± 0.01	0.96 ± 0.48
顺-3-己烯-1-醇	872	0.03 ± 0.01	0.07 ± 0.02	1.72 ± 0.84
1-正己醇	876	0.02 ± 0.01	0.07 ± 0.01	0.23 ± 0.06
乙酸异戊酯	881	0.09 ± 0.01	0.32 ± 0.20	—
庚醛	905	—	0.02 ± 0.01	
梨醇酯	915		0.01 ± 0.01	
乙酸戊酯	918	0.01 ± 0.01	0.04 ± 0.03	—
苯甲醛	964	3.51 ± 0.34	23.0 ± 2.65	74.45 ± 2.65
苯酚	984	0.02 ± 0.01	0.03 ± 0.01	0.74 ± 0.71
甲基庚烯酮	985	0.01 ± 0.01	0.04 ± 0.01	0.36 ± 0.09
辛醛	1 006	—	0.01 ± 0.01	0.14 ± 0.15
顺-3-己烯-1-乙酯	1 008	0.29 ± 0.04	0.28 ± 0.01	0.59 ± 0.29
乙酸己酯	1 016	0.22 ± 0.01	0.60 ± 0.01	0.38 ± 0.24
顺-2-己烯-1-乙酯	1 019	0.20 ± 0.03	0.72 ± 0.23	1.35 ± 0.66
大茴香醚	1 022	0.01 ± 0.01	—	—
柠檬烯	1 030			0.02 ± 0.01
异辛醇	1 034	—	0.03 ± 0.01	0.62 ± 0.49
苯甲醇	1 048	1.56 ± 0.09	1.06 ± 0.08	5.89 ± 4.14
苯乙酮	1 067	0.02 ± 0.01	0.06 ± 0.04	0.30 ± 0.25
苯甲酸甲酯	1 094	—	0.01 ± 0.01	—
壬醛	1 104	0.01 ± 0.01	0.04 ± 0.03	0.39 ± 0.38
乙酸苯甲酯	1 163	93.11 ± 0.40	72.56 ± 2.21	9.88 ± 2.80
水杨酸甲酯	1 190	0.01 ± 0.01		
草蒿脑	1 199	0.08 ± 0.02	0.01 ± 0.01	—
癸醛	1 205	0.04 ± 0.01	0.08 ± 0.06	0.41 ± 0.42
4-烯丙基酚	1 255	—	0.02 ± 0.02	
丁子香酚	1 352	0.71 ± 0.11	0.60 ± 0.32	0.02 ± 0.01
甲基丁香酚	1 400	0.01 ± 0.01	—	—
总和		100	100	100

注："—"代表未检测到。

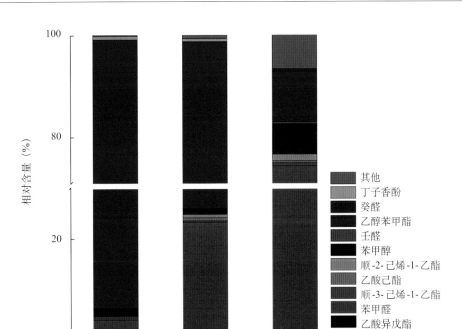

图4-12 梅花花器官不同部位重要挥发成分相对含量分析

2.3.2 '三轮玉碟'花器官不同部位挥发性成分定量分析

梅花花器官不同部位挥发性成分定量分析结果表明，主要挥发性物质有10种，其在花瓣中相对含量占总量的99.75%，而在雌蕊+花萼中占总量的93.36%。各部位之间单位重量的挥发物总量差异显著，在雄蕊中为12 060.23 ng/（g·h），是雌蕊+花萼中挥发物总量的16.8倍。各挥发性成分定量结果显示，除壬醛外，雄蕊中各物质的挥发量都显著高于其他部位。乙酸苯甲酯在花瓣和雄蕊中的挥发量最高，分别为3 525.21 ng/（g·h）和8 786.67 ng/（g·h），但苯甲醛在雌蕊+花萼中含量最高为563.82 ng/（g·h）（表4-9）。

表4-9 '三轮玉碟'不同部位挥发性主要成分绝对含量

成分	花瓣	雄蕊	雌蕊+花萼
乙酸异戊酯	2.28±0.38b	25.44±14.59a	—
苯甲醛	131.20±0.20b	2 801.41±502.40a	563.82±232.06b
顺-3-己烯-1-乙酯	11.02±0.48b	34.37±1.90a	5.37±3.87c
乙酸己酯	8.19±0.58b	72.57±4.52a	3.39±2.30b
顺-2-己烯-1-乙酯	7.68±0.54b	91.48±34.14a	9.81±5.76b
苯甲醇	83.81±3.10b	183.62±25.02a	49.86±41.00b
壬醛	0.47±0.13a	4.55±3.42a	2.94±2.65a
乙酸苯甲酯	3 525.21±347.48b	8 786.67±307.75a	77.80±47.89c
癸醛	1.44±0.28b	9.11±6.45a	3.13±2.90ab
丁子香酚	19.91±4.83b	51.00±25.32a	0.09±0.03b
绝对含量总和	3 791.21±355b	12 060.23±825.95a	716.22±268.29c
相对含量总和（%）	99.75±1.03	99.25±5.78	93.36±11.57

注：表中数据表示相同处理各重复的平均值[ng/（g·h）]与标准误差；采用邓肯氏新复极差法进行检验，小写字母代表显著差异（$P<$0.05）；"—"代表未检测到。

2.3.3 '三轮玉碟'花器官不同部位内源萃取成分定量分析

用乙酸乙酯萃取梅花不同部位的内源成分进行绝对定量分析结果表明，苯甲醛在各部位中含量均较高，苯甲醇、丁子香酚在花瓣中的含量最高，乙酸苯甲酯在雄蕊中含量最高（表4-10）。

表4-10 梅花不同部位内源萃取主要成分的绝对含量

成分	花瓣	雄蕊	雌蕊+花萼
苯甲醛	634.18±6.67a	633.93±91.32a	600.51±92.52a
苯甲醇	70.57±5.80a	10.88±1.97c	42.73±1.99b
乙酸苯甲酯	28.69±1.14b	156.74±0.66a	3.90±0.10c
丁子香酚	14.19±3.22a	5.96±0.65b	1.30±0.45c

注：表中数据代表相同处理各重复的平均值（μg/g）与标准误差；采用邓肯氏新复极差法进行检验，小写字母代表差异显著（$P<$ 0.05）。

2.3.4 '三轮玉碟'花器官不同部位主要成分的挥发效率分析

各主要成分挥发量与其内源含量之间的关系分析结果表明，4种物质内源含量均高于挥发量，各主要成分的挥发效率存在差异，苯甲醛、苯甲醇、丁子香酚在雄蕊中挥发效率最高，乙酸苯甲酯在花瓣中挥发效率最高；苯甲醛在花瓣中挥发效率最低，丁子香酚在雌蕊+花萼中挥发效率最低（表4-9，图4-10，图4-13）。

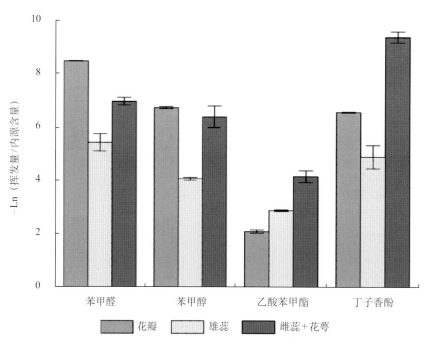

图4-13 梅花花器官不同部位主要成分挥发效率分析

2.3.5 '三轮玉碟'不同开花阶段主要成分挥发效率分析

'三轮玉碟'的花蕾期、初开期、盛花期、末花期主要成分挥发量差异显著。花蕾期各挥发量均较低，且未检测到丁子香酚。苯甲醛在开花末期挥发量最高，苯甲醇与乙酸苯甲酯在盛花期挥发量最高，丁子香酚在末花期挥发量最高（表4-11）。

表4-11 '三轮玉碟'不同开花阶段主要挥发成分的挥发量

成分	花蕾期	初开期	盛花期	末花期
苯甲醛	2.61±0.66d	17.12±1.93c	197.49±7.74b	258.37±3.77a
苯甲醇	1.08±0.08d	93.55±6.38c	143.92±10.34a	73.63±3.93b
乙酸苯甲酯	5.88±0.21d	656.73±46.69c	4 296.4±104.61a	1 892.18±36.73b
丁子香酚	—	3.35±0.37c	20.14±0.44b	43.02±2.91a

注：表中数据表示相同处理各重复的平均值[ng/（g·h）]与标准误差；采用邓肯氏新复极差法进行检验，小写字母代表差异显著（$P<0.05$）。

2.3.6 '三轮玉碟'不同开花时期主要成分内源含量分析

'三轮玉碟'的花蕾期、初开期、盛花期、末花期各主要成分内源含量差异显著。苯甲醛含量在花蕾期最高，苯甲醇、丁子香酚在末花期最高，乙酸苯甲酯在盛花期最高（表4-12）。

表4-12 '三轮玉碟'不同开花阶段主要成分的内源含量

成分	花蕾期	初开期	盛花期	末花期
苯甲醛	763.53±110.81a	588.8±10.82b	552.95±111.55b	573.45±2.79b
苯甲醇	9.82±0.55c	5.12±3.28c	36.12±8.96b	49.24±7.04a
乙酸苯甲酯	16.44±2.99d	72.28±8.7c	121.59±7.17a	87.5±11.55b
丁子香酚	0.14±0.02c	1.75±0.05c	6.63±4.08b	24.3±3.5a

注：表中数据表示相同处理各重复的平均值（μg/g）与标准误差；采用邓肯氏新复极差法进行检验，小写字母代表差异显著（$P<0.05$）。

2.4 '三轮玉碟'不同开花时期比较转录组测序分析

2.4.1 测序结果评估与表达量分析

依据乙酸苯甲酯变化选择花蕾期（S2）、盛花期（S4）（图4-14）花朵提取总RNA构建cDNA文库，利用HiSeq2000平台进行双端测序，分别获得24 961 904和24 885 518读长序序列（表4-13）。

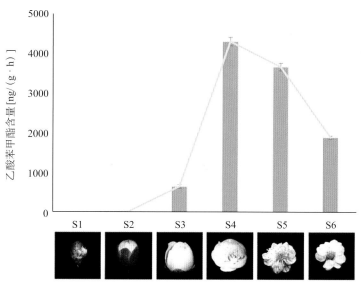

图4-14 梅花'三轮玉碟'不同发育阶段及乙酸苯甲酯含量变化

将测序结果比对至梅花基因组，基因覆盖率分别为61.43%、63.10%，表达基因分别为21 050和20 890个（表4-13）。基因表达量分析结果显示，相比于盛花期，花蕾期中表达（3.57<FPKM<15）、高表达（FPKM> 15）基因更多。在花蕾期和盛花期均表达的基因有19 511个，在花蕾期有1 539个基因特异性表达，在盛花期有1 379个基因特异性表达。两个时期基因表达差异进行对比，发现6 954个差异基因，占梅花总转录本的22.15%。

表4-13　序列对基因组的比对结果统计

测序文库	总读长	基因组覆盖率（%）	基因覆盖率（%）	表达基因	最佳比对率（%）	唯一比对率（%）	最大FPKM
Bud	24 961 904	76.81	64.48	21 050	48.28	73.65	25 147.75
Flower	24 885 518	61.43	63.10	20 890	37.66	58.92	36 783.87

2.4.2　基因功能注释

GO分析结果显示，5 128个差异表达基因得到有效注释，生物学功能中，约3 000个基因富集到代谢过程（metabolic process）、细胞过程（cellular process）、单一组织过程（single-organism process），1 000～1 400个基因富集到应激反应（response to stimulus）、生物调节（biological regulation）、生物过程调控（regulation of biological process）。细胞组分中，约3 000个基因富集到细胞（cell）、细胞部分（cell part）、细胞器（organelle）。在分子功能中，2 682个和2 159个基因富集到催化活性（catalytic activity）、结合（binding）功能（图4-15）。

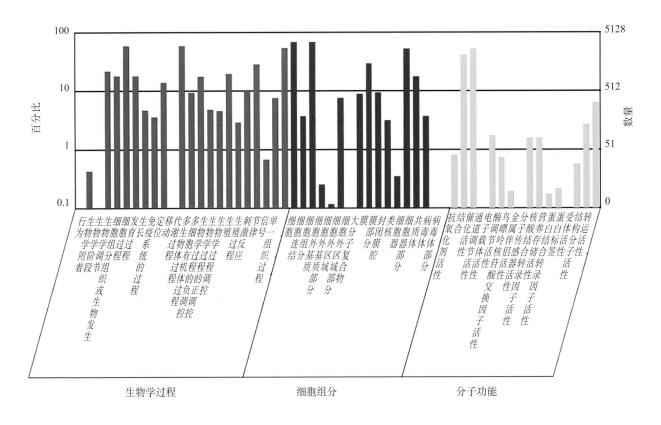

图4-15　差异基因GO功能注释

2.4.3 基因代谢通路富集分析

通过本地同源检索莽草酸途径及苯丙烷/苯环类物质合成通路上的候选基因，鉴定出参与莽草酸途径的基因，包括4个 *3-Deoxy-7-phosphoheptulonate synthase*（DAHPS）、1个 *3-Dehydroquinate synthase*（DHQS）、3个 *Dehydroquinate dehydratase/shikimate dehydrogenase*（DHD/SDH）、3个 *Shikimate kinase*（SK）、2个 *3-Phospho shikimate 1-carboxyvinyl transferase*（EPSPS）、1个 *Chorismate synthase*（CS）、3个 *Chorismate mutase*（CM）、20个 *Prephenate aminotransferase*（PAT）、4个 *Arogenate dehydratase*（ADT）（图4-16）。

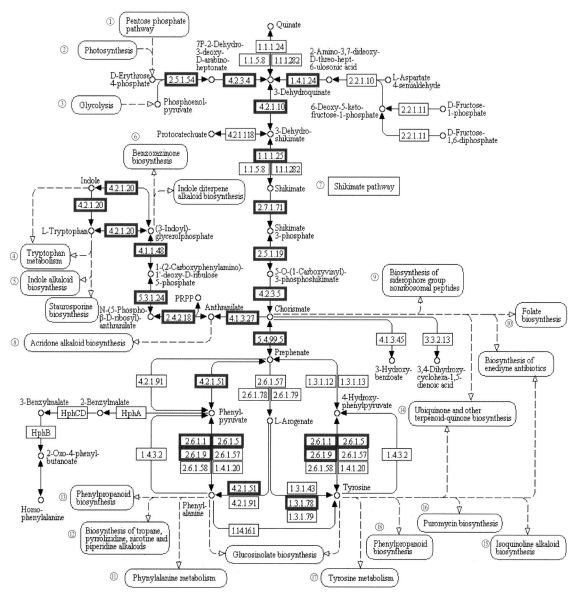

图4-16 KEGG注释苯丙氨酸、酪氨酸、色氨酸合成代谢通路

（译文：①磷酸戊糖途径；②光合作用；③糖酵解；④色氨酸代谢；⑤吲哚生物碱生物合成；⑥苯并恶嗪酮生物合成；⑦莽草酸途径；⑧吖啶酮生物碱生物合成；⑨含铁基因非核糖体肽生物合成；⑩叶酸生物合成；⑪苯基丙氨酸代谢；⑫丙烷、吡啶、尼古丁和哌啶生物碱生物合成；⑬苯丙素生物合成；⑭泛素酮和其他类松脂醌生物合成；⑮异喹啉生物碱生物合成；⑯嘌呤霉素生物合成；⑰酪氨酸代谢；⑱苯丙素生物合成）

苯丙氨酸在裂解酶（phenylalanine ammonia-lyase，PAL）作用下生成反式肉桂酸（trans-Cinnamic acid），是苯丙烷及苯环类物质合成的关键蛋白。从花蕾期到盛花期的变化过程中有1个*PAL*表达升高（图4-17）。

肉桂酸经历β‾氧化途径与非β‾氧化途径形成下游不同物质。在矮牵牛中，β‾氧化途径需要3个酶（CoA ligase/acylactivating enzyme，CNL/AAE；cinnamoyl-CoA hydratasedehydrogenase，CHD；3-ketoacyl CoA thiolase，KAT）的催化形成苯甲酸。在梅花基因组中，发现7个*CNL*候选基因，其中2个高表达；14个*CHD*和4个*KAT*候选基因表达量均无显著变化。肉桂酸在*C4H*的催化作用下形成pCA，下游形成花色及木质素的前体物质。70个*C4H*候选基因中有35个与花香变化正相关，35个负相关。

梅花花香主要成分是苯甲醇在乙酰辅酶酯化作用下形成的乙酸苯甲酯，用*BEAT*基因检索得到135个候选同源基因，其中44个在花蕾期、盛花期转录本中出现差异表达。

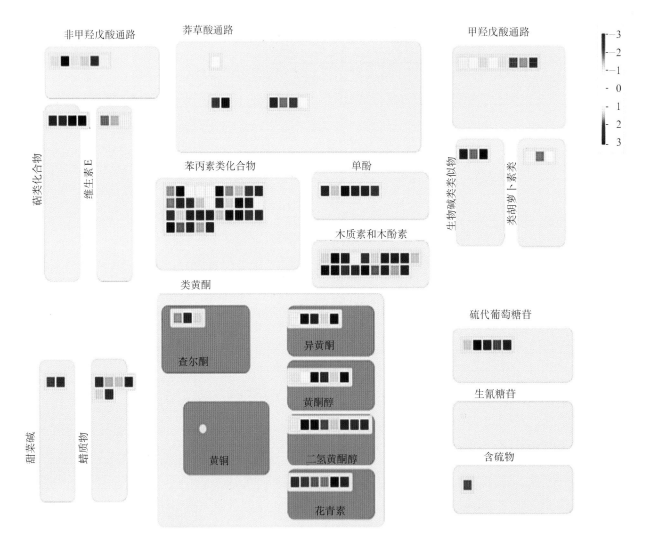

图4-17　苯丙烷类物质次级代谢通路

2.4.4　花香特异性表达基因分离

通过对梅花不同花器官转录组数据分析，分离花朵中特异表达基因，得到花香合成调控相关的主效基因。利用STEM软件对获得6 954个差异基因进行筛选，获得11个显著富集的基因集，其中第46组基因集与花朵开放程度正相关（6.5×10^{-11}），包含681个基因（图4-18）。

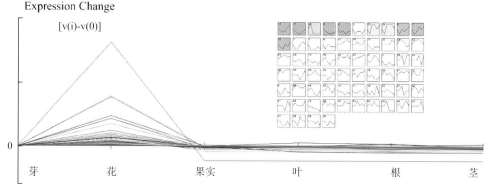

图4-18 不同器官基因表达趋势聚类分析
（彩色方框表示显著富集的基因表达趋势）

2.4.5 转录因子分析

利用iTAK数据库，在'三轮玉碟'花蕾、花朵差异表达基因中鉴定出524个转录因子，占总差异基因的7.53%，包括55个转录因子家族及18个转录调控因子家族。MYB转录因子家族数量最多50个，bHLH家族42个，NAC家族35个。150个转录因子从花蕾期到盛花期表达变化与花香物质含量呈正相关。在花中特异性表达的36个转录因子分布于18个转录因子家族，包括6个MYB-related、6个MYB和3个NAC等。其中发现1个与*PhEOB1*相似的MYB转录因子（*PmEOB1*）、1个与*PhODO1*聚为一支的MYB转录因子（*PmODO1*）、2个*AtMYB123*（*TT2*）聚为一支的MYB转录因子。

2.4.6 差异基因中*Cytochrome P450*与*SDR*基因家族分析

在开花过程中，部分P450蛋白编码基因表达量高，其中*P450 2D47*和*P450 79A68*表达差异大于18倍。SDR家族与苯甲醇合成密切相关，共发现147个SDR基因，其中9个在花中表达量较高，可能参与梅花苯环类花香物质的合成。在这些候选基因中，有2个*CAD*基因，其中*Pm021215*在花、果实、叶、茎中均有高表达，*Pm021214*在花与果实中较高表达（图4-19）。

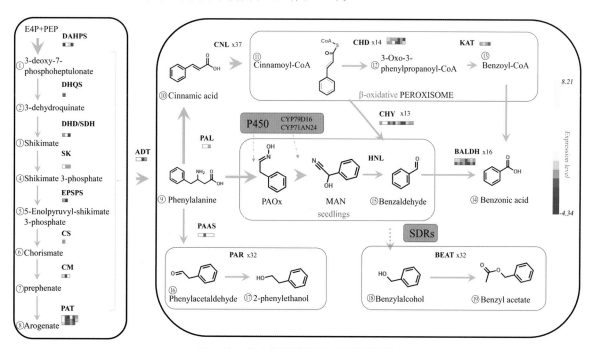

图4-19 梅花苯环类花香物质代谢通路

（译文：① 3-脱氧-D-阿拉伯-庚酮糖-7-磷酸；② 3-脱氢奎尼酸；③莽草酸；④莽草酸3-磷酸；⑤ 5-烯醇丙酮-莽草酸3-磷酸；⑥分支酸；⑦预苯酸；⑧阿罗酸；⑨苯基丙氨酸；⑩肉桂酸；⑪肉桂酸辅酶A；⑫3-氧-3-苯丙酰基辅酶A；⑬苯甲酰辅酶A；⑭苯甲酸；⑮苯甲醛；⑯苯乙醛；⑰2-苯乙醇；⑱苯甲醇；⑲乙酸苯甲酯）

2.5 梅花盛花期不同花器官基因表达模式分析

2.5.1 转录组测序与差异基因分析

以盛花期'三轮玉碟'花瓣（B）、雌蕊（C）、萼片（E）与雄蕊（X）4种花器官样品开展二代测序分析，获得Raw data 82.905 G，过滤后得到Clean data 81.945 G。

不同花器官间差异表达分析结果显示，花瓣与雌蕊对比获得差异基因1 878个，花瓣与雄蕊获得1 561个，花萼与花瓣差异基因1 916个，花萼与雌蕊1 498个，花萼与雄蕊2 002个，雄蕊与雌蕊2 033个，其中635个基因在6组差异基因中均存在（图4-20）。

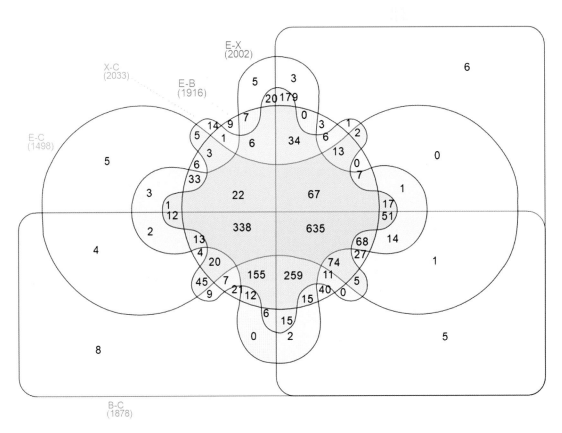

图4-20 不同样本中差异基因韦恩图分析

2.5.2 差异基因GO分析

GO分析表明，差异基因主要富集在结合（binding）、催化活性（catalytic activity）、细胞过程（cellular process）、次生代谢（metabolic process）等途径，推测花香物质代谢不仅依靠物质的合成与自由扩散，可能在细胞膜上存在着运输相关物质的通道蛋白或其他蛋白（图4-21）。

2.5.3 莽草酸及苯丙烷代谢通路基因分析

在4种花器官中苯环类代谢物质差异较大，同时转录组数据表明莽草酸途径与苯丙烷途径基因表达差异较大，例如莽草酸途径的门户基因*PmDAHPS2*、苯丙烷途径的*PmCNL1*、*PmCNL23*、*PmCHY2*与乙酸苯甲酯合成酶*PmBEAT2*。苯环通路候选基因在花瓣和雄蕊表达较高。推测由莽草酸途径积累下来的前体物质，在*CNL*、*CHY*、*BEAT*等基因的高效连锁催化下，形成内源乙酸苯甲酯（图4-22）。

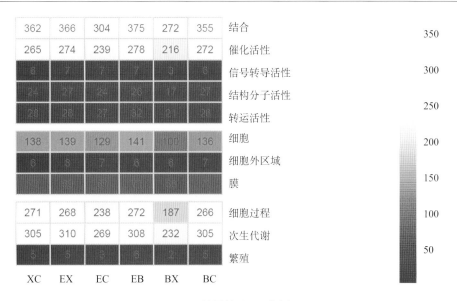

图4-21　差异基因GO分析

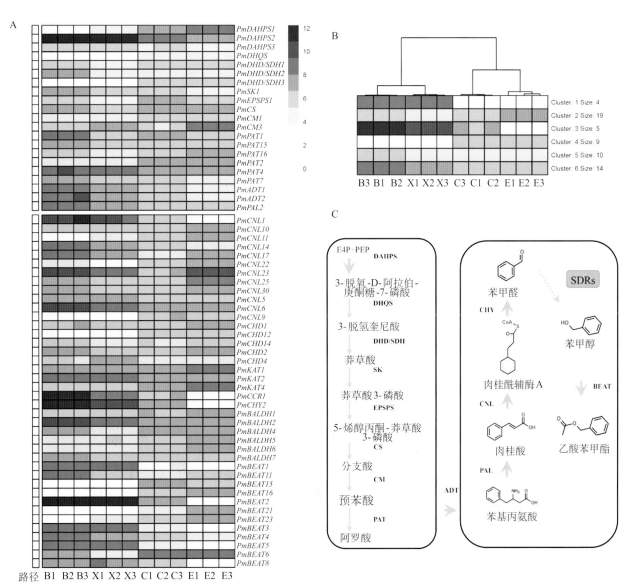

图4-22　莽草酸及苯丙烷代谢通路结构基因表达
A.莽草酸及苯丙烷代谢通路中主要结构基因表达模式　B.结构基因聚类分析　C.乙酸苯甲酯合成通路

2.5.4 转录因子在不同花器官中的表达差异分析

对4个花器官中转录因子进行注释，得到的转录因子数量各不相同，其中花瓣中鉴定到355个，雄蕊中333个，雌蕊中579个，花萼中543个。4种花器官中表达最多的基因家族分别为bZIP、bHLH，其次为MYB、MYB-related、C3H、bZIP等（图4-23）。

B	X	C	E	
24	26	44	41	bHLH
20	20	37	32	MYB_related
22	21	35	31	MYB
19	16	33	27	C3H
31	27	33	33	bZIP
21	19	32	30	C2H2
18	16	24	25	NAC
14	15	23	38	ERF
14	11	21	15	HD-ZIP
11	8	20	27	WRKY
5	6	20	8	B3
9	8	16	18	Trihelix
9	7	16	15	GRAS
8	7	15	15	G2-like
5	5	13	12	SBP
7	10	13	12	MIKC_MADS
8	7	13	12	GATA
6	4	13	10	FAR1
7	7	11	10	TCP
9	7	11	11	HSF
8	8	11	12	ARF
7	6	10	9	Dof
5	5	8	13	TALE
2	2	7	3	ZF-HD
4	3	7	5	HB-other
0	0	7	0	GRF
5	5	6	5	NF-YC
6	5	6	6	CO-like
5	5	6	6	BES1
4	3	6	4	AP2

图4-23 不同转录因子家族分析

分析花器官不同发育时期524个转录因子表达量，不同转录因子在花器官中呈现不均衡表达与分布。MYB类转录因子在4种花器官中差异表达，其中4个MYB-related转录因子与2个MYB转录因子在花瓣与雄蕊中表达较高，在花萼与雌蕊中表达较低（图4-24）。

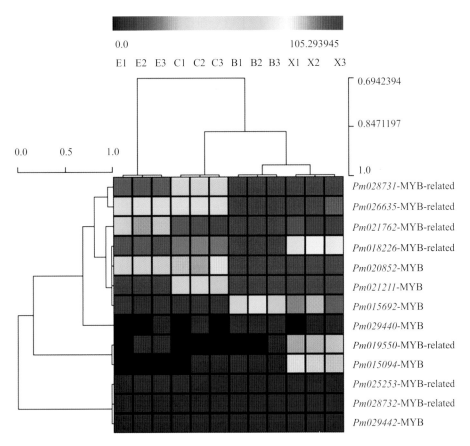

图4-24　MYB转录因子在4种花器官中表达分析

2.5.5　膜蛋白在不同花器官间差异

GO注释到细胞膜上的差异基因有23个，对其表达量进行聚类分析发现其中有部分基因在4种花器官中均表达较高。*Pm016294*属于OSCP蛋白超家族，在花瓣中表达显著高于其他器官。*Pm027725*主要在释放香气的器官中表达，*Pm003524*主要在未释放香气的器官中表达（图4-25）。

2.5.6　不同花器官转录组qRT-PCR分析

利用qRT-PCR验证转录组数据的可靠性，两组数据的相关性较高，说明转录组数据较真实的反应了基因表达状况（图4-26）。

2.6　梅花'三轮玉碟'花全长转录本测序

2.6.1　PacBio测序文库构建及数据产出

采用PacBio SMART测序技术对盛花期花朵进行全长转录本测序，经过严格质量控制后共得到9.36 G数据，raw reads数量6 735 722个，平均长度1 390 bp，N50 2 012 bp。得到CCS（circular consensus sequence）序列483 259条，聚类得到一致性序列读长85 667条，其中带有5′端引物的读长440 656条，带有3′端引物的读长446 777条，带有PolyA尾的读长441 413条。获得全长的读长391 333条，其中全长非嵌合读长（Flnc）386 844条。全长非嵌合读长平均长度2 011 bp（图4-27）。

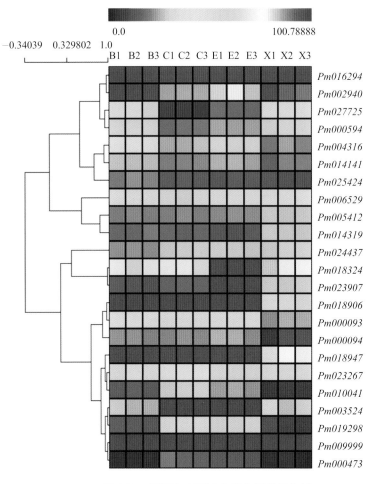

图4-25　膜蛋白在不同花器官间差异分析

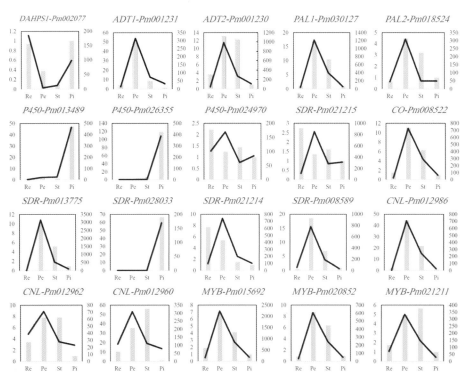

图4-26　基因表达的qRT-PCR验证

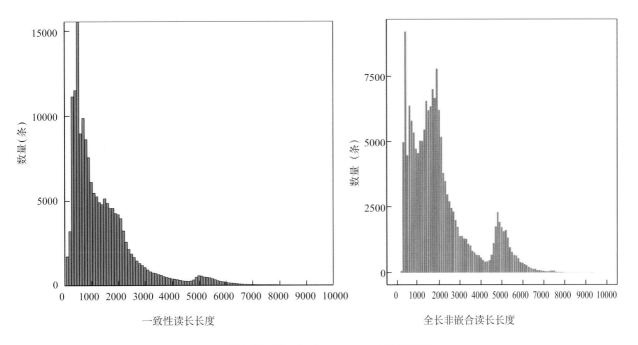

图4-27　Flnc 与 Consensus read 长度分布
A.一致性读长长度分布频率　B.全长非嵌合读长长度分布频率

2.6.2　转录本纠错及比对参考基因组

采用Illumina转录组数据对Pacbio三代测序数据进行纠错，三代测序碱基错误率在15%左右。校正后获得总读长数量176 259，其中163 181（92.58%）可以比对至参考基因组，有唯一比对位置的一致性序列的数量161 208（91.46%）。测序结果具有较高的一致性与覆盖度（图4-28）。共有41 519个转录本覆盖已知的12 890个基因位点，占参考基因组总基因数量的41.06%，其中6 500个基因转录本与参考基因组完全相同，其余基因均存在结构变化或多个转录本。同时，获得1 709个新转录本，长度范围为68～41 656 bp。共1 460个转录本比对至已有染色体。

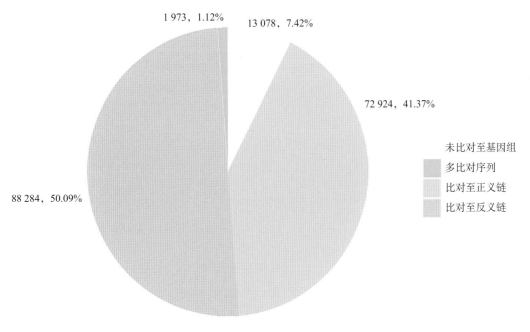

图4-28　三代转录本比对至参考基因组

2.6.3　基因功能注释

对检测到的全部14 599个转录本进行GO注释，共注释到8 838个基因，主要转录本集中于次生代谢、细胞过程、单一有机物代谢等。结合、催化活性功能分别占功能分类的50%和36.4%。在细胞组分类别中，有1 129和1 071个基因注释到细胞膜和细胞器类别。

通过7个数据库（NR、SwissProt、KEGG、KOG、GO、NT以及Pfam）对新检测的1 709个转录本进行注释，检测到61个新转录因子，包括AP2、MYB、NAC转录因子家族（图4-29）。

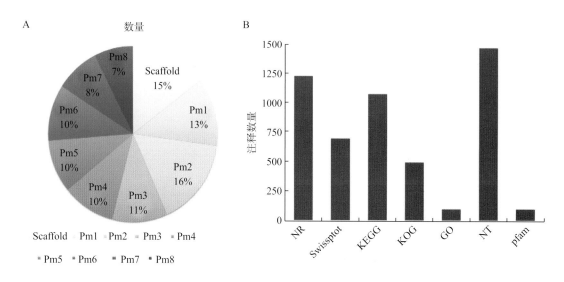

图4-29　转录本在基因组上的分布与不同数据库注释结果

2.6.4　全长转录本可变剪切鉴定

利用GMAP软件比对至梅花参考基因组发现可变剪切事件6 184项，涉及3 749个基因（表4-14），其中359个基因发生了外显子跳跃（ES），检测到429个剪切位点；655个基因发生了5′端外显子可变剪切（A5），检测到909个剪切位点；1 048个基因发生了3′端外显子可变剪切（A3），检测到1 521个剪切位点；1 680个基因发生了内含子滞留（RI），检测到3 313个剪切位点；7个基因发生外显子互斥（MX），检测到12个剪切位点。

表4-14　梅花可变剪切事件统计分析

事件	基因数	剪切事件	百分比（%）
SE	359	429	6.93
A5	655	909	14.69
A3	1 048	1 521	24.59
RI	1 680	3 313	53.57
MX	7	12	0.19
合计	3 749	6 184	100

2.6.5 可变多聚腺苷酸化分析（APA）

多聚腺苷酸化能够从1个单独基因产生多种转录本，这种现象类似于可变剪切。这种现象有利于RNA从细胞核中输出、在细胞中翻译以及维持RNA的稳定，是真核生物中的非编码RNA的常见现象。在梅花全长转录组中发现10 152个APA位点，来自6 525个基因。

2.6.6 融合基因分析

融合基因是已注释的2个基因重新融合形成的新转录本，常来自于染色体移位、中间缺失或者染色体倒置，共获得基因融合事件692项，最内圈展示了梅花的基因融合现象（图4-30）。

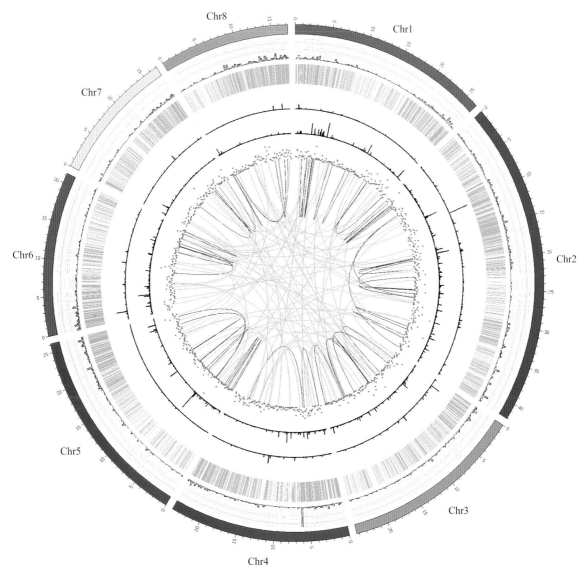

图4-30　基因组水平的转录本结构变异

2.6.7 LncRNA鉴定

利用CNCI、CPC、Pfam 3个数据库，分别注释到12 539、3 367以及14 764个含polyA尾巴的非编码基因，取注释交集作为获得的长链非编码RNA（LncRNA）（3 315个）数据集（图4-31）。

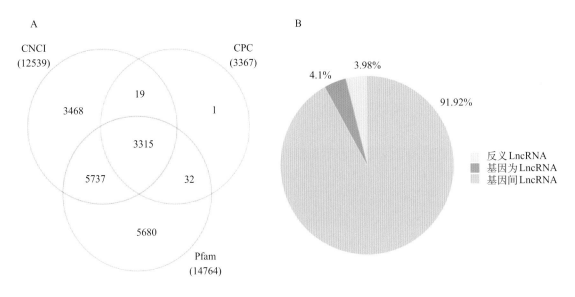

图4-31　LncRNA 的鉴定与分析
A.长链非编码RNA预测　B.长链非编码RNA预测分析

2.7　梅花花香调控*MYB*基因克隆与功能分析

2.7.1　目的基因克隆

在前期转录组数据的基础上，选取4个MYB类核心转录因子基因*MYB1*（*Pm015692*）、*MYB2*（*Pm020852*）、*MYB3*（*Pm021211*）、*MYB4*（*Pm025253*）进行分析。在梅花'三轮玉碟'盛花期花朵cDNA中进行PCR，获得长度分别为597 bp、771 bp、888 bp、1 398 bp的4个MYB转录因子。

2.7.2　*MYB*基因进化与聚类分析

获得4个MYB转录因子分为R2R3型（3个）和R3型（1个）。聚类分析结果显示（图4-32），4个*MYB*基因分别在不同进化分支上，其中，*Pm020852*与矮牵牛*PhODO1*聚类在同一进化枝，与拟南芥*AtMYB4*进化关系更近，推测梅花花香MYB转录因子在进化过程中相对保守，可能在花香调控中扮演着重要角色。

2.7.3　关键基因在开花过程中表达模式分析

3个MYB转录因子表达水平随着花芽成熟、花瓣伸展、花朵开放呈现上升趋势，其中，*Pm015692*与*Pm021211*在花朵开放过程中出现跳跃式变化（图4-33）。

*DAHPS*在花蕾期表达量较高，开花后降低，盛花期达到最低。*ADT1-2*与*PAL1*均在开放后表现出较高转录水平，*PAL2*在花芽小蕾期表达量较高，*Pm012986*在开花后特异性高表达，推测其可能参与花香物质合成（图4-34）。

对可能参与花香合成调控过程的*P450*和*SDR*基因进行定量分析（图4-45）。2个*P450*基因（*Pm13489*与*Pm026355*）与MYB转录因子的表达规律相似，可能参与花香挥发物大量合成。*SDR*基因表达量整体呈现上升趋势，除*Pm008589*和*Pm021214*表现梯度增长，另3个基因*Pm021215*、*Pm013775*、*Pm028033*均在开花后呈现跳跃式增长。

2.7.4　亚细胞定位

对4个MYB转录因子*Pm015692*、*Pm020852*、*Pm021211*、*Pm025253*亚细胞定位结果表明，

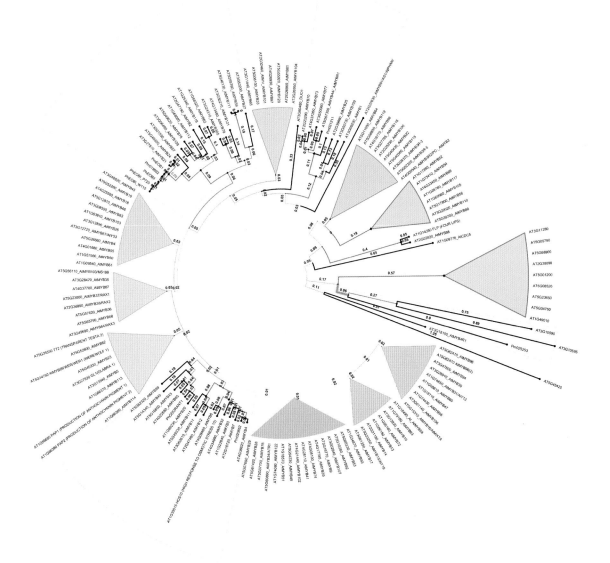

图4-32　4个MYB转录因子与拟南芥R2R3-MYB家族成员聚类分析

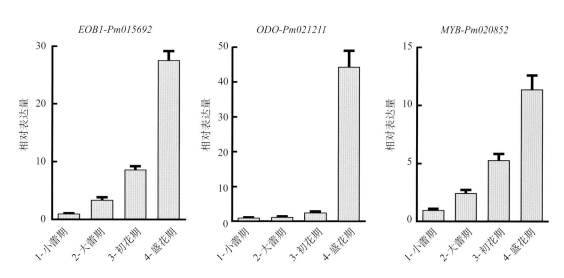

图4-33　3个梅花MYB转录因子在开花过程中表达模式分析

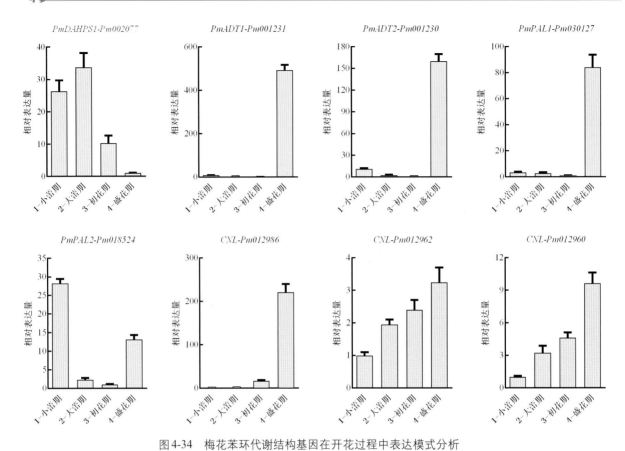

图4-34　梅花苯环代谢结构基因在开花过程中表达模式分析

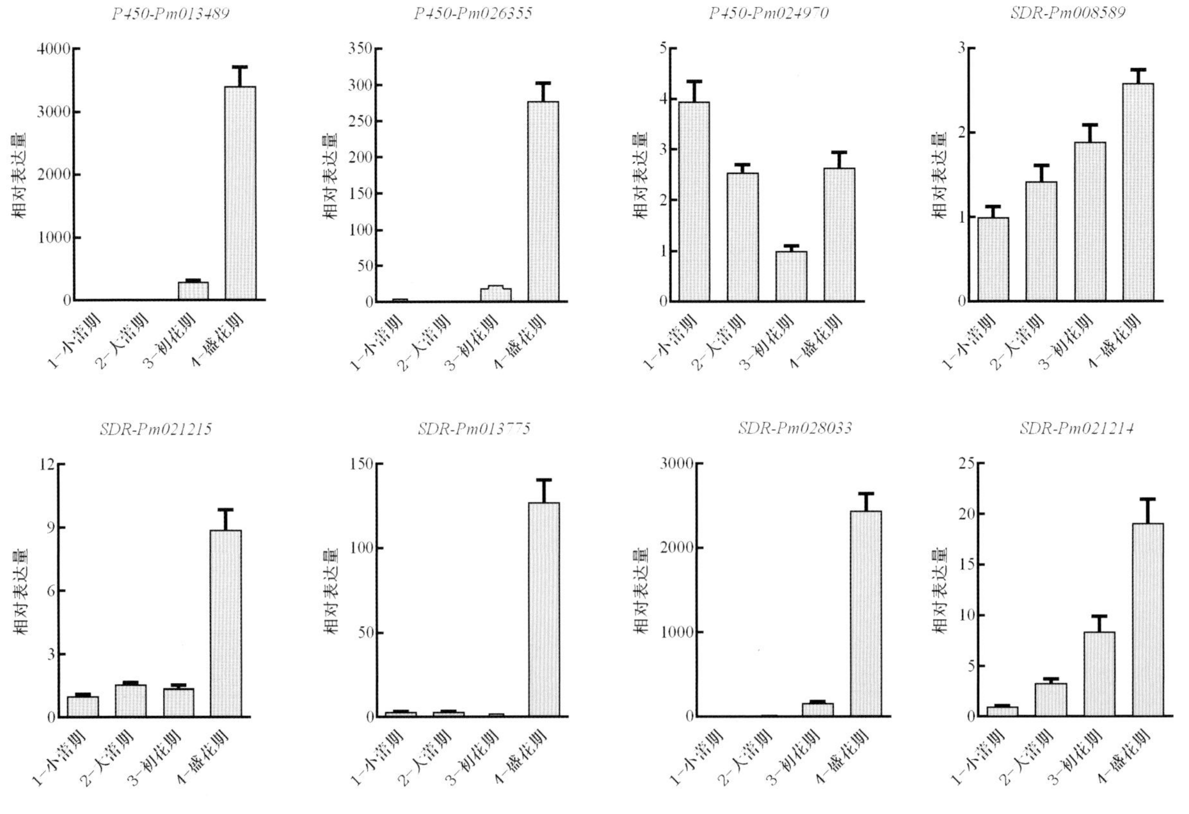

图4-35　梅花*P450*和*SDR*基因在开花过程中表达模式分析

Pm020852、*Pm021211*、*Pm025253* 在细胞核内具有较强荧光，*Pm015692* 在细胞膜上也有荧光被观察到（图4-36）。

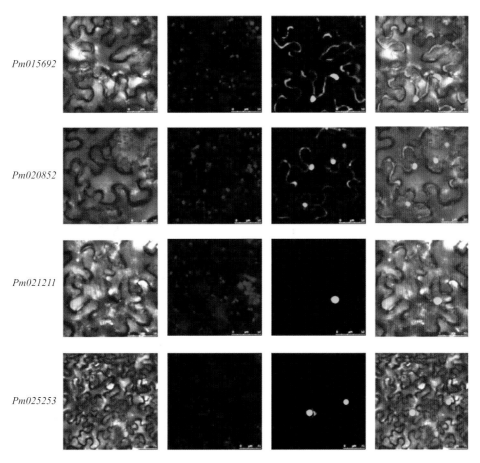

图4-36　3个MYB转录因子亚细胞定位分析

2.8　梅花*BAHD*家族基因克隆与功能验证

2.8.1　梅花*BAHD*家族基因预测

利用BLAST和HMM模型预测*BAHD*家族基因全部成员及特征，共有94个基因被预测为*BAHD*基因，每个基因都包含酰基转移酶家族特征序列的保守结构域（HXXXD和DFGWG）。94个*BAHD*基因中，序列长度范围172～664 aa，平均分子量48.8 ku，14个为疏水性蛋白序列。预测41个*BAHD*家族基因定位于细胞质，34个定位于过氧化物酶体，其他基因分别定位于内质网、线粒体、细胞核等。虽然*BAHD*家族基因中DFGWG位点很保守，但是在一些情况下该位点会发生一定变化（D′Auria，2006），在梅花中出现的模式主要表现为DFGWG（77个）、NFGWG（9个）、SFGWG（2个）、DVGWG（1个）、EFGWG（1个）、DFGEG（2个）、DFGMG（1个）、DFGFG（1个）。

2.8.2　梅花BAHD家族系统进化分析

采用45个已知BAHD序列与梅花94个该基因序列构建系统进化树。结果表明，梅花及其他物种的BAHD基因分为5大类。第Ⅰ组包括46个梅花BAHD基因，第Ⅱ组包括1个，第Ⅲ组包括3个，第Ⅳ组包括23个，第Ⅴ组包括21个（图4-50）。

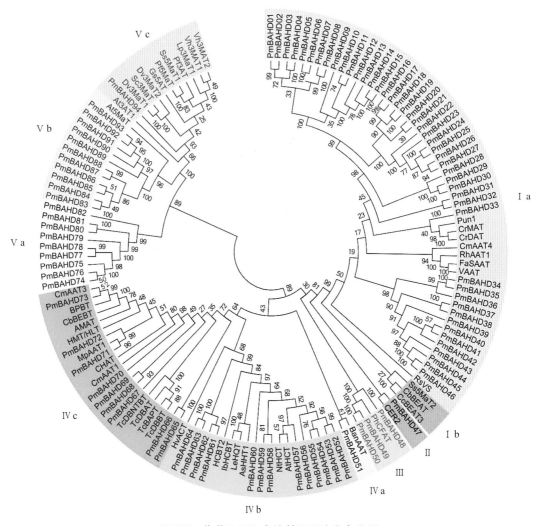

图4-37 梅花BAHD家族基因系统发育分析

第Ⅰa组，PmBAHD33与Pun1、CrDAT、CrMAT聚在一起，这些基因与辣椒素（Stewart et al., 2005）及长春花文朵灵（St-Pierre et al., 1998）等生物碱合成有关。PmBAHD34～46独立分为1支，与草莓中催化脂肪酸中链醇类的FaSAAT亲缘关系较近（Aharoni et al., 2000）。第Ⅰb组CbBEAT、CbBEAT3与Ss5MaT2聚为1类，在仙女扇中BEAT与乙酸苯甲酯合成相关（Dudareva et al., 1998）。第Ⅱ组，梅花PmBAHD47与拟南芥角质层蜡合成相关CER2基因聚为1类（Alexandrov et al., 2006）。第Ⅲ组，梅花PmBAHD48～50与矮牵牛PhCFAT聚为1类，PhCFAT底物为苯丙烷类化合物松柏醇，通过酰基转移酶作用而合成异丁子香酚（Dexter et al., 2007）。

第Ⅳ组，分为3个亚组，Ⅳa包括PmBAHD51和BanAAT。Ⅳb中，13个PmBAHD基因（PmBAHD52～64）、NtHCT和ACT聚为1类，其中NtHCT以莽草酸、奎尼酸等为底物，参与以羟基肉桂酰为酰基供体形成相应的酯类物质过程（Hoffmann et al., 2003）。ACT为胍基丁胺香豆酰转移酶，以胍基丁胺为酰基受体，形成抗真菌的羟基香豆酰胍基丁胺酯（Burhenne et al., 2003）。Ⅳc中，9个PmBAHD基因（PmBAHD65～73）、CmAAT1和CmAAT3聚为1类，其中CmAAT1和CmAAT3多以苯环类和脂肪醇类为底物进行催化反应（El-Sharkawy et al., 2005）。第Ⅴ组，分为3个亚组。Ⅴa包含9个基因（PmBAHD74～82）；Ⅴb中，11个PmBAHD基因（PmBAHD83～93）和At5MaT聚为1类，其中At5MaT以丙二酰和花色素苷为底物进行催化反应（D'Auria et al., 2007）；Ⅴc仅包含1个PmBAHD94，与多个已知功能序列聚为一类，其中Ss5MaT1蛋白在一串红中以丙二酰为酰基供体，通过修饰花色素苷的葡萄糖基而使得色素分子更易溶于水，防止葡萄糖基被酶降解，使花色素苷的结构更加稳定（Suzuki et al., 2002）。

2.8.3 梅花*BAHD*家族基因染色体定位分析

梅花*BAHD*家族基因染色体定位分析结果表明，91个基因（不包括3个未锚定在染色体上的基因）定位到8条染色体上，不均匀分布。各个染色体定位的基因数目分别为1、17、29、21、8、1、4、11。各基因在染色体上簇状排列，如第2条染色体上*PmBAHD34*、*35*、*36*成为1簇，*PmBAHD29*、*30*、*37 ~ 39*、*43*、*45*、*46*共8个基因为1簇；第3条染色体除*PmBAHD22*、*51*外，其余27个基因全部聚为1簇；第4条染色体上，*PmBAHD83 ~ 93*聚为1簇（图4-38）。

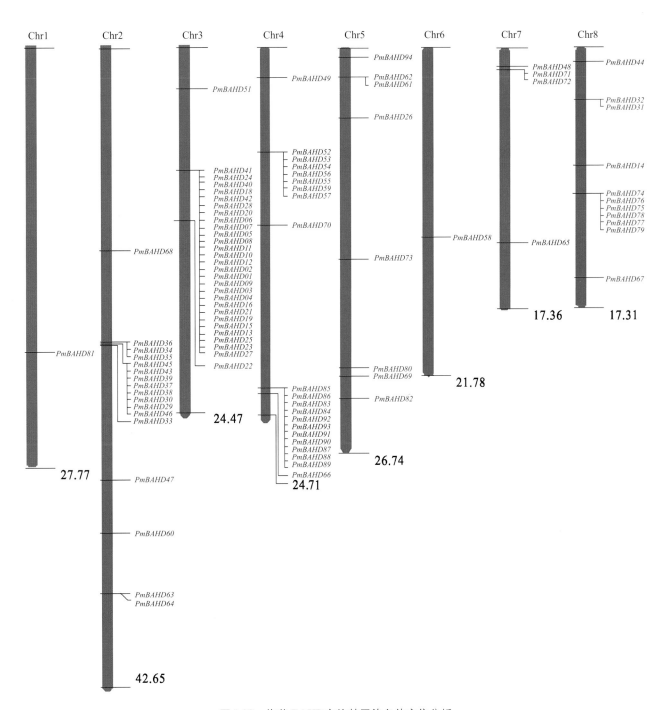

图4-38　梅花*BAHD*家族基因染色体定位分析

2.8.4 梅花*BAHD*家族基因的转录表达分析

利用Genesis软件生成*BAHD*家族在梅花根、茎、叶、花、果实等部位的基因表达热图，各部位的基因表达数分别为58、57、62、78、65。*PmBAHD01*、*02*、*08*、*31*等只在根中特异表达，*PmBAHD21*、*45*、*46*、*58*、*63*在各部位都不表达。58个基因在花部表达，其中，17个基因表达较高（图4-39）。

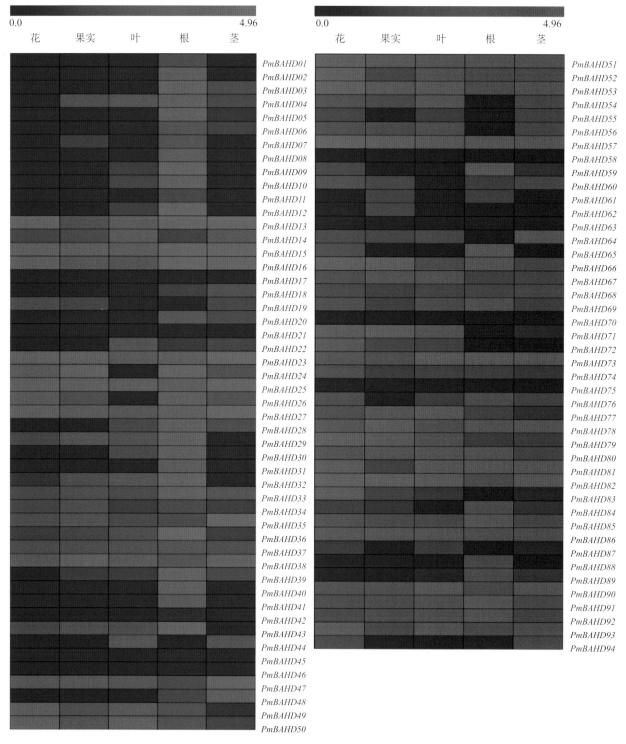

图4-39 梅花*BAHD*家族基因的转录表达分析

2.8.5　梅花与桃BAHD家族基因比较分析

从蔷薇科基因组网站（http://www.rosaceae.org/species/prunus_persica/）下载桃基因组数据。采用获取梅花基因组BAHD家族基因相同的方法，获得54个桃BAHD家族基因，所获基因都含保守基序HXXXD和DFGWG。利用桃BAHD家族基因与梅花该家族基因进行系统进化分析。在第Ⅰ组，桃PpBAHD01、PpBAHD02与梅花第Ⅰ组基因亲缘关系较近；第Ⅱ组，梅花中仅有1个基因与拟南芥CER2聚在一起；梅花第Ⅳ组PmBAHD60独立占据一个分支（图4-40）。

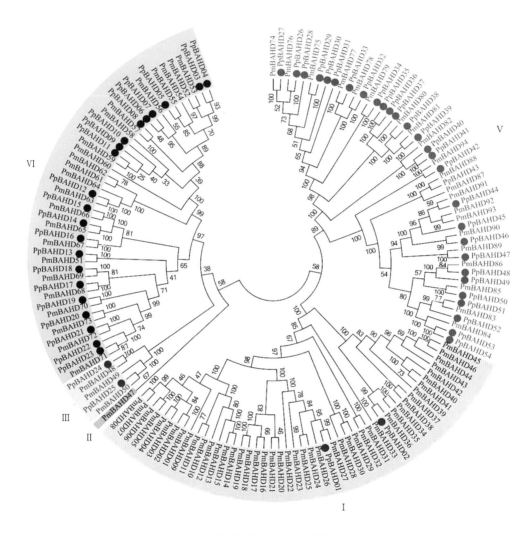

图4-40　梅花与桃BAHD家族基因聚类分析

2.8.6　梅花*BAHD*家族基因的克隆与功能验证

以梅花品种'三轮玉碟'盛花期花朵cDNA为模板克隆得到梅花*BAHD*家族基因*PmBAHD16*、*PmBAHD25*、*PmBAHD73*。构建植物表达载体转化烟草，利用半定量检测*PmBAHD16*在各转基因株系中表达情况（图4-41）。在转基因烟草株系3002、3015、2607中，*PmBAHD16*相对表达水平较高。

转基因株系与野生型烟草表型分析，发现*PmBAHD16*转基因烟草与野生型在植株株高、花色、花型、叶片等无明显形态学差异。利用顶空固相微萃取方法比较转基因烟草与野生型的挥发成分，发现没有差异（图4-42）。可能因为梅花内源萃取物中含有苯甲醛、苯甲醇及乙酸苯甲酯3种主要成分，而在野生型烟草中只发现少量的苯甲醛，烟草中没有检测到苯环类物质，缺乏生成乙酸苯甲酯的关键底物苯甲醇。

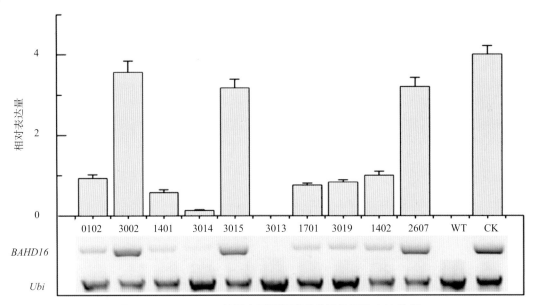

图4-41　*PmBAHD16*基因在不同烟草转基因株系的表达分析
（*Ubi*为烟草内参基因；CK为梅花cDNA；WT为野生型烟草）

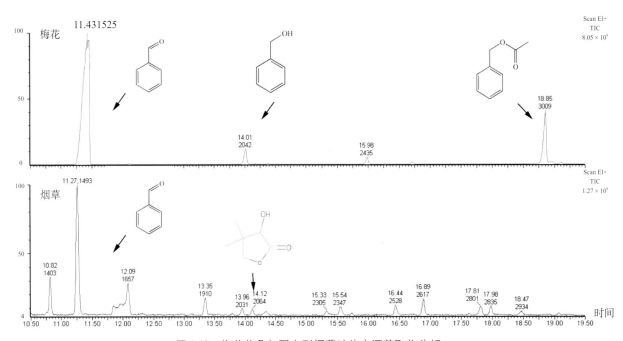

图4-42　梅花花朵与野生型烟草叶片内源萃取物分析

为确定*PmBAHD16*对各底物的选择性，选择6种外源醇类底物分别加入烟草叶片反应体系。株系2607对各底物的利用能力超过其他株系，而株系3015与野生型之间差异不显著。株系3012、3019、2607对苯甲醇、苯乙醇的利用能力较强，其产物显著高于其他醇类底物（图4-43）。

2.8.7　转拟南芥功能验证

采用花器官浸染法将*PmBAHD16*、*PmBAHD25*、*PmBAHD73*基因分别转入拟南芥。观测不同转基因拟南芥株系的株型、叶片、花、果实形态，各拟南芥转基因株系与野生型相比，部分转*PmBAHD25*基因的植株生长势明显弱于其他株系，叶片出现轻微皱缩，大部分植株花期推迟，果荚长度远远小于野生型果荚长度，果荚表面皱缩，在种子部位有明显的缢缩痕迹（图4-44）。

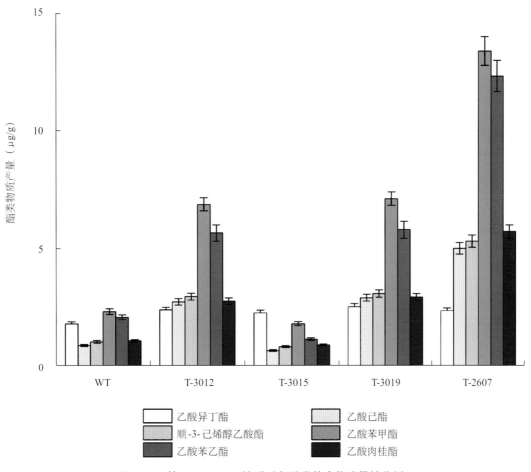

图4-43　转*PmBAHD16*株系对各醇类的底物选择性分析

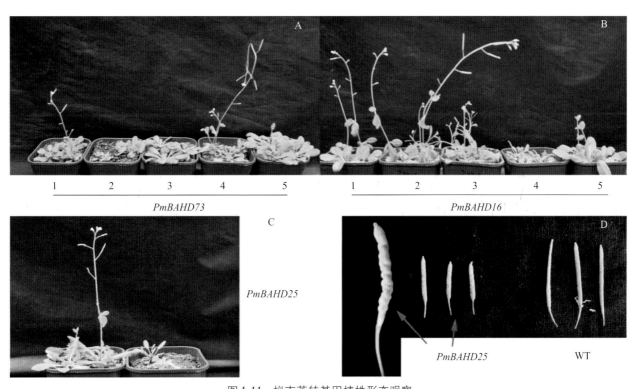

图4-44　拟南芥转基因植株形态观察

A.5个转*PmBAHD73*株系　B.5个转*PmRAHD16*株系　C.转*PmBAHD25*株系　D.转*PmBAHD25*株系果荚与野生型对比

利用乙酸乙酯萃取拟南芥叶片，GC-MS分析内源成分，结果无明显差异。对比分析拟南芥叶片与梅花花瓣的内源萃取物，拟南芥中缺乏苯环类代谢途径化合物，不存在乙酸苯甲酯合成需要的苯甲醇底物（图4-45）。

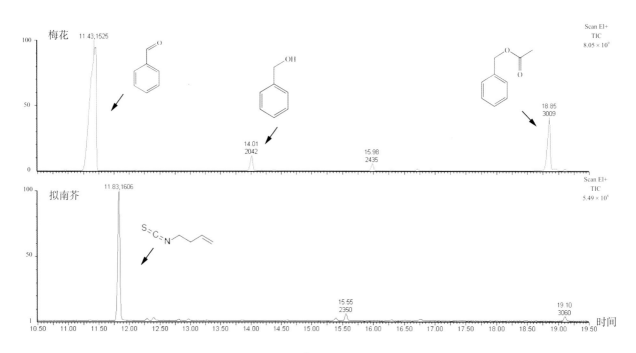

图4-45　梅花花朵与拟南芥野生型叶片内源萃取物分析

检测不同转基因拟南芥各醇类底物的催化反应（表4-15）结果显示，转*PmBAHD25*基因对各醇类底物利用率最高，其中，以苯甲醇为底物，转*PmBAHD25*基因拟南芥的乙酸苯甲酯萃取量为6.83 μg/g，显著高于转*PmBAHD73*基因拟南芥及野生型。

表4-15　转*PmBAHD*基因拟南芥对各醇类底物的催化反应分析

底物	产物	野生型	*PmBAHD73*	*PmBAHD16*	*PmBAHD25*
己醇	乙酸己酯	0.80±0.1c	1.17±0.33bc	1.89±0.78ab	2.65±0.55a
顺-3-己烯醇	顺-3-己烯醇乙酸酯	0.96±0.14b	1.94±0.61b	1.79±0.95b	3.28±0.33a
苯甲醇	乙酸苯甲酯	2.95±0.12b	2.58±0.66b	5.01±1.77a	6.83±0.88a
苯乙醇	乙酸苯乙酯	1.61±0.04bc	1.05±0.24c	2.19±0.59b	2.89±0.37a
肉桂醇	乙酸肉桂酯	1.04±0.12b	1.41±0.5b	1.85±0.77b	2.90±0.6a

注：表中数据为同一处理各重复酯类产量的平均值（μg/g）± 标准误差；小写字母代表显著性差异，$P < 0.05$。

3　结论

（1）乙酸苯甲酯挥发量4 846.80 ng/（g·h），占梅花挥发性物质总成分90.17%，在盛花期以雄蕊为中心向四周逐步递减表达，与丁子香酚等共同参与梅花特征花香的形成。乙酸苯甲酯合成底物苯甲醇的缺乏可能是种间杂交子代缺失梅花特征花香的原因之一。

（2）利用转录组数据获得681个特异参与梅花花香合成相关基因，包括与苯环物质代谢的3个*P450*

基因与5个*SDR*基因，初步揭示梅花苯环类花香物质合成的调控方式。

（3）验证了3个定位于细胞核的R2R3-MYB转录因子的蛋白互作模式，通过影响下游基因*DAHPS*、*ADT*、*PAL*、*CNL*的表达参与花香的代谢调控过程；筛选出94个*BAHD*基因（含34个*BEAT*基因），*BEAT*基因在染色体上形成串联重复；转基因植株能够有效催化底物苯甲醇。

参考文献

陈俊愉, 2010. 中国梅花品种图志[M]. 北京: 中国林业出版社.

刘仁虎, 孟金陵, 2003. MapDraw, 在Excel中绘制遗传连锁图的宏[J]. 遗传, 25(03):317-321.

Aharoni A, Keizer L C, Bouwmeester H J, et al, 2000. Identification of the SAAT gene involved in strawberry flavor biogenesis by use of DNA microarrays[J]. The Plant Cell, 12(5):647-661.

Alexandrov N N, Troukhan M E, Brover V V, et al, 2006. Features of *Arabidopsis* genes and genome discovered using full-length cDNAs[J]. Plant molecular biology, 60(1):69-85.

Aranovich D, Lewinsohn E, Zaccai M, 2007. Post-harvest enhancement of aroma in transgenic lisianthus (*Eustoma grandiflorum*) using the *Clarkia breweri* benzyl alcohol acetyltransferase (*BEAT*) gene[J]. Postharvest Biology and Technology, 43(2):255-260.

Boatright J, Negre F, Chen X, et al, 2004. Understanding in vivo benzenoid metabolism in petunia petal tissue[J]. Plant Physiology, 135(4):1993-2011.

Burhenne K, Kristensen B K, Rasmussen S K, 2003. A new class of N-hydroxycinnamoyltransferases purification, cloning, and expression of a barley agmatine coumaroyltransferase (EC 2.3. 1.64)[J]. Journal of Biological Chemistry, 278(16):13919-13927.

Clough S J, Bent A F, 1998. Floral dip: a simplified method for *Agrobacterium*-mediated transformation of *Arabidopsis thaliana*[J]. The Plant Journal, 16(6):735-743.

Conesa A, Madrigal P, Tarazona S, et al, 2016. A survey of best practices for RNA-seq data analysis[J]. Genome Biology, 17(1):181.

Cornelis H, Rodriguez A L, Coop A D, et al, 2012. Python as a federation tool for GENESIS 3.0[J]. PLoS One, 7(1):e29018.

D'Auria J C, Reichelt M, Luck K, et al, 2007. Identification and characterization of the *BAHD* acyltransferase malonyl CoA: Anthocyanidin 5- O-glucoside-6″ -malonyltransferase (*At5MAT*) in *Arabidopsis thaliana*[J]. FEBS letters, 581(5):872-878.

D'Auria J C, 2006. Acyltransferases in plants: a good time to be *BAHD*[J]. Current Opinion in Plant Biology, 9(3):331-340.

Dexter R, Qualley A, Kish C M, et al, 2007. Characterization of a petunia acetyltransferase involved in the biosynthesis of the floral volatile isoeugenol[J]. The Plant Journal, 49(2):265-275.

Dötterl S, Wolfe L M, Jürgens A, 2005. Qualitative and quantitative analyses of flower scent in *Silene latifolia*[J]. Phytochemistry, 66(2):203-213.

Dudareva N, Pichersky E, 2000. Biochemical and molecular genetic aspects of floral scents[J]. Plant Physiology, 122(3):627-634.

Dudareva N, Raguso R A, Wang J, et al, 1998. Floral scent production in *Clarkia breweri* III. Enzymatic synthesis and emission of benzenoid esters[J]. Plant Physiology, 116(2):599-604.

El-Sharkawy I, Manriquez D, Flores F B, et al, 2005. Functional characterization of a melon alcohol acyl-transferase gene family involved in the biosynthesis of ester volatiles. Identification of the crucial role of a threonine residue for enzyme activity[J]. Plant Molecular Biology, 59(2):345-362.

Ernst J, Bar-Joseph Z, 2006. STEM: a tool for the analysis of short time series gene expression data[J]. BMC Bioinformatics, 7:191.

Hao R J, Du D L, Wang T, et al, 2014. A comparative analysis of characteristic floral scent compounds in *Prunus mume* and related species[J]. Bioscience, Biotechnology, and Biochemistry, 78(10):1640-1647.

Hao R J, Zhang Q, Yang W R, et al, 2014. Emitted and endogenous floral scent compounds of *Prunus mume* and hybrids[J]. Biochemical Systematics and Ecology, 54:23-30.

Hoballah M E, Stuurman J, Turlings T C, et al, 2005. The composition and timing of flower odour emission by wild *Petunia axillaris* coincide with the antennal perception and nocturnal activity of the pollinator *Manduca sexta*[J]. Planta, 222(1):141-150.

Hoffmann L, Maury S, Martz F, et al, 2003. Purification, cloning, and properties of an acyltransferase controlling shikimate and quinate ester intermediates in phenylpropanoid metabolism[J]. Journal of Biological Chemistry, 278(1):95-103.

Kim D H, Kim S K, Kim J, et al, 2009. Molecular characterization of flavonoid malonyltransferase from *Oryza sativa*[J]. Plant Physiology and Biochemistry, 47(11):991-997.

Kong Y, Sun M, Pan H T, et al, 2012. Composition and emission rhythm of floral scent volatiles from eight lily cut flowers[J]. Journal of the American Society for Horticultural Science, 137(6):376-382.

Kuettner E B, Hilgenfeld R, Weiss M S, 2002. The active principle of garlic at atomic resolution[J]. Journal of Biological Chemistry, 277(48):46402-46407.

Prakash A, Jeffryes M, Bateman A, et al, 2017. The HMMER web server for protein sequence similarity search[J]. Current Protocols in Bioinformatics, 60:131511-131523.

Proffit M, Johnson S D, 2009. Specificity of the signal emitted by figs to attract their pollinating wasps: Comparison of volatile organic compounds emitted by receptive syconia of *Ficus sur* and *F. sycomorus* in Southern Africa[J]. South African Journal of Botany, 75(4):771-777.

Schwab W, Davidovich Rikanati R, Lewinsohn E, 2008. Biosynthesis of plant-derived flavor compounds[J]. The Plant Journal, 54(4):712-732.

Stewart C, Kang B C, Liu K, et al, 2005. The *Pun1* gene for pungency in pepper encodes a putative acyltransferase[J]. The Plant Journal, 42(5):675-688.

St-Pierre B, Laflamme P, Alarco A M, et al, 1998. The terminal O-acetyltransferase involved in vindoline biosynthesis defines a new class of proteins responsible for coenzyme A-dependent acyl transfer[J]. The Plant Journal, 14(6):703-713.

Supek F, Bosnjak M, Skunca N, et al, 2011. REVIGO summarizes and visualizes long lists of gene ontology terms[J]. PLoS One, 6(7):e21800.

Suzuki H, Nakayama T, Yonekura-Sakakibara K, et al, 2002. cDNA cloning, heterologous expressions, and functional characterization of malonyl-coenzyme A: anthocyanidin 3-O-glucoside-6"-O-malonyltransferase from dahlia flowers[J]. Plant Physiology, 130(4):2142-2151.

Verdonk J C, Haring M A, van Tunen A J, et al, 2005. *ODORANT1* regulates fragrance biosynthesis in petunia flowers[J]. The Plant Cell Online, 17(5):1612-1624.

Voss T C, Hager G L, 2014. Dynamic regulation of transcriptional states by chromatin and transcription factors[J]. Nature Reviews Genetics, 15(2):69-81.

Wagner G P, Kin K, Lynch V J, 2012. Measurement of mRNA abundance using RNA-seq data: RPKM measure is inconsistent among samples[J]. Theory in Biosciences, 131(4):281-285.

Young M D, Wakefield M J, Smyth G K, et al, 2010. Gene ontology analysis for RNA-seq: accounting for selection bias[J]. Genome Biology, 11(2):1-12.

Zhao K, Yang W R, Zhou Y Z, et al, 2017. Comparative transcriptome reveals benzenoid biosynthesis regulation as inducer of floral scent in the woody plant *Prunus mume*[J]. Frontiers in Plant Science, 8:319.

Zhang Q, Chen W, Sun L, et al, 2012. The genome of *Prunus mume*[J]. Nature Communications, 3(4):1318.

Zheng Y, Jiao C, Sun H, et al, 2016. iTAK: A program for genome-wide prediction and classification of plant transcription factors, transcriptional regulators, and protein kinases[J]. Molecular Plant, 9(12):1667-1670.

第5章
梅花花发育分子
机理研究

梅花在冬春开放，其绽放过程需在一系列内、外因素作用下经过成花诱导形成花序分生组织、花分生组织，进而产生花器官原基，最终花芽休眠解除形成花器官。成花过程是一个复杂的调控网络，拟南芥中至少有7条成花调控途径，即光周期途径（photoperiod pathway）、春化途径（vernalization pathway）、赤霉素途径（GA pathway）、自主途径（autonomous pathway）、常温途径（ambient temperature pathway）、年龄途径（age pathway）和糖类途径（trehalose-6-phosphate pathway）（Fabio et al.,2013）。通过对拟南芥突变体的遗传分析和同源异型框现象的观察，花发育相关基因分成2大类：一类是控制花序分生组织形成和决定新形成的花原基发育方向的基因，它们通过控制花序分生组织或花分生组织的形成而影响植物开花时间，这类基因的突变会使突变体的开花时间提早或延迟，其中促进开花的有*CONSTANS* (*CO*) (Samach et al., 2000)、*FLOWERING LOCUS T* (*FT*) (Kardailsky et al., 1999)、*SUPPRESSOR OF OVERESPRESSION OF CO1* (*SOC1*) (Borner et al., 2000)、*LEAFY* (*LFY*) (Weigel et al., 1992)、*APETALA1* (*AP1*) (Irish and Sussex，1990)等基因，抑制开花的有*EMBRYONIC FLOWER1* (*EMF1*) (Aubert et al., 2001)、*FLOWERING LOCUS C* (*FLC*) (Bastow et al., 2004)等基因；另一类基因则决定花器官的形成，这类基因突变会产生同源异型框现象(在一个正常器官位置产生另一种器官替代的突变体)，如*AP1*、*APETALA3* (*AP3*) (Lamb and Irish，2003)、*PISTILLATA* (*PI*) (Yang et al., 2003)、*AGAMOUS* (*AG*) (Drews et al., 1991)等。在长期人工驯化和栽培过程中，梅花器官的形态和数目产生了诸多变异，如单瓣、重瓣、台阁、飞瓣、多萼片、多雌蕊等，既增加了梅花观赏价值，也为研究植物花器官发育提供了良好材料。然而木本植物花芽休眠及休眠解除、花器官形成与变异的分子调控机理尚缺乏研究，不能全面解释上述花型变异形成机制。目前，关于梅花花器官发育的研究较少，前人只克隆了控制雄蕊和雌蕊发育的C类基因-*PmAG* (Hou，2011)，而对花芽休眠解除与花器官发育基因的研究未见报道。梅花全基因组测序为研究控制梅花花芽休眠解除、花器官发育相关基因、阐明梅花花发育分子机理奠定了基础（Zhang et al.，2012）。

通过开展梅花花发育过程microRNA及其靶基因鉴定、表达及功能分析，拓展从转录后水平分析梅花花发育分子调控机制，结合生理水平的激素处理确定调控梅花花芽内休眠激素类型，并利用生物信息学和分子生物学方法对花器官发育关键基因进行克隆与功能验证，为进一步揭示梅花花芽分化、花芽休眠及休眠解除的分子调控机理和利用基因调控梅花花型、花期，开展分子育种提供理论依据（Wang et al.，2014a；Wang et al.，2014b；Xu et al.，2014；Lu et al.，2015a；Lu et al.，2015b；Xu et al.，2015；Li et al.，2017）。

1 材料与方法

1.1 材料

以梅花品种'三轮玉碟'、'长蕊绿萼'（*P. mume* 'Changrui Lve'）、'粉红朱砂'（*P. mume* 'Fenhong Zhusha'）、'明晓丰后'（*P. mume* 'Mingxiao Fenghou'）、'江梅'（*P. mume* 'Jiangmei'）和'素白台阁'（*P. mume* 'Subai Taige'）等为试验材料。

1.2 方法

1.2.1 梅花花发育进程相关microRNA（miRNA）分析

1.2.1.1 梅花花芽生长时期鉴定与取样

选择5年生梅花'长蕊绿萼'为试验材料。梅花进入休眠后，每隔10 d取生长一致的1年生健壮枝条，放入光照培养箱进行水培。培养条件：白昼/黑夜为25℃ 16 h / 14℃ 8 h，光照度2 000 lx；空气相对湿度70%。10 d后调查10个枝条的萌芽率，确定内休眠解除的时间，花芽顶端开裂、露绿视为萌芽开始，视为生理休眠解除，进入生态休眠期。采集生态休眠期花芽、恢复生长花芽、现蕾期花蕾和盛花期花朵4个时期样品，液氮速冻，-80℃保存备用。

1.2.1.2　sRNA高通量测序与分析

利用改良的TRIzol法（Invitrogen，CA，USA）提取梅花总RNA，检测纯度与质量后，构建sRNA文库，上机测序获得18～35 nt核苷酸序列，通过一系列去adaptor序列、去低质量片段、去污染序列等初级分析，获得高质量sRNA序列，然后统计序列长度分布情况。

1.2.1.3　sRNA文库全基因组比对

将初级分析得到的高质量sRNA序列与梅花基因组序列及转录组序列进行比对分析，将比对到梅花基因组的sRNA序列再次与GeneBank、Rfam、miRBase等数据库进行比对及sRNA分类注释，统计sRNA种类（siRNA、piRNA、tRNA、rRNA、snRNA、snoRNA和已知miRNA等）及读长数量等。未被注释的sRNA序列，用于梅花中novel miRNA预测分析。

1.2.1.4　梅花保守miRNA鉴定

梅花sRNA分类注释获得的基因组中已知miRNA序列，涵盖miRBase 20.0中所有已知miRNA来源的物种。为避免sRNA片段两端降解产生遗漏，扩大错配数的筛选范围，利用Mireap软件再次将筛选出的miRNA候选序列与miRBase数据库中miRNA成熟序列进行比对，去除与已知比对序列错配数≥2 nt的序列及重复计算的miRNA*序列，最终所获得序列即为梅花保守miRNA序列。

1.2.1.5　梅花新miRNA预测

梅花sRNA分类注释获得的未被注释序列为新miRNA序列。梅花中新的miRNA除了具有保守miRNA典型特征外，其相应miRNA*序列的存在成为判定sRNA为miRNA的重要条件。应用RNAfold软件（http://rna.tbi.univie.ac.at/cgi-bin/RNAWebSuite/RNAfold.cgi）在线进行RNA二级茎环结构折叠分析。

1.2.1.6　miRNA靶基因预测及功能注释

对Mireap软件预测的梅花miRNA进行靶基因预测，统计靶基因的miRNA数量以及miRNA预测的靶基因数量。根据预测的靶基因在梅花基因组上的位点信息，结合梅花转录组数据，对靶基因进行功能注释。

1.2.2　梅花花芽休眠赤霉素途径相关基因功能研究

1.2.2.1　样品处理

选择5～6年生、生长势相近的梅花品种'长蕊绿萼'、'粉红朱砂'和'明晓丰后'，使用温度记录仪记录温室内温度变化情况，每15 min记录1次。以日平均气温稳定低于7.2℃的日期为起点开始记入需冷量（Zhuang et al., 2010）。每隔10 d从植株中部采集1年生健壮枝条，清水瓶插确定梅花花芽休眠进程。每隔10 d从枝条中部采集花芽，混合采样，每品种采集50～80个花芽，液氮速冻，-80℃保存。

1.2.2.2　梅花枝条外源赤霉素处理

随机选取40 cm左右的枝条30枝，10枝1组，重复3次，清水瓶插。试验分别雾喷50 mg/L和100 mg/L GA₃溶液，以蒸馏水为对照组（CK）。样品放置于人工气候箱内培养。培养条件：白昼/黑夜为22℃ 16 h/16℃ 8 h，光照度2 000 lx；空气相对湿度90%。2周后统计芽萌发情况，当自然休眠解除后，停止处理。

1.2.2.3　梅花休眠花芽内源激素测定

利用酶联免疫吸附法（ELISA）对花芽内GA₃、ABA、IAA和ZR激素含量进行测定（Yang et al., 2001）。

1.2.2.4　梅花GRAS基因家族筛选与生物信息学分析

利用梅花基因组数据库，用2种方法检索梅花基因家族成员（Zhang et al., 2012）；利用本地BLASTP

软件，以拟南芥中已经发表GRAS基因的蛋白序列为种子，对梅花基因组蛋白数据库进行检索，参数使用默认值；利用HMM（hidden markov model）模型，在Pfam蛋白家族数据库（Finn et al., 2014）中下载候选基因家族的种子Pfam文件。将2种方法检索获得的目标基因录入InterProScan，默认参数，去除不含保守结构域的基因，获得目标基因，开展基因家族的理化性质、系统进化树、基因结构及染色体定位、不同器官及不同发育时期的基因表达模式分析。

1.2.2.5　梅花 *DELLA* 基因克隆及功能验证

方法同第4章1.2.4。

1.2.2.6　数据处理

利用Excel和SPSS软件进行数据处理和显著性分析。

1.2.3　梅花花器官发育MADS-box相关基因功能研究

1.2.3.1　梅花花芽分化时期确定

选取6年生梅花'三轮玉碟'、'江梅'和'素白台阁'为试验材料。梅花进入休眠后，每隔7 d选取生长基本一致的花芽样品，利用石蜡切片法确定花芽分化时期。

1.2.3.2　梅花MADS-box基因家族筛选与生物信息学分析

方法见第5章1.2.5。

1.2.3.3　梅花花发育基因克隆及功能验证

方法见第4章1.2.4。

2　研究结果

2.1　梅花花发育sRNA转录组及miRNA表达分析

2.1.1　梅花花发育sRNA转录组分析

2.1.1.1　梅花sRNA文库构建与高通量测序

'长蕊绿萼'生态休眠期花芽（PmEcD）、休眠解除恢复生长期花芽（PmDR）、现蕾期花蕾（PmB）和盛花期花朵（PmF）4个时期sRNA文库中分别包含8 390 658、8 354 465、22 571 296和16 407 316条读长序列（表5-1）。通过初级分析，分别获得8 322 560、8 264 354、22 357 814和16 230 666条Clean读长序列，基本包含sRNA序列的全部信息。

表5-1　梅花sRNA测序数据统计分析

类型	PmEcD		PmDR		PmB		PmF	
	数量	百分比(%)	数量	百分比(%)	数量	百分比(%)	数量	百分比(%)
总读长	8 390 658		8 354 465		22 571 296		16 407 316	
高质量读长	8 360 663	100.00	8 315 372	100.00	22 475 885	100.00	16 332 959	100.00
3′接头污染	9 128	0.11	12 400	0.15	8 087	0.04	6 105	0.04
无插入序列	1 820	0.02	896	0.01	3 440	0.02	2 464	0.02
5′接头污染	15 407	0.18	20 748	0.25	64 721	0.29	40 882	0.25
小于18个碱基读长	10 205	0.12	15 646	0.19	38 383	0.17	49 699	0.30

（续）

类型	PmEcD		PmDR		PmB		PmF	
	数量	百分比(%)	数量	百分比(%)	数量	百分比(%)	数量	百分比(%)
多聚A尾巴	1 543	0.02	1 328	0.02	3 440	0.02	3 143	0.02
过滤后的读长	8 322 560	99.54	8 264 354	99.39	22 357 814	99.47	16 230 666	99.37
比对基因组读长	5 497 024	66.05	5 672 842	68.64	14 817 184	66.27	11 421 063	70.37

梅花PmEcD、PmDR、PmB和PmF 4个sRNA片段文库中，序列长度分布主要集中在21～24 nt，其中24 nt sRNA种类最多，且丰度最高，sRNA种类分别占总量的62.13%、55.80%、62.05%和59.81%，表达丰度分别占总量的50.39%、40.42%、46.02%和36.52%；其余长度序列种类相对较低，其中21～23 nt sRNA片段种类明显高于其他片段，基本维持在8%～15%水平；21 ntsRNA片段丰度明显高于其他长度片段，仅次于24 nt sRNA。

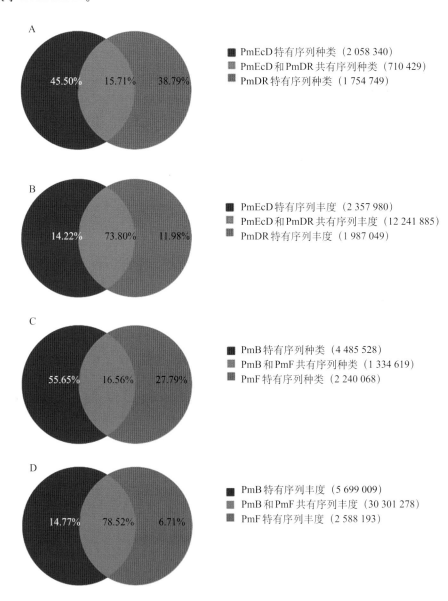

图5-1　梅花sRNA文库序列类型统计分析
A.PmEcD和PmDR文库间共有及特有序列种类统计　B.PmEcD和PmDR文库间共有及特有序列丰度统计
C.PmB和PmF文库间共有及特有序列种类统计　D.PmB和PmF文库间共有及特有序列丰度统计

将4个sRNA文库中特有及公共序列统计分为2组：PmEcD和PmDR（花芽休眠解除过程）、PmB和PmF（花朵开放过程）（图5-1）。4个文库特有序列种类虽多，但表达丰度较低。PmEcD和PmDR的sRNA文库以较少的共有序列种类（15.71%）获得较大表达丰度（73.80%），PmB和PmF的sRNA文库也以较少的共有序列种类（16.56%）获得较大表达丰度（78.52%），为研究梅花花芽解除休眠和花朵开放过程sRNA调控机制奠定基础。

2.1.1.2　梅花sRNA文库基因组定位

4个文库初级分析分别得到2 768 769、2 465 178、5 820 147和3 574 687条高质量unique序列。与梅花基因组序列进行比对，获得梅花基因组unique序列分别为1 401 652（PmEcD）、1 270 066（PmDR）、2 945 193（PmB）和1 841 549（PmF）条，约占unique序列总量50%（表5-2），用于梅花sRNA片段注释分析。由于sRNA序列种类及功能的多样性、复杂性，其他序列在梅花基因组上找不到相应的位点，这些sRNA可能来源于植物内源mRNA复杂剪切、加工及修饰过程或是外源非编码sRNA的污染等。

表5-2　sRNA基因组定位信息统计

	sRNA文库	sRNA总量	比对上基因组reads数量	所占总量百分比（%）
Unique sRNA	PmEcD	2 768 769	1 401 652	50.62
	PmDR	2 465 178	1 270 066	51.52
	PmB	5 820 147	2 945 193	50.60
	PmF	3 574 687	1 841 549	51.52
Total sRNA	PmEcD	8 322 560	5 497 024	66.05
	PmDR	8 264 354	5 672 842	68.64
	PmB	22 357 814	14 817 184	66.27
	PmF	16 230 666	11 421 063	70.37

2.1.1.3　梅花sRNA分类注释

为使每个unique sRNA得到唯一注释，按照rRNA etc（rRNA、siRNA、snoRNA、snRNA、tRNA）＞已知miRNA＞重复序列＞外显子＞内含子的顺序，将sRNA与Genbank和Rfam数据库比对（Genbank＞Rfam顺序）。结果显示，sRNA数量最少的是snRNA和snoRNA，这2类sRNA在4个文库中被检测数量占0.03%～0.16%；未被注释sRNA数量最多，在PmEcD文库中达到63.82%；在4个文库中已知miRNA数量均为12%左右。

2.1.1.4　梅花保守miRNA鉴定与分析

由于同一序列在梅花基因组上具有多基因位点，从4个梅花sRNA文库中筛选得到92条保守miRNA unique序列，对应梅花157个保守miRNA。保守miRNA在4个文库分别为145（PmEcD）、146（PmDR）、139（PmB）和127（PmF）个，属于50个miRNA家族，其中不同家族间unique序列个数及miRNA成员数均不同。在miR482和miR525家族分别检测到6条miRNA unique序列，有7个成员；miR399家族检测到5条miRNA unique序列，有9个成员；miR156、miR169和miR171家族均检测到4条miRNA unique序列，分别有12、16和8个成员；33个miRNA家族仅检测到1条unique序列，其中28个家族（miR1310、miR162、miR166、miR168、miR2118、miR2619、miR319、miR391、miR398、miR403、miR408、miR4376、mi473、miR477、miR479、miR5083、miR5225、miR530、miR5658、miR6113、miR6270、miR6273、miR6182、miR6295、miR7122、miR827、miR828和miR858）仅含有1个成员，说明这些miRNAs家族可能在梅花基因组中高度保守（图5-2）。

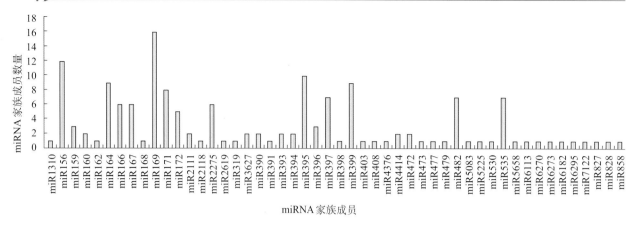

图 5-2　保守 miRNA 家族成员统计

2.1.1.5　梅花新 miRNA 鉴定与分析

在梅花基因组上发现 69 条 miRNA* 序列，其中 PmEcD 文库 40 条，PmDR 文库 47 条，PmB 文库 40 条，PmF 文库 30 条，4 个 sRNA 文库中有 13 条共有 miRNA* 序列，其他为某 1 个或几个文库的特有序列。miRNA* 中表达量最高的为 Pmu-miRn13，其次为 Pmu-miRn4、Pmu-miRn12、Pmu-miRn24、Pmu-miRn43、Pmu-miRn44 和 Pmu-miRn60，在 sRNA 文库中被检测到的总读长均大于 2 000 条。

2.1.1.6　梅花 miRNA 表达差异分析

在 PmEcD 与 PmDR 文库间（梅花花芽休眠解除过程），有 16 条保守 miRNA 序列和 21 条 miRNA* 序列表达差异极显著（表 5-3）。其中，6 个 miRNA 序列（miR1310、miR160 a～b、miR169 l～p、miR395 a～f、miR395 g～i、miR399 a）在花芽解除休眠恢复生长阶段表达量显著上调，其他 10 条序列显著下调，有 6 条 miRNA 序列 fold-change 绝对值在 10 左右（miR1310、miR2275 c～d、miR472 b、miR482 e、miR5225、miR535 g）；21 条 miRNA* 序列中，13 个 miRNA 序列（Pmu-miRn1 a～d、Pmu-miRn20、Pmu-miRn21、Pmu-miRn22、Pmu-miRn30、Pmu-miRn32、Pmu-miRn34、Pmu-miRn39、Pmu-miRn40、Pmu-miRn49、Pmu-miRn50、Pmu-miRn56、Pmu-miRn65）在花芽解除休眠恢复生长阶段表达量显著上调，其他 8 条序列显著下调，8 条 miRNA 序列 fold-change 绝对值在 10 左右（Pmu-miRn1 a～d、Pmu-miRn2 a～c、Pmu-miRn22、Pmu-miRn29、Pmu-miRn34、Pmu-miRn50、Pmu-miRn61、Pmu-miRn65）。这些 miRNA 在花芽休眠及解除休眠恢复生长 2 个不同阶段存在表达特异性，表明其可能特异性调控梅花花芽生态休眠或休眠解除恢复生长的生理活性。

表 5-3　梅花花芽生态休眠解除过程 miRNA 表达差异分析

miRNA	miRNA 序列（5′-3′）	倍数 (PmDR/PmEcD)	P 值 (PmDR/PmEcD)	显著性差异 (PmDR/PmEcD)	调控
miR1310	AGAGGCATCGGGGGCGCAACGC	10.37	0.00	**	↑
miR160 a~b	TGCCTGGCTCCCTGTATGCCA	2.01	0.00	**	↑
miR164 f	TGGAGAAGCAGGGCACGTGCT	−2.36	0.00	**	↓
miR169 l~p	TAGCCAAGGATGACTTGCCTG	2.51	0.00	**	↑
miR2275 a~b	TTTAGTTTCCTCCAATATCTCA	−1.59	0.00	**	↓
miR2275 c~d	TTTAGTTTCCTCCAATATCTCA	−11.05	0.00	**	↓
miR395 a~f	CTGAAGTGTTTGGGGGAACTC	2.63	0.00	**	↑
miR395 g~i	CTGAAGTGTTTGGGGGGACCC	3.22	0.00	**	↑

（续）

miRNA	miRNA 序列（5′ -3′）	倍数 （PmDR/PmEcD）	P值 （PmDR/PmEcD）	显著性差异 （PmDR/PmEcD）	调控
miR398	GGAGTGATGCTGAGAACACAAG	−2.84	0.00	**	↓
miR399 a	TGCCAAAGGAGATTTGCTCGG	1.60	0.00	**	↑
miR4376	ACGCAGGAGAGATGGCGCCGT	−1.48	0.00	**	↓
miR4414 b	TGTGAATGAAGCGGGAGACAAAT	−1.94	0.00	**	↓
miR472 b	TCTTTCCCAATCCACCCATGCC	−10.14	0.00	**	↓
miR482 e	TTGCCAACCCCGCCCATTCCAA	−12.00	0.00	**	↓
miR5225	TCTGTCGTAGGAGAGATGGAGC	−12.16	0.00	**	↓
miR535 g	TTTGACAACGAGAGAGAGCAC	−13.91	0.00	**	↓
Pmu-miRn1 a~d	TGCGCACGTAAAGGACAAGAC	10.53	0.00	**	↑
Pmu-miRn2 a~c	TAGAGAGGTGGTACACAATGT	−9.67	0.00	**	↓
Pmu-miRn7	AGAATTGGTGGGGACTAAACA	−2.15	0.00	**	↓
Pmu-miRn16	TCCCCGGCAACGGCGCCAAAAA	−4.23	0.00	**	↓
Pmu-miRn20	CATCTTGTAGAGAAGGTTCATT	2.26	0.00	**	↑
Pmu-miRn21	TGTGAATGAAGCGGGAGACAAAT	8.12	0.00	**	↑
Pmu-miRn22	TTCCACAGCTTTCTTGAACTG	9.24	0.00	**	↑
Pmu-miRn29	TATGTGGTAACTCGTTCAAGCC	−9.01	0.00	**	↓
Pmu-miRn30	ATGTCTATGCCAACCCCGGGAAG	6.77	0.00	**	↑
Pmu-miRn32	TCGTTTTTCTGCAGATTCCGGC	7.06	0.00	**	↑
Pmu-miRn34	CAATAATAACGTGCGGACATC	9.21	0.00	**	↑
Pmu-miRn39	TCCAGGACAAACGAATCAGGTT	−7.05	0.00	**	↑
Pmu-miRn40	GGGCGGAACTAGGTAGAGGGCTA	8.35	0.00	**	↑
Pmu-miRn48	TTTTTTTACAAATAGGTCGTCTA	−6.91	P值	**	↓
Pmu-miRn49	GCCCGTCTAGCTCAGTTGGTA	8.35	0.00	**	↑
Pmu-miRn50	TTCCACAGCTTTCTTGAACGT	9.27	0.00	**	↑
Pmu-miRn52	TATTGGCCGGAATAACAAAAA	−7.59	0.00	**	↓
Pmu-miRn56	TCTGGTGTATCTCTAATTCGA	6.92	0.00	**	↑
Pmu-miRn61	TGTGGTAACTCGTTCAAGCCTT	−9.01	0.00	**	↓
Pmu-miRn65	TTTGGTGCTAGAGTTGATGTT	12.48	0.00	**	↑
Pmu-miRn66	AAGGGGACTGATATATATATATA	−7.49	0.00	**	↓

在PmB与PmF文库间（梅花花朵开放过程），有14条保守miRNA序列和10条miRNA*序列表达差异极显著（表5-4）。保守miRNA中，仅有miR156 e～f在盛花期花朵中表达量显著上调，其他均下调表达，fold-change绝对值均在1～2，miR156 a～d表达量最高，miR4414b表达量最低。miRNA*中，Pmu-miRn65和Pmu-miRn66在盛花期花朵中表达量显著上调，其他均下调表达，Pmu-miRn21和Pmu-miRn64的fold-change绝对值在2左右，其他均在10左右。

表5-4　梅花花朵开放过程中miRNA表达差异分析

miRNA	miRNA 序列（5'-3'）	倍数（PmF/PmB）	P值（PmF/PmB）	显著性差异（PmF/PmB）	调控
miR156 a~d	TTGACAGAAGATAGAGAGCAC	−2.59	0.00	**	↓
miR156 e~f	TTGACAGAAGAGAGAGAGCAC	1.10	0.00	**	↑
miR156l	CTGACAGAAGATAGAGAGCAC	−1.42	0.00	**	↓
miR164 a~e	TGGAGAAGCAGGGCACGTGCA	−1.35	0.00	**	↓
miR167 a	TGAAGCTGCCAGCATGATCTTA	−2.25	0.00	**	↓
miR167 b~e	TGAAGCTGCCAGCATGATCTA	−1.71	0.00	**	↓
miR167 f	TGAAGCTGCCAGCATGATCTGA	−2.40	0.00	**	↓
miR169 a~f	CAGCCAAGGATGACTTGCCGG	−1.73	0.00	**	↓
miR171 a~e	TGATTGAGCCGTGCCAATATC	−1.08	0.00	**	↓
miR172 e	GGAATCTTGATGATGCTGCAG	−1.35	0.00	**	↓
miR4414 b	TGTGAATGAAGCGGGAGACAAAT	−1.96	0.00	**	↓
miR472 a	TCTTTCCCAATCCACCCATGCC	−1.01	0.00	**	↓
miR827	TTAGATGACCATCAACAAACA	−1.95	0.00	**	↓
miR828	TCTTGCTCAAATGAGTATTCCA	−1.50	0.00	**	↓
Pmu-miRn4 a~b	TTTCATGGGTTTAGAAGGACT	−13.62	0.00	**	↓
Pmu-miRn6	GCTCATTTATTGTGATCGTCT	−14.21	0.00	**	↓
Pmu-miRn16	TCCCCGGCAACGGCGCCAAAAA	−10.63	0.00	**	↓
Pmu-miRn18	TCCACGAAGGGTGCAGATGAA	−10.17	0.00	**	↓
Pmu-miRn19	TGTGAATGAAGCGGGAGATAT	−8.90	0.00	**	↓
Pmu-miRn21	TGTGAATGAAGCGGGAGACAAAT	−1.67	0.00	**	↓
Pmu-miRn22	TTCCACAGCTTTCTTGAACTG	−12.35	0.00	**	↓
Pmu-miRn64	AAGATTAGAAGTATGTAACCA	−2.15	0.00	**	↓
Pmu-miRn65	TTTGGTGCTAGAGTTGATGTT	12.12	0.00	**	↑
Pmu-miRn66	ACGGTAGATGCATGTTTCCTA	6.95	0.00	**	↑

2.1.1.7　梅花miRNA靶基因预测及功能分析

20个保守miRNA对应80个靶基因，28个miRNA*家族对应56个靶基因，每个miRNA的靶基因个数为1～15，通过GO功能分析对潜在功能进行注释。梅花miRNA及其潜在靶基因与其他大多数植物保守miRNA类似，主要是花发育、组织形成和外界环境胁迫应答等方面发挥作用的转录因子和功能蛋白等（表5-5）。梅花miRNA*预测的靶基因功能广泛，包括转录因子 *GRAS/HAM*（Pmu-miRn2、Pmu-miRn35和miR6273）和 *ARF*（Pmu-miRn5、Pmu-miRn16和miR6295）、抗病相关蛋白激酶（Pmu-miRn5、Pmu-miRn22、Pmu-miRn36、Pmu-miRn37、Pmu-miRn42和Pmu-miRn44）、自交不亲和育性相关基因（Pmu-miRn2、Pmu-miRn45、Pmu-miRn51和Pmu-miRn61）、代谢相关 β-葡萄糖苷酶（Pmu-miRn43）、酰基转移酶（Pmu-miRn47和miR477 b）、α-1,4 葡聚糖磷酸化酶L同工酶和丙酮酸脱氢酶E1（miR6270）等，可能在梅花花芽休眠及恢复生长、花朵开放过程中，与相应的miRNA一起发挥重要调控作用。

表5-5　梅花miRNA靶基因预测分析

miRNA家族	靶基因	功　　能
miR156	Pm030597	Squamosa Promoter-binding like factors
	Pm002693	Squamosa Promoter-binding like factors
	Pm002694	Squamosa Promoter-binding like factors
	Pm024528	Squamosa Promoter-binding like factors
	Pm016138	Squamosa Promoter-binding like factors
	Pm007020	Squamosa Promoter-binding like factors
	Pm007035	Squamosa Promoter-binding like factors
	Pm017778	Squamosa Promoter-binding like factors
	Pm025985	Squamosa Promoter-binding like factors
	Pm025028	Squamosa Promoter-binding like factors
miR159	Pm015094	MYB transcription factors
	Pm019530	MYB transcription factors
	Pm011811	MYB transcription factors
	Pm011812	MYB transcription factors
	Pm016605	MYB transcription factors
	Pm031387	MYB transcription factors
miR162	Pm015207	Peroxisome biogenesis protein
miR164	Pm011234	NAC domain class transcription factor
	Pm011397	NAC domain class transcription factor
	Pm024887	NAC domain class transcription factor
miR166	Pm013438	HD-ZipⅢtranscription factors
	Pm005163	HD-ZipⅢtranscription factors
	Pm001037	HD-ZipⅢtranscription factors
	Pm010515	HD-ZipⅢtranscription factors
miR167	Pm010467	Auxin Response factors
miR168	Pm025247	Auxin Response factors
	Pm025248	Auxin Response factors
miR171	Pm023512	GRAS/SCL transcription factor
	Pm017821	GRAS/SCL transcription factor
miR172	Pm018608	AP2 domain class transcription factor
	Pm030172	AP2 domain class transcription factor
	Pm000974	AP2 domain class transcription factor
	Pm002492	AP2 domain class transcription factor
miR2275	Pm028691	Dynamin-related protein
miR390	Pm010180	LRR receptor-like protein kinase
	Pm028633	LRR receptor-like protein kinase

（续）

miRNA 家族	靶基因	功　　能
	Pm019358	LRR receptor-like protein kinase
miR393	*Pm016102*	Transport inhibitor response protein ,TIR
	Pm019952	Transport inhibitor response protein ,TIR
miR395	*Pm009220*	ATP sulfurylase
	Pm001930	Sulfate transporter 2.1-like
miR399	*Pm001926*	L-ascorbate oxidase-like
miR403	*Pm030568*	Translin-associated protein X-like
miR408	*Pm010562*	Kinase-like protein
miR472	*Pm001352*	Proteinaceous RNase P 3-like
miR482	*Pm023112*	NBS-LRR resistance protein
	Pm015431	FIRII kinase-like protein
	Pm016782	Disease resistance RPP13-like protein
	Pm016802	NBS-LRR resistance protein
	Pm016807	Disease resistance protein
	Pm004077	NBS-LRR resistance protein
	Pm030434	NBS-LRR resistance protein
	Pm002795	UDP-glucuronic acid decarboxylase 1-like
	Pm004162	NBS-containing resistance-like protein
	Pm004165	NBS-containing resistance-like protein
	Pm029947	Disease resistance RPP13-like protein
	Pm029952	Disease resistance RPP13-like protein
	Pm030027	Disease resistance RPP13-like protein
	Pm031145	Disease resistance RPP13-like protein
	Pm010720	S-RNase gene for ribonuclease S1
miR6113	*Pm016949*	NBS-LRR-like protein gene
	Pm020727	NBS-LRR-like protein gene
	Pm020730	NBS-LRR-like protein gene
	Pm020731	NBS-LRR-like protein gene
	Pm000824	HD domain class transcription factor
	Pm000825	NBS-LRR-like protein gene
	Pm017663	NBS-containing resistance-like protein gene
	Pm029921	TIR-NBS-LRR resistance-like
	Pm017786	NBS-LRR-like protein gene
	Pm017787	NBS-LRR-like protein gene
	Pm017788	NBS-LRR-like protein gene
	Pm017793	NBS-LRR-like protein gene

（续）

（续）

miRNA 家族	靶基因	功　　能
	Pm017672	HD domain class transcription factor
	Pm017673	HD domain class transcription factor
	Pm017676	HD domain class transcription factor
miR828	*Pm013277*	MYB transcription factors
	Pm023419	MYB transcription factors
	Pm020104	MYB transcription factors
	Pm006678	MYB transcription factors
	Pm025227	Plastid division protein CDP1，chloroplastic-like
	Pm024725	MYB transcription factors
Pmu-miRn2	*Pm010720*	S-RNase gene for ribonuclease S1
	Pm023512	GRAS/HAM family transcription factor
	Pm017821	GRAS/HAM family transcription factor
	Pm012993	NAC domain protein
	Pm010619	Protein CHUP1，chloroplastic-like
Pmu-miRn5	*Pm019126*	Auxin response factor
	Pm001159	Hyccin-like
	Pm001620	Hyccin-like
	Pm027494	Serine/threonine protein kinase
Pmu-miRn11	*Pm030622*	Magnesium transporter MRS2-5-like
	Pm011273	Methionine sulfoxide reductase B1，chloroplasttic-like
	Pm006356	UPF0392 protein
Pmu-miRn16	*Pm019126*	Auxin response factor
	Pm018533	Auxin response factor
	Pm030120	Auxin response factor
	Pm031275	Auxin response factor
Pmu-miRn22	*Pm028186*	Serine/threonine-protein kinase RLK1-like
Pmu-miRn28	*Pm000533*	50S ribosomal protein，chloroplastic-like
Pmu-miRn35	*Pm023512*	GRAS/HAM family transcription factor
	Pm017821	GRAS/HAM family transcription factor
Pmu-miRn36	*Pm019477*	LRR receptor-like serine/threonine-protein kinase
Pmu-miRn37	*Pm019799*	Serine/threonine-protein phosphatase 7-like
	Pm026966	Serine/threonine-protein phosphatase 7-like
	Pm030270	Serine/threonine-protein phosphatase 7-like
Pmu-miRn38	*Pm015115*	Cellulose synthase-like protein H1-like
	Pm014159	Targeting protein for Xenopus kinesin-like protein2,TPX2
Pmu-miRn42	*Pm011078*	Cysteine-rich receptor-like protein kinase

（续）

miRNA 家族	靶基因	功　能
	Pm027417	G-type lectin S-receptor-like serine/threonine-protein kinase
	Pm030995	Uridine 5′-monophosphate synthase-like
	Pm020521	LRR receptor-like serine/threonine-protein kinase
	Pm020522	LRR receptor-like serine/threonine-protein kinase
	Pm020524	LRR receptor-like serine/threonine-protein kinase
	Pm020526	LRR receptor-like serine/threonine-protein kinase
	Pm020527	LRR receptor-like serine/threonine-protein kinase
	Pm020528	LRR receptor-like serine/threonine-protein kinase
Pmu-miRn43	*Pm015111*	Aspartic proteinase A1-like
	Pm001595	Beta glucosidase-like
Pmu-miRn44	*Pm029235*	Transcription factor KAN2-like
	Pm021442	NBS-LRR-like protein gene
	Pm021446	NBS-LRR-like protein gene
Pmu-miRn45	*Pm011229*	S haplotype-specific F-box protein
Pmu-miRn47	*Pm003459*	Acyltransferase-like protein
	Pm019274	Inorganic phosphate transporter 1-1-like
Pmu-miRn48	*Pm015802*	ABC transporter B family member 15-like
Pmu-miRn49	*Pm013460*	Calmodulin-interacting protein 111-like
Pmu-miRn50	*Pm003616*	Leucine-rich repeat receptor-like protein kinase PXL1-like
Pmu-miRn51	*Pm010720*	S-RNase gene for ribonuclease S1
Pmu-miRn54	*Pm016782*	Disease resistance RPP13-like protein 1
	Pm016677	Nucleotide binding site leucine-rich repeat disease resistance protein
Pmu-miRn55	*Pm017688*	Receptor-like protein 12-like
	Pm025056	Inactive receptor kinase
	Pm003787	Cleavage and polyadenylation specificity factor subunit 3-I-like
	Pm003788	Cleavage and polyadenylation specificity factor subunit 3-I-like
	Pm003789	Ceavage and polyadenylation specificity factor subunit 3-I-like
Pmu-miRn60	*Pm028197*	Peptide/nitrate transporter
Pmu-miRn61	*Pm001509*	S-haplotype specific F-box protein
	Pm022583	Translation initiation factor mRNA
Pmu-miRn64	*Pm028197*	Peptide transporter PTR1
	Pm013687	U-box domain-containing protein
miR477 b	*Pm003459*	Acyltransferase-like protein
	Pm019274	Inorganic phosphate transporter 1-1-like
miR6270	*Pm015996*	Alpha-1 4 glucan phosphorylase L isozyme，chloroplastic/amyloplastic-like
	Pm026759	DNA-(apurinic or apyrimidinic site) lyase 2-like

miRNA家族	靶基因	功　　能
	Pm006352	Pyruvate dehydrogenase E1 component subunit alpha-1，mitochondrial-like
miR6273	*Pm023512*	GRAS/HAM family transcription factor
	Pm017821	GRAS/HAM family transcription factor
miR6295	*Pm019126*	Auxin response factor
	Pm018533	Auxin response factor
	Pm030120	Auxin response factor
	Pm031275	Auxin response factor

2.1.2　梅花花发育miRNA表达分析

2.1.2.1　梅花花芽分化过程中miRNA及其靶基因表达分析

利用qRT-PCR技术分析梅花6个miRNA及其部分靶基因在花芽6个分化时期的动态表达模式，结果显示，miR156 a的表达随萼片、花瓣、雄蕊发育而逐渐升高，但在雌蕊原基出现之后表达量明显下降，其鉴定的4个靶基因分别呈现不同的表达水平，*Pm030597*表达量逐渐下降，*Pm002693*、*Pm002694*和*Pm024528*表达量逐渐升高，但是相对表达水平不同；miR167 a在萼片和花瓣原基出现时表达量较低，随雄蕊和雌蕊发育表达量升高，其靶基因*Pm010467*保持低水平表达；miR172 a在花瓣原基出现时表达量最低，雄蕊原基出现时逐渐升高，其靶基因*Pm018608*表达量与miR172 a表达模式呈相反趋势，在花瓣原基出现时表达量较高；miR319在萼片和花瓣分化早期表达量较高，随着雄蕊原基出现，其表达量下降，在雌蕊开始分化时表达量又逐渐上升；miR4376在萼片、花瓣、雄蕊原基出现阶段表达量较高，在雌蕊原基出现后表达量急剧下降；Pmu-miRn16在花瓣原基出现阶段表达量较高，在雄蕊原基出现时开始下降，在雌蕊发育阶段表达量较低（图5-3）。

2.1.2.2　梅花花芽休眠及恢复生长过程中miRNA表达分析

利用qRT-PCR技术分析梅花14个miRNA及其部分靶基因在花芽4个休眠时期的动态表达模式，结果显示，4个miRNA（miR156 a、miR393 a、Pmu-miRn43和Pmu-miRn45）的表达量随休眠进程加深呈下降趋势，其中miR156 a下降幅度较小，miR393 a、Pmu-miRn43和Pmu-miRn45在花芽休眠前表达量较高，生理休眠阶段表达量突然下降；8个miRNAs（miR171 a、miR172 a、miR1310、miR2275 a、miR398、miR408、Pmu-miRn16和miR6295）的表达量随休眠进程加深呈先升后降趋势，其中，miR1310、miR171 a、miR172 a、miR408和miR6295在生理休眠阶段达到最大值，miR2275 a、miR398和Pmu-miRn16在生态休眠阶段达到最大值；miR393 b和miR160 a表达量随休眠进程加深呈先降后升趋势，miR393 b在生理休眠阶段表达量最低，miR160 a在生态休眠阶段表达量最低，均在休眠解除时表达量最高（图5-4）。

利用qRT-PCR技术分析梅花8个mRNA在花芽4个休眠时期的动态表达模式，结果显示，同一miRNA家族的靶基因呈现不同表达模式：miR156家族的4个靶基因呈现4种不同的表达趋势，*Pm030597*基因表达量在生理休眠阶段有小幅上升，但在生态休眠阶段迅速下降，随后在休眠解除后表达量又开始上升；*Pm002694*和*Pm0240528*基因的表达量在生理休眠—生态休眠—休眠解除阶段，先迅速下降后开始上升；*Pm002693*基因的表达量随休眠程度的加深逐渐升高，在生态休眠阶段达到最大，随后在休眠解除时开始下降。miR393家族的2个靶基因也呈现不同表达趋势，*Pm016102*基因的表达量从花芽休眠之前到休眠解除过程中逐渐上升，在恢复生长时表达量最高；而*Pm019952*基因在生理休眠时下降到最低，生态休眠时开始上升，休眠解除后继续上升。miR393 a与*Pm016102*、miR393 b与*Pm019952*表达趋势相反（图5-4）。

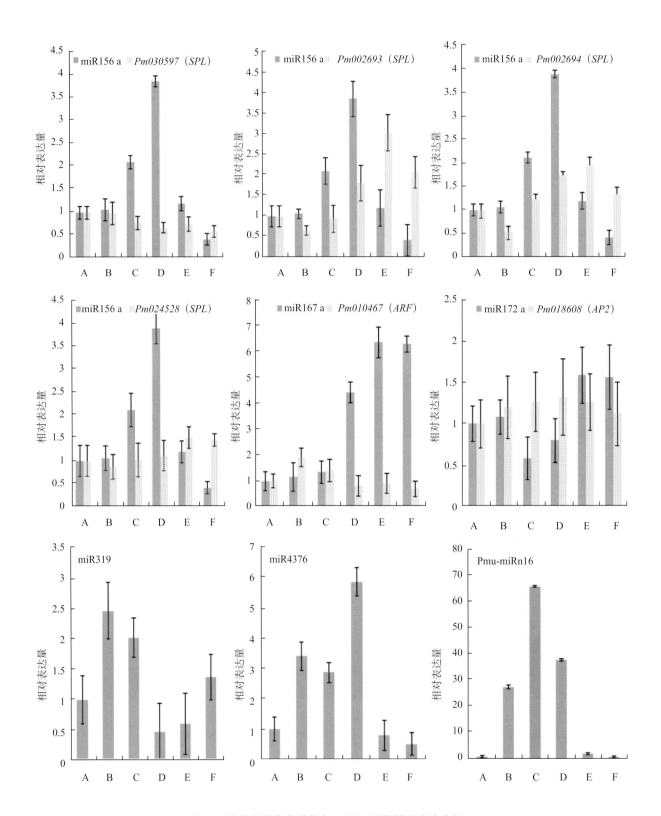

图5-3　梅花花芽分化过程中miRNA及靶基因表达分析
（A代表分化初期；B代表萼片分化期；C代表花瓣分化期；D代表雄蕊分化期；E代表雌蕊分化期；F代表雌蕊伸长期）

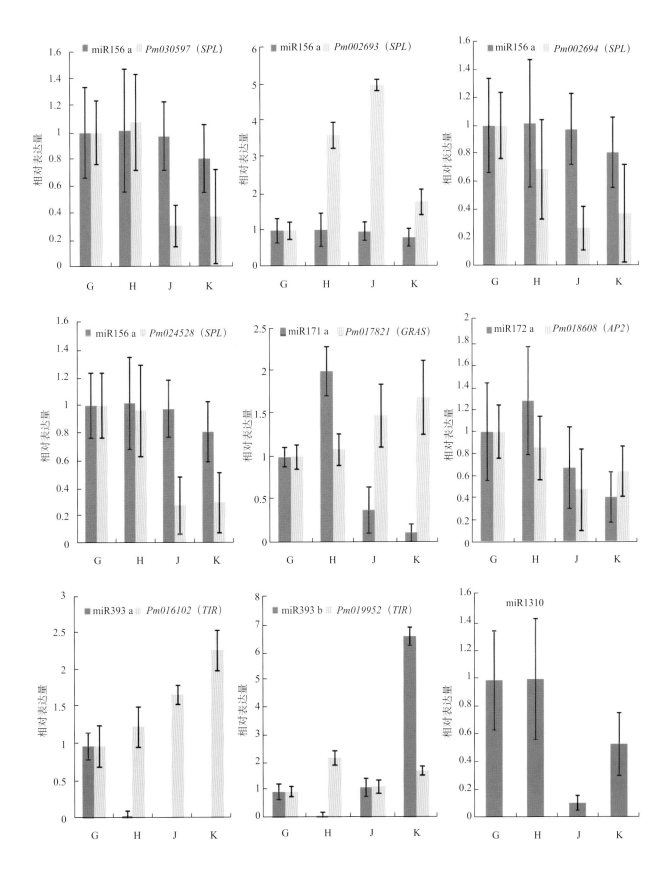

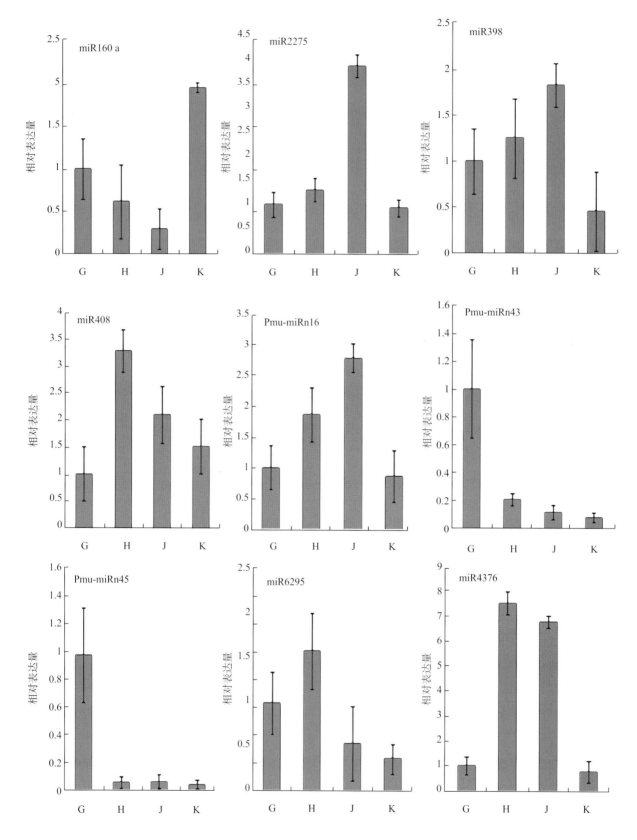

图 5-4　梅花花芽休眠及恢复生长过程中 miRNA 及靶基因表达分析
（G 代表休眠前期花芽；H 代表生理休眠期花芽；J 代表深度生态休眠期花芽；K 代表休眠解除恢复生长期花芽）

2.2 梅花休眠相关 *DELLA* 基因克隆与功能分析

2.2.1 梅花花芽休眠期激素变化分析

2.2.1.1 梅花不同品种萌芽率分析

梅花3个品种'长蕊绿萼''粉红朱砂'和'明晓丰后'在不同低温积温时萌芽率分析结果表明，'长蕊绿萼'和'粉红朱砂'在12月4日的萌芽率分别为66.40%和51.54%，均已超过50%，'明晓丰后'在1月4日时萌芽率（57.43%）超过50%，需冷量得到满足，'长蕊绿萼''粉红朱砂'和'明晓丰后'的萌芽率基本上是随着低温的时间延长而增加（表5-6）。

表5-6　梅花自然休眠期萌芽率统计分析

品种	萌芽率（%）								
	11/14	11/24	12/4	12/14	12/24	1/4	1/14	1/24	2/4
'长蕊绿萼'	0.00	15.47	66.40	70.23	76.36	—	—	—	—
'粉红朱砂'	0.00	3.31	51.54	60.52	65.80	—	—	—	—
'明晓丰后'	0.00	0.00	0.00	0.00	3.45	57.43	68.92	70.02	70.52

注："—"代表休眠已经解除。

2.2.1.2 梅花赤霉素处理芽内休眠解除分析

利用外源赤霉素处理梅花枝条，检测梅花赤霉素处理芽内休眠解除效果，结果表明，GA_3 处理不能显著促进'粉红朱砂'解除休眠。11月24日的处理结果显示，2个浓度 GA_3 处理并没有使'粉红朱砂'萌芽率达到50%，没有促使'粉红朱砂'完全解除休眠，但是2个浓度 GA_3 处理分别使处理组萌芽率比对照组提高25%和32%，'粉红朱砂'的处理组和对照组在12月4日，萌芽率均超过50%，自然休眠解除。GA_3 处理能显著促进'明晓丰后'休眠解除。12月4日，50 mg/L GA_3 处理促使'明晓丰后'萌芽率超过50%，即解除休眠。这个时间比自然休眠解除时间（1月4日）早31 d，且50 mg/L GA_3 处理要比100 mg/L GA_3 处理萌芽率高16%～19%，'明晓丰后'的对照组在1月4日，萌芽率超过50%，自然休眠解除（表5-7）。

表5-7　GA_3 处理对梅花萌芽率的影响

品种	GA_3 处理 (mg/L)	萌芽率（%）					
		11/14	11/24	12/4	12/24	1/4	2/4
'粉红朱砂'	50	0.00	28.31A	60.31A	—	—	—
	100	0.00	35.42B	69.24A	—	—	—
	CK	0.00	3.31C	51.54B	—	—	—
'明晓丰后'	50	0.00	0.00	51.22A	58.43A	61.41A	—
	100	0.00	0.00	32.36B	52.54A	55.32B	—
	CK	0.00	0.00	0.00C	3.45B	57.43B	—

注："—"代表休眠已经解除。不同大写字母代表差异极显著（$P<0.01$）。

2.2.2 梅花GARS基因家族分析

2.2.2.1 梅花GRAS基因家族鉴定与分析

利用2种方法对梅花的基因组进行检索，共获得46个GRAS基因家族成员，均具备GRAS基因家族

5个保守结构域：LHR I、LHR II、VHIID、PFYRE和SAW（图5-5），按照在染色体上的位置依次命名为 *PmGRAS1-46*，并进行蛋白序列的理化性质预测、基因结构分析、多序列比对和特定亚家族的关键氨基酸或结构域鉴定。

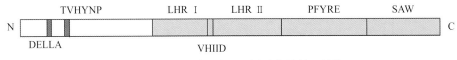

图5-5　GRAS基因家族关键结构域特征结构

46条基因的编码氨基酸序列长度（392～849 aa）、分子量（43～92ku）和等电点（4.68～8.95）存在差异。氨基酸疏水指数表明，91% GRAS基因为负值，9%接近0，推测46条梅花GRAS基因全部属于亲水蛋白，这与拟南芥GRAS家族分析结果相似（Song et al., 2014）。

进行梅花GRAS家族基因结构分析，结果显示，梅花GRAS基因家族仅有8个基因含有内含子，其中7个基因各有1个内含子，1个基因（*PmGRAS38*）有7个内含子，这与拟南芥中所有GRAS基因均不含内含子的结果不同（Song et al., 2014）（图5-6）。

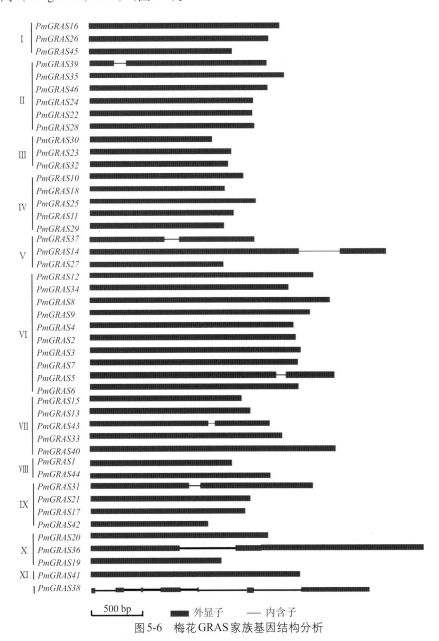

图5-6　梅花GRAS家族基因结构分析

2.2.2.2 梅花GRAS家族比较基因组分析

对12个已发表的GRAS基因家族进行进化历程和基因家族扩张分析，结果表明，梅花中GRAS基因数量（46）与可可树相同，多于拟南芥（33）、黄瓜（37）、番木瓜（42）和葡萄（43），少于苹果（127）、毛果杨（102）、苜蓿（75）、香蕉（73）、水稻（60）、番茄（54）和白菜（48）。梅花基因组大于番木瓜、黄瓜、苜蓿和拟南芥，小于其他8个物种。比较分析13个物种GRAS基因数量与基因组大小，发现GRAS家族基因数量与基因组大小、物种进化进程、木本或者草本没有直接关系。在木本植物中，苹果GRAS基因数量最多，可能与苹果基因组经历1次全基因组复制事件有关（表5-8）。

表5-8　13个物种GRAS家族基因分析

分类	中文名称	物种学名	基因数量
双子叶植物	梅花	*Prunus mume*	46
	苹果	*Malus × domestica*	127
	毛果杨	*Populus trichocarpa*	102
	番木瓜	*Carica papaya*	42
	可可树	*Theobroma cacao*	46
	葡萄	*Vitis vinifera*	43
	黄瓜	*Cucumis sativus*	37
	苜蓿	*Medicago truncatula*	75
	白菜	*Brassica rapa*	48
	拟南芥	*Arabidopsis thaliana*	33
	番茄	*Solanum lycopersicum*	54
单子叶植物	水稻	*Oryza sativa*	60
	香蕉	*Musa acuminata*	73

2.2.2.3 梅花GRAS基因家族系统进化分析

利用拟南芥32条GRAS基因家族成员的氨基酸序列与梅花46条GRAS基因家族基因的氨基酸序列进行重组建树，结果表明，46个梅花GRAS基因蛋白序列分为11组。Ⅰ~Ⅷ组分别对应8个GRAS基因家族的8个亚家族分支，分别是DELLA、SCL3、SCR、Ls、LISCL、PAT1、SHR和HAM；Ⅸ和Ⅹ组为梅花特有的GRAS家族基因；Ⅺ组含有2个基因，分别来自拟南芥和梅花中GRAS基因。Ⅰ组（DELLA亚家族）包含8个成员，3个梅花基因（PmGRAS16，PmGRAS26和PmGRAS45）和5个拟南芥基因（AtGAI、AtRGA、AtRGL1、AtRGL2和AtRGL3）；Ⅱ组（PAT1亚家族）包括6个梅花和拟南芥的GRAS蛋白序列，该亚家族中，拟南芥中的PAT1和SCL13基因分别参与了叶绿素A和B的信号转导（Bolle et al.，2000；Torres-Galea et al.，2006）；Ⅲ组包含3个梅花基因；Ⅳ组（SHR亚家族）包含5个梅花基因，其在拟南芥中同源SHR基因与根系的辐射形态形成与生长密切相关（Helariutta et al.，2000）；Ⅴ组（SCR亚家族）包含了5个梅花基因和2个拟南芥基因，其中，SCR基因位于SHR基因的下游，共同作用促进拟南芥茎细胞生长和根的发生（Lee et al.，2008）；Ⅵ组（LISCL亚家族）包含10个梅花基因和5个拟南芥基因，该家族包含1组6个基因（PmGRAS2-7）的串联重复，LISCL包含2个次级分支，该家族基因在蛋白序列的氨基端有2个亮氨酸残基的富集区域，第1个亮氨酸残基富集区域控制LISCL的转录活性（Morohashi et al.，2003）；Ⅶ组（HAM亚家族）包含5个基因，该家族成员在羧基端缺少RVER结构域（Tian et al.，2004）；Ⅷ组（Ls亚家族）和Ⅺ组，分别包含1个梅花基因和1个拟南芥基因；Ⅸ组和Ⅹ组，分别包含了4个和3个梅花基因（图5-7）。

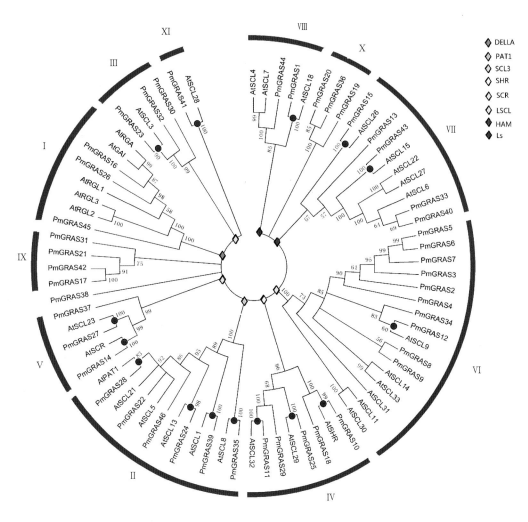

图 5-7 梅花 GRAS 基因家族系统进化树
（红色圆点代表同源基因对）

2.2.2.4 梅花 GRAS 基因家族染色体定位分析

45 个梅花 GRAS 基因被锚定在 8 条染色体上，Chr1 ~ 8 分别包含 14、6、4、7、4、4、3、3 个基因（图 5-8）。基因串联复制事件和片段复制事件分析表明，10 个基因分为 2 组参与了串联复制事件。一组为 *PmGRAS2-9*，8 个基因簇集在 Chr1 上，全部为 LISCL 亚家族基因；另一组为 *PmGRAS19* 和 *PmGRAS20*，位于 Chr2 上，也属于同一亚家族成员。有 40 个基因发生了片段复制事件，其中 30% 和 22% 梅花 GRAS 家族基因扩增分别形成于基因组内片段复制和串联重复事件（图 5-8）。

2.2.2.5 梅花 GRAS 家族基因表达分析

对 46 个 GRAS 基因分别在梅花根、茎、叶、花和果实中的表达进行 RPKM 分析并绘制热图，结果表明，28 个基因在根、茎、叶、花和果实中都有表达，其中 13 个基因（*PmGRAS16*、*PmGRAS26*、*PmGRAS45*、*PmGRAS44*、*PmGRAS27*、*PmGRAS33*、*PmGRAS40*、*PmGRAS23*、*PmGRAS22*、*PmGRAS24*、*PmGRAS35*、*PmGRAS39* 和 *PmGRAS3*）在 5 个器官中高表达（RPKM>200）；半数梅花 GRAS 基因在 5 个器官中特异性表达，其中 11 个、4 个、6 个基因分别在根、叶和茎中高表达。梅花 GRAS 家族基因在不同亚家族中表达模式不同，DELLA 亚家族中，3 个基因均在 5 个器官中高表达，与 PAT1 家族相似；SCL3 亚家族中，1 个基因在 5 个器官中高表达（图 5-9）。

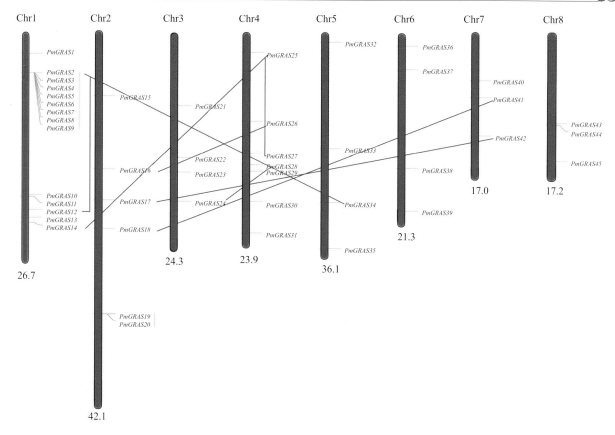

图5-8　梅花GRAS家族基因染色体定位

[染色体下面的数值代表染色体长度（Mb），黄线代表串联重复基因，红线代表片段复制基因]

2.2.3 梅花*PmDELLA*基因功能验证

2.2.3.1 *PmDELLA*基因克隆及进化分析

46个梅花GRAS基因家族基因中，有2个基因（*PmGRAS16*和*PmGRAS26*）是调控GA信号转导的*DELLA*基因。以'三轮玉碟'花的cDNA为模版，设计基因特异性引物，克隆基因全长。结果显示，*PmDELLA1*和*PmDELLA2*开放阅读框分别为1 899 bp和1 791 bp，多重序列比对结果显示这2条基因相似度为64%，与5条拟南芥DELLA蛋白序列相似度为61%～74%。2条基因均含有DELLA蛋白所特有的DELLA结构域和TVHYNP结构域（图 5-10），与前人发表的DELLA蛋白相似（Pysh et al., 1999；Foster et al., 2007）。

利用NCBI上检索的21个物种的41个DELLA蛋白序列构建系统进化树，结果表明，PmDELLA1与苹果MdRGL1和海棠MhGAI1亲缘关系最近，而PmDELLA2与MdRGL2和MhDELLA亲缘关系最近。系统进化树分为4组：Ⅰ组为单子叶组，有5个物种的6个蛋白序列；Ⅱ组和Ⅲ组是双子叶组，PmDELLA1和PmDELLA2分别聚在Ⅱ组和Ⅲ组，PmDELLA1与拟南芥中AtGAI和AtRGA聚在一组，而PmDELLA2与拟南芥中AtRGL1～3聚在一组；Ⅳ组包含苔藓和裸子植物的DELLA基因（图5-11）。

2.2.3.2 梅花*PmDELLA*基因表达模式分析

*PmDELLA*基因在梅花根、茎、叶、种子、花和果实发育过程中的表达量分析结果表明，*PmDELLA1*和*PmDELLA2*在所有组织中均有表达，但表达模式不同。2个基因在茎中均高表达，与转录组数据一致。*PmDELLA1*在种子中高表达，*PmDELLA2*在种子中低表达，推测*PmDELLA1*基因参与赤霉素信号途径控制梅花种子打破休眠并萌发。*PmDELLA1*和*PmDELLA2*基因在花发育的过程中显示了相同的表达模式，均在花发育的第2个时期（花 B）下调，在花发育的第3个时期（花 C）上调；2个基因在果实发育过程

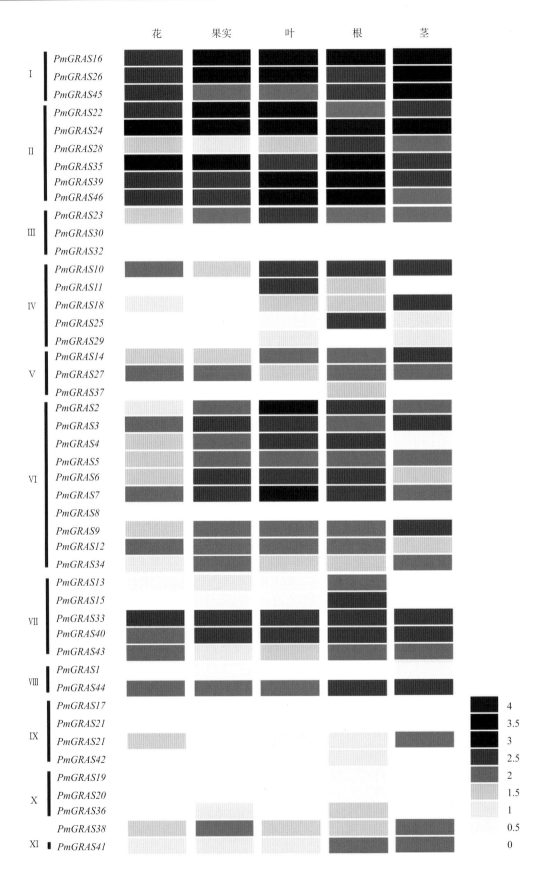

图5-9 梅花GRAS家族基因表达量热图

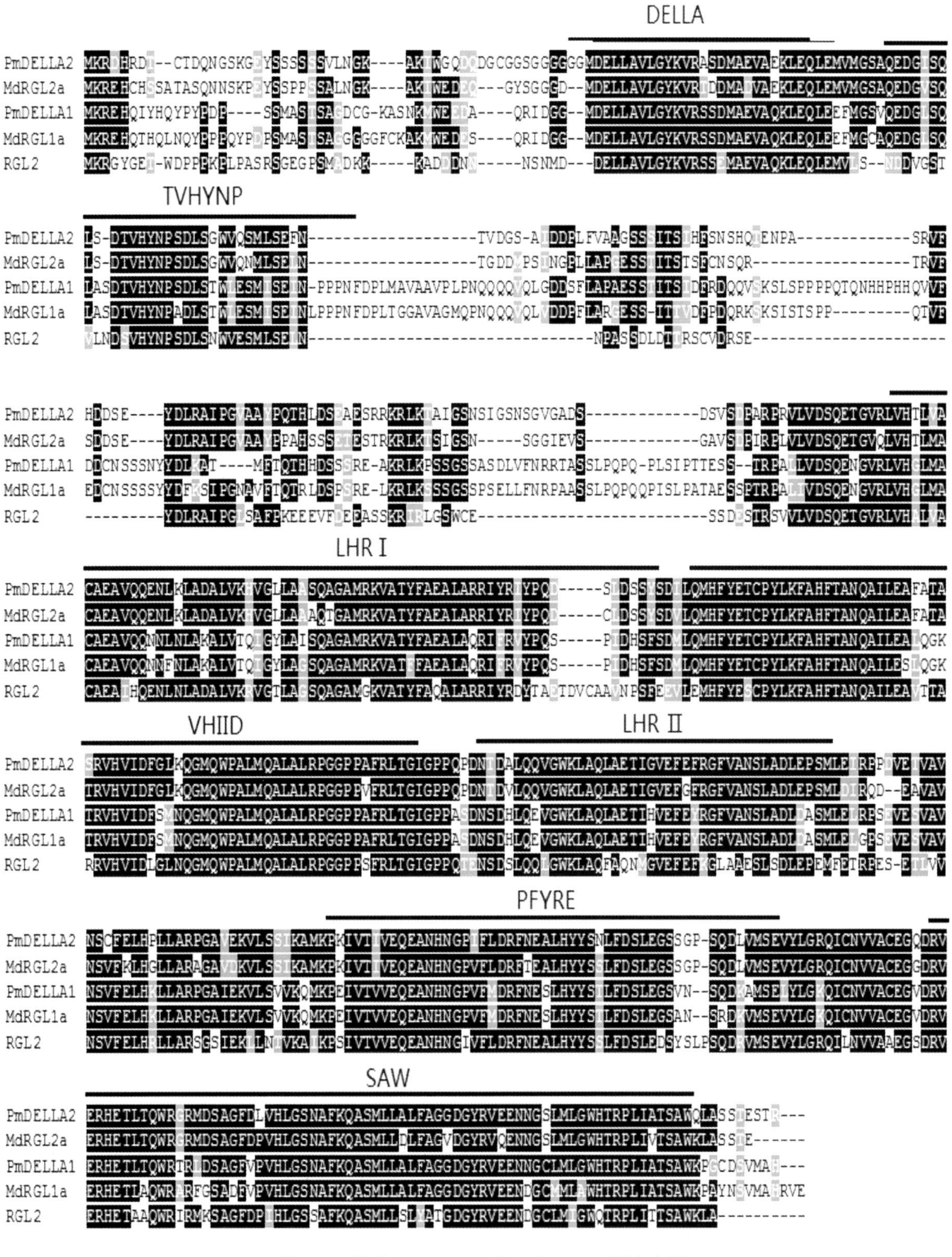

图5-10　梅花PmDELLA1和PmDELLA2蛋白序列

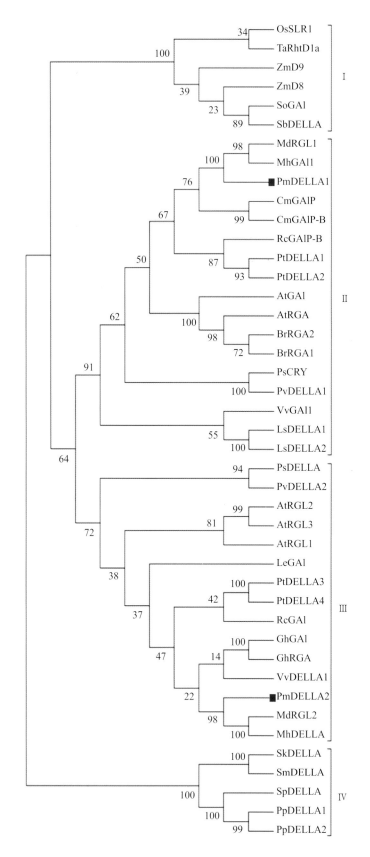

图 5-11　不同物种 DELLA 基因系统进化树

中表达模式不同，在果实发育的3个时期，*PmDELLA1*表达量逐渐升高，*PmDELLA2*表达量逐渐下降（图5-12）。

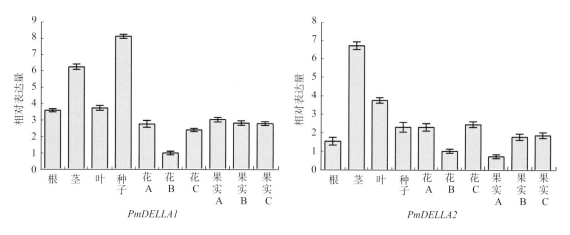

图5-12　*PmDELL1*和*PmDELLA2*基因表达模式分析

2.2.3.3　*PmDELLA*基因转拟南芥表型分析

从转基因*PmDELLA1*和*PmDELLA2* T₃代自交株系中，分别选取4个株系进行株高、叶盘大小和开花率统计结果显示，2个基因的转基因株系与对照相比，在叶盘直径、株高和开花率差异显著，过量表达*PmDELLA1*基因的转基因株系叶盘缩小27%～48%，株高降低43%～56%，开花率下降65%～79%（图5-13 A～C），过量表达*PmDELLA2*基因的转基因株系叶盘缩小43%～64%，株高降低43%～50%，开花率下降58%～89%（图5-13 D～F）。

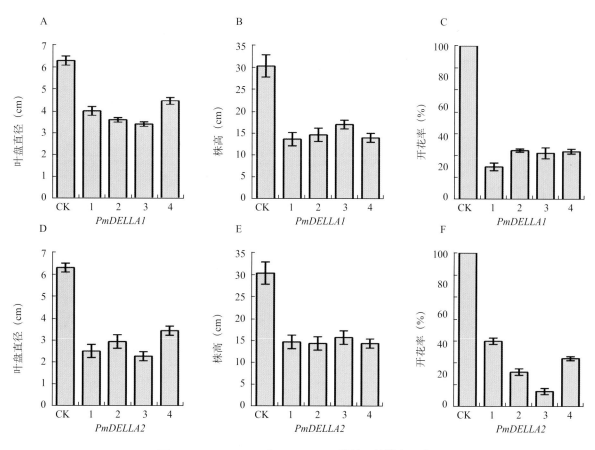

图5-13　*PmDELLA1*和*PmDELLA2*转基因植株表型分析

种子赤霉素响应试验结果显示，对照植株在GA₃培养基上生长，下胚轴比在普通培养基增长23%。转基因*PmDELLA1*株系（4个）在GA₃培养基上生长，下胚轴比在普通培养基增长9%～25%（图5-14 A）；转基因*PmDELLA2*株系（4个）在GA₃培养基上生长，下胚轴比在普通培养基增长10%～15%（图5-14 B）。

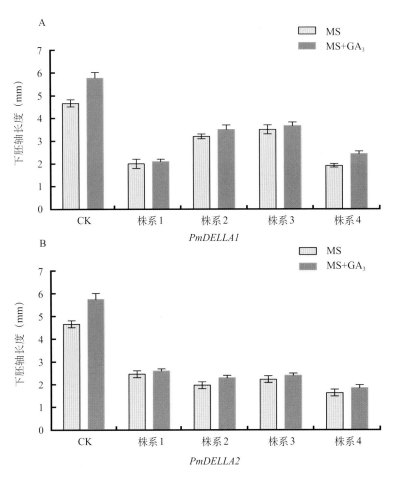

图5-14 转基因*PmDELLA1*和*PmDELLA2*株系下胚轴长度比较

2.3 梅花花器官发育相关MADS-box基因功能分析

2.3.1 梅花花芽分化时期确定

利用石蜡切片法确定3种不同花型梅花花芽分化的时期。单瓣品种'江梅'花芽分化过程分为9个时期（S1～S9）。S1未分化期：腋芽外部形态刚出现3个并生芽，切片显示侧芽（将来会分化成花芽）的顶端生长点为尖圆锥形；S2花原基形成期：3个并生芽区别明显，切片显示花芽顶端生长点变大，变平；S3萼片分化期：在扁平的顶端生长点外周出现凸起的萼片原基；S4花瓣分化期：萼片继续伸长，在萼片内侧形成凸起的花瓣原基；S5雄蕊分化期：产生1轮花瓣后，花瓣内侧产生凸起的雄蕊原基，继续分化出2轮雄蕊原基；S6雌蕊分化期：已经形成的3轮花器官继续伸长，在生长点的中央部位产生凸起的雌蕊原基；S7：萼片和花瓣继续伸长，整个雄蕊伸长变大，雌蕊开始伸长；S8：花芽开始进入休眠状态，萼片和花瓣伸长变缓，但雌、雄蕊继续发育，雄蕊可以明显区分为花药和花丝，花柱伸长，子房开始膨大；S9：萼片和花瓣生长基本停止，花药发育成熟，形成花粉粒，花柱发育成熟，胚珠形成（图5-15）。

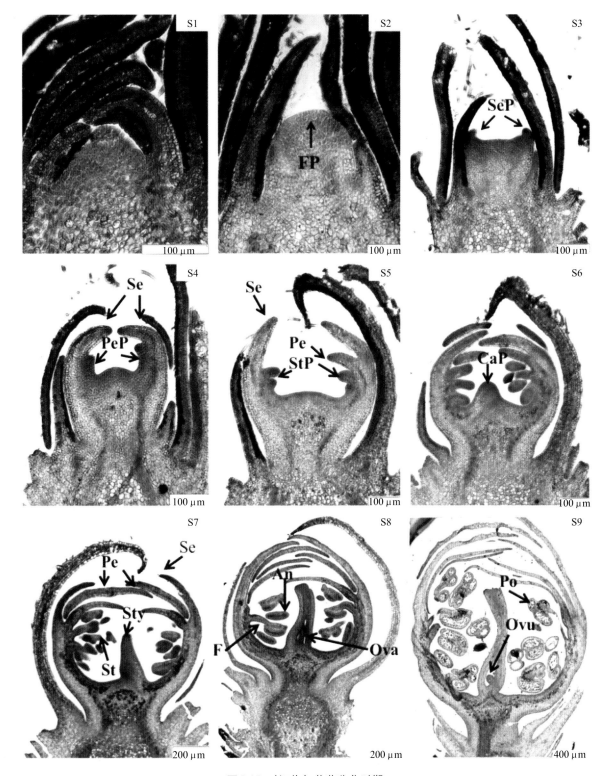

图5-15　'江梅'花芽分化时期

（FP为花原基；SeP为萼片原基；Se为萼片；PeP为花瓣原基；Pe为花瓣；StP为雄蕊原基；St为雄蕊；CaP为雌蕊原基；
Ca为雌蕊；Sty为花柱；An为花药；F为花丝；Ova为子房；Ove为胚珠；Po为花粉）

　　重瓣品种'三轮玉碟'花芽分化过程与'江梅'类似（图5-16）。不同的是'三轮玉碟'内侧有3轮花瓣，花瓣分化时间较长（图5-16 S5～S9）。此外，'三轮玉碟'有2～3枚雌蕊，在S6时期生长点中央可以观察到2～3个雌蕊原基，在此后的发育过程中，这些雌蕊原基均可正常发育成柱头和子房。

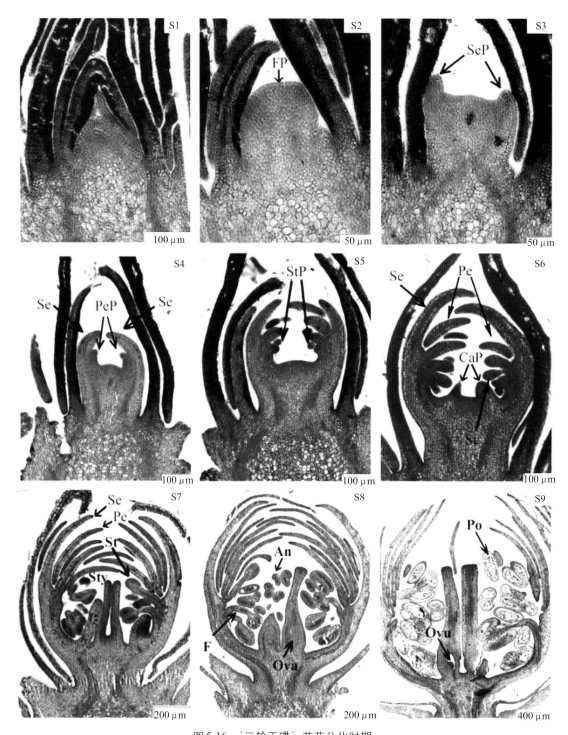

图5-16 '三轮玉碟'花芽分化时期
（FP为花原基；SeP为萼片原基；Se为萼片；PeP为花瓣原基；Pe为花瓣；StP为雄蕊原基；St为雄蕊；CaP为雌蕊原基；
Ca为雌蕊；Sty为花柱；An为花药；F为花丝；Ova为子房；Ove为胚珠；Po为花粉）

　　台阁品种'素白台阁'花芽分化的S1～S5时期与重瓣品种'三轮玉碟'相似（图5-17）。在S6时期，'素白台阁'在单瓣品种和重瓣品种应该分化雌蕊的位置（中间生长点）分化出上方花的萼片，随后相继分化出上方花的花瓣（S7）、雄蕊（S8）等。在S9时期，'素白台阁'下方花的萼片、花瓣和雄蕊与'江梅''三轮玉碟'相似，都是萼片与花瓣基本停止生长，花药发育成熟，形成花粉粒。台阁型的上方花，如发育良好，其内部会分化出雄蕊和雌蕊（S9A）；若发育不良，萼片和花瓣内只有雄蕊而没有雌蕊（S9B）。

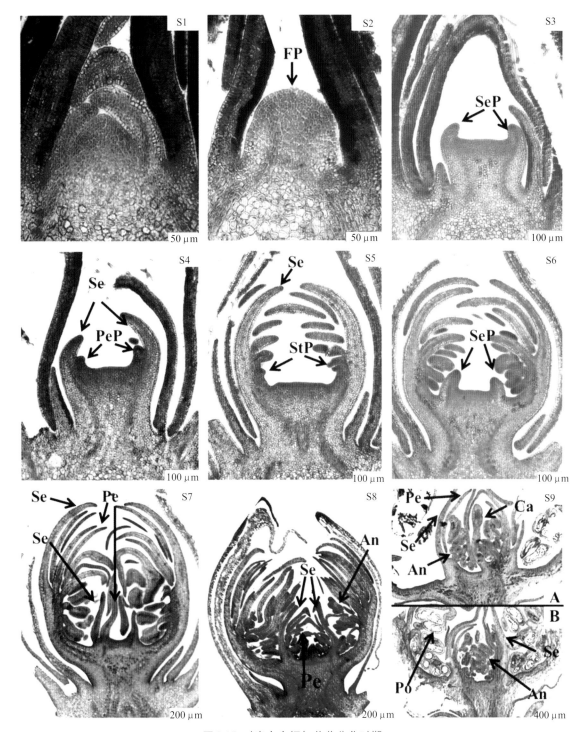

图5-17 ´素白台阁´花芽分化时期

(FP为花原基；SeP为萼片原基；Se为萼片；PeP为花瓣原基；Pe为花瓣；StP为雄蕊原基；St为雄蕊；CaP为雌蕊原基；
Ca为雌蕊；Sty为花柱；An为花药；F为花丝；Ova为子房；Ove为胚珠；Po为花粉。
S9所示为台阁花S9时期的上方花，下方花只显示了靠近花柄部分的萼片、花瓣和雄蕊)

2.3.2 梅花 MADS-box 基因家族分析

2.3.2.1 MADS-box 基因鉴定及进化分析

在梅花基因组中筛选出含有完整 MADS-box 结构域的80个基因，其中32个基因含有 K 结构域，为 Ⅱ型 MADS-box 基因；48个基因为 Ⅰ型基因。梅花与拟南芥 MADS-box 基因系统进化分析表明，梅花和拟南芥 Ⅱ型 MADS-box 基因可以分为13个进化支（亚家族），其中12个分支都含有梅花 Ⅱ型 MADS-box

基因（图5-19），FLC进化支不含梅花基因。SVP亚家族分为2个亚组：亚组1含有SVP、PmMADS01和PmMADS24，亚组2由6个串联重复的DAM基因组成。与拟南芥相似，梅花基因组中存在4个SEP亚家族成员。AP1/FUL和SOC1进化支均含有3个梅花基因。AG、AGL6和AGL17进化支中各含有2个梅花基因。Bs/TT16、AGL12和AGL15进化支含有1个梅花基因。拟南芥AP3亚家族只含有AP3和PI，梅花AP3亚家族含有3个基因，其中2个为AP3同源基因（图5-18，图5-19）。

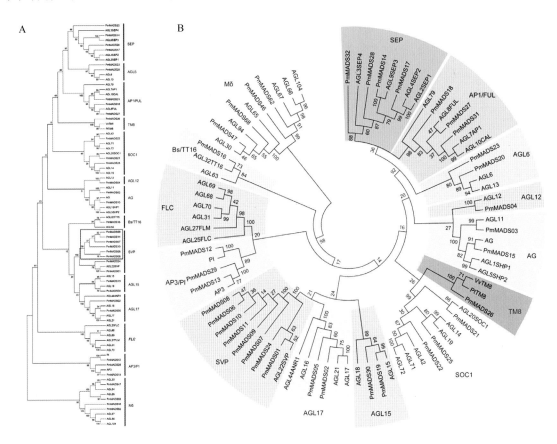

图5-18　梅花与拟南芥Ⅱ型MADS-box基因系统进化树
A.NJ法构建的系统进化树　B.ML法构建的系统进化树

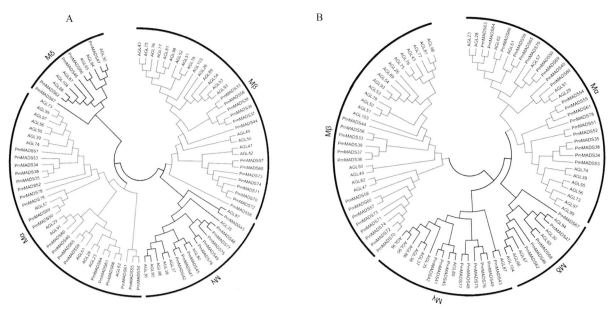

图5-19　梅花与拟南芥Ⅰ型MADS-box基因系统进化树
A.NJ法构建的系统进化树　B.ML法构建的系统进化树

梅花和拟南芥Ⅰ型MADS-box基因可以分为4个进化支：Mα、Mβ、Mγ和Mδ，每个进化支均有梅花和拟南芥基因，分别含有20个、14个、9个和5个基因。Mα、Mβ和Mγ亚家族基因呈现出与Ⅱ型基因不同的系统进化模式，3个亚家族中梅花基因先与其旁系基因聚到一起，再与拟南芥直系同源基因聚到一起，推测这3个亚家族的基因在梅花与拟南芥分化后，各自又发生复制，产生众多旁系同源基因。Mδ亚家族基因表现出与Ⅱ型基因相似的系统进化模式，2个物种的直系同源基因先聚到一起，再与其他同源基因聚为1支（图5-19）。

2.3.2.2　MADS-box基因染色体定位

75个MADS-box基因锚定在梅花8条染色体上，另外5个基因位于scaffold上。梅花MADS-box基因在8条染色体上呈不均匀分布，2号染色体上分布的基因数目最多（21个），3号染色体上分布的基因数目最少（4个）。Ⅰ型和Ⅱ型基因在每条染色体上非随机分布，与拟南芥和黄瓜中Ⅱ型MADS-box基因的分布方式不同（Hu and Liu, 2012; Pařenicová et al., 2003）。Chr1、Chr6和Chr8含有28个MADS-box基因，其中24个为Ⅰ型基因。Chr2和Chr7共占梅花基因组的29.64%，Chr2上分布了约50%Ⅱ型MADS-box基因。Chr1、Chr2、Chr6和Chr8上存在成簇分布的MADS-box基因（图5-20）。

片段复制、串联重复和基因转座是基因家族扩张的主要方式（Maher et al., 2006）。梅花片段复制和串联重复分析结果显示，11个梅花MADS-box基因位于6个片段重复区域，其中5个区域包含Ⅱ型基因，1个区域为Ⅰ型基因。在Chr1、Chr2、Chr4和Chr8上，存在8个串联重复区域，15个串联重复的基因为Ⅰ型MADS-box基因，6个串联重复的DAM基因为Ⅱ型基因（图5-20）。Mα和Mβ亚家族各有2组串联重复基因，Mγ亚家族有3组，Mδ亚家族没有串联重复基因，推测片段复制是Ⅱ型MADS-box基因扩张的主要方式，而串联重复是Ⅰ型基因扩张的主要方式，与拟南芥和水稻MADS-box基因的扩张模式相似（Arora et al., 2007; Pařenicová et al., 2003）。

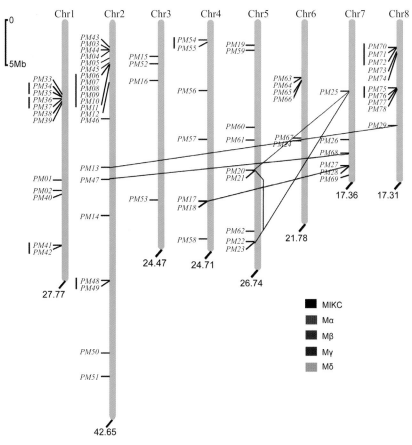

图5-20　梅花MADS-box基因染色体定位
（黑色竖线代表串联重复基因，染色体间斜线代表片段复制基因）

2.3.2.3　MADS-box基因表达模式分析

80个梅花MADS-box基因在根、茎、叶、花和果实中表达模式分析结果表明，梅花MADS-box基因在不同器官中的表达模式不同，花中表达的基因数量最多，且表达量最高，22个基因在所有器官中均表达，但表达量存在差异。Ⅱ型基因的表达部位较Ⅰ型基因多，表达量也比Ⅰ型基因高，大部分Ⅱ型基因至少在3个器官中表达，而33个Ⅰ型基因最多在2个器官中表达，推测Ⅱ型基因在不同器官发育中均发挥作用，Ⅰ型基因可能只参与某个特定器官的发育。同一亚家族的Ⅱ型基因不同成员之间表达模式存在差异，AP1/FUL亚家族有3个基因（*PmMADS18*、*PmMADS27*和*PmMADS31*），*PmMADS27*在5个器官中都表达，*PmMADS18*在除茎外的其他4个器官中均表达，*PmMADS31*只在花中表达（图5-21A）。

80个MADS-box基因按表达模式分为2大组，在5个器官中均表达的基因聚为第Ⅰ组，而组织特异性表达的基因聚为第Ⅱ组。第Ⅰ组又分为4个小组，第1小组基因在花和果实中表达量最高，推测这些基因参与花和果实发育过程；第3小组基因在根、茎和叶中表达量较高，在花和果实中表达量较低；第2小组和第4小组基因在5个器官中表达量相似，第4小组基因的表达量比第2小组略高。第Ⅱ组分为3个小组，第1小组基因在花和果实中高表达，第2小组基因在花中高表达，第3小组基因在5种器官中表达量极低或不表达。层次聚类结果表明不同亚家族的基因有相似的表达模式，Bs/TT16亚家族的*PmMADS16*、AGL6亚家族的*PmMADS20*和AG亚家族的*PmMADS03*仅在花和果实中表达（图5-21B）。

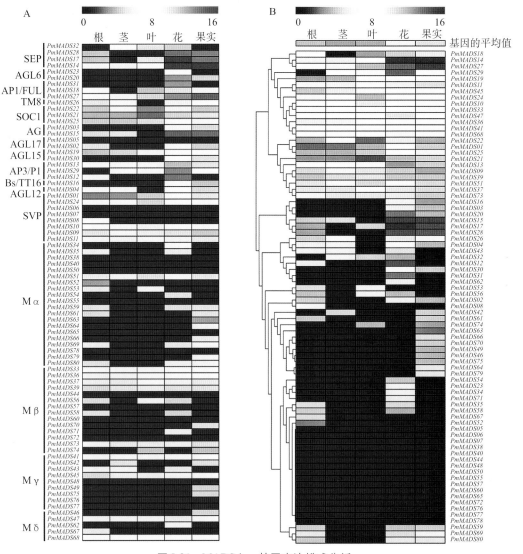

图5-21　MADS-box基因表达模式分析

A.不同亚家族基因表达模式　B.基因表达模式的层次聚类

2.3.3　梅花花发育与成花基因功能研究

2.3.3.1　*PmSOC1*基因功能验证

（1）*PmSOC1*基因克隆及进化分析

以拟南芥SOC1蛋白（AEC10583）氨基酸序列为参考序列，在梅花基因组蛋白库中进行本地BLAST搜索（Zhang et al., 2012），将同源性最高3个序列作为候选基因。根据CDS序列分别设计引物，以梅花'长蕊绿萼'叶片cDNA为模板，利用RT-PCR克隆得到3个基因，分别命名为*PmSOC1-1*、*PmSOC1-2*和*PmSOC1-3*。其中，*PmSOC1-1*编码区长度为645 bp，编码214 aa；*PmSOC1-2*编码区长度为654 bp，编码217 aa；*PmSOC1-3*编码区长度为660 bp，编码219 aa。3个基因cDNA与基因组DNA比对结果显示，3个基因的剪接位点都符合经典的"GT-AG"剪切法则，但同源基因间的外显子总数和起始密码子的位置存在差异，*PmSOC1-3*有7个外显子，起始密码子位于第1个外显子，*PmSOC1-1*、*PmSOC1-2*和拟南芥*AtSOC1*均有8个外显子，起始密码子位于第2个外显子（图5-22）。在基因编码区内，所有*SOC1*同源基因均包含7个外显子和6个内含子，不同物种*SOC1*基因的编码区结构具有一致性。

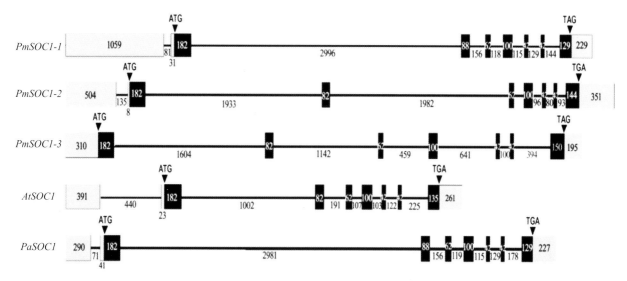

图5-22　*PmSOC1*同源基因内含子/外显子结构示意图
（直线代表内含子，黑色方框代表外显子，数字代表内含子/外显子的长度。
*AtSOC1*为拟南芥*SOC1*同源基因，*PaSOC1*为杏*SOC1*同源基因）

将3个PmSOC1氨基酸序列和其他物种SOC1氨基酸序列进行同源序列比对，结果显示，PmSOC1-1与蔷薇科李属的杏（*P. armeniaca*）和桃（*P. persica*）的同源性最高，分别为98%和95%，与拟南芥SOC1蛋白序列同源性为68%。而PmSOC1-2和PmSOC1-3与蔷薇科李属SOC1蛋白相似性较低，其中，PmSOC1-2与杏和桃SOC1蛋白相似性分别为59%和57%；PmSOC1-3与杏和桃SOC1蛋白相似性分别为55%和54%。3个PmSOC1蛋白均有高度保守的MADS结构域、中度保守的K结构域和多变的C端，属于Ⅱ型MADS-box基因家族（Kaufmann et al., 2005）。

SOC1蛋白系统进化分析结果表明，不同植物SOC1蛋白分为2组，单子叶植物（玉米和小麦）单独聚为1组，双子叶植物聚为1组。前人研究显示，拟南芥MADS-box基因家族SOC1/TM3亚家族中包含AGL14、AGL19、AGL20（SOC1）、AGL42、AGL71和AGL72 6个基因（Wells et al., 2015）。PmSOC1-1与桃和杏的亲缘关系最近，先聚为1组，然后与拟南芥等其他双子叶植物聚为1组。PmSOC1-2和PmSOC1-3分别与拟南芥SOC1/TM3亚家族中的AGL42/71/72和AGL14/19基因聚为1组，在桃基因组中存在与梅花3个PmSOC1基因相对应的同源基因，并具有相似分布模式（Smaczniak et al., 2012; Xu et al., 2014）（图5-23）。

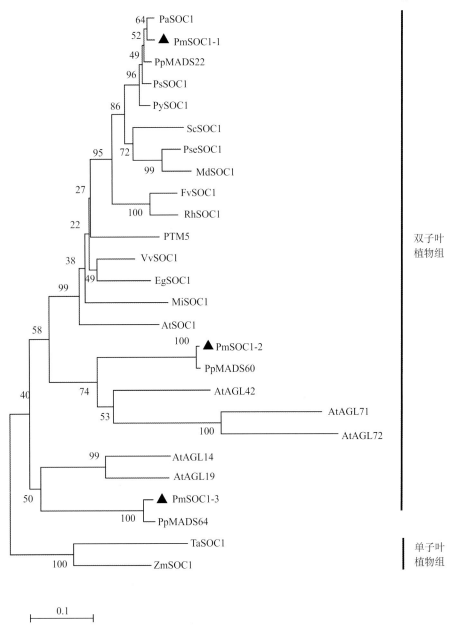

图5-23　PmSOC1系统进化分析

（2）*PmSOC1*基因表达模式分析

利用qRT-PCR技术分析3个*PmSOC1*基因在不同器官中的表达模式。在成年植株中，3个*PmSOC1*基因在根、茎、叶、叶芽和花芽等器官中高表达，而在萼片、花瓣、雄蕊、雌蕊、果实和种子等器官中低表达；在1月龄播种苗中，*PmSOC1-1*和*PmSOC1-3*在根、茎和叶中均有表达，而*PmSOC1-2*在茎和叶中未检测到（图5-24）。

在花芽分化过程，3个*PmSOC1*基因的表达水平均呈下降趋势。在花芽未分化期（S1）表达量最高，其中*PmSOC1-2*在3个基因中下降幅度最大，且在花芽分化不同时期持续下降（图5-25）。

（3）*PmSOC1*基因在拟南芥中功能验证

将3个*PmSOC1*基因与植物表达载体pCAMBIA1304连接获得重组质粒并转化农杆菌EHA105。利用农杆菌介导的花序浸染法将目的基因转入拟南芥。经潮霉素筛选和PCR验证（图5-26），共得到转基因拟南芥T_1代108株，其中转*PmSOC1-1*、*PmSOC1-2*、*PmSOC1-3*植株分别为35株、47株和26株，随机挑选后代继续进行T_2代和T_3代抗性筛选，获得纯合转基因子代。

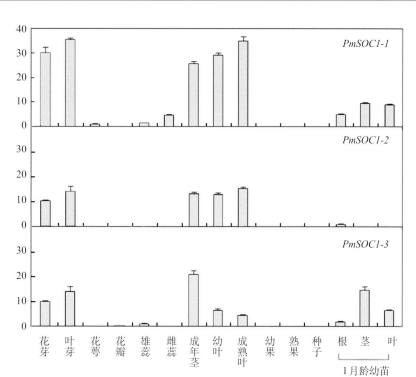

图5-24　*PmSOC1*基因在不同组织器官中相对表达量

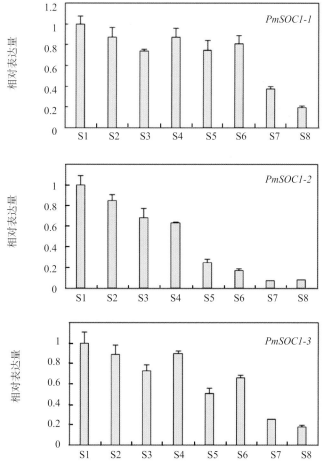

图5-25　*PmSOC1*基因在花芽分化不同时期表达模式

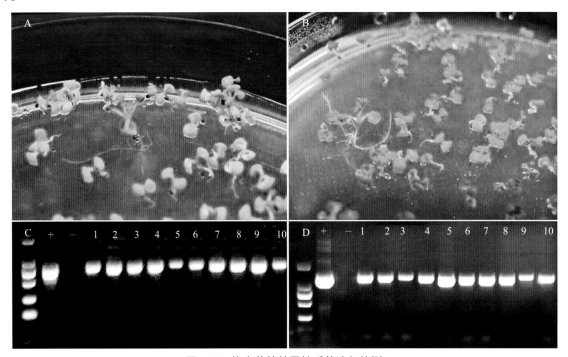

图 5-26　拟南芥转基因株系筛选与检测

A、B. 潮霉素抗性筛选　C、D. 转基因植株 PCR 检测

（"+"代表质粒为阳性对照，"−"代表野生型 DNA 为阴性对照，1～10 代表随机挑选的转基因植株 PCR 检测结果）

表达模式分析结果表明，3 个 *PmSOC1* 基因在所选的 6 个转基因株系中均有表达（图 5-27A），但外源基因表达量在不同转基因株系间存在差异（图 5-27B）。

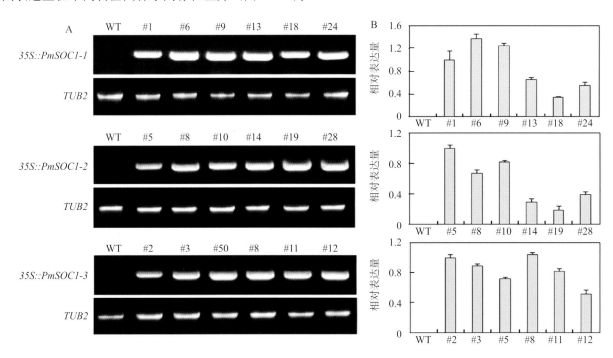

图 5-27　*PmSOC1* 转基因拟南芥检测分析

A.RT-PCR 检测　B.qRT-PCR 检测

转基因拟南芥表型分析结果显示，与野生型拟南芥相比，*35S::PmSOC1-3* 转基因株系表型未发生明显变化，*35S::PmSOC1-1* 和 *35S::PmSOC1-2* 转基因株系在促进开花和表型变异方面呈现为强表型和弱表型，与外源基因相对表达量结果相一致（图 5-27），表明外源基因的表达丰度与转基因植株的表型变异呈正相关。

在长日照条件下，野生型拟南芥植株需长出13片莲座叶才能抽薹，而35S::PmSOC1-1转基因株系强表型的植株在5片莲座叶时即可开花（图5-28 I A），弱表型植株在8片莲座叶时开始抽薹开花。35S::PmSOC1-2转基因株系的强表型植株开花时间最早，长日照和短日照均能使开花时间大幅提前，长日照条件下，个别转基因株系3片莲座叶时即已开花（表5-9，图5-28 II A）。35S::PmSOC1-3转基因株系在长日照条件下32.4～34.5 d开花，与野生型（37.3 d）相比略有提前。以上结果说明，3个PmSOC1基因均可促使拟南芥提前开花，但作用强度存在差异。

表5-9　转PmSOC1基因拟南芥开花表型统计

基因型	株系	开花时莲座叶数量		从播种至开花所需天数（d）	
		长日照	短日照	长日照	短日照
野生型	Col-0	13.50 ± 0.60a	30.80 ± 1.00a	37.3 0± 1.20a	85.00 ± 1.20a
35S::PmSOC1-1	#1△	5.05 ± 0.60e	7.90 ± 1.40f	26.30 ± 1.30e	59.80 ± 1.70e
	#6△	6.20 ± 0.80e	8.60 ± 0.50f	27.50 ± 1.20cd	60.30 ± 2.20e
	#9△	6.30 ± 1.50e	9.00 ± 0.80f	27.80 ± 0.50de	61.80 ± 2.10e
	#13☆	8.80 ± 1.00cd	12.50 ± 1.00de	32.80 ± 1.00b	68.90 ± 0.90d
	#18☆	9.00 ± 0.70bcd	13.70 ± 0.90d	33.20 ± 1.70b	70.00 ± 0.80d
	#24☆	8.50 ± 0.60d	12.03 ± 1.00de	32.00 ± 2.60bc	69.30 ± 1.00d
35S::PmSOC1-2	#5△	3.30 ± 0.50f	4.80 ± 1.00g	19.70 ± 1.50f	43.70 ± 1.20f
	#8△	3.50 ± 0.60f	5.50 ± 1.30g	22.00 ± 2.00f	44.60 ± 0.90f
	#10△	3.50 ± 1.00f	5.80 ± 0.50g	22.30 ± 2.10f	45.40 ± 0.50f
	#14☆	5.80 ± 0.90e	8.80 ± 1.00f	27.80 ± 1.30de	59.00 ± 1.40e
	#19☆	6.3 0± 0.50e	12.00 ± 0.80e	28.70 ± 0.60cd	59.30 ± 1.30e
	#28☆	6.20 ± 1.50e	10.90 ± 1.20e	28.30 ± 1.00d	60.40 ± 1.10e
35S::PmSOC1-3	#2	8.70 ± 0.40d	17.80 ± 1.50c	32.50 ± 1.30b	78.00 ± 1.00c
	#3	10.50 ± 1.30bc	21.50 ± 1.30b	34.00 ± 1.40b	81.20 ± 0.90b
	#5	9.30 ± 1.50bcd	19.30 ± 0.50c	32.40 ± 2.60bc	78.50 ± 1.30c
	#8	9.80 ± 2.10bcd	21.30 ± 1.20b	33.80 ± 1.00b	79.70 ± 1.20bc
	#11	11.00 ± 1.40b	23.00 ± 1.40b	34.50 ± 1.30b	82.40 ± 1.30b
	#12	9.00 ± 0.90bcd	20.00 ± 2.80bc	32.80 ± 2.50b	78.30 ± 0.50c

注：不同小写字母代表差异显著（P<0.05）；Col-0代表野生型拟南芥Columbia-0；△代表强表型；☆代表弱表型。

与野生型拟南芥相比，35S::PmSOC1-1和35S::PmSOC1-2弱表型转基因株系均呈现花瓣细丝状，不能平展成"十"字形（图5-28 I B、II B），雌蕊变长，伸出花被外（图5-28 I C、II C），花萼叶片状（图5-28 I D、I E、II D、II E），花瓣和花萼在角果伸长期宿存（图5-28 I F、II F）等变异。35S::PmSOC1-1和35S::PmSOC1-2强表型转基因株系差异显著，35S::PmSOC1-1转基因株系与野生型相比，花瓣变为绿色（图5-28 I H、I I），35S::PmSOC1-2转基因株系除具有弱表型变异外，还在株型方面发生明显变化，所有主茎分枝（茎生分枝）变为水平生长（图5-28 II G），35S::PmSOC1-2强表型株系部分花序顶端的2～4朵花合生形成末端花（terminal flower，TF），TF花器官数目不定，且通常最先开放（图5-28 II H、II I）。35S::PmSOC1-3转基因株系与野生型拟南芥相比，花期略有提前，未发现其他显著差异（图5-28 III A～III G）。以上结果表明，PmSOC1-1和PmSOC1-2参与花器官发育进程。

35S::PmSOC1-1（Ⅰ）　　35S::PmSOC1-2（Ⅱ）　　35S::PmSOC1-3（Ⅲ）　　wild type（Ⅳ）

图5-28　转*PmSOC1*基因拟南芥表型

ⅠA～Ⅰ I.转*PmSOC1-1*拟南芥表型　　ⅡA～Ⅱ I.转*PmSOC1-2*拟南芥表型
ⅢA～ⅢG.转*PmSOC1-3*拟南芥表型　　ⅣA～ⅣG.野生型拟南芥表型
[ⅠA、ⅡA、ⅢA为长日照条件下与野生型拟南芥（ⅣA）相比，播种30 d时*35S::PmSOC1-1*、
*35S::PmSOC1-2*和*35S::PmSOC1-3*早花表型；ⅠB和ⅡB为*35S::PmSOC1-1*和*35S::PmSOC1-2*花瓣细丝状；
ⅢB～ⅢC、ⅣB～ⅣC为*35S::PmSOC1-3*和野生型拟南芥正常花瓣；
ⅠC和ⅡC为*35S::PmSOC1-1*和*35S::PmSOC1-2*雌蕊伸出花被外；ⅢD和ⅣD为*35S::PmSOC1-3*和野生型拟南芥正常雌蕊；
ⅠD～ⅠE、ⅡD～ⅡE为*35S::PmSOC1-1*和*35S::PmSOC1-2*花萼叶片状；ⅢG和ⅣG为*35S::PmSOC1-3*和野生型拟南芥正常花萼；
ⅠF和ⅡF为*35S::PmSOC1-1*和*35S::PmSOC1-2*的花萼、花瓣在果荚伸长期宿存不脱落；
ⅢE和ⅣE为*35S::PmSOC1-3*和野生型拟南芥正常角果，花萼和花瓣均已脱落；ⅡG为*35S::PmSOC1-2*植株1级侧枝向水平方向生长；
ⅠH～Ⅰ I为*35S::PmSOC1-1*花瓣变为绿色；ⅡH～Ⅱ I为*35S::PmSOC1-2*末端花不同形态]

　　拟南芥中，*SOC1*基因整合多条开花途径的开花信号，通过上调其下游花分生组织相关基因促进植物开花（Lee et al., 2008; Lee et al., 2010），3个*PmSOC1*基因转入拟南芥后均表现出早花表型。为验证早花表型形成原因，检测*LFY*、*AP1*、*AGL24*和*FUL*基因在强表型植株不同生长阶段的表达模式（第6 d、12 d和16 d），结果表明，*LFY*基因在*35S::PmSOC1-2*转基因株系中的表达量显著高于野生型拟南芥和其他2个*PmSOC1*转基因株系（*35S::PmSOC1-1*和*35S::PmSOC1-3*），并一直维持较高水平；*AP1*基因的表达量表现出与*LFY*基因相似趋势；*AGL24*和*FUL*基因的表达水平呈现随植株生长发育逐步上升的规律（图5-29）。

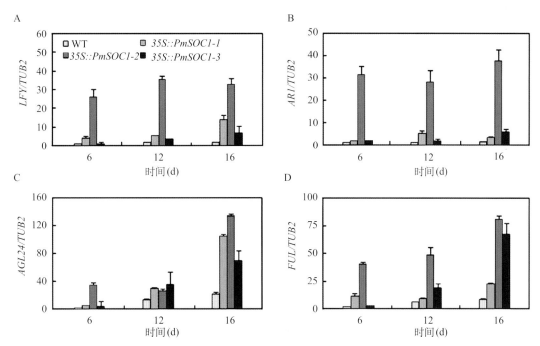

图5-29 *PmSOC1* 转基因株系内源成花基因表达模式

A.*LFY*基因表达水平　B.*AP1*基因表达水平　C.*AGL24*基因表达水平　D.*FUL*基因表达水平

（以拟南芥 *TUB2* 为内参基因）

2.3.3.2 *PmSVP*基因功能验证

（1）*PmSVP*基因克隆及序列分析。以拟南芥SVP蛋白（BAE98676）为参考序列，在梅花基因组蛋白库中进行本地BLAST比对，获得2个*SVP*同源序列。以'长蕊绿萼'叶片cDNA为模板，克隆2个*SVP*基因，分别命名为*PmSVP1*和*PmSVP2*，其中，*PmSVP1*包含一个长度为687 bp的CDS序列，编码228 aa；*PmSVP2*的CDS序列长度为672 bp，编码223 aa。PmSVP1和PmSVP2在N端含有一个MADS结构域，在中间含有一个K结构域，是典型的MADS-box家族基因。*PmSVP1*和*PmSVP2*的基因结构分析发现，*PmSVP1*和*PmSVP2*都含有9个外显子和8个内含子（图5-30）。

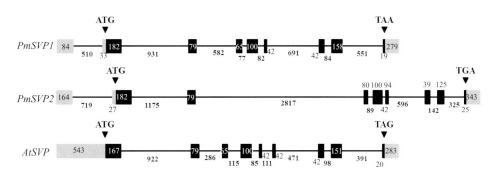

图5-30 *SVP*同源基因内含子/外显子结构

（直线代表内含子，黑色方框代表外显子，数字代表内含子/外显子的长度，*AtSVP*为拟南芥*SVP*基因）

系统进化分析结果表明，PmSVP1和PmSVP2与双子叶植物SVP同源基因聚为1组，单子叶植物聚为另1组（图5-31）。其中双子叶植物SVP同源基因又分为2个亚组：第1个亚组包含了梅花PmSVP1、拟南芥AtSVP以及一些木本植物SVP同源基因，第2个亚组包含了梅花PmSVP2和马铃薯、乳浆大戟等草本植物中的SVP同源基因。在桃基因组中分别存在着与2个PmSVPs基因、6个PmDAM基因相对应的同源基因，且具有相似的分布模式（Xu et al., 2014; Wells et al., 2015）。

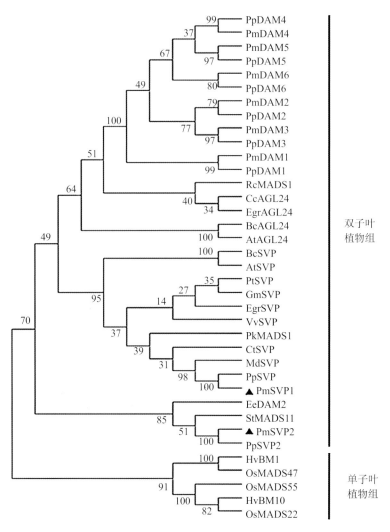

图 5-31　PmSVP 系统进化分析

（2）*PmSVP* 基因表达模式分析。2 个 *PmSVP* 同源基因主要在梅花营养器官中表达。在梅花成年植株中，*PmSVP1* 和 *PmSVP2* 主要在茎、叶和叶芽等营养器官中表达，在叶中表达量最高。在 1 月龄幼苗中，*PmSVP1* 和 *PmSVP2* 的表达模式不同，*PmSVP1* 在根、茎、叶中均有表达，*PmSVP2* 未检测到表达（图 5-32）。*PmSVP1* 和 *PmSVP2* 在花芽分化不同时期的表达模式相似，呈下调趋势，推测其可能参与调控梅花从营养生长向生殖生长的转变（图 5-33）。

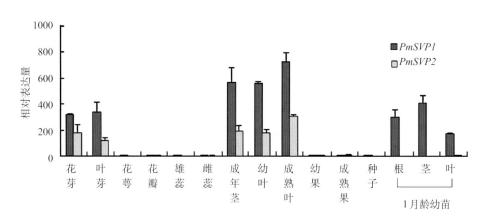

图 5-32　*PmSVP* 基因在不同器官中相对表达量

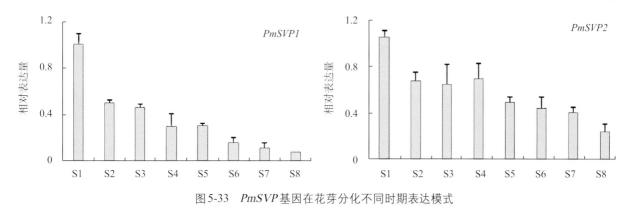

图5-33 *PmSVP*基因在花芽分化不同时期表达模式

（3）*PmSVP*基因在拟南芥中功能验证。将2个*PmSVP*基因与植物表达载体pCAMBIA1304连接获得重组质粒并转化农杆菌EHA105。利用农杆菌介导的花序浸染法将*PmSVP*基因转入拟南芥，经过潮霉素筛选和PCR验证，得到转基因拟南芥T₁代85株，其中转*PmSVP1*基因43株，转*PmSVP2*基因42株。转基因拟南芥表达量分析结果表明，2个*PmSVP*基因在所有转基因株系中均有表达，但不同株系的外源基因表达量存在差异，其中，转*PmSVP1*基因的3号株系表达量最高，7号株系最低。*PmSVP2*转基因株系中，2号最高，10号最低（图5-34）。

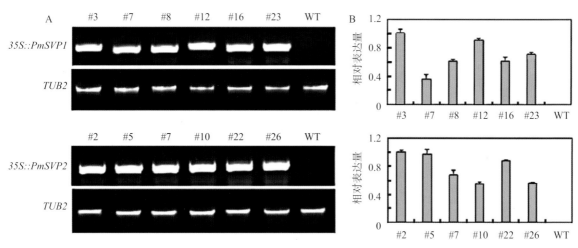

图5-34 *PmSVP*转基因拟南芥检测分析
A.RT-PCR检测   B.qRT-PCR检测

长日照条件下，转*PmSVP1*基因拟南芥与野生型对照相比均表现不同程度延迟开花现象（表5-10，图5-35）。野生型拟南芥约37.3 d开花，*35S::PmSVP1*拟南芥49.7～59.0 d开花（表5-10）。野生型拟南芥在开花时莲座叶片平均数量为13.5，*35S::PmSVP1*拟南芥开花时莲座叶片数量为19.7～25.6。除延迟开花性状外，*35S::PmSVP1*拟南芥在花器官形态上也有差异（图5-35 Ⅰ B～E），表现为花瓣数量增多（图5-35 Ⅰ B～C）、雌蕊伸长（图5-35 Ⅰ D～E）以及花萼叶片状并宿存于成熟角果上（图5-35 Ⅰ H）。*PmSVP1*过表达植株还呈现出叶片表皮毛增多现象（图5-35 Ⅰ F）。长日照条件下，转*PmSVP2*拟南芥并未表现延迟开花现象，与野生型拟南芥开花时间基本一致，未见显著差异（表5-10，图5-35 Ⅱ A、Ⅲ A）。*PmSVP2*在拟南芥中异源表达使花序数量发生变化，野生型拟南芥只有1个主花序，而*35S::PmSVP2*拟南芥同时长出3个以上主花序（图5-35 Ⅱ E、F，Ⅲ E），推测*PmSVP2*基因可能具有促进多花序形成的功能。

表5-10　转*PmSVP*基因拟南芥开花表型统计

基因型	株系	开花时莲座叶数	从播种至开花所需天数
野生型	Col-0	13.50 ± 0.60a	37.30 ± 1.20a
35S::PmSVP1	#3	24.30 ± 0.80cd	59.00 ± 1.50d
	#7	19.70 ± 0.30b	48.00 ± 0.60b
	#8	22.70 ± 0.70cd	55.30 ± 0.60c
	#12	23.06 ± 0.30cd	57.70 ± 0.90cd
	#16	21.30 ± 0.90bc	49.70 ± 0.30b
	#23	25.60 ± 1.20d	58.30 ± 1.50d
35S::PmSVP2	#2	15.80 ± 0.90a	38.30 ± 0.90a
	#5	16.20 ± 1.50a	40.30 ± 1.50a
	#7	14.30 ± 1.50a	37.00 ± 1.70a
	#10	13.30 ± 0.50a	36.70 ± 0.90a
	#22	15.03 ± 1.20a	37.70 ± 1.50a
	#26	14.50 ± 0.60a	38.00 ± 2.60a

注：小写字母代表差异显著（*P*<0.05）；Col-0代表野生型拟南芥Columbia-0。

35S::PmSVP1(Ⅰ)　　　35S::PmSVP2(Ⅱ)　　　wild type(Ⅲ)

图5-35　转*PmSVP*基因拟南芥表型

ⅠA～ⅠH.转*PmSVP1*拟南芥表型　ⅡA～ⅡG.转*PmSVP2*拟南芥表型　ⅢA～ⅢG.野生型拟南芥表型

[ⅠA、ⅡA为长日照条件下与野生型拟南芥（ⅢA）相比，播种45 d时*35S::PmSVP1*和*35S::PmSVP2*开花表型；ⅠB～ⅠC为*35S::PmSVP1*花瓣数量改变；ⅡB、ⅢB～ⅢC为*35S::PmSVP2*和野生型拟南芥正常花瓣数量；ⅠD为*35S::PmSVP1*雌蕊伸出花被外；ⅡD、ⅢD为*35S::PmSVP2*和野生型拟南芥正常雌蕊；ⅠE为*35S::PmSVP1*花萼叶片状；ⅡC、ⅢF为*35S::PmSVP2*和野生型拟南芥正常花萼；ⅠF为*35S::PmSVP1*叶片具大量表皮毛；ⅠH为*35S::PmSVP1*的花萼在角果伸长期宿存不脱落；ⅡG、ⅢG为*35S::PmSVP2*和野生型拟南芥正常角果，花萼和花瓣均已脱落；ⅡE～ⅡF为*35S::PmSVP2*花序数量增多；ⅠG、ⅢE为*35S::PmSVP1*和野生型拟南芥花序]

转基因植株不同生长时期的开花相关基因（*FT*、*SOC1*、*FLC*、*AP1*）表达量分析结果表明，转 *PmSVP1* 基因株系中，*FT* 和 *SOC1* 基因的表达量显著低于野生型拟南芥和转 *PmSVP2* 基因株系，*SOC1* 基因在 35S::*PmSVP1* 中微量表达（图5-36A、B），推测 *PmSVP1* 中过表达抑制拟南芥内源 *FT* 和 *SOC1* 等开花基因表达，延迟开花。抑制开花的 *FLC* 基因和花分生组织决定基因 *AP1* 的表达水平与野生型拟南芥中的表达水平一致（图5-36C、D）。35S::*PmSVP2* 株系中，*FT*、*SOC1*、*FLC* 和 *AP1* 表达量与野生型拟南芥相比，均未见显著差异，这与 35S::*PmSVP2* 拟南芥不能延迟开花表型相一致。

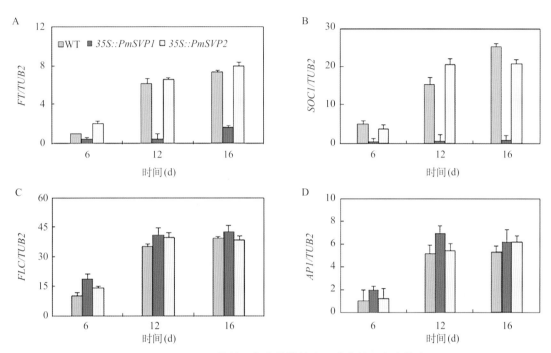

图5-36　*PmSVP* 转基因拟南芥植株内源成花基因表达模式

A.*FT* 基因表达水平　B.*SOC1* 基因表达水平　C.*FLC* 基因表达水平　D.*AP1* 基因表达水平

（以拟南芥 *TUB2* 为内参基因）

2.3.3.3　*PmLFY* 基因功能验证

（1）*PmLFY* 基因克隆与序列分析。以拟南芥LFY蛋白（NP_200993）为参考序列，在梅花基因组蛋白库中进行本地BLAST比对，获得1个LFY同源序列。以'长蕊绿萼'叶片cDNA为模板，克隆得到2个梅花 *LFY* 同源基因，分别命名为 *PmLFY1* 和 *PmLFY2*，分别包含1 230 bp和1 242 bp的CDS序列，分别编码409 aa和413 aa。PmLFY1和PmLFY2的蛋白同源性为97.3%，与 *PmLFY1* 相比，*PmLFY2* 在CDS的628位有4个3碱基插入（或缺失）。*PmLFY1* 和 *PmLFY2* 均含有3个外显子和2个内含子，与拟南芥、葡萄等 *LFY* 同源基因相比，具有相似的基因结构（图5-37）。

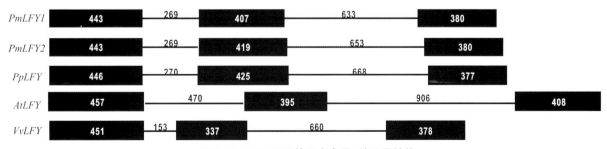

图5-37　*LFY* 同源基因内含子/外显子结构

（直线代表内含子，黑色方框代表外显子，数字代表内含子/外显子的长度；*AtLFY* 为拟南芥 *LFY* 同源基因，*VvLFY* 为葡萄 *LFY* 同源基因）

（2）*PmLFY1* 基因表达模式分析。qRT-PCR检测结果显示，*PmLFY1* 基因在雌蕊中表达量最高，在种子、叶芽、花芽、幼叶等器官中表达量较低，其他器官及1月龄幼苗根、茎、叶中，*PmLFY1* 均微量表达（图 5-38A）。*PmLFY1* 在花芽分化过程中表达量呈先升后降趋势，在未分化期（S1）和花原基形成期（S2）*PmLFY1* 微量表达，萼片分化期（S3）表达量急剧上升，直至雄蕊分化期（S6）表达量都一直维持较高水平，花瓣分化期（S4）达到峰值，推测梅花 *LFY* 基因参与萼片、花瓣、雄蕊和雌蕊的形成（图5-38B）。

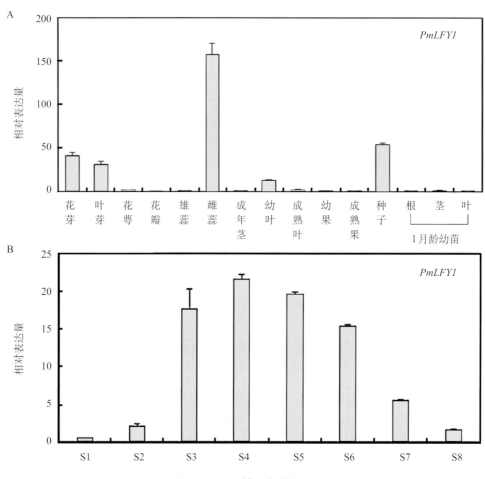

图5-38　*PmLFY1* 基因表达模式分析
A.不同器官中表达模式　B.花芽分化不同时期表达模式

（3）*PmLFY* 基因在拟南芥中功能验证。将2个 *PmLFY* 基因与植物表达载体pCAMBIA1304连接获得重组质粒并转化农杆菌EHA105。利用农杆菌介导的花序浸染法将2个 *PmLFY* 基因转入拟南芥，获得转基因拟南芥T₁代76株，其中转 *PmLFY1* 基因32株，转 *PmLFY2* 基因44株。转基因拟南芥表达分析结果表明，所有转基因株系均有 *PmLFY* 基因表达，不同株系表达量存在差异（图5-39）。在6个 *PmLFY1* 转基因株系中，10号和30号外源基因表达量高于其他4个转基因株系；*PmLFY2* 转基因株系中33号表达量最高，24号最低（图5-39）。

转 *PmLFY* 基因拟南芥表现出提前开花现象（表5-11，图5-40 Ⅰ A、Ⅱ A）。长日照条件下，转 *PmLFY1* 基因拟南芥播种至开花天数为24.3～30.3 d，开花时拟南芥莲座叶片数量为8.3～11.0；转 *PmLFY2* 基因拟南芥开花所需天数为25.0～33.0 d，莲座叶片数量8.6～12.3。与野生型拟南芥相比，转 *PmLFY1* 和 *PmLFY2* 的拟南芥株系在开花时间上分别提前了7～13 d和4～12 d。短日照条件下，35S::*PmLFY1* 和35S::*PmLFY2* 转基因拟南芥也能提前开花（表5-11）。以上结果说明，长日照条件和短日照条件下，*PmLFY1* 和 *PmLFY2* 均能够促使拟南芥提前开花。长日照条件下与野生型拟南芥相

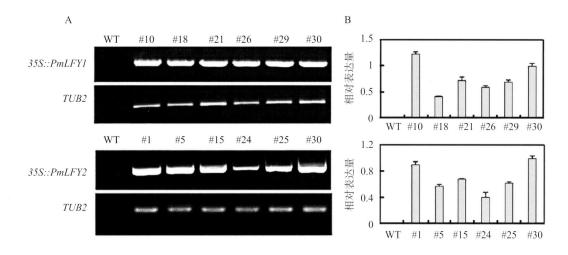

图5-39　*PmLFY*基因在转基因拟南芥检测分析
A.RT-PCR检测　B.qRT-PCR检测

比，35S::*PmLFY1*和35S::*PmLFY2*转基因拟南芥影响花发育（图5-40 ⅢA～H）。35S::*PmLFY1*转基因拟南芥中，所有莲座叶分枝和茎生分枝都被单花取代（图5-40 ⅠB～E），茎生叶向腹卷曲包裹花梗（图5-40 ⅠE、F），部分小花花瓣数量增加（图5-40 ⅠG），茎生分枝的节间极度缩短成对生或轮生（图5-40 ⅠH、I）。35S::*PmLFY2*转基因拟南芥表型同样表现为部分茎生叶向腹卷曲（图5-40 ⅡD～G），茎生分枝全部转变为单花（图5-40 ⅡC、H）且花瓣数量增加（图5-40 ⅡI）。

表5-11　转*PmLFY*基因拟南芥开花表型

基因型	株系	开花时莲座叶数量		从播种至开花所需天数（d）	
		长日照	短日照	长日照	短日照
野生型	Col-0	13.50 ± 0.60a	30.80 ± 1.00a	37.30 ± 1.20a	85.00 ± 1.200a
35S::*PmLFY1*	#10	8.30 ± 0.80c	13.00 ± 0.70e	24.80 ± 0.50f	69.80 ± 1.20f
	#18	10.30 ± 0.90b	14.50 ± 0.50de	30.30 ± 0.60cd	73.30 ± 1.20ef
	#21	8.80 ± 0.60c	15.80 ± 0.90cde	28.00 ± 1.10de	74.80 ± 0.50de
	#26	10.8 ± 0.60b	16.30 ± 0.80cd	27.00 ± 0.40e	72.50 ± 1.00ef
	#29	10.00 ± 0.40b	15.80 ± 0.90cde	26.80 ± 1.30ef	74.30 ± 1.7def
	#30	9.80 ± 0.80b	13.30 ± 1.10e	24.30 ± 0.90f	69.30 ± 1.30f
35S::*PmLFY2*	#1	11.30 ± 0.30b	17.50 ± 0.60c	29.00 ± 1.10c	74.00 ± 1.00de
	#5	9.80 ± 1.10b	19.80 ± 1.10bc	31.80 ± 0.90bc	79.80 ± 0.90c
	#15	11.00 ± 0.40b	21.30 ± 1.10b	32.50 ± 0.50bc	77.00 ± 0.90cd
	#24	12.30 ± 1.30ab	20.00 ± 1.80bc	33.00 ± 0.70b	78.80 ± 0.80c
	#25	10.00 ± 1.20b	19.80 ± 0.50bc	32.50 ± 0.90bc	81.00 ± 0.90b
	#30	8.60 ± 0.90c	19.00 ± 1.20bc	25.00 ± 0.90ef	77.80 ± 1.10c

注：小写字母代表差异显著（*P*<0.05）；Col-0代表野生型拟南芥Columbia-0。

35S::PmLFY1（Ⅰ）　　　　　　　*35S::PmLFY2*（Ⅱ）　　　　　　　wild type（Ⅲ）

图5-40　*PmLFY*转基因拟南芥表型

ⅠA~ⅠI.转*PmLFY1*拟南芥表型　ⅡA~ⅡI.转*PmLFY2*拟南芥表型　ⅢA~ⅢH.野生型拟南芥表型

[ⅠA、ⅡA为长日照条件下与野生型拟南芥（ⅢA）相比，播种35 d时*35S::PmLFY1*和*35S::PmLFY2*开花表型；
ⅠB、ⅠC为*35S::PmLFY1*莲座分枝转变为单花；ⅠD、ⅠE为*35S::PmLFY1*茎生分枝转变为单花；
ⅡB~ⅡD为*35S::PmLFY2*茎生分枝及其侧枝转变为单花；ⅢB、ⅢC为野生型拟南芥的正常茎生分枝；
ⅠF、ⅡG为*35S::PmLFY1*茎生叶向腹卷曲包裹花梗；ⅡE、ⅡF为*35S::PmLFY2*末端花不同形态；ⅢD为野生型拟南芥正常花序；
ⅠG、ⅡI为*35S::PmLFY1*和*35S::PmLFY2*的花瓣数量增加；ⅡH为*35S::PmLFY2*茎生叶与茎生分枝之间长出单花；
ⅢE、ⅢF为野生型拟南芥正常花瓣；ⅠH、ⅡI为*35S::PmLFY1*茎生分枝由互生变为对生或轮生；
ⅢG为野生型拟南芥正常茎生分枝；ⅢH为野生型拟南芥正常莲座叶分枝]

　　利用qRT-PCR技术检测拟南芥内源基因表达情况，结果表明，与野生型拟南芥相比，异源过表达*PmLFY*基因导致拟南芥4个内源花器官发育相关基因（*AP1*、*AP3*、*PI*、*AG*）的表达量均显著上升（图5-41），推测*PmLFY*基因可能是通过促进内源花器官发育相关基因*AP1*、*AP3*、*PI*、*AG*的表达调控拟南芥成花转变。

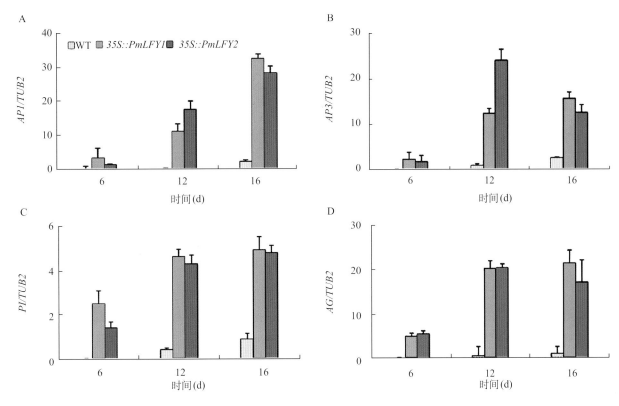

图5-41 *PmLFY*转基因拟南芥内源成花基因表达模式
A.*AP1*基因表达水平 B.*AP3*基因表达水平 C.*PI*基因表达水平 D.*AG*基因表达水平
（以拟南芥*TUB2*为内参基因）

2.3.3.4 梅花MADS-box家族*AP1/FUL1*基因功能验证

（1）梅花*AP1/FUL1*表达模式分析。利用qRT-PCR对*PmAP1*、*PmFUL1*和*PmFUL2*基因在根、茎、叶、萼片、花瓣、雄蕊、雌蕊和3个不同发育时期果实中的表达模式进行研究，结果显示，*PmAP1*只在萼片中表达；*PmFUL2*在根、萼片、花瓣、雌蕊和果实中均有表达，其中在果实中的表达量最高，雌蕊中的表达量次之，推测*PmFUL2*可能参与萼片、花瓣、雌蕊和果实的发育；*PmFUL1*在所有器官中均有表达，在萼片中表达量较高，在其他器官均较低（图5-42）。

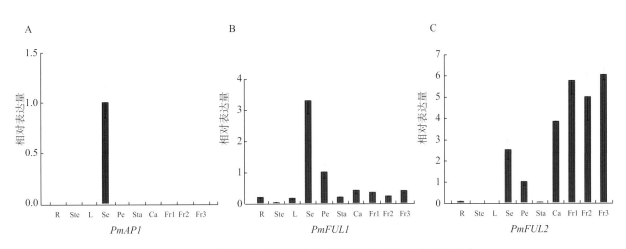

图5-42 梅花*AP1/FUL*亚家族基因在不同器官中的表达模式
（R为根，Ste为茎，L为叶，Se为萼片，Pe为花瓣；Sta为雄蕊，Ca为雌蕊，Fr1～3为果实发育的三个时期）

　　*AP1/FUL*基因在3个梅花品种花芽分化过程中均呈现先升后降的表达模式。其中,*PmAP1*和*PmFUL1*的表达峰值出现在S7时期,*PmFUL2*的表达峰值出现在S6时期。*PmAP1*在进入花原基分化后才开始表达,在S1时期不表达;2个*FUL*基因在S1时期即有少量表达。*PmAP1*在3种不同花型梅花中的表达量相似;在S6~S9时期,*PmFUL1*在单瓣品种'江梅'和重瓣品种'三轮玉碟'中的表达量均显著高于台阁品种'素白台阁',*PmFUL2*在'三轮玉碟'和'素白台阁'中的表达量均显著高于'江梅',推测*PmFUL2*可能参与花瓣的发育(图5-43)。

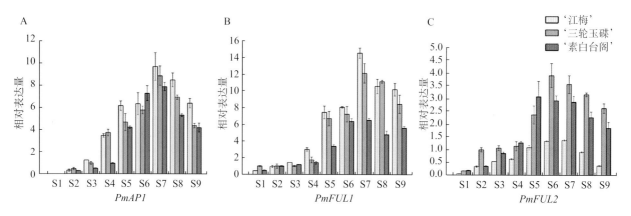

图5-43　*AP1/FUL*亚家族基因在梅花花芽分化不同时期表达模式
A.*PmAP1*的表达模式　B.*PmFUL1*的表达模式　C.*PmFUL2*的表达模式

　　*PmAP1*在'江梅'和'三轮玉碟'的雌蕊中均不表达,在'素白台阁'的上方花中表达(图5-44A);*PmFUL1*在3种花型梅花的第4轮花器官中均有表达,在'素白台阁'上方花中的表达量显著高于'江梅'和'三轮玉碟'雌蕊中的表达量(图5-44B),分别为'江梅'和'三轮玉碟'的7倍和5倍;*PmFUL2*在'素白台阁'上方花中的表达量低于在'江梅'和'三轮玉碟'雌蕊中的表达量(图5-44C)。

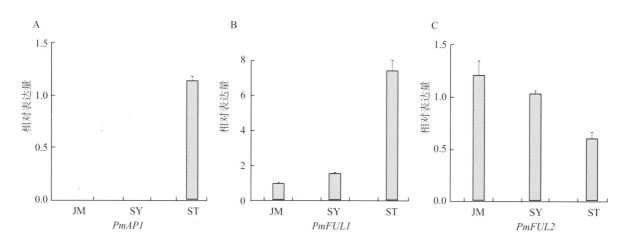

图5-44　梅花*AP1/FUL*亚家族基因在不同花型梅花第4轮花器官中的表达模式
A.*PmAP1*的表达模式　B.*PmFUL1*的表达量　C.*PmFUL2*的表达量
(JM代表'江梅',SY代表'三轮玉碟',ST代表'素白台阁')

　　(2)梅花*AP1/FUL1*基因在拟南芥中的功能分析。利用农杆菌介导的花序浸染法将梅花*AP1/FUL*亚家族基因转入拟南芥,获得转*PmAP1*基因的T₁代拟南芥45株,转*PmFUL1*基因拟南芥32株,转*PmFUL2*基因拟南芥56株表达量分析结果表明,外源基因在所有转基因株系中均有表达(图5-45)。

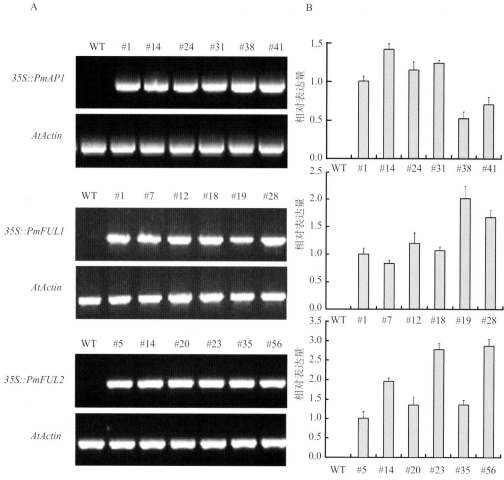

图5-45 梅花*AP1/FUL*亚家族在转基因拟南芥的检测分析
A.RT-PCR检测 B.qRT-PCR检测

长日照条件下，转*PmAP1*基因拟南芥均提前开花（表5-12，图5-46C～E）。野生型拟南芥平均41.06 d开花，转*PmAP1*基因拟南芥23.27～29.11 d即可开花。野生型拟南芥开花时莲座叶片平均数量10.56，转基因拟南芥开花时莲座叶片数量为3.65～6.33（表5-12）。早花表型的拟南芥在3～4片莲座叶时即开始抽薹开花（图5-46D、E）。同时，转基因拟南芥花序表型也发生了变化。野生型拟南芥花有4枚萼片、4枚花瓣、6枚雄蕊（4长2短）和1个雌蕊（图5-46A），为无限花序，花序顶端持续分化出新的花蕾，自下而上依次开放（图5-46B）；转*PmAP1*基因拟南芥为有限花序，顶端由2～3朵花合生形成末端花，不再分化新的花蕾（图5-46D、F～H）。推测*PmAP1*可能参与花期调控和抑制无限花序的形成。

表5-12 转*PmAP1*基因拟南芥表型统计

株系	从播种至开花天数（d）	开花时莲座叶数量	株系	从播种至开花天数（d）	开花时莲座叶数量
WT	41.06±2.01a	10.56±0.96a	#31	23.27±1.71b	3.65±0.70e
#1	26.80±1.37cd	4.65±0.70b	#38	29.11±1.88e	6.33±0.71d
#14	26.69±2.66c	4.53±0.74b	#41	27.78±2.49cde	5.90±0.74cd
#24	28.27±1.75de	5.50±0.63c			

注：小写字母代表差异显著（$P<0.05$）。

图 5-46　*PmAP1* 转基因拟南芥表型
A.野生型拟南芥的花　B.野生型拟南芥的花序　C.转 *PmAP1* 基因植株提前开花
D.转 *PmAP1* 植株3片莲座叶片即开花且花序顶端合生形成末端花
E.转 *PmAP1* 植株4片莲座叶片即开花且末端花先开放　F～H.末端花的不同形态

　　转 *PmFUL1* 基因的拟南芥也能提前开花，但开花晚于转 *PmAP1* 基因株系（表5-13，图5-47C）。转 *PmFUL1* 基因的拟南芥播种后30.06～34.91 d开花，比野生型提前了6～11 d；开花时莲座叶片数量7.14～8.92，比转 *PmAP1* 基因拟南芥开花时的叶片数量（3.65～6.33）多而比野生型的叶片数量（10.56）少。与过表达 *PmAP1* 基因拟南芥不同，转 *PmFUL1* 基因拟南芥的花序、单朵花与野生型均无区别（图5-47D），推测 *PmFUL1* 可能不参与花序分生组织顶端的分化。野生型拟南芥角果在成熟时开裂（图5-47F），转基因拟南芥的角果在成熟时不开裂（图5-47E），推测 *PmFUL1* 可能参与了拟南芥角果开裂的调控过程。

表5-13　转 *PmFUL1* 基因拟南芥表型统计

株系	从播种至开花天数（d）	开花时莲座叶数量	株系	从播种至开花天数（d）	开花时莲座叶数量
WT	41.06±2.01a	10.56±0.96a	#18	33.86±0.69de	8.33±0.52bc
#1	34.91±2.07e	8.92±1.26c	#19	30.06±1.95b	7.14±0.69b
#7	33.00±1.07cd	8.71±1.14c	#28	31.30±3.53bc	7.78±1.09bc
#12	32.76±1.56cd	8.35±1.93bc			

　　注：小写字母代表差异显著（$P<0.05$）。

图5-47　*PmFUL1*转基因拟南芥表型
A.野生型拟南芥的花　B.野生型拟南芥的花序　C.转*PmFUL1*基因植株提前开花
D.转*PmFUL1*基因拟南芥的花序和单朵花与野生型相似　E.转*PmFUL1*基因拟南芥角果成熟后不开裂　F.野生型拟南芥角果成熟后开裂

　　*PmFUL2*与*PmFUL1*同属于FUL类基因，但*PmFUL2*的表达模式和转基因植株性状均与*PmAP1*更为接近。过表达*PmFUL2*基因拟南芥提前开花时间介于转*PmAP1*和*PmFUL1*基因之间，转*PmFUL2*基因拟南芥也与转*PmAP1*基因相似，均由无限花序变为有限花序，推测*PmFUL2*可能也抑制无限花序的形成（表5-14，图5-48）。

表5-14　转*PmFUL2*基因拟南芥表型统计

株系	从播种至开花天数（d）	开花时莲座叶数量	株系	从播种至开花天数（d）	开花时莲座叶数量
WT	41.06±2.01a	10.56±0.96a	#23	28.07±1.55c	5.18±1.07b
#5	30.53±2.45b	6.64±0.84d	#35	31.25±2.21b	6.93±1.32d
#14	28.70±2.83c	6.07±1.22cd	#56	27.46±1.45c	5.69±1.14bc
#20	30.93±2.99b	6.64±1.29d			

　　注：小写字母代表差异显著（$P<0.05$）。

图5-48　*PmFUL2*转基因拟南芥表型

A.野生型拟南芥的花　B.野生型拟南芥的花序　C.转*PmFUL2*基因植株提前开花　D～J.转*PmFUL2*基因拟南芥花序顶端表型

2.3.3.5　梅花MADS-box家族B类基因功能分析

（1）梅花MADS-box家族B类基因表达模式。梅花B类MADS-box基因表达模式分析结果表明，*PmAP3*和*PmPI*表现出典型B类基因的特征，其中，*PmPI*只在花瓣和雄蕊中表达，在其他组织和器官中均不表达，*PmAP3*在雌蕊中有微弱表达并一直延续到果实成熟；*PmAP3-2*在所有器官中均表达，在花瓣和雄蕊中高表达（图5-49）。

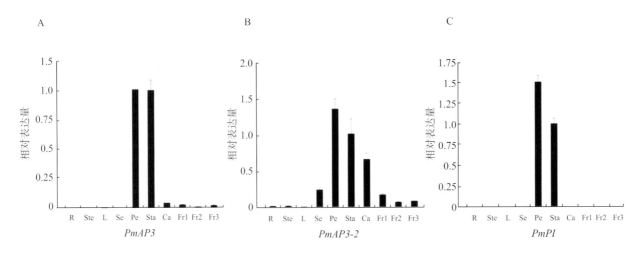

图5-49　梅花B类MADS-box基因在不同组织器官中表达模式

（R为根，Ste为茎，L为叶，Se为萼片，Pe为花瓣，Sta为雄蕊，Ca为雌蕊，Fr1～3为果实发育的三个时期）

　　3个B类MADS-box基因在梅花花芽分化不同时期呈现出不同的表达模式。*PmAP3*和*PmPI*表现出时期特异性，*PmAP3-2*在不同时期均表达。*PmAP3*从花瓣分化期（S4）开始有微量表达，之后持续上升；*PmAP3-2*的表达量在未分化期至整个花芽分化过程（S1～S9）中持续上升；*PmPI*在S1～S3期不表达，S4～S8期表达量上升，随后下降（图5-50）。

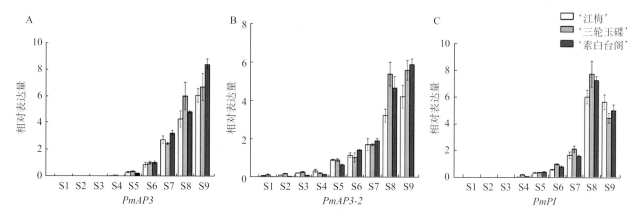

图5-50　3个梅花B类MADS-box基因在花芽分化不同时期表达模式
A.*PmAP3*的表达模式　B.*PmAP3-2*的表达模式　C.*PmPI*的表达模式

　　3种不同花型梅花第4轮花器官中的表达模式分析结果显示，*PmAP3*和*PmPI*在不同花型梅花第4轮花器官中表达模式差异显著。*PmAP3*在3种花型梅花的第4轮花器官中均有表达，在'江梅'和'三轮玉碟'雌蕊中表达量较低，在'素白台阁'上方花中的表达量高，约为在'江梅'和'三轮玉碟'雌蕊中的30倍；*PmPI*只在台阁品种的第4轮花器官中表达，在'江梅'和'三轮玉碟'的第4轮花器官中均不表达；*PmAP3-2*在3个品种的第4轮花器官中均表达，仅在表达量上略有差异（图5-51）。

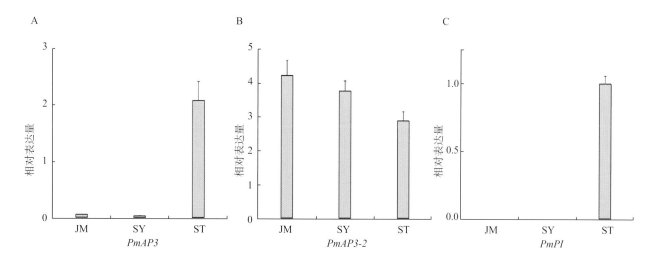

图5-51　梅花B类MADS-box基因在不同花型梅花第4轮花器官中表达模式
A.*PmAP3*的表达量　B.*PmAP3-2*的表达量　C.*PmPI*的表达量
（JM代表'江梅'，SY代表'三轮玉碟'，ST代表'素白台阁'）

　　（2）梅花MADS-box家族B类基因在拟南芥中的功能分析。利用农杆菌介导的花序浸染法将梅花B类MADS-box转入拟南芥，获得T₃代转*PmAP3*基因拟南芥43株，转*PmAP3-2*基因拟南芥67株，转*PmPI*基因拟南芥39株。表达量分析结果表明，所有转基因株系均有外源基因表达（图5-52）。

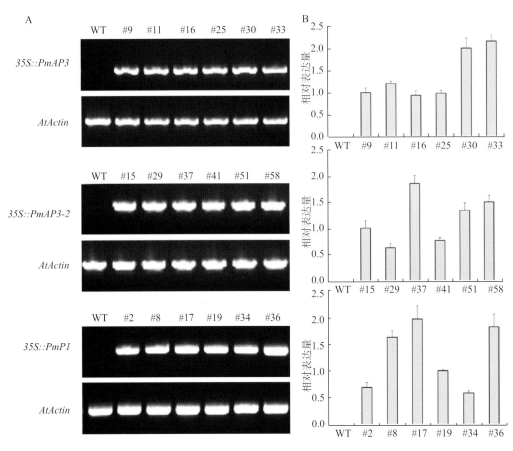

图5-52　梅花B类基因转基因拟南芥检测分析
A.RT-PCR检测　B.qRT-PCR检测

　　3个B类MADS-box基因的T₃代转基因拟南芥的植株形态、开花时间、花序形态和单朵花形态都与野生型拟南芥一致（表5-15～表5-17，图5-53）。

表5-15　转*PmAP3*基因拟南芥表型统计

株系	从播种至开花天数（d）	开花时莲座叶数量	株系	从播种至开花天数（d）	开花时莲座叶数量
WT	41.06±2.01a	10.56±0.96a	#25	40.53±1.84a	10.18±1.01a
#9	41.25±2.34a	10.56±1.13a	#30	41.47±2.26a	10.47±1.13a
#11	40.46±2.03a	10.00±1.41a	#33	41.23±2.28a	10.62±1.33a
#16	40.31±1.98a	10.64±1.43a			

注：小写字母代表差异显著（$P<0.05$）。

表5-16　转*PmAP3-2*基因拟南芥表型统计

株系	从播种至开花天数（d）	开花时莲座叶数目	株系	从播种至开花天数（d）	开花时莲座叶数目
WT	41.06±2.01a	10.56±0.96a	#41	40.50±0.94a	10.29±0.99a
#15	41.07±2.05a	10.13±1.13a	#51	41.60±2.29a	10.47±1.25a
#29	41.36±1.84a	10.43±1.16a	#58	41.20±1.74a	10.67±1.05a
#37	40.69±1.81a	9.92±1.07a			

注：小写字母代表差异显著（$P<0.05$）。

表5-17 转*PmPI*基因拟南芥表型统计

株系	从播种至开花天数（d）	开花时莲座叶数目	株系	从播种至开花天数（d）	开花时莲座叶数目
WT	41.06 + 2.01a	10.56 ± 0.96a	#19	40.69 ± 1.25a	10.46 ± 1.27a
#2	41.46 ± 2.18a	10.85 ± 1.46a	#34	41.00 ± 2.25a	10.71 ± 1.38a
#8	41.21 ± 1.67a	10.93 ± 1.32a	#36	41.38 ± 1.89a	10.69 ± 1.38a
#17	40.75 ± 1.61a	10.25 ± 1.06a			

注：小写字母代表差异显著（$P<0.05$）。

图5-53 梅花B类MADS-box转基因拟南芥表型
A.野生型拟南芥的花 B.野生型拟南芥的花序 C, E, G.转*PmAP3*、*PmAP3-2*、*PmPI*基因拟南芥的花
D, F, H.转*PmAP3*、*PmAP3-2*、*PmPI*基因拟南芥的花序

2.3.4 梅花成花基因蛋白互作研究

2.3.4.1 PmSOC1、PmSVP和PmAP1间蛋白互作分析

为研究梅花PmSOC1、PmSVP和PmAP1间蛋白互作关系，将含有目的基因的载体转入酵母中并进行酵母自激活与毒性检测，结果显示，PmSOC1、PmSVP和PmAP1均不具有自激活活性和毒性；酵母双杂交结果显示，3个PmSOC1、2个PmSVP自身不存在相互作用，说明不能形成蛋白二聚体（图5-54～图5-56）；PmSVP1和PmSVP2之间存在较强相互作用，说明能够形成异源二聚体；梅花PmAP1自身存在较强相互作用，说明能够形成同源二聚体（图5-55，图5-56）。

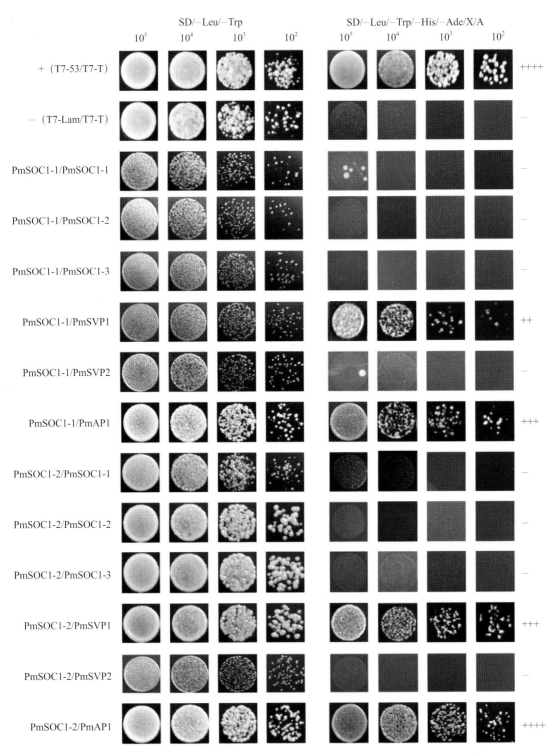

图5-54 PmSOC1、PmSVP和PmAP1蛋白互作分析（1）

　　PmSOC1和PmSVP互作结果表明，PmSOC1-1、PmSOC1-2均能与PmSVP1发生较强的相互作用（图5-54），PmSOC1-1、PmSOC1-2和PmSVP2之间不存在相互作用（图5-54，图5-56）。PmSOC1和PmAP1互作结果显示，PmSOC1-1、PmSOC1-2和PmAP1杂交均存在较强的相互作用（图5-54，图5-55）。PmSOC1-3与其他检测蛋白均不存在相互作用（图5-55）。

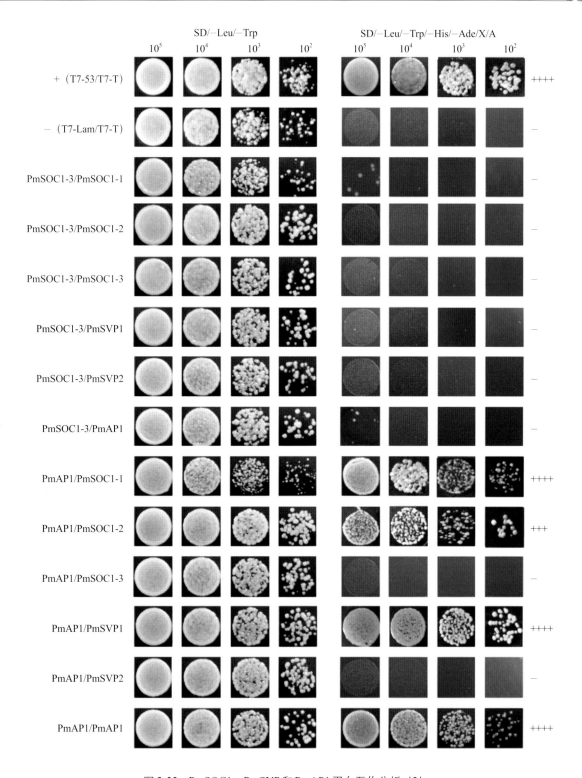

图5-55 PmSOC1、PmSVP和PmAP1蛋白互作分析（2）

　　酵母双杂交结果表明，PmAP1和PmSOC1-1、PmSOC1-2、PmSVP1分别存在较强的互作，PmAP1和PmSOC1-3、PmSVP2不存在互作（图5-55）。PmSVP1和PmAP1杂交存在很强的相互作用，PmSVP2和PmAP1不存在互作（图5-56）。

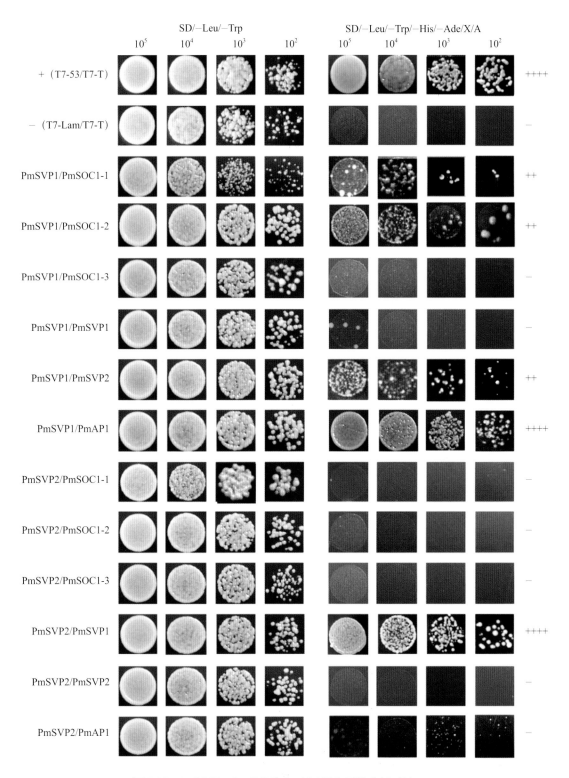

图5-56 PmSOC1、PmSVP和PmAP1蛋白互作分析（3）

2.3.4.2 AP1/FUL亚家族蛋白间相互作用

梅花3个AP1/FUL亚家族蛋白酵母双杂交结果显示，PmAP1、PmFUL2自身均存在很强的相互作用，PmFUL1自身无相互作用；PmFUL1和PmFUL2存在较强的相互作用，PmAP1和PmFUL2相互作用较弱，PmAP1和PmFUL1无相互作用（图5-57）。

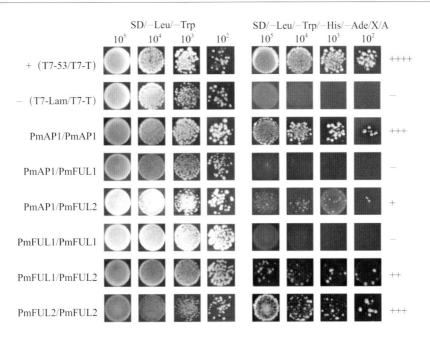

图5-57　梅花AP1/FUL1亚家族蛋白互作分析

2.3.4.3　AP1/FUL亚家族蛋白与B、C类蛋白间相互作用

　　梅花3个AP1/FUL亚家族与B类蛋白酵母双杂交结果显示，PmAP1与PmAP3、PmPI间有较强的相互作用，PmFUL2和PmPI间相互作用较弱，PmAP1和PmAP3-2间不存在相互作用，PmFUL1和B类蛋白均不存在相互作用（图5-58）。PmAP1与PmAG间存在极强的相互作用，2个FUL类蛋白与PmAG均不存在相互作用（图5-59）。

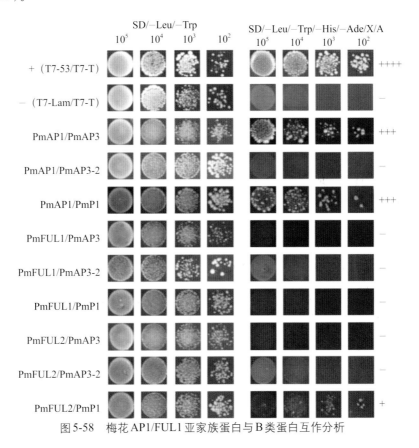

图5-58　梅花AP1/FUL1亚家族蛋白与B类蛋白互作分析

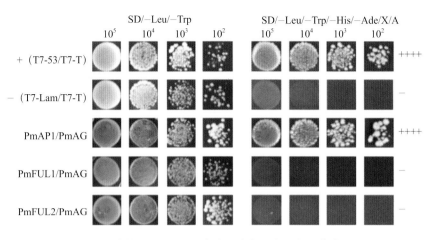

图5-59　梅花AP1/FUL1亚家族蛋白与C类蛋白互作分析

2.3.4.4　AP1/FUL亚家族与E类蛋白间相互作用

酵母双杂交结果显示，PmAP1与4个E类蛋白均存在较强相互作用；PmFUL1仅与PmSEP3存在微弱的相互作用，与其他3个E类基因不存在相互作用；PmFUL2与PmSEP1、PmSEP2、PmSEP3相互作用较强，与PmSEP4不存在相互作用（图5-60）。

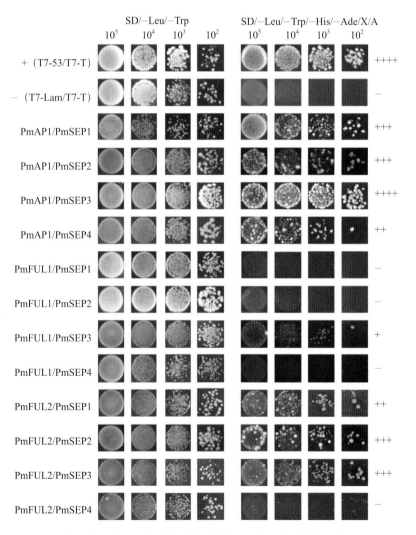

图5-60　梅花AP1/FUL1亚家族蛋白与E类蛋白互作分析

2.3.4.5　B类MADS-box蛋白间相互作用

梅花B类蛋白酵母双杂交结果显示，PmAP3和PmAP3-2和PmPI存在较强的相互作用，PmAP3、PmPI自身以及PmAP3和PmAP3-2蛋白间均无相互作用（图5-61）。

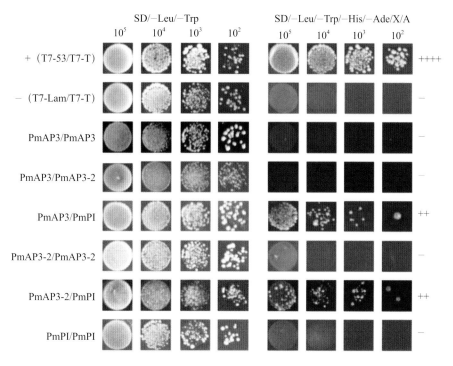

图5-61　梅花B类MADS-box蛋白互作分析

2.3.4.6　B类与C类MADS-box蛋白间相互作用

在拟南芥中，B类和C类MADS-box基因共同决定雄蕊发育。免疫共沉淀反应试验表明，AP3与PI在体外均能与AG形成二聚体（Riechmann et al., 1996）。酵母双杂交结果显示，PmAG与PmPI存在较弱相互作用，PmAG与PmAP3、PmAP3-2均无相互作用（图5-62）。

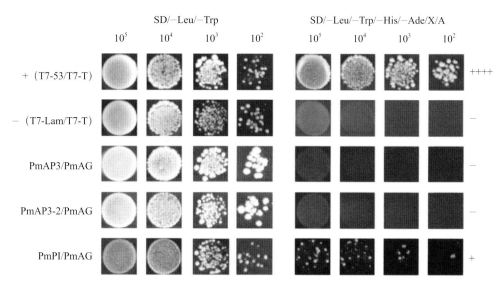

图5-62　梅花B类与C类MADS-box蛋白互作分析

2.3.4.7　B类与E类MADS-box蛋白相互作用

酵母双杂交结果显示，PmPI与PmSEP2、PmSEP3均存在较强相互作用，与PmSEP1、PmSEP4均无相互作用；PmAP3、PmAP3-2与4个PmSEP均无相互作用（图5-63）。

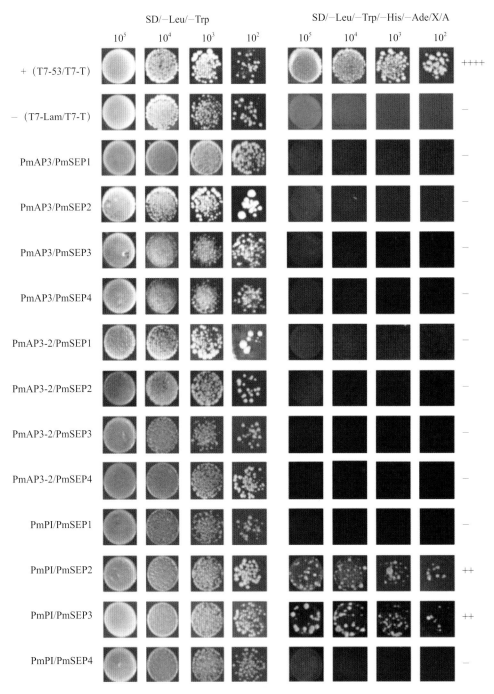

图5-63　梅花B类与E类MADS-box蛋白互作分析

2.3.4.8　C类与E类MADS-box蛋白相互作用

酵母双杂交结果表明，PmAG自身存在较强的相互作用，PmAG与PmSEP2、PmSEP3均存在较强相互作用（图5-64）；4个PmSEP自身存在相互作用，PmSEP3与其他3个PmSEP存在较强相互作用（图5-65）。

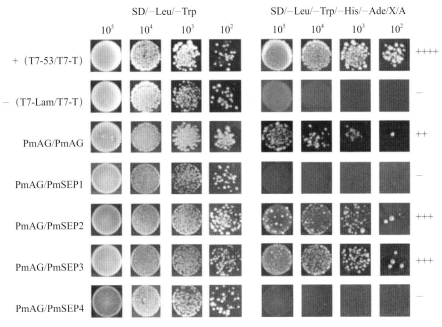

图5-64　梅花C类与E类MADS-box蛋白互作分析（1）

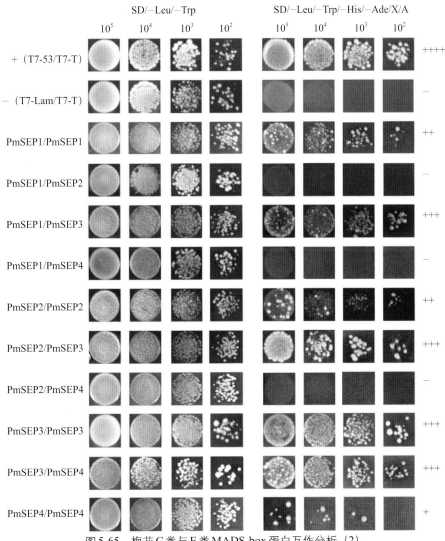

图5-65　梅花C类与E类MADS-box蛋白互作分析（2）

3 结论

（1）完成梅花生态休眠期花芽（PmEcD）、休眠解除恢复生长期花芽（PmDR）、现蕾期花蕾（PmB）、盛花期花朵（PmF）4个sRNA转录组测序分析，筛选出157个保守miRNA，分别属于50个miRNA家族，其中37个miRNA参与梅花花芽休眠解除，25个miRNA参与花朵开放。

（2）揭示了赤霉素对梅花花芽休眠具有调控作用，并验证了*PmDELLA1*和*PmDELLA2*在梅花生长发育中参与GA信号转导。

（3）克隆了9个控制梅花成花转变及花器官发育基因，其编码蛋白通过形成同源或异源二聚体发挥功能，7个基因在拟南芥中异源表达能促进转基因植株提前开花、花分生组织转变及花形态建成。

参考文献

Arora R, Agarwal P, Ray S, et al, 2007. MADS-box gene family in rice: genome-wide identification, organization and expression profiling during reproductive development and stress[J]. BMC Genomics, 8(1):242.

Aubert D, Chen L, Moon Y H, et al, 2001. EMF1, a novel protein involved in the control of shoot architecture and flowering in *Arabidopsis*[J]. The Plant Cell, 13(8):1865-1875.

Bastow R, Mylne JS, Lister C, et al, 2004. Vernalization requires epigenetic silencing of *FLC* by histone methylation. Nature, 427:164-167.

Bolle C, Koncz C, Chua N, 2000. *PAT1*, a new member of the GRAS family, is involved in phytochrome A signal transduction[J]. Genes & Development, 14(10):1269-1278.

Borner R, Kampmann G, Chandler J, et al, 2000. A MADS domain gene involved in the transition to flowering in *Arabidopsis*[J]. The Plant Journal, 24:591-599.

Drews G N, Bowman J L, Meyerowitz E M, 1991. Negative regulation of the *Arabidopsis* homeotic gene *AGAMOUS*, by the *APETALA2*, product[J]. Cell, 65(6):991.

Fabio F, Amaury de M, George C, 2010. SnapShot: Control of flowering in *Arabidopsis*[J]. Cell, 141(550):e1-e2.

Finn Robert R D, Bateman Alex, Clements Jody, et al, 2014. Pfam: the protein families database[J]. Nucleic Acids Research, 42 (Database issue):D222-D230.

Foster T, Kirk C, Jones W, et al, 2007. Characterisation of the DELLA subfamily in apple (*Malus × domestica* Borkh.)[J]. Tree Genetics & Genomes, 3(3):187-197.

Helariutta Y, Fukaki H, Wysocka-Diller J, et al, 2000. The *SHORT-ROOT* gene controls radial patterning of the *Arabidopsis* root through radial signaling[J]. Cell, 101(5):555-567.

Hou J, Gao Z, Zhang Z, et al, 2011. Isolation and characterization of an *AGAMOUS* homologue *PmAG* from the Japanese Apricot (*Prunus mume* Sieb. et Zucc.)[J]. Plant Molecular Biology Reporter, 29(2): 473-480.

Irish V F, Sussex I M, 1990. Function of the *APETALA1* gene during *Arabidopsis* floral development. The Plant Cell, 2:741-751.

Jaillon O, Aury J, Noel B, et al, 2007. The grapevine genome sequence suggests ancestral hexaploidization in major angiosperm phyla[J]. Nature, 449(7161):463-467.

Kardailsky I, Shukla V K, Ahn J H, et al, 1999. Activation tagging of the floral inducer FT[J]. Science, 286:1962-1965.

Lamb R S, Irish V F, 2003. Functional divergence within the *APETALA3/PISTILLATA* floral homeotic gene lineages[J]. Proceedings of the National Academy of Sciences of the United States of America, 100(11):6558-6563.

Lee H, Yoo S, Lee J, et al, 2010. Genetic framework for flowering-time regulation by ambient temperature-responsive miRNAs in *Arabidopsis*[J]. Nucleic Acids Research, 38:3081-3093.

Lee J, Oh M, Park H, et al, 2008. SOC1 translocated to the nucleus by interaction with AGL24 directly regulates LEAFY[J]. The Plant Journal, 55(5):832-843.

Li Y, Zhou Y, Yang W, et al, 2017. Isolation and functional characterization of *SVP-like* genes in *Prunus mume*[J]. Scientia Horticulturae, 215:91-101.

Liu R, Meng J, 2003. MapDraw: a microsoft excel macro for drawing genetic linkage maps based on given genetic linkage data[J]. Hereditas, 25(3):317-321.

Lu J, Wang T, Xu Z, et al, 2015a. Genome-wide analysis of the GRAS gene family in *Prunus mume*[J]. Molecular Genetics and Genomics, 290(1):303-317.

Lu J, Yang W, Zhang Q, 2015b. Genome-wide Identification and Characterization of the DELLA Subfamily in *Prunus mume*[J]. Journal of the American Society for Horticultural Science, 140(3):223-232.

Maher C, Stein L, Ware D, 2006. Evolution of *Arabidopsis* microRNA families through duplication events[J]. Genome Research, 16(4):510-519.

Maizel A, Busch M A, Tanahashi T, et al, 2005. The floral regulator LEAFY evolves by substitutions in the DNA binding domain[J]. Science, 308:260-263.

Morohashi K, Minami M, Takase H, et al, 2003. Isolation and characterization of a novel *GRAS* gene that regulates meiosis-associated gene expression[J]. Journal of Biological Chemistry, 278(23):20865-20873.

Pysh L, Wysocka D, Camilleri Christine, et al, 1999. The GRAS gene family in *Arabidopsis*: sequence characterization and basic expression analysis of the *SCARECROW-LIKE* genes[J]. The Plant Journal, 18(1):111-119.

Riechmann J, Krizek B, Meyerowitz E, 1996. Dimerization specificity of *Arabidopsis* MADS domain homeotic proteins APETALA1, APETALA3, PISTILLATA, and AGAMOUS[J]. Proceedings of the National Academy of Sciences of the United States of America, 93(10):4793-4798.

Samach A, Onouchi H, Gold SE, et al, 2000. Distinct roles of CONSTANS target genes in reproductive development of *Arabidopsis*[J]. Science, 288(5471):1613-1616.

Shi J, Liu M, Shi J, et al, 2012. Reference gene selection for qPCR in *Ammopiptanthus mongolicus* under abiotic stresses and expression analysis of seven ROS-scavenging enzyme genes[J]. Plant Cell Reports, 31:1245-1254.

Shu G, Amaral W, Hileman L C, et al, 2000. LEAFY and the evolution of rosette flowering in violet cress (*Jonopsidium acaule*, Brassicaceae)[J]. American Journal of Botany, 87:634-641.

Shulaev V, Sargent D, Crowhurst R, et al, 2011. The genome of woodland strawberry (*Fragaria vesca*)[J]. Nature Genetics, 43(2):109-116.

Silverstone A, Ciampaglio C, Sun T, 1998. The *Arabidopsis RGA* gene encodes a transcriptional regulator repressing the gibberellin signal transduction pathway[J]. The Plant Cell, 10(2):155-169.

Smaczniak C, Immink R, Angenent G, et al, 2012. Developmental and evolutionary diversity of plant MADS-domain factors: insights from recent studies[J]. Development, 139(17):3081-3098.

Song X, Liu T, Duan W, et al, 2014. Genome-wide analysis of the GRAS gene family in Chinese cabbage (*Brassica rapa* ssp. pekinensis)[J]. Genomics, 103(1):135-146.

Tamura K, Peterson D, Peterson N, et al, 2011. MEGA5: molecular evolutionary genetics analysis using maximum likelihood, evolutionary distance, and maximum parsimony methods[J]. Molecular Biology Evolution, 28(10):2731-2739.

Tian C, Wan P, Sun S, et al, 2004. Genome-wide analysis of the *GRAS* gene family in rice and *Arabidopsis*[J]. Plant Molecular Biology, 54(4):519-532.

Torres-Galea P, Huang L, Chua N, et al, 2006. The GRAS protein SCL13 is a positive regulator of phytochrome-dependent red light signaling, but can also modulate phytochrome A responses[J]. Molecular Genetics and Genomics, 276(1):13-30.

Tuskan G, Difazio S, Jansson S, et al, 2006. The genome of black cottonwood, *Populus trichocarpa* (Torr. & Gray)[J]. Science, 313(5793):1596-1604.

Velasco R, Zharkikh A, Affourtit J, et al, 2010. The genome of the domesticated apple (*Malus × domestica* Borkh.)[J]. Nature Genetics, 42(10):833-839.

Wang T, Hao R, Pan H, et al, 2014. Selection of suitable reference genes for quantitative real-time polymerase chain reaction in

Prunus mume during flowering stages and under different abiotic stress conditions[J]. Journal of the American Society for Horticultural Science, 139(2):113-122.

Wang T, Lu J, Xu Z, et al, 2014a. Selection of suitable reference genes for miRNA expression normalization by qRT-PCR during flower development and different genotypes of *Prunus mume*[J]. Scientia Horticulturae, 169:130-137.

Wang T, Pan H, Wang J, et al, 2014b. Identification and profiling of novel and conserved microRNAs during the flower opening process in *Prunus mume* via deep sequencing[J]. Molecular Genetics and Genomics, 289(2):169-183.

Weigel D, Alvarez J, Smyth D R, et al, 1992. *LEAFY* controls floral meristem identity in *Arabidopsis*[J]. Cell, 69:843-859.

Wells C, Vendramin E, Jimenez T, et al, 2015. A genome-wide analysis of MADS-box genes in peach [*Prunus persica* (L.) Batsch][J]. BMC Plant Biology, 15(1):41.

Xu Z, Sun L, Zhou Y, et al, 2015. Identification and expression analysis of the SQUAMOSA promoter-binding protein (SBP)-box gene family in *Prunus mume*[J]. Molecular Genetics and Genomics, 290(5):1701-1715.

Xu Z, Zhang Q, Sun L, et al, 2014. Genome-wide identification, characterisation and expression analysis of the MADS-box gene family in *Prunus mume*[J]. Molecular Genetics and Genomics, 289(5):903-920.

Yang Y, Laura F, Thomas J, 2003. The K domain mediates heterodimerization of the *Arabidopsis* floral organ identity proteins, APETALA3 and PISTILLATA. The Plant Journal, 33:47-59.

Zhang Q X, Chen W B, Sun L D, et al, 2012. The genome of *Prunus mume*[J]. Nature Communications, 3:1318.

Zhuang W, Gao Z, Zhang Z, 2010. Cold fulfillment identification of 75 varieties of guo mei[C]. The fourth national conference proceedings on fruit tree germplasm resources research and development and utilization, 175-182.

第6章
梅花花色分子
机理研究

花色是观赏植物的重要性状，花青素苷是花朵呈现粉、红、紫、蓝等颜色的关键成分。花青素苷是植物体内一种类黄酮类次生代谢产物，是自然界中分布最为广泛的一类水溶性色素，在植物花、果实颜色形成及抗逆性方面发挥着重要作用（Winkel-Shirley，2001）。花青素苷合成受一系列基因调控，不同物种中花青素苷的合成和代谢具有特异性和多样性。拟南芥（*A. thaliana*）、矮牵牛（*P. hybrida*）、玉米（*Z. mays*）等模式植物中研究发现，花青素合成基因的表达通常受MYB、bHLH和WD40等转录因子调控（Xu et al., 2015），这些转录因子通常以复合蛋白的形式结合到花青素苷合成基因的启动子上，激活靶基因表达（Ramsay et al., 2005）。MYB转录因子也可以直接结合到靶基因上起调控作用（Hichri et al., 2011）。例如，萝卜中 *RsMYB1* 基因可以激活转基因拟南芥和烟草中花青素合成通路基因，促使其上调表达（Lim et al., 2016）。

梅花花色主要包括紫红、粉红、纯白、绿白、淡黄和复色等（陈俊愉，1996；张启翔，2001）。研究显示红色系梅花主要含有花青素苷和黄酮类物质，而白色梅花不含此类物质或含量极低（赵昶灵等，2006）。至今，梅花中花青素苷合成的分子机制尚不明确。因此，以梅花花青素苷成分分析为切入点，通过分离与鉴定R2R3-MYB家族成员及其他花青素合成相关基因，为解析梅花花青素苷合成途径及调控机制，开展花色分子育种奠定基础。

1　材料与方法

1.1　材料

选择41个不同色系的梅花品种，采集处于不同发育阶段的梅花花瓣测定花色参数。花发育过程分为5个阶段：（1）小蕾期，其特征为花萼紧紧包被花瓣（S1）；（2）大蕾期，其特征为花蕾松动但花瓣未展开（S2）；（3）初花期，其特征为部分花瓣稍微展开（S3）；（4）盛花期，花瓣完全展开且充盈丰满（S4）；（5）末花期，花瓣开始萎蔫（S5）（图6-1）。

 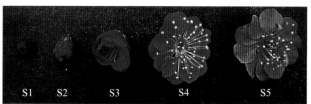

图6-1　梅花不同花发育阶段

1.2　方法

1.2.1　梅花花色表型测定

利用2种方法对采集的新鲜梅花花瓣进行花色表型测定。

（1）比色法。利用英国皇家园艺学会比色卡（royal horticultural society colour chart，RHSCC）按照使用说明与花瓣颜色进行比对。

（2）色差仪测定法。利用国际照明委员会制定的CIEL*a*b*表色系统进行花色数字化测定，即利用分光色差仪CR400（KonicaMinolta, Japan）在C/2°光源下测定梅花花瓣的L*值（明度）、a*值和b*值（色相）、C*值（彩度）及h值（色相角）。用色差仪的集光孔对准花瓣上表皮的中央部位测定，每个样品设置5次重复，最后取平均值。

1.2.2　梅花花青素苷成分定性与定量

1.2.2.1　花青素苷提取

称取0.5～1.0 g梅花花瓣，研磨后加入提取液（甲醇∶盐酸∶水 = 70∶0.1∶29.9，*v/v*），充分振荡后置于4℃冰箱过夜。提取过程中每隔8 h震荡1次，然后在离心机上12 000 r/min（4℃）离心10 min，收集上清液到干净的离心管中，用0.22 μm孔径的尼龙微孔滤器过滤并保存于−80℃冰箱中，用于花青素苷的定性和定量分析。

1.2.2.2 花青素苷的定性和定量分析

使用安捷伦液相色谱系统（Agilent 1200 LC）进行花青苷定量分析，具体参数设置如下：反相C18色谱柱（日本Tosoh公司）；柱温30℃；流速0.6 mL/min；进样量10 μL；流动相A为甲酸和水，按照体积比为10∶90配制；流动相B为乙腈和甲醇，按照体积比85∶15配制。洗脱程序：0 min，5% B；20 min，8% B；30 min，25% B；40 min，5% B。

采用二极管阵列检测器（DAD）在200～800 nm范围内扫描检测（花青素苷检测波长516 nm），采用半定量法计算每个品种中各花青素苷组分的相对含量及总花青素苷（TA）含量。定量标准品为矢车菊素-3-O-葡萄糖苷（Cyanidin -3-O-glucoside，Cy3G；纯度93.8%）（Sigma，USA）。

使用安捷伦高效液相色谱和质谱（6310 MSD Trap VL）联用系统进行高效液相色谱-电喷雾离子化-质谱联用（HPLC-ESI-MSn）分析，用系统自带LC/MSD Trap软件分析质谱结果。质谱条件：采用离子阱，离子源为ESI，在正离子模式下进行全离子扫描，扫描范围为m/z 50～1 000。干燥温度350℃，以N_2作为干燥气，流速设8 L/min，喷雾器压力为241.32 kPa，毛细管出口电压为120.4 V。通过一级质谱获得的每种成分的分子离子进一步打碎成二级碎片离子，根据特征离子的质荷比（m/z）、最大吸收波长、保留时间、440 nm处的吸光值与最大可见波长处吸光值的比值（E440/Evis-max）等特征，推测每种花青素苷的成分（Harborne，1958）。

1.2.3 梅花R2R3-MYB基因家族的鉴定及进化分析

1.2.3.1 梅花R2R3-MYB基因家族的鉴定

从梅花基因组数据库（Zhang et al., 2012）下载梅花基因组序列，从植物转录因子数据库下载126个拟南芥的R2R3-MYB转录因子。利用2种方法鉴定梅花的MYB基因家族：（1）从Pfam 28.0数据库下载MYB基因的HMM文件（PF00249），以PF00249作为种子，利用HMMER3.0软件在梅花蛋白数据库中搜索MYB候选基因（1×10^{-3}）。（2）利用拟南芥MYB蛋白作为种子在梅花蛋白数据库中进行BLASTP本地搜索（1×10^{-5}）。合并获得的序列提交到InterPro和SMART网站进行MYB保守域检验，将保守域含2个重复序列（R2和R3）的蛋白作为梅花R2R3-MYB基因家族的候选基因。用Clustal W软件进行多序列比对，应用软件WEBLOGO做出序列标识图。利用ProtParam分析梅花R2R3-MYB家族基因蛋白质的理化性质。

1.2.3.2 梅花R2R3-MYB基因家族系统进化分析

利用Clustal W2.0（Larkin et al., 2007）对梅花和拟南芥R2R3-MYB蛋白序列进行多序列比对，参数设为默认值。利用MEGA 6.0软件构建NJ系统进化树（bootstrap=1 000）和ML进化树。

1.2.3.3 保守基序和基因结构分析

利用MEME、SMART、Pfam分析梅花R2R3-MYB蛋白序列保守基序。利用GSDS进行基因结构分析，确定基因的外显子、内含子数目、相位及分布模式。

1.2.3.4 染色体定位和复制模式分析

利用MapDraw V2.1软件绘制96个R2R3-MYB基因在染色体上的位置（Liu et al., 2003），利用植物基因组重复数据库（plant genome duplication database）判断基因是否有串联重复（Cannon et al., 2004; Lee et al., 2013）。利用DnaSP v5.0软件计算核苷酸的非同义替换率（Ka）、同义替换率（Ks）和Ka/Ks值，判断重复基因对是否被正向选择。

1.2.3.5 梅花R2R3-MYB基因在不同器官的表达模式

利用Genesis 3.0软件绘制96个R2R3-MYB基因在梅花不同器官（根、茎、叶、花、果实）的表达模式图（Wagner et al., 2012; Cornelis et al., 2012）。

1.2.4 梅花R2R3-MYB基因克隆与序列分析

梅花R2R3-MYB基因克隆方法见第4章1.2.4。

在得到R2R3-MYB基因的核苷酸序列后，构建NJ系统进化树，方法见第4章1.2.5。多序列比对分析物种包括拟南芥（*A. thaliana*）、玉米（*Z. mays*）、水稻（*Oryza sativa*）、文心兰（*Oncidium hybrid*）、葡萄（*V. vinifera*）、苹果（*M. × domestica*）、甜樱桃（*P. avium*）、矮牵牛（*P. hybrida*）、草莓（*F. ananassa*）、沙梨（*Pyrus pyrifolia*）、甜橙（*Citrus sinensis*）、金鱼草（*Antirrhinum majus*）、烟草（*Nicotiana tabacum*）、杨梅（*Myrica rubra*）、桃（*P. persica*）、树莓（*Rubus idaeus*）和梅（*P. mume*）等。

1.2.5 植物表达载体构建与烟草转化

采用In-Fusion方法将4个*PmMYB*基因全长编码区序列通过*Nco* I和*Bst*E II 2个酶切位点分别连接到pCAMBIA1304载体。

农杆菌感受态制备、表达载体转化农杆菌、农杆菌转化烟草及转基因苗鉴定的步骤详见第4章1.2.4。

1.2.6 转基因烟草总花青素苷含量测定

取新鲜转基因烟草T$_2$植株的叶片和花冠各0.3 g，分别研磨成粉末，利用含1%浓盐酸的甲醇溶液（浓盐酸：甲醇＝1：99，*v/v*）在4℃黑暗条件下处理24 h，12 000 r/min离心10 min（4℃），取上清液过滤后利用紫外分光光度法测定530 nm和657 nm的吸光度，根据Mehrtens（2005）方法计算总花青素苷含量。

2 研究结果

2.1 梅花花色表型测定

RHSCC比色法结果显示，41个梅花品种花色分布范围在55A～155C，分别为白色（10个品种）、浅粉色（7个品种）、粉红色（17个品种）、紫红色（7个品种）（表6-1）。

色差仪测定结果显示，41个梅花品种花色从紫红色系到白色系L*值变化趋势由低到高，紫红色系（37.72）、粉红色系（63.55）、浅粉色系（82.96）、白色系（89.73），显示亮度由紫红到白色逐渐增加。a*值范围-2.48～58.31，b*值范围-4.13～12.1，c*值范围5.71～58.88，h值范围0.91～359.07。以a*和b*值构建花色二维空间分布图，结果显示花色分布在第一、二和四象限，按照色系分为4组，第1组为白色系（10个品种），主要围绕b*轴分布在第一和二象限；第2组为浅粉色系（8个品种），主要分布在第一象限；第3组为粉红色系（15个品种），围绕a*轴分布在第一、四象限；第4组为紫红色系（8个品种），主要分布在第一象限。二维空间分布图也显示随着梅花花色不断加深（从白色到紫红色），a*值逐渐升高，b*值无明显变化（表6-1，图6-2A）。

花色参数相关性分析结果显示，亮度L*与彩度c*及色相a*均呈显著负相关，相关系数*r*为-0.981和-0.972（图6-2B、C）；L*与b*无显著相关性；c*与a*呈显著正相关（*r* = 0.985），c*与b*无显著相关性（图6-2D）。因此，梅花花色的亮度和彩度主要受a*值影响，a*值主要由梅花花瓣红色程度决定，可能与梅花花青素苷含量有关。

表6-1　41个梅花品种花色参数

品种	色系	RHSCC	CIEL*a*b*表色系统				
			L*	a*	b*	C*	h
'红须朱砂'	紫红色系	63A	35.74	55.27	10.60	56.29	10.83
'江北朱砂'		61B	35.50	55.39	5.52	55.64	5.36
'乌羽玉'		60B	34.44	53.82	9.82	54.75	10.24
'江南朱砂'		61C	42.28	52.59	7.05	53.06	7.63
'多萼朱砂'		61C	45.68	54.26	3.38	54.36	3.57
'红千鸟'		61B	37.01	58.31	8.17	58.88	7.98
'鹿儿岛红'		63A	33.38	54.02	8.80	54.73	9.26
'翻瓣朱砂'		68A	51.43	48.91	−1.44	48.93	358.31
'粉红朱砂'	粉红色系	68B	57.35	44.49	−0.72	44.51	359.07
'水朱砂'		65A	58.69	42.86	−1.61	42.89	357.85
'桃红朱砂'		68B	58.06	39.53	−4.13	39.75	354.04
'粉霞'		62B	67.01	33.70	0.53	33.71	0.91
'红粉台阁'		62A	68.45	30.52	−1.04	30.55	357.86
'桃干小宫粉'		73B	64.40	37.39	−2.67	37.47	355.89
'桃红台阁'		N66C	58.37	39.43	2.95	39.53	4.34
'金笙'		68C	70.15	28.59	1.40	28.63	357.20
'明晓丰后'		68B	62.19	40.65	−2.91	40.75	355.91
'宫春'		N66C	71.82	25.76	1.42	25.82	3.27
'丰后'		62A	65.79	36.58	−1.22	36.60	358.10
'美人梅'		69B	72.76	25.31	−3.45	25.54	352.25
'小红朱砂'		62A	60.77	34.02	−1.94	34.08	356.73
'送春'		63B	50.42	46.61	1.58	46.64	1.94
'二红宫粉'		63D	72.14	26.21	0.72	26.22	1.57
'曹溪宫粉'		62C	70.61	29.13	0.47	27.99	0.93
'单粉垂枝'	浅粉色系	69B	84.34	9.85	1.96	10.25	10.91
'素白宫粉'		65B	81.84	15.19	1.98	15.32	7.42
'白阁宫粉'		56B	84.20	9.20	2.87	9.63	17.34
'粉口'		69A	78.46	22.02	8.33	25.70	20.51
'淡丰后'		69D	87.65	6.34	2.82	7.16	24.20
'凝馨'		62D	79.68	15.78	5.52	16.72	19.30
'乙女'		56A	84.53	11.94	4.03	12.63	18.52
'飞绿萼'	白色系	NN155B	91.26	−2.48	9.04	9.38	105.30
'小绿萼'		NN155B	90.01	−2.19	10.73	10.95	101.57
'六瓣'		155C	88.53	−1.35	8.84	8.94	98.65
'早玉碟'		NN155C	89.35	−0.59	12.10	12.12	92.73
'小玉碟'		NN155C	88.58	−0.52	6.01	6.05	94.84
'双臂垂枝'		NN155B	91.47	−1.47	10.14	10.25	98.22
'燕杏梅'		155C	89.39	−0.66	5.71	5.71	90.61
'三轮玉碟'		NN155C	89.26	−0.62	10.10	10.12	96.27
'扣子玉碟'		NN155C	88.12	1.45	9.96	10.07	81.75
'素白台阁'		155C	91.34	−0.73	10.78	10.08	93.87

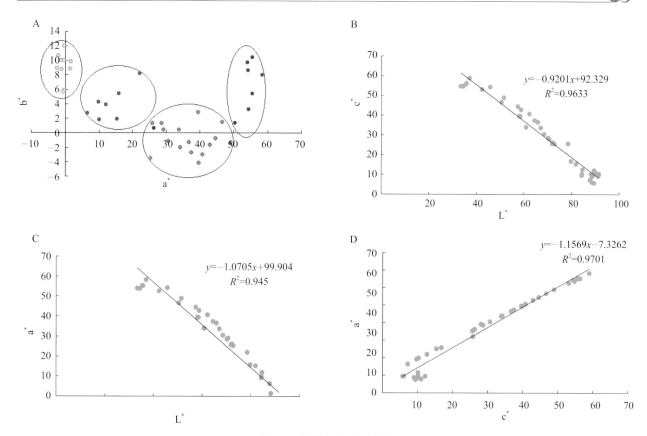

图6-2 梅花花色表型分析

A.梅花花色二维空间分布图　B.梅花花色彩度c*和亮度L*值的相关性
C.梅花花色色相a*和亮度L*值的相关性　D.梅花花色彩度c*和色相a*值的相关性

2.2 梅花花青素苷成分鉴定

利用高效液相色谱-光电二极管阵列检测（HPLC-DAD）在516 nm波长下检测出梅花花瓣中5种花青素苷成分（图6-3）。

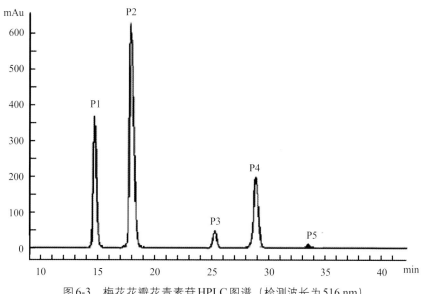

图6-3 梅花花瓣花青素苷HPLC图谱（检测波长为516 nm）

质谱鉴定结果表明，对应峰P1、P2、P3和P4的分子离子质荷比分别为449.2、595.2、463.2和609.2。其中P1分子离子形成 *m/z* 287（[Y0]+）碎片离子，对应矢车菊素苷元的特征质荷比（张洁等，2011），与标准品Cy3G出峰一致，推定P1峰为矢车菊素-3-O-葡萄糖苷（Cyanidin-3-O- glucoside）（图6-4）。

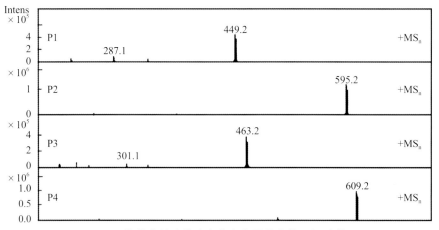

图6-4　梅花花瓣中花青素苷中主要花青苷一级质谱图

P2分子离子裂解得到 *m/z* 449.1的碎片离子，进一步裂解形成 *m/z* 287.1（[Y0]+）的碎片离子。P2质谱信息中除了比P1多含有释放 *m/z* 146 的基团外，其他与P1相同，因此推断可能是在Cy3G的基础上二次糖苷化，葡萄糖基上连接1个鼠李糖基团。结合其最大吸收峰信息可知，在紫外290～340 nm波长范围内没有肩峰出现，说明其花青素苷结构中不含酰基（Fossen and Andersen，1999）。根据A440/Avis-max比值大于30%判断P2为矢车菊素-3-O-鼠李糖葡萄糖苷（cyanidin-3-O-rhamnosyl-glucoside）（Harborne，1963；Asen & Budin，1966）；P3和P4峰的分子离子 *m/z* 分别为463.2和609.2，二者均含有 *m/z* 301（[Y0]+）的碎片离子，对应芍药素的特征质荷比，推定二者是芍药素衍生物。根据光谱吸收波长可知二者在紫外290～340 nm 波长范围内没有特征吸收峰出现，判断其花青素苷结构中不含酰基，因此推定P3和P4分别为芍药素-3-O-葡萄糖苷（peonidin-3-O-glucoside）和芍药素-3-O-鼠李糖葡萄糖苷（peonidin-3-O-rhamnosyl-glucoside）（图6-5，表6-2）。

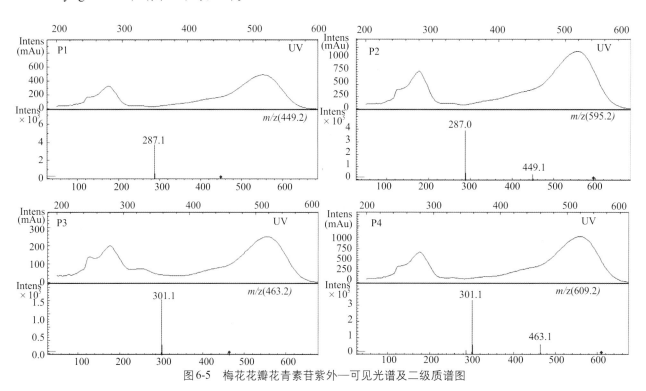

图6-5　梅花花瓣花青素苷紫外—可见光谱及二级质谱图

表6-2　梅花花青素苷组分紫外—可见吸收光谱与质谱分析

色谱峰	保留时间（min）	最大吸收波长 λ_max（nm）	A440/Avis-max（%）	质谱信息（m/z）MS/MS2	化合物结构
P1	14.66	516 280	34.48	449.2 [M]+，287.1 [Y0]+	矢车菊素-3-O-葡萄糖苷（Cy-3-O-glucoside）
P2	17.87	516 280	31.81	595.2 [M]+，449.1，287.1[Y0]+	矢车菊素-3-O-鼠李糖葡萄糖苷（Cy-3-O-rhamnosyl-glucoside）
P3	25.29	517 280	31.25	463.2 [M]+，301.1 [Y0]+	芍药素-3-O-葡萄糖苷（Peonidin-3-O-glucoside）
P4	28.91	516 280	34.29	609.2[M]+，463.1，301.1[Y0]+	芍药素-3-O-鼠李糖葡萄糖苷（Peonidin-3-O-rhamnosyl-glucoside）
P5	31.44	520 280	n.a.	n.a.	—

2.3　梅花花青素苷定量分析

　　41个梅花品种花青素苷组成及相对含量结果分析显示，白色系不含任何花青素苷，其他梅花品种均含有5种花青素苷，不同色系品种所含色素成分及含量各有不同。5种花青素苷中，Cy3GRh、Pn3GRh和Cy3G含量占总花青苷含量的93.5%，为梅花花青素苷主要成分。其中，Cy3GRh平均含量最高（42.7%），其次是Pn3GRh（30.1%），未知成分在总花青素苷含量中占的比例仅为0.8%。Cy3GRh在'淡丰后'中含量最高（70.5%），'粉霞'中含量最低（19.6%）；Pn3GRh在'桃红台阁'中含量最高（60.3%），'美人梅'中含量最低（13.7%），大部分淡粉色系品种未检测到Pn3G（表6-3）。

　　矢车菊素苷（Cy）和芍药素苷（Pn）定量分析结果显示，紫红色系的8个品种Cy含量均在65%以上，显著高于Pn的含量，属于Cy色素类型，其总花青素苷含量（TA）在4个色系中最高（平均值6.96 mg/g）。粉红色系的17个品种总花青素苷含量平均值为1.09 mg/g，其色素类型分为3种：Cy含量 > 65%定义为Cy型，包括'桃红朱砂''粉红朱砂''小红朱砂''丰后''送春''明晓丰后'和'美人梅'等7个品种；Pn含量 > 65%定义为Pn型，仅有'桃红台阁'1个品种；其他定义为混合型，包括9个品种。淡粉色系花青素苷含量平均值为0.13 mg/g，色素类型分为Cy型和混合型，其中Cy型包括'淡丰后''素白宫粉''白阁宫粉''乙女'和'凝馨'等5个品种，混合型包括'单粉垂枝'和'粉口'2个品种（表6-3）。

表6-3　不同梅花品种花青素苷组成及定量分析

品种	花青素苷组分（%）							TA相对含量（mg/g）
	Cy3G	Cy3GRh	Pn3G	Pn3GRh	Cy	Pn	Unkown	
'红须朱砂'	24.02±0.01	53.35±0.03	3.81±0.01	18.52±0.02	77.37±0.02	22.33±0.01	0.29±0.00	9.24±0.12
'江北朱砂'	21.19±0.00	46.58±0.05	4.70±0.01	27.53±0.03	67.69±0.03	32.23±0.02	—	7.17±0.16
'乌羽玉'	20.74±0.01	52.73±0.10	4.00±0.02	22.53±0.08	73.47±0.07	26.53±0.04	—	6.77±0.35
'江南朱砂'	29.01±0.00	37.30±0.04	8.68±0.01	24.72±0.02	66.31±0.03	33.40±0.01	0.29±0.10	3.49±0.32
'多萼朱砂'	28.28±0.10	37.06±0.02	8.85±0.02	25.81±0.11	65.34±0.10	34.66±0.10	—	4.59±0.20
'红千鸟'	21.64±0.02	47.06±0.06	4.70±0.00	26.20±0.03	68.70±0.04	30.90±0.01	0.40±0.00	8.10±0.15
'鹿儿岛红'	23.87±0.13	54.07±0.04	3.30±0.02	18.48±0.01	77.94±0.11	21.78±0.01	0.28±0.01	9.34±0.88

（续）

品种	花青素苷组分（%）							TA 相对含量（mg/g）
	Cy3G	Cy3GRh	Pn3G	Pn3GRh	Cy	Pn	Unkown	
'翻瓣朱砂'	16.68±0.05	32.43±0.13	6.57±0.22	42.88±0.04	49.11±0.10	49.45±0.14	1.44±0.01	1.80±0.48
'水朱砂'	15.67±0.00	28.54±0.11	7.92±0.03	46.20±0.20	44.21±0.06	54.12±0.20	1.67±0.00	1.48±0.25
'桃红朱砂'	33.10±0.03	41.03±0.02	5.89±0.00	19.98±0.01	74.13±0.02	25.87±0.01	—	2.43±0.34
'粉红朱砂'	33.18±0.01	40.91±0.07	6.89±0.00	19.02±0.01	74.09±0.05	25.91±0.01	—	2.09±0.27
'粉霞'	35.30±0.08	19.62±0.01	17.99±0.1	27.08±0.02	54.92±0.03	45.07±0.08	—	0.35±0.19
'粉红台阁'	17.84±0.01	41.78±0.07	5.83±0.05	34.56±0.18	59.62±0.03	40.39±0.13	—	0.76±0.14
'桃干小宫粉'	16.82±0.03	40.69±0.06	4.62±0.03	37.31±0.01	57.51±0.03	41.93±0.01	0.57±0.01	1.12±0.51
'桃红台阁'	7.34±0.01	27.15±0.03	4.25±0.00	61.27±0.05	35.49±0.02	65.52±0.03	—	0.97±0.06
'金笙'	17.09±0.02	29.21±0.05	7.46±0.02	45.45±0.17	46.30±0.02	52.91±0.03	0.78±0.10	0.88±0.22
'明晓丰后'	6.17±0.11	67.06±0.05	—	26.77±0.04	73.23±0.07	26.77±0.04	—	1.12±0.17
'宫春'	20.14±0.04	29.63±0.15	8.32±0.07	40.99±0.18	49.77±0.1	49.31±0.05	0.92±0.04	0.72±0.37
'送春'	4.38±0.06	60.58±0.03	—	33.68±0.04	64.96±0.05	33.68±0.04	1.35±0.01	1.36±0.08
'曹溪宫粉'	19.96±0.03	29.04±0.05	8.58±0.01	41.00±0.00	49.00±0.03	49.58±0.01	1.42±0.00	0.68±0.08
'丰后'	6.71±0.01	63.17±0.04	—	30.13±0.10	69.88±0.02	30.13±0.10	—	0.75±0.22
'美人'梅	39.42±0.05	42.81±0.02	4.04±0.02	13.73±0.03	82.23±0.03	17.77±0.02	—	0.79±0.06
'小红朱砂'	24.79±0.03	39.87±0.05	7.93±0.02	27.41±0.01	64.66±0.03	35.34±0.01	—	1.88±0.05
'二红宫粉'	22.17±0.01	30.68±0.01	8.77±0.07	37.12±0.01	52.85±0.01	45.89±0.03	—	0.34±0.06
'单粉垂枝'	20.53±0.03	19.81±0.02	—	59.66±0.04	40.34±0.02	59.66±0.04	—	0.11±0.03
'素白宫粉'	34.14±0.04	65.86±0.03	—	—	100±0.01	—	—	0.12±0.05
'粉口'	19.20±0.16	29.76±0.02	8.05±0.01	41.88±0.07	48.96±0.12	49.93±0.05	1.11±0.03	0.41±0.27
'淡丰后'	—	70.53±0.01	—	29.47±0.02	70.53±0.01	29.47±0.02	—	0.025±0.04
'乙女'	—	67.40±0.26	—	32.60±0.04	67.40±0.26	32.60±0.04	—	0.065±0.30
'凝馨'	—	66.75±0.06	—	33.25±0.03	66.75±0.06	33.25±0.03	—	0.11±0.07
'白阁宫粉'	29.29±0.05	34.07±0.05	—	36.65±0.01	63.36±0.05	36.65±0.01	—	0.085±0.12
'飞绿萼'	—	—	—	—	—	—	—	—
'小绿萼'	—	—	—	—	—	—	—	—
'六瓣'	—	—	—	—	—	—	—	—
'早玉碟'	—	—	—	—	—	—	—	—

（续）

品种	花青素苷组分（%）							TA相对含量(mg/g)
	Cy3G	Cy3GRh	Pn3G	Pn3GRh	Cy	Pn	Unkown	
小玉碟	—	—	—	—	—	—	—	—
'双臂垂枝'	—	—	—	—	—	—	—	—
'燕杏'梅	—	—	—	—	—	—	—	—
'三轮玉碟'	—	—	—	—	—	—	—	—
'扣子玉碟'	—	—	—	—	—	—	—	—
'素白台阁'	—	—	—	—	—	—	—	—

2.4 梅花花青素苷组成与花色参数关系分析

2.4.1 总花青素苷含量与花色参数关系

利用除白色系外所有品种的花青素苷含量（TA）与花色参数L*、a*、b*、c*值进行相关性分析，结果发现TA与亮度L*值呈负相关（相关系数为−0.88）；TA与色相a*、b*和彩度c*均呈正相关（相关系数分别为0.78、0.63和0.79），说明随着花青素苷含量增加亮度降低，彩度升高。

2.4.2 花青素苷成分与花色参数的多元回归分析

以花色参数L*、a*、b*、c*值为因变量，Cy3GRh、Pn3GRh、Cy3G、Pn3G、Cy、Pn为自变量，采用逐步回归法进行多元线性回归分析，得到回归方程如下：

$$L^*=75.92-18.42\ Cy-18.86\ Pn3GRh，r=0.9072，P=0.0006$$
$$a^*=34.83+10.31\ Pn3GRh+0.51Cy3GRh，r=0.9004，P=0.001$$
$$c^*=34.52+8.12\ Pn3GRh+1.38\ Cy，r=0.8950，P=0.001$$

以上方程相关系数r和P值说明，梅花花色与色素组分显著相关（$P<0.01$）。回归分析结果表明，亮度L*与Cy和Pn3GRh的含量显著负相关，说明色素积累会降低花瓣亮度；a*值与Pn3GRh和Cy3GRh呈显著正相关，说明Pn3GRh和Cy3GRh色素积累会导致花色红度增加，Pn3GRh的系数大于Cy3GRh说明Pn3GRh在增加花色红度方面起主要作用；c*值与Cy和Pn3GRh含量呈显著正相关，表明这些色素的积累使花瓣彩度增加。综上，Cy3GRh、Pn3GRh和Cy3G是决定梅花花色的主要色素成分。

2.5 梅花R2R3-MYB基因家族分析

2.5.1 梅花R2R3-MYB基因鉴定和结构域特征分析

利用HMMER软件搜索到220个梅花MYB候选基因，利用拟南芥MYB蛋白BLAST搜索，获得124条梅花序列。综合2种方法鉴定的MYB候选基因，将序列提交到Interproscan数据库及SMART网站，筛选得到96个R2R3-MYB基因，分别命名为PmMYB01～96。

R2R3-MYB蛋白R2和R3重复序列比对结果表明，梅花R2和R3（图6-6A、C）的氨基酸分布与拟南芥（图6-6B、D）类似，该区域由104个氨基酸构成，R2重复序列的第5、26、46位在2个物种中为保守的色氨酸（W），R3重复序列的第5、24、43位存在3个规律分布的色氨酸残基，其中第一个残基经常被苯丙氨酸（F）代替，但并不影响其功能（Dubos et al.，2010）。梅花和拟南芥R2、R3连接区域有4个高度保守的氨基酸（LRPD），类似结构在丹参（Li et al., 2014）、毛果杨（Wilkins et al., 2009）和玉米（Du et al., 2012）中也有报道。综上，梅花MYB保守结构域氨基酸组成及分布在物种间具有保守性。

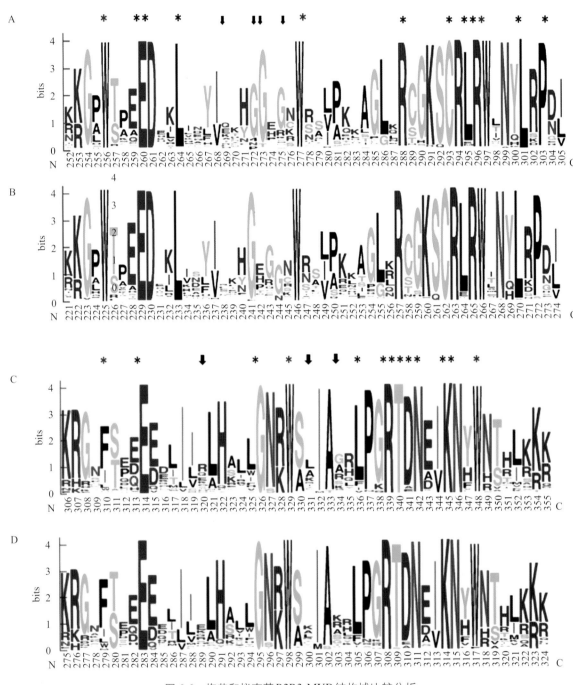

图 6-6　梅花和拟南芥 R2R3-MYB 结构域比较分析

A，B.拟南芥和梅花R2R3-MYB的R2重复序列　C，D.R3的重复序列

（星号代表高度保守的氨基酸；箭头代表该位置梅花和拟南芥结构域中氨基酸差异）

2.5.2　梅花R2R3-MYB基因理化性质

梅花R2R3-MYB基因家族蛋白序列理化性质分析结果表明，96条序列长度和分子量存在较大差异，氨基酸序列长度为150～560 aa，平均长度318.84 aa；分子量为17.01～61.95 ku，平均分子量35.90 ku；等电点为4.87～9.69，疏水指数均为负值表明这些蛋白均为亲水性蛋白。

2.5.3　梅花R2R3-MYB基因家族进化分析

进化树分析结果表明，梅花大多数R2R3-MYB基因家族成员和拟南芥序列聚在一起。根据进化树上自举值是否大于50%进行分类，将R2R3-MYB基因家族86个成员分为35个亚家族（C1～C35），10个序列无法聚类在已鉴定的亚家族内。35个亚家族中有31个与拟南芥亚家族对应，有3个梅花特有亚家族（C9、C15、C19），拟南芥中调控芥子油苷合成的S12亚家族没有和梅花R2R3-MYB聚在一起（图6-7）。

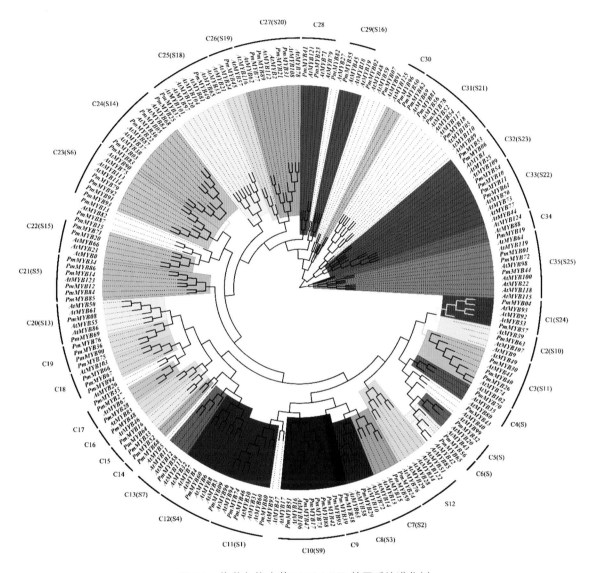

图6-7　梅花与拟南芥R2R3-MYB基因系统进化树

2.5.4　梅花R2R3-MYB基因染色体分布及复制模式

*PmMYB*基因染色体定位分析结果表明，87个候选基因不均匀分布在8条染色体上。其中，Chr2、Chr4和Chr7分布的基因最多（共49个），成簇分布，占*PmMYB*基因总数的56.3%。Chr5、Chr8、Chr1、Chr3和Chr6分别有10、9、8、6和5个基因，其他9个基因未定位（图6-8）。

梅花R2R3-MYB基因家族复制模式分析结果表明，8条染色体除Chr6外均存在不同数量的R2R3-MYB重复序列，其中10对（18个基因）片段重复不均匀分布在7条染色体上。*PmMYB17*和*PmMYB40*发生了2次重复事件形成4个重复对（*PmMYB17-PmMYB47*、*PmMYB17-PmMYB73*、*PmMYB40-PmMYB26*、*PmMYB40-PmMYB30*），推测这些基因对可能在梅花三倍化过程中形成并保留下来。Chr2、Chr4、Chr7和

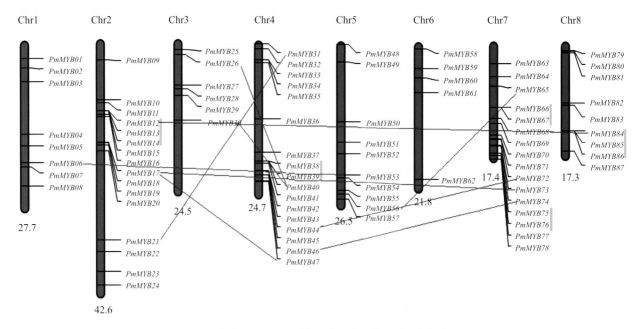

图 6-8　梅花 R2R3-MYB 基因染色体定位及基因复制模式
（竖线代表串联重复的基因，斜线标注的基因分别为片段复制区域内对应的基因）

Chr8 上鉴定出 5 簇串联重复，分别为 *PmMYB12-PmMYB13-PmMYB14*、*PmMYB38-PmMYB39*、*PmMYB66-PmMYB67*、*PmMYB75-PmMYB76* 和 *PmMYB84-PmMYB85-PmMYB86*。梅花 R2R3-MYB 基因家族共有 28 个基因发生了串联重复或片段复制，其中 Chr2、Chr4、Chr7 分别有 8、6、5 个基因发生了重复，占重复基因总数的 68%（图 6-8）。

利用 DnaSP（v5.0）软件计算 Ka、Ks 和 Ka/Ks 值，用以判断重复基因对的选择模式。通常情况下，Ka/Ks>1 表示正选择，Ka/Ks<1 表示负选择，Ka/Ks = 1 则表示中性选择（Hurst，2002）。结果显示，19 个重复基因中有 17 个 Ka/Ks<1，说明其在基因进化过程中受负选择压力影响；*PmMYB06-PmMYB53* 和 *PmMYB44-PmMYB72* 的 Ka/Ks>1，说明其受正选择压力影响（表 6-4）。

表 6-4　梅花 R2R3-MYB 基因家族重复基因进化和表达分析

重复对		外显子内含子结构	相位	非同义替换率 Ka	同义替换率 Ks	非同义替换率/同义替换率 Ka/Ks	重复类型	基因表达模式聚类	亚家族
PmMYB06	*PmMYB53*	2-1	1	0.478 2	0.375 6	1.273 2	S	GI/GIX	C32
PmMYB01	*PmMYB47*	3-2	1，2	0.368 3	1.030 3	0.357 5	S	GIX/ GIII	C10
PmMYB17	*PmMYB73*	3-2	1，2	0.426 9	1.417 7	0.301 1	S	GIX/GVI	C10
PmMYB21	*PmMYB31*	3-2	1，2	0.435 9	1.360 9	0.320 3	S	GIV /GIV	C27
PmMYB46	*PmMYB74*	3-2	1，2	0.242 2	0.930 9	0.260 2	S	GIII /GIII	C11
PmMYB44	*PmMYB72*	3-2	2，0	0.679 1	0.672 1	1.010 4	S	GIX/ GVI	C35
PmMYB26	*PmMYB40*	3-2	1，2	0.362 2	1.044 0	0.346 9	S	GIII /GVIII	C3
PmMYB30	*PmMYB40*	3-2	1，2	0.327 1	1.509 7	0.216 7	S	GIII /GVIII	C3

（续）

重复对		外显子内含子结构	相位	非同义替换率 Ka	同义替换率 Ks	非同义替换率/同义替换率 Ka/Ks	重复类型	基因表达模式聚类	亚家族
PmMYB56	*PmMYB65*	2-1	2	0.287 5	0.452 5	0.635 5	S	GVIII/GVIII	C6
PmMYB12	*PmMYB84*	3-2	1，2	0.472 6	1.238 5	0.381 6	S	GIII / GIX	C21
PmMYB12	*PmMYB13*	3-2	1，2	0.385 5	1.060 4	0.363 6	T	GIII / GI	C21/—
PmMYB12	*PmMYB14*	3-2	1，2	0.297 8	0.564 2	0.527 9	T	GIII / GI	C21
PmMYB13	*PmMYB14*	3-2	1，2	0.340 5	0.542 9	0.627 2	T	GI/ GI	—/ C21
PmMYB84	*PmMYB85*	3-2	1，2	0.321 3	0.618 6	0.519 4	T	GIX/ GVIII	C21
PmMYB84	*PmMYB86*	3-2	1，2	0.306 6	0.666 5	0.460 0	T	GIX/GIV	C21
PmMYB85	*PmMYB86*	3-2	1，2	0.381 5	2.073 7	0.184 0	T	GVIII/ GIV	C21
PmMYB38	*PmMYB39*	3-2	1，2	0.204 8	0.871 4	0.235 1	T	GX/GII	C9
PmMYB66	*PmMYB67*	3-2	1，2	0.337 2	0.720 9	0.467 7	T	GVIII/GVIII	C18
PmMYB75	*PmMYB76*	3-2	1，2	0.212 5	1.232 1	0.172 5	T	GIX/GIX	C19

　　*PmMYB*重复基因分类和基因表达分析结果表明，绝大多数*PmMYB*重复基因的不同拷贝在进化树上能聚在相同亚家族内，其基因结构和表达模式相似，其中，*PmMYB21-PmMYB31*聚在GIV组，在所有器官中均高表达；*PmMYB46-PmMYB74*聚在GIⅡ组，在除根以外的器官中高表达；*PmMYB75-PmMYB76*聚在GIX组，在所有器官中均低表达。不能聚在同一组的*PmMYB*重复基因表现出不同的表达模式，其中，*PmMYB06*和*PmMYB53*是C32亚家族的一对重复基因，前者在根、茎、果实中高表达，后者在所有器官中均低表达；*PmMYB17-PmMYB73*和*PmMYB17-PmMYB47*在进化分类上同属C10亚家族，*PmMYB17*在所有器官中均低表达，*PmMYB73*只在花中表达，*PmMYB47*在除根以外所有器官中均高表达（表6-4）。

2.5.5　梅花R2R3-MYB基因表达模式

　　梅花R2R3-MYB基因表达模式分析结果表明，93个MYB基因至少在1个器官中表达，71个基因在所有器官中均表达，推测这些基因可能在梅花多个发育阶段中发挥作用。*PmMYB42*、*PmMYB79*、*PmMYB88*在所有器官均未检测到表达（图6-9）。

　　*PmMYB*基因在梅花不同器官中表达数量和水平有明显差异，其中，在花、果实、根、茎中表达的基因分别为87个、76个、79个、77个。通过聚类分析，96个基因分成10组，分别命名为组Ⅰ~Ⅹ。根据基因表达模式分为2类：一类是在所有器官中表达量相似的基因，如第Ⅳ组基因在所有器官中都高表达；另一类是在不同器官中特异表达的基因，如第Ⅱ、Ⅴ、Ⅶ、ⅥⅡ组分别在根、果实、花、茎中高表达，在其他器官中均低表达，而第ⅠⅡ组在根中低表达，在其他器官均高表达。不同亚家族基因在同一器官中表达差异明显，其中，16个基因在所有器官中均高表达，分别属于9个亚家族：C5（*PmMYB32*）、C10（*PmMYB95*）、C12（*PmMYB09*、*PmMYB60*）、C14（*PmMYB52*）、C15（*PmMYB64*）、C19（*PmMYB36*和*PmMYB90*）、C21（*PmMYB34*和*PmMYB86*）、C27（*PmMYB21*、*PmMYB31*和*PmMYB77*）、C33（*PmMYB10*、*PmMYB11*和*PmMYB61*）；在花、果实、叶、茎、根中高表达的基因分别有30、34、30、37和41个（图6-9）。

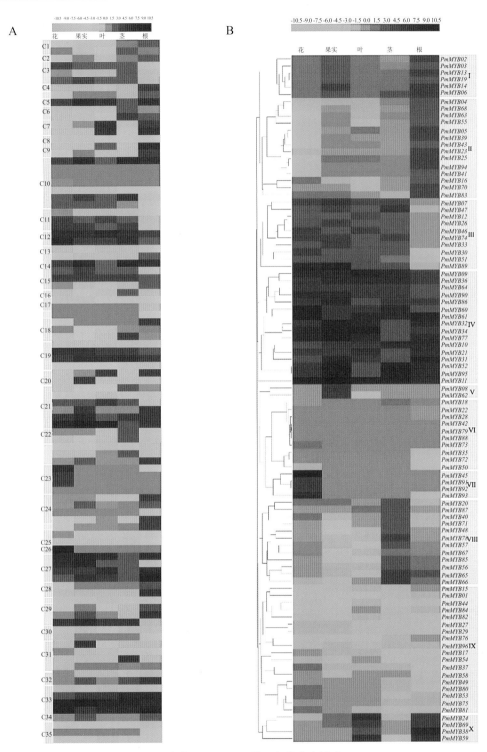

图6-9 梅花R2R3-MYB基因家族表达模式

A. C1～C35亚家族R2R3-MYB基因的表达模式 B. I～X组R2R3-MYB基因的表达模式

2.6 梅花R2R3-MYB基因功能分析

2.6.1 梅花MYB基因克隆与序列分析

以梅花'红须朱砂'初花期的花为材料，克隆获得全长分别为579、729、741、582 bp的CDS序列，分别命名为*PmMYBa1*、*PmMYB1*、*PmMYBa*、*PmMYB2*，编码蛋白长度分别为192、242、246、193 aa。

　　系统进化树显示,17个物种聚成单子叶植物和双子叶植物2个进化支,双子叶植物进化支又分成2组,7种蔷薇科植物聚在一组(组I),其他物种聚在另一组(组II)。组I中,4个PmMYB先与桃、甜樱桃聚在一起,其次与苹果和沙梨聚在一起。*MdMYB10*和*PyMYB10*分别调控苹果和梨果皮花青素合成(Espley et al., 2007, Feng et al., 2010),这2个基因与4个*PmMYB*在进化树上聚在同一分支,推测4个*PmMYB*可能与*MdMYB10*和*PyMYB10*具有相似的生物学功能(图6-10)。

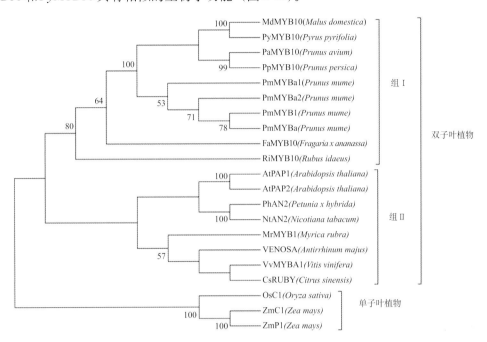

图6-10　PmMYB与其他花青素调控R2R3-MYB基因进化分析

2.6.2　梅花*PmMYB1*基因转烟草功能验证

2.6.2.1　过表达*PmMYB1*烟草阳性株系鉴定

　　构建含有CaMV 35S启动子的*PmMYB1*基因过表达载体,通过农杆菌介导转入烟草,获得25个转基因株系。观测整个生长期中阳性转基因植株与对照植株的株高、器官颜色、开花时间等表型,结果表明转*PmMYB1*基因阳性植株在幼苗阶段与对照无明显差异,进入开花阶段后,花期、花色与对照差异明显,其中4个株系开花时间比对照早,13个株系晚于对照。不同株系间花色差异明显,大部分转基因株系花冠颜色比对照深,部分株系花色分布不均匀(图6-11)。

图6-11　T₀代转基因烟草株系与对照表型比较
A.对照　B~D.不同转基因株系

2.6.2.2　过表达*PmMYB1*烟草花色及花青素苷含量分析

qRT-PCR分析结果表明，在3个T$_2$代转基因烟草株系中，*PmMYB1*在花中的平均表达量为叶中的16.4倍，在野生型植株中未表达（图6-12）。

T$_2$代转基因植株表型分析结果显示，转基因植株花冠颜色明显加深，其他器官颜色无明显变化（图6-13）。花青素苷含量测定结果表明，转基因植株花冠中的花青素苷含量显著高于对照（*P* < 0.05），3个转基因株系花冠中花青素苷平均含量是对照的6.2倍，表明*PmMYB1*促进烟草花中花青素苷积累（图6-14）。

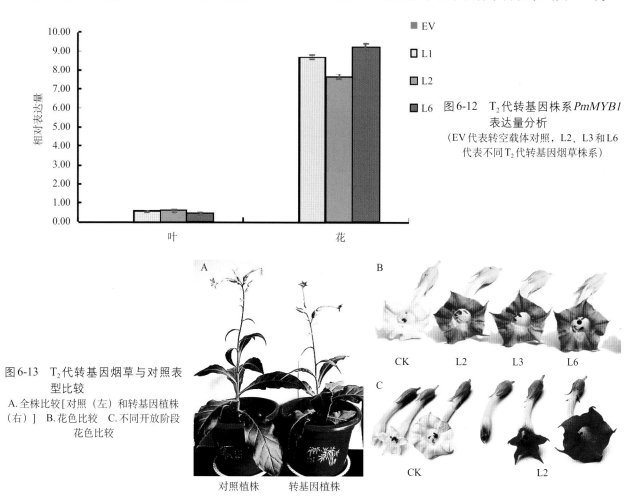

图6-12　T$_2$代转基因株系*PmMYB1*表达量分析
（EV代表转空载体对照，L2、L3和L6代表不同T$_2$代转基因烟草株系）

图6-13　T$_2$代转基因烟草与对照表型比较
A.全株比较[对照（左）和转基因植株（右）]　B.花色比较　C.不同开放阶段花色比较

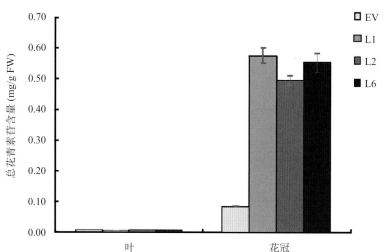

图6-14　T$_2$代转基因株系花青素苷含量分析
（EV代表转空载体对照，L2、L3和L6代表不同T$_2$代转基因烟草株系）

2.6.2.3 转基因烟草内源花青素苷合成及调控基因表达分析

转基因烟草内源花青素苷合成及调控基因表达分析结果表明，与对照相比，在3个过表达*PmMYB1*株系，7个关键内源花青素苷结构基因*NtCHS*、*NtCHI*、*NtF3H*、*NtF3'H*、*NtDFR*、*NtANS*、*NtUFGT*及2个调控基因*NtAN1a*和*NtAN1b*在花中的表达量均不同程度上调，*NtDFR*和*NtANS*上调幅度最大，分别是对照的49.3和38.3倍（图6-15D～F）。在叶中，*NtCHS*、*NtCHI*和*NtF3H*小幅上调表达（图6-15A～C）。

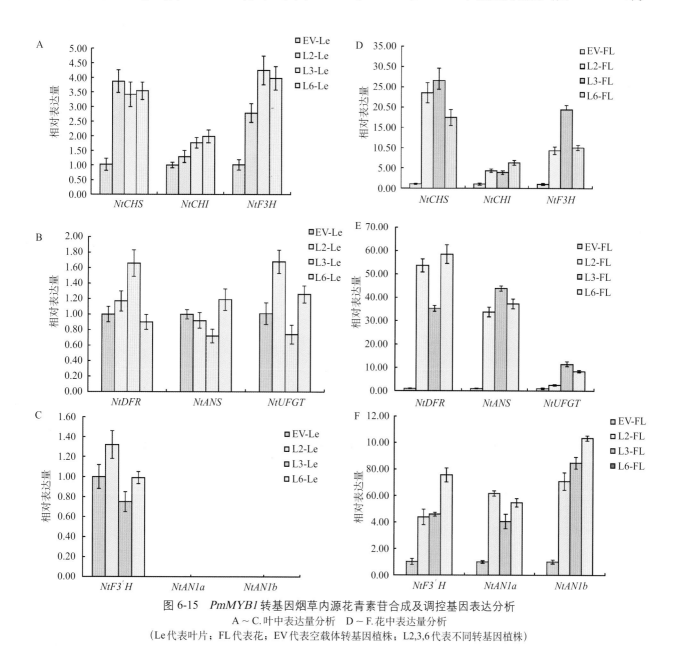

图6-15　*PmMYB1*转基因烟草内源花青素苷合成及调控基因表达分析
A～C.叶中表达量分析　D～F.花中表达量分析
（Le代表叶片；FL代表花；EV代表空载体转基因植株；L2,3,6代表不同转基因植株）

2.6.3　梅花*PmMYBa1*基因转烟草功能验证

2.6.3.1　过表达*PmMYBa1*烟草阳性株系鉴定

观察所有*PmMYBa1*基因过表达株系及对照的株高、各器官颜色和开花时间等表型结果显示，不同株系开花时间有明显差异，有2个株系开花比对照早2～4d，其他株系开花时间均晚于对照。与过表达*PmMYB1*基因相似，15个阳性株系的花冠颜色有不同程度加深，部分株系花色分布不均匀；与转

PmMYB1 基因不同的是，转 *PmMYBa1* 基因株系幼果果皮颜色轻微变红，推测 *PmMYBa1* 基因可能对转基因烟草花和果实着色均有影响（图6-16）。

图 6-16　转 *PmMYBa1* 基因烟草与对照植株表型比较
A～C.花和花蕾比较　D.不同开放阶段花色比较　E.幼果果皮颜色比较
（EV、L1和L2分别代表对照和2个转基因株系）

2.6.3.2　过表达 *PmMYBa1* 烟草花色及花青素苷含量分析

花青素苷含量测定结果表明，过表达 *PmMYBa1* 株系花冠和果皮中花青素苷含量均显著高于对照（$P < 0.05$），平均值分别为对照的5.2和5.4倍，花冠中含量显著高于果皮中；与对照相比，过表达株系叶中花青素苷含量无明显变化。综上，*PmMYBa1* 促进烟草花和果皮中花青素苷积累（图6-17）。

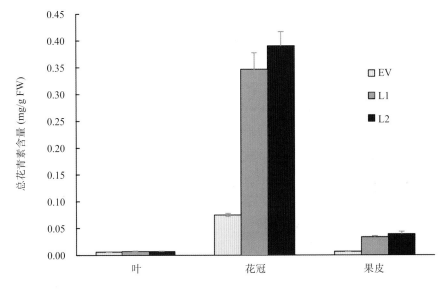

图 6-17　过表达 *PmMYBa1* 烟草花色及花青素苷含量分析

2.6.3.3 转基因烟草内源花青素苷合成及调控基因表达分析

转基因烟草内源花青素苷合成及调控基因表达分析结果表明，*PmMYBa1* 在转基因烟草不同器官表达量差异明显，在花中表达量最高，其平均值约为果实和叶片中表达量的10倍。与对照相比，2个转基因株系花和果实中花青素合成通路的多数结构基因（*NtCHS*、*NtF3H*、*NtF3'H*、*NtDFR*、*NtANS* 和 *NtUFGT* 等）表达量均不同程度上调，在花中上调幅度比果中大，其中 *NtCHS*、*NtDFR* 和 *NtANS* 在花中平均表达量比对照提高20倍以上。*NtCHS*、*NtF3H* 和 *NtANS* 在叶中表达量小幅上调。*NtAN1* 在花和果中均显著上调表达，*NtAN2* 在花中显著上调表达（图6-18）。

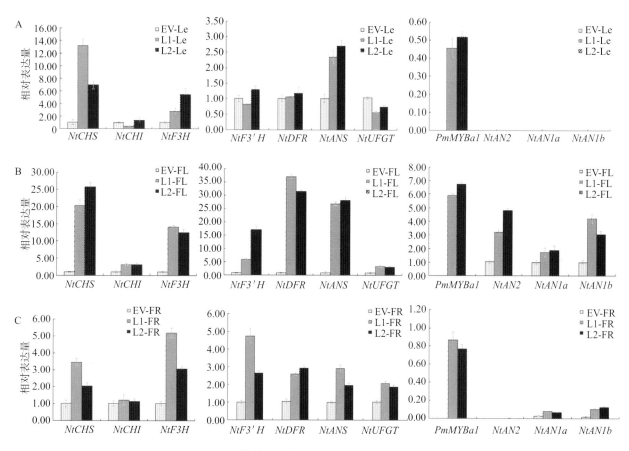

图 6-18 *PmMYBa1* 转基因烟草内源花青素苷合成及调控基因表达分析

A.叶中表达量　B.花中表达量　C.果中表达量

（EV，L1和L2分别代表对照和2个转基因株系）

3　结论

（1）从41个不同色系的梅花花瓣中检测到4种主要花青素苷成分，分别为矢车菊素-3-O-葡萄糖苷（Cy3G）、矢车菊素-3-O-鼠李糖葡萄糖苷（Cy3GRh）、芍药花素-3-O-葡萄糖苷（Pn3G）、芍药花素-3-O-鼠李糖葡萄糖苷（Pn3GRh），其中Cy3GRh、Pn3GRh和Cy3G为梅花花青素苷的主要成分，其含量与花色亮度呈显著负相关，与花色彩度呈显著正相关。

（2）鉴定了96个R2R3-MYB基因，过表达 *PmMYB1* 和 *PmMYBa1* 促使转基因烟草花瓣和幼果果皮颜色加深及部分内源花青素合成通路基因表达量明显上调，表明这2个基因在花青素苷合成过程中起着重要调控作用。

参考文献

陈俊愉，1996. 中国梅花 [M]. 海口：中国海南出版社，12-58.

张启翔，2001. 中国花文化起源与形成研究（一）—人类关于花卉审美意识的形成与发展 [J]. 中国园林，17(1):73-76.

张洁，王亮生，高锦明，等，2011. 贴梗海棠花青苷组成及其与花色的关系 [J]. 园艺学报，38 (3):527-534.

赵昶灵，郭维明，陈俊愉，2006. 梅花'南京红须'花色色素花色苷的分离与结构鉴定 [J]. 林业科学，42(1):29-36.

Asen S, Budin P S, 1966. Cyanidin 3-arabinoside-5-glucoside, an anthocyanin with a new glycosidic pattern, from flowers of 'Red Wing' azaleas[J]. Phytochemistry, 5(6):1257-1261.

Cannon S B, Mitra A, Baumgarten A, et al, 2004. The roles of segmental and tandem gene duplication in the evolution of large gene families in *Arabidopsis thaliana*[J]. BMC Plant Biology, 4(1):10.

Cornelis H, Rodriguez A L, Coop A D, et al, 2012. Python as a federation tool for GENESIS 3.0[J]. PLoS One, 7(1):e29018.

Du H, Feng B R, Yang S S, et al, 2012. The R2R3-MYB transcription factor gene family in maize[J]. PLoS One, 7(6):e37463.

Dubos C, Stracke R, Grotewold E, et al, 2010. MYB transcription factors in *Arabidopsis*[J]. Trends in Plant Science, 15(10):573-581.

Espley R V, Hellens R P, Putterill J, et al, 2007. Red colouration in apple fruit is due to the activity of the MYB transcription factor, *MdMYB10*[J]. The Plant Journal, 49(3):414-427.

Feng S, Wang Y, Yang S, et al, 2010. Anthocyanin biosynthesis in pears is regulated by a R2R3-MYB transcription factor *PyMYB10*[J]. Planta, 232(1):245-255.

Harborne J B, 1963. Plant polyphenols IX. The glycosidic pattern of anthocyanin pigments[J]. Phytochemistry, 2(1):85-97.

Harborne J B, 1958. Spectral methods of characterizing anthocyanins[J]. Biochemical Journal, 70(1):22-28.

Hichri I, Barrieu F, Bogs J, et al, 2011. Recent advances in the transcriptional regulation of the flavonoid biosynthetic pathway[J]. Journal of Experimental Botany, 62(8):2465-2483.

Larkin M A, Blackshields G, Brown N P, et al, 2007. Clustal W and Clustal X version 2.0[J]. Bioinformatics, 23(21):2947-2948.

Lee T, Tang H, Wang X, et al, 2013. PGDD: a database of gene and genome duplication in plants[J]. Nucleic Acids Research, 41(D1):D1152-D1158.

Li C, Lu S, 2014. Genome-wide characterization and comparative analysis of R2R3-MYB transcription factors shows the complexity of MYB-associated regulatory networks in *Salvia miltiorrhiza*[J]. BMC Genomics, 15(1):277.

Lim S H, Song J H, Kim D H, et al, 2016. Activation of anthocyanin biosynthesis by expression of the radish R2R3-MYB transcription factor gene *RsMYB1*[J]. Plant Cell Reports, 35(3):641-653.

Liu R. H. Meng J. L, 2003. MapDraw: a microsoft excel macro for drawing genetic linkage maps based on given genetic linkage data[J]. Hereditas, 25(3):317-321.

Mehrtens F, Kranz H, Bednarek P, et al, 2005. The *Arabidopsis* transcription factor *MYB12* is a flavonol-specific regulator of phenylpropanoid biosynthesis[J]. Plant Physiology, 138(2):1083-1096.

Ramsay N A, Glover B J, 2005. MYB-bHLH-WD40 protein complex and the evolution of cellular diversity[J]. Trends in Plant Science, 10(2):63-70.

Wagner G, Kin K, Lynch V, 2012. Measurement of mRNA abundance using RNA-seq data: RPKM measure is inconsistent among samples[J]. Theory in Biosciences, 131(4):281-285.

Wilkins O, Nahal H, Foong J, et al, 2009. Expansion and diversification of the *Populus* R2R3-MYB family of transcription factors[J]. Plant Physiology, 149(2):981-993.

Winkel-Shirley B, 2001. It takes a garden. How work on diverse plant species has contributed to an understanding of flavonoid metabolism[J]. Plant Physiology, 127(4):399-1404.

Xu W, Dubos C, Lepiniec L, 2015. Transcriptional control of flavonoid biosynthesis by MYB-bHLH-WDR complexes [J]. Trends in Plant Science, 20:176-185.

Zhang Q, Chen W, Sun L, et al, 2012. The genome of *Prunus mume* [J]. Nature Communications, 3(4):1318.

第7章
梅花抗寒分子
机理研究

低温是限制植物正常生长、发育和地理分布的重要因素。低温胁迫分为冷胁迫（> 0 ℃）和冰冻胁迫（< 0 ℃），来自热带和亚热带地区的植物对冷较敏感，来自温带地区的植物则进化出复杂的机制去抵御和适应冷（冻）胁迫，使其免受伤害（Shi et al., 2018; Liu et al., 2018）。冷驯化是植物适应和抵抗低温胁迫的应答保护机制，这一过程受复杂的网络调控，依据对CBF（c-epeat binding factors）转录因子的依赖与否分为CBF途径和非CBF途径，在非CBF途径中，已知的调控因子包括MYB、NAC和bZIP类转录因子。CBF途径被认为是最重要也是研究最为深入的途径（Chinnusamy et al., 2007; Dhillon et al., 2010; Liu et al., 2018; Shi et al., 2018）。*CBF*的表达受多个基因的调控，包括*ICE1/2*（*inducer of CBF expression*）、*MYB15*、*CAMTA3*（*calmodulin-binding transcription activator 3*）、*EIN3*（*ethylene insensitive 3*）、*SOC1*（*suppressor of overexpression of co 1*）、*PIF3/4/7*（*phytochrome-interacting factors*）、*CCA1*（*circadian clock associated 1*）、*LHY*（*late elongated hypocotyl*）、*BZR1*（*brassinazole resistant 1*）/*BES1*（*BRI1-EMS suppressor 1*）和*CESTA*（*CES*）等，其中*ICE1*被认为是主要调节基因（Chinnusamy et al., 2003; Agarwal et al., 2006; Doherty et al., 2009; Fursova et al., 2009; Seo et al., 2009; Lee and Thomashow 2012; Shi et al., 2012; Eremina et al., 2016; Jiang et al., 2017; Li et al., 2017b; Ding et al., 2018; Liu et al., 2018）。植物的膜蛋白首先感应低温信号，并通过Ca^{2+}等第二信使向下游传递，激活MAP激酶级联反应，被激活的MPKs能够磷酸化钙调蛋白结合转录因子（CAMTAs）和ICE1/2，*CAMTA3*和*ICE1*可分别诱导*CBF*基因的表达，*CBF*基因激活下游冷响应基因（cold-responsive，COR）的表达，最终提高植物的低温耐性（Zhan et al., 2015; Zhu, 2016; Li et al., 2017a; Ding et al., 2018; Guo et al., 2018; Liu et al., 2018; Shi et al., 2018）。

抗寒育种是梅花育种的重要方向，围绕*ICE-CBF*-冷响应通路阐述梅花响应低温胁迫和调控休眠的分子机理，克隆了*PmICE1*、*PmCBF*、*PmLEA*和*PmDAM*基因，并对其表达模式及其在响应低温胁迫中的功能进行了验证；阐述了PmDAM与PmCBF蛋白互作模式，以及PmCBF对*PmDAM*基因的调控关系，提出了梅花在响应低温胁迫调控花芽休眠与休眠解除过程中的分子调控模型（曹宁等，2013；曹宁，2014；杜栋良，2013；周育真，2017；Bao et al., 2017；Du et al., 2013；Zhao et al., 2018a, b），为开展梅花抗寒分子育种奠定重要理论基础。

1 材料与方法

1.1 材料

以梅花品种'三轮玉碟'、'北京玉碟'（*P. mume* 'Beijing Yudie'）为试验材料。

1.2 方法

1.2.1 梅花*PmLEA*、*PmDAM*和*PmCBF*基因家族筛选与生物信息学分析

利用梅花基因组数据库，用2种方法检索梅花基因家族成员（Zhang et al., 2012）：利用本地BLASTP软件，以拟南芥中已经发表PmLEA、PmDAM和PmCBF蛋白序列为种子，对梅花基因组蛋白数据库进行检索，参数使用默认值；利用HMM（hidden markov model）模型，在Pfam蛋白家族数据库（Finn et al., 2011）中下载候选基因家族的种子Pfam文件。将2种方法检索获得的目标基因录入InterProScan，默认参数，去除不含保守结构域的基因，获得目标基因，开展基因家族的理化性质、系统进化树、基因结构及染色体定位、家族复制模式、基因转换、启动子预测、亚细胞定位等研究。

1.2.2 梅花基因表达模式分析

1.2.2.1 组织特异性表达分析

以'三轮玉碟'的根、茎、叶、花、果肉、种子为试验材料进行*PmICE1*、*PmDAM*、*PmCBF*基因组

织特异性表达分析，以不同组织器官转录组数据进行 *PmLEA* 组织特异性表达分析。

1.2.2.2 *PmICE1* 基因对低温响应研究

采集生长状况良好、长势一致且着生叶片的'三轮玉碟'枝条，4 ℃处理 0 h、0.5 h、1 h、4 h、6 h、8 h、12 h、16 h、24 h、48 h、72 h、96 h、134 h，采集叶片样品，液氮速冻保存用于基因表达分析，3 个生物学重复。

1.2.2.3 *PmDAM* 与 *PmCBF* 基因花芽发育表达模式分析

在北京，'三轮玉碟'的花芽于每年 7 月开始形成，9 ~ 10 月进入休眠状态，11 月至翌年 1 月处于休眠状态，2 月进入休眠解除状态。其花芽分化期为 7 月中上旬至 11 月中下旬。从 7 月花芽形态刚形成时，每隔 30 d 取样 1 次，至翌年 2 月花芽解除休眠后尚未膨大成花蕾时停止取样，样品用于 *PmDAM* 与 *PmCBF* 基因花芽发育表达模式分析，3 个生物学重复。

1.2.2.4 *PmDAM* 与 *PmCBF* 基因在休眠和休眠解除过程的表达模式分析

10 月初剪取梅花 1 年生枝条进行处理（白天 8 ℃，10 h；夜间 4 ℃，14 h），每隔 10 d 取 1 次样，连续取样 5 次。

12 月初剪取梅花 1 年生枝条进行处理（白天 14 ℃，10 h；夜间 10 ℃，14 h），每隔 10 d 取 1 次样，连续取样 5 次。

1.2.3 梅花基因功能验证

1.2.3.1 *PmICE1* 基因功能验证

PmICE1 基因转化拟南芥方法见第 4 章 1.2.4。

选取 2 月龄转 *PmICE1* 基因拟南芥，4 ℃处理 0 h、6 h、24 h、48 h、72 h，分别取样，以野生型拟南芥为对照，3 次生物学重复，测定丙二醛含量（MDA）、脯氨酸含量（Pro）、过氧化物酶含量（POD）等生理指标。

1.2.3.2 *PmLEA* 基因功能验证

PmLEA 基因转化烟草方法见第 4 章 1.2.4。将 Myc 标签连入植物表达载体 pEarleyGate203-*PmLEAs* N 端，利用 Western blot 方法检测转基因烟草植物中目的蛋白表达量。

选择 2 月龄 T_2 代转基因烟草分别进行冷处理（4 ℃，16 h 光照/8 h 黑暗）1 d 和干旱处理 15 d，分别取样，均以空载株系为对照，设置 3 次生物学重复，每一重复包含同一株系植株 5 株，测定丙二醛含量、相对离子渗透率（REL）和叶片相对含水量（RWC）等生理指标（Xing et al., 2011；杜栋良，2013；Bao et al., 2017）。

1.2.3.3 *PmLEA* 原核表达分析

将原核表达载体 pDEST15-*PmLEAs* 转化大肠杆菌 BL21（DE3），利用 1 mmol/L IPTG（37 ℃，1 ~ 5 h）诱导重组蛋白表达，12% SDS-PAGE 电泳检测目的蛋白。

预培养大肠杆菌进行梯度稀释，取 4 μL 滴于含有 1 mol/L 山梨糖醇的 LB 平板（1 mmol/L IPTG），用于渗透胁迫试验；预培养大肠杆菌反复冻融 6 次，梯度稀释取 4 μL 滴于 LB 平板（1 mmol/L IPTG），用于抗冻试验，均在 37 ℃培养 10 h 后观察菌斑大小。

1.2.3.4 酵母双杂交

方法见第 4 章 1.2.4。

1.2.3.5 亚细胞定位

方法同第4章1.2.4。

1.2.3.6 双分子荧光互补（BiFC）试验

方法同第4章1.2.4。

1.2.3.7 *PmDAM*基因启动子克隆及活性检测

根据*PmDAM06*基因启动子序列设计引物，克隆启动子上游1 000 bp和2 000 bp序列，构建双荧光素酶表达载体。

采用Dual-Luciferase双荧光素酶报告基因检测系统（Promega，Wisconsin，USA）检测荧光素酶信号，具体操作：用1 mL PBS洗涤菌体，高速离心15 s，弃上清液；加入1 mL PBS和1 mL新鲜1×PLB（passive lysis buffer）于培养后的酵母菌液中，静置30 min，确保细胞裂解完全。12 000 r/min离心12 min，转移上清液至新的离心管，取20 μL上清液加入100 μL LAR II。利用荧光素酶检测系统，进行萤火虫荧光素酶检测；每个样品中分别加入100 μL Stop & Glo®Buffer，进行海肾荧光素酶活性检测，3次重复。

1.2.3.8 酵母单杂交试验

通过In-Fusion的方法构建每个目的基因片段的酵母单杂交诱饵表达载体pAbAi-Bait，转化Y1H Gold菌株，用SD/−Ura培养基进行筛选，采用clontech公司的Matchmaker Insert Check PCR Mix 1试剂盒630496进行转化酵母菌株验证，随后进行自激活性的检查和确定抑制诱饵菌株生长的最低AbA浓度（X mmol/L）：取最大菌落，用1 mL 0.9%（W/V）的NaCl重悬菌体至OD_{600}=0.002（即每100 μL包含约2 000个细胞）。取10 μL菌液，用1 mL 0.9%（W/V）的NaCl稀释到100 μL，涂于SD/−Ura、SD/−Ura/（100 ng/mL）AbA和SD/−Ura/（200 ng/mL）AbA固体培养基上进行培养，30 ℃倒置2～3 d。抑制p53-AbAi control生长的最低AbA浓度是100 ng/mL。若200 ng/mL AbA也不能抑制本底的表达，则将AbA的浓度加大到300～1 000 ng/mL。对可用于酵母单杂交筛选试验的诱饵（X < 1 000 ng/mL），待菌落长至2 mm时挑取并于YPDA固体培养基上培养。最后，按照"第4章1.2.4转化酵母"操作方法，将pGADT7-*PmCBF*质粒（酵母双杂交试验中的猎物表达载体）转入Y1H Gold[pAbAi-Bait]菌株中。将线性pGADT7-Rec AD Cloning Vector（*Sma*I-linearized）和p53 Control Insert转入Y1H Gold [53/AbAi] control酵母菌株作为正对照。将转化后的菌液分别涂于SD/−Leu和SD/−Leu/（X ng/L）AbA固体培养基上，将原菌液稀释10倍、100倍分别涂于SD/−Leu/（X ng/L）AbA固体培养基上，30 ℃倒置3～5 d，观察菌落生长情况。

2 研究结果

2.1 梅花*PmICE1*基因功能分析

2.1.1 *PmICE1*基因序列分析

*PmICE1*基因全长1 626 bp，编码541 aa，编码区存在3个内含子和4个外显子，外显子长度分别为1 143 bp、228 bp、171 bp和84 bp，与苹果（*MdCIbHLH1*）和拟南芥（*AtICE1*、*AtICE2*）ICE1基因结构相似（图7-1）。PmICE1蛋白分子量为58.96 ku，pI为5.43，疏水值−0.506，为亲水性蛋白，序列含有8个Cys，分别位于第35、99、144、185、444、474、502和516位，彼此间隔较近，推测PmICE1可能含有二硫键，存在可能的磷酸化位点（Ser 19个，Thr 4个，Tyr 3个）。

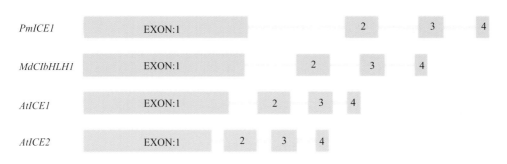

图7-1　*PmICE1*基因结构分析

2.1.2　梅花*PmICE1*基因表达模式

2.1.2.1　*PmICE1*基因不同器官表达分析

定量分析结果表明，*PmICE1*基因在梅花根、茎、叶、花、果实、种子6个器官中均不同程度表达，在茎及种子中表达量较高，分别约为根中表达量的17倍和14倍，在花、叶及果肉中表达量较低，分别约为根中表达量的4倍、2倍和2倍（图7-2）。

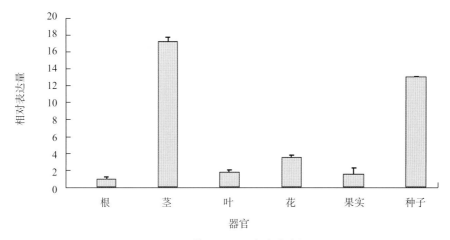

图7-2　*PmICE1*基因不同器官表达分析

2.1.2.2　*PmICE1*基因低温胁迫应答模式分析

定量分析结果表明，*PmICE1*和*PmCBF1*基因在低温胁迫时表达量上调。处理4 h后，*PmICE1*表达量迅速上升，到16 h达到最大值，约为对照表达量的7倍，然后逐渐下降，到96 h表达量回复到未进行低温处理时的水平，到134 h表达量维持不变；处理8 h后，*PmCBF1*表达量大幅上升，在16 h达到最大值，约为对照表达量的5倍，然后逐渐下降，直到134 h仍处于缓慢下降状态。对比分析发现，*PmCBF1*基因的表达滞后于*PmICE1*基因，推测*PmICE1*和*PmCBF1*基因在梅花低温胁迫应答过程中起重要作用，且*PmICE1*可能是*PmCBF1*的上游基因，在低温下诱导*PmCBF1*的表达（图7-3）。

2.1.3　梅花*PmICE1*基因功能验证

转基因拟南芥植株和对照植株低温处理（4℃，3 d）结果表明，转*PmICE1*基因拟南芥整体植株状态良好，较少叶片萎蔫，表型上无明显变化，对照组大部分叶片严重失水萎蔫、下垂、卷曲，表现为严重冷害损伤（图7-4），说明转基因拟南芥在4℃条件下的耐寒能力高于野生型拟南芥，推测*PmICE1*基因在拟南芥中过量表达启动了下游抗逆基因表达，提高了拟南芥的抗寒性。

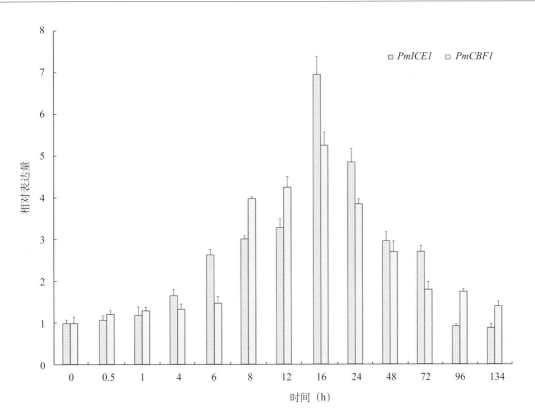

图7-3 *PmICE1*和*PmCBF1*基因低温胁迫应答模式分析

图7-4 野生型（左）与转基因拟南芥（右）低温胁迫表型对比

在4℃低温胁迫下，生理指标测定结果表明，野生型拟南芥丙二醛含量始终高于转基因植株，且随着胁迫时间的延长，丙二醛含量差异越来越大（图7-5A），推测转基因拟南芥的膜脂过氧化程度较低，细胞受损程度较轻，植株能抵抗较长时间低温胁迫，表现出较强的抗寒能力。

转基因拟南芥脯氨酸含量始终高于野生型，且随着胁迫时间的延长，脯氨酸含量差异越来越大（图7-5B）。常温下，拟南芥体内有较少量的游离脯氨酸（约11.0 μg/g）；4℃低温胁迫时，体内游离的脯氨酸含量迅速升高；72 h时，野生型和转基因植株脯氨酸含量分别为13.0 μg/g和16.8 μg/g（图7-5B）。推测脯氨酸的积累可阻止细胞因脱水而引起的伤害，转基因植株拥有更强的抗寒性。

转基因拟南芥过氧化物酶活性始终高于野生型植株，24 h时达到最大值，分别为14.4 μg/（g·min）和11.7 μg/（g·min），随后降低，转基因拟南芥过氧化物酶活性下降速度较慢，72 h时，转基因与野生型拟南芥过氧化物酶的活性分别为10.4 μg/（g·min）和5.8 μg/（g·min），推测24~72 h间拟南芥活性氧平衡被破坏，转基因拟南芥过氧化物酶的活性保持在处理前水平，可较长时间有效保护细胞结构和功能不被破坏，转基因植株的抗寒性有所增强（图7-5C）。

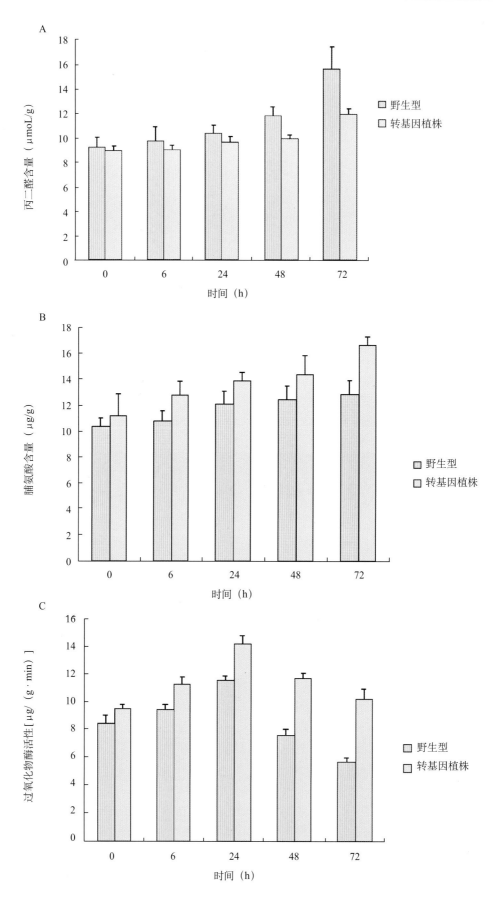

图 7-5 拟南芥丙二醛、脯氨酸含量及过氧化物酶活性分析

2.2　梅花 *PmLEA* 基因功能分析

2.2.1　梅花 *PmLEA* 基因家族分析

2.2.1.1　*PmLEA* 基因预测

BLAST 比对发现了30个 *PmLEA* 基因，其中21个 *PmLEA* 在编码区有1个内含子，5个有2个内含子，1个有3个内含子，5个无内含子；26个 *PmLEA* 编码蛋白质分子量小于30 ku（表7-1，图7-6）。

表7-1　*PmLEA* 基因家族成员与特征

类别	名称	原序列号	新序列号	长度（bp）	GRAVY	分子量（ku）	等电点	位置	EST
Dehydrin	*PmLEA8*	CCG011910	Pm026682	265	−1.358	29.26	5.92	other	0
Dehydrin	*PmLEA9*	CCG011911	Pm026683	397	−1.259	42.02	6.58	other	1
Dehydrin	*PmLEA10*	CCG011912	Pm026684	212	−1.261	22.57	7.27	other	0
Dehydrin	*PmLEA19*	CCG021753	Pm020945	180	−1.602	20.08	6.24	other	0
Dehydrin	*PmLEA20*	CCG021973	Pm021811	209	−1.056	21.96	5.89	other	0
Dehydrin	*PmLEA29*	CCG029751	Pm006114	254	−1.597	29.29	5.23	other	1
LEA_1	*PmLEA1*	CCG000040	Pm025961	142	−0.773	14.77	9.79	other	0
LEA_1	*PmLEA21*	CCG023925	Pm023268	114	−1.175	12.95	9.91	other	0
LEA_1	*PmLEA25*	CCG026108	Pm017459	107	−0.833	11.56	9.00	other	0
PvLEA18	*PmLEA6*	CCG009571	Pm002422	96	−1.069	10.31	4.77	other	0
LEA_2	*PmLEA2*	CCG001068	Pm027811	341	−0.333	37.77	4.76	other	1
LEA_2	*PmLEA11*	CCG014593	Pm018213	172	−0.138	18.58	6.14	other	0
LEA_2	*PmLEA12*	CCG014594	Pm018212	147	0.142	15.85	4.84	other	1
LEA_2	*PmLEA13*	CCG014595	Pm018211	148	0.155	16.14	4.78	other	1
LEA_2	*PmLEA14*	CCG014596	Pm018210	186	0.147	20.58	7.73	Mit	0
LEA_2	*PmLEA15*	CCG014598	Pm018208	226	0.000	24.85	10.15	other	0
LEA_3	*PmLEA18*	CCG020628	Pm008204	103	−0.417	11.26	8.62	Mit	0
LEA_3	*PmLEA24*	CCG024713	Pm013166	96	−0.746	10.92	9.52	Mit	0
LEA_3	*PmLEA30*	CCG030498	Pm020038	101	−0.338	10.55	10.27	Chl	1
LEA_4	*PmLEA3*	CCG004184	Pm026274	442	−1.166	47.79	6.57	other	0
LEA_4	*PmLEA4*	CCG005896	Pm008502	323	−1.236	35.46	5.68	Sec	0
LEA_4	*PmLEA17*	CCG018578	Pm000125	152	−1.303	16.58	8.60	other	0
LEA_4	*PmLEA27*	CCG029094	#N/A	153	−1.194	16.01	9.01	Chl	0
LEA_4	*PmLEA28*	CCG029095	Pm013639	152	−1.259	16.09	8.69	other	0
LEA_5	*PmLEA16*	CCG017371	Pm018945	95	−1.236	10.23	8.08	other	0
LEA_5	*PmLEA22*	CCG024531	Pm002896	119	−1.460	13.02	9.18	other	0
LEA_5	*PmLEA23*	CCG024534	Pm002893	100	−1.349	10.79	6.31	other	0
SMP	*PmLEA5*	CCG006734	Pm009303	264	−0.370	27.19	4.69	other	0
SMP	*PmLEA7*	CCG009701	Pm020197	259	−0.429	26.81	5.09	other	0
SMP	*PmLEA26*	CCG026479	Pm003470	288	−0.443	29.71	5.03	other	0

注：原序列号代表梅花基因组正式发布前使用的序列号，新序列号代表梅花基因组最新版中序列号。

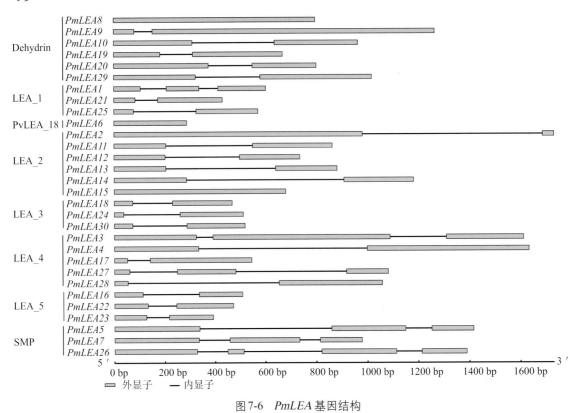

图7-6　*PmLEA* 基因结构

2.2.1.2　*PmLEA* 基因分类

系统进化树分析表明，PmLEA蛋白分成8组：LEA_1、LEA_2、LEA_3、LEA_4、LEA_5、PvLEA18、脱水素（dehydrin）和SMP（seed maturation protein）。同类蛋白间氨基酸序列相似性18%～61%，不同类蛋白间氨基酸序列相似性仅为2%～10%（图7-7）。PmLEA蛋白家族基序分析见表7-2和图7-8。

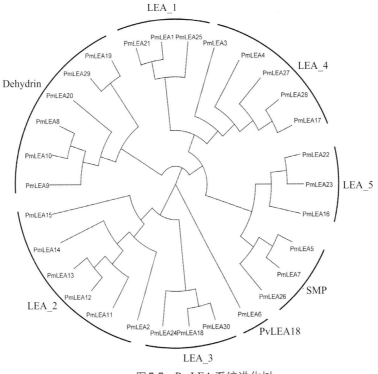

图7-7　PmLEA系统进化树

表7-2　PmLEA蛋白家族基序分析

类别	基序	基序序列
Dehydrin	Y	TDEYGNP(VL)
	K	EH(QR)EKKG(IL)(IM)(EDG)(KQ)(IV)K(ED)KLPGG(HQ)
	S	(LHV)(HR)(RH)(SG)(GD)(SD)SSSSSS(DE)(ED)
LEA_1	NONE	
PvLEA18	NONE	
LEA_2		(VI)(AIL)(DK)(VL)(PSL)(VL)K(NGV)(PN)F(ST)IPL(PT)
LEA_3		(ED)EID(APV)(AV)ELR(EA)(AKM)LL
LEA_4		TK(GE)K(AT)(SG)Ex(KT)(DGN)KAAEKA(KE)E(AGT)K(DE)
LEA_5	1	R(AKR)E(LP)D(EP)(KR)AR(QK)G(EQ)(VT)V(VI)P(GR)GTG
	2	(QH)E(GH)(YL)(AQ)E(GM)(GR)(SK)(KR)GG(LQ)(TS)(RT)K(ED)(EKQ)(IS)G
	3	E(RL)AA(ER)EGIP(IL)(DA)ESKYKT(KNR)(SG)(CRS)
SMP	1	VAAS(AV)(QAT)(AS)AA(RT)LN(QAE)RI
	2	DKP(VI)(TD)R(ES)DA(AE)(AG)(IV)QAAE(LMT)R(AN)(ST)(GP)X(TN)X(IT)XPGG

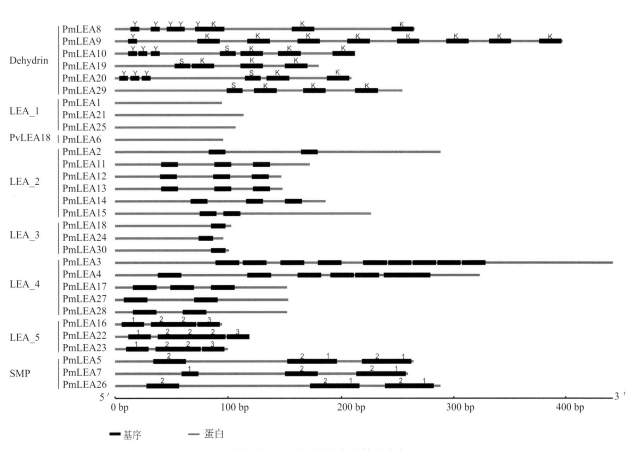

图7-8　PmLEA蛋白家族基序分布

2.2.1.3 *PmLEA* 基因染色体定位及复制模式

30个*PmLEA*基因分布在Chr3之外其他染色体上，Chr5和Chr8上数量最多，存在4个串联重复（*PmLEA8-PmLEA810*、*PmLEA11-PmLEA15*、*PmLEA22-PmLEA23*、*PmLEA27-PmLEA28*），包含12个基因，其中，最大串联重复位于Chr5上，由5个*LEA_2*（*PmLEA11-PmLEA15*）组成。23个*PmLEA*分布在片段重复区域，存在5个重复基因（*PmLEA18-PmLEA30*，*PmLEA16-PmLEA22*，*PmLEA23*）；7个*PmLEA*（*PmLEA1*、*PmLEA2*、*PmLEA5*、*PmLEA7*、*PmLEA17*、*PmLEA24*、*PmLEA26*）分布于重复区域外（图7-9）。

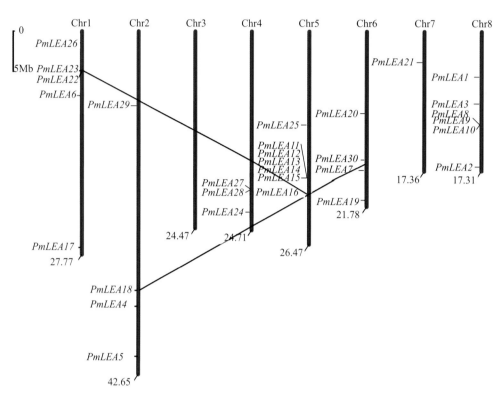

图 7-9　*PmLEA* 基因染色体定位及复制模式

2.2.1.4 *PmLEA* 基因转换事件

在4类*PmLEA*中发现10个基因转换事件，40% *PmLEA*基因至少发生了1次基因转换事件，70%基因转换事件发生在脱水素类基因成员间，所有*PmLEA*成员都曾发生过基因转换事件（表7-3）。

表7-3　*PmLEA* 家族基因转换事件

类别	基因名称	事件数	长度	基因数
Dehydrin	**PmLEA8**，**PmLEA9**，**PmLEA10**，**PmLEA19**，**PmLEA20**，**PmLEA29**	7	7	6
LEA_1	*PmLEA1*，*PmLEA21*，*PmLEA25*	0		
PvLEA18	*PmLEA6*	0		
LEA_2	*PmLEA2*，*PmLEA11*，*PmLEA12*，**PmLEA13**，**PmLEA14**，*PmLEA15*	1	25	2
LEA_3	*PmLEA18*，*PmLEA24*，*PmLEA30*	0		
LEA_4	**PmLEA3**，**PmLEA4**，*PmLEA17*，*PmLEA27*，*PmLEA28*	1	6	2
LEA_5	*PmLEA16*，*PmLEA22*，*PmLEA23*	0		
SMP	**PmLEA5**，*PmLEA7*，**PmLEA26**	1	14	2

注：加粗基因代表发生了基因转换事件。

2.2.1.5 *PmLEA*基因启动子分析

*PmLEA*基因编码区上游1 000 bp区域启动子预测分析表明，66.7% *PmLEA*基因在启动子区域含有ABA响应元件，36.7%含有干旱/低温响应元件，50%和83.3%分别含有MYC和MYB结合元件。约半数ABA响应元件和干旱/低温响应元件存在于脱水素类基因启动子区域（表7-4），推测脱水素类基因可能在梅花抵抗非生物胁迫中起重要作用。

表7-4 *PmLEA*基因启动子分析

类别	名称	LTRE元件	ABRE元件	MYC元件	MYB元件
Dehydrin	*PmLEA8*	1	3	0	1
Dehydrin	*PmLEA9*	3	6	0	3
Dehydrin	*PmLEA10*	0	2	2	0
Dehydrin	*PmLEA19*	2	3	1	6
Dehydrin	*PmLEA20*	0	1	0	3
Dehydrin	*PmLEA29*	6	7	0	3
LEA_1	*PmLEA1*	1	3	2	1
LEA_1	*PmLEA21*	0	2	0	0
LEA_1	*PmLEA25*	0	0	1	2
PvLEA18	*PmLEA6*	1	0	1	0
LEA_2	*PmLEA2*	0	0	1	1
LEA_2	*PmLEA11*	0	2	0	4
LEA_2	*PmLEA12*	3	3	1	0
LEA_2	*PmLEA13*	4	4	0	0
LEA_2	*PmLEA14*	0	0	1	1
LEA_2	*PmLEA15*	0	0	0	1
LEA_3	*PmLEA18*	0	2	1	2
LEA_3	*PmLEA24*	0	0	1	5
LEA_3	*PmLEA30*	1	3	1	4
LEA_4	*PmLEA3*	0	0	1	3
LEA_4	*PmLEA4*	0	2	0	2
LEA_4	*PmLEA17*	0	2	0	2
LEA_4	*PmLEA27*	0	1	0	1
LEA_4	*PmLEA28*	0	3	2	1
LEA_5	*PmLEA16*	2	2	2	2
LEA_5	*PmLEA22*	0	1	0	1
LEA_5	*PmLEA23*	0	1	0	1
SMP	*PmLEA5*	1	0	0	2
SMP	*PmLEA7*	0	0	0	3
SMP	*PmLEA26*	0	0	2	2

2.2.2　梅花*PmLEA*基因克隆与表达模式分析

　　克隆获得5个梅花脱水素基因（*PmLEA8*、*PmLEA10*、*PmLEA19*、*PmLEA20*和*PmLEA29*），其中，*PmLEA8*属于YK型脱水素，*PmLEA10*和*PmLEA20*属于YSK型脱水素，*PmLEA19*和*PmLEA29*属于SK型脱水素。表达模式分析结果表明，*PmLEA29*在所有器官中表达水平均较高，*PmLEA8*和*PmLEA20*在花中表达水平最高，*PmLEA10*在茎中的表达水平最高，*PmLEA19*在根中表达水平最高（图7-10）。ABA、低温、高温、高盐、PEG和SA处理4 h后，基因表达模式分析结果显示，所有基因表达水平均不同程度升高，仅*PmLEA29*在ABA处理下表达水平降低（图7-11）。

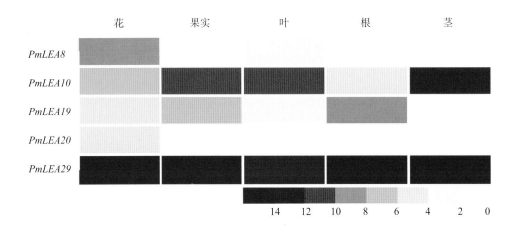

图7-10　*PmLEA*基因表达模式分析

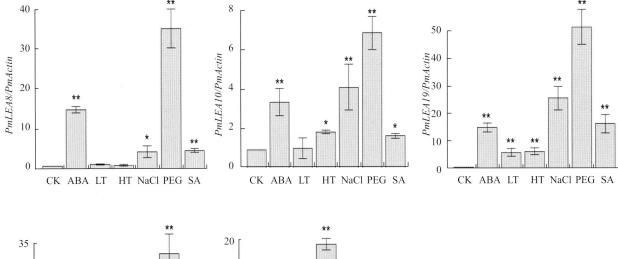

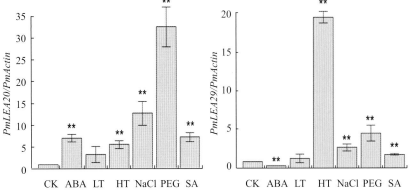

图7-11　*PmLEA*在不同处理条件下表达模式分析

2.2.3　梅花 *PmLEA* 基因功能验证

2.2.3.1　*PmLEA* 基因原核表达及对大肠杆菌抗逆性影响

SDS-PAGE检测结果显示，PmLEA8、PmLEA10、PmLEA19、PmLEA20和PmLEA29重组蛋白的分子量分别为63 ku、51 ku、48 ku、50 ku和57 ku，与预期分子量一致，重组蛋白表达水平随着诱导时间的延长逐渐增加（图7-12A）。

斑点试验检测结果显示，未添加山梨醇的LB培养基上，BL/pDEST15-*GUS*和BL/pDEST15-*PmLEA*生长无明显差异，表明*PmLEA*不会抑制大肠杆菌重组体生长；添加1 mmol/L山梨醇的LB培养基上，BL/pDEST15-*PmLEA*的菌斑数量显著多于BL/pDEST15-*GUS*，表明*PmLEA*可以提高大肠杆菌抗渗透胁迫能力，不同*PmLEA*抗渗透胁迫能力存在差异，*PmLEA8*效果最差（图7-12B、C）。反复冻融试验结果显示，除*PmLEA8*外，其他*PmLEA*均可以不同程度提高大肠杆菌抗冻能力（图7-12B、C）。

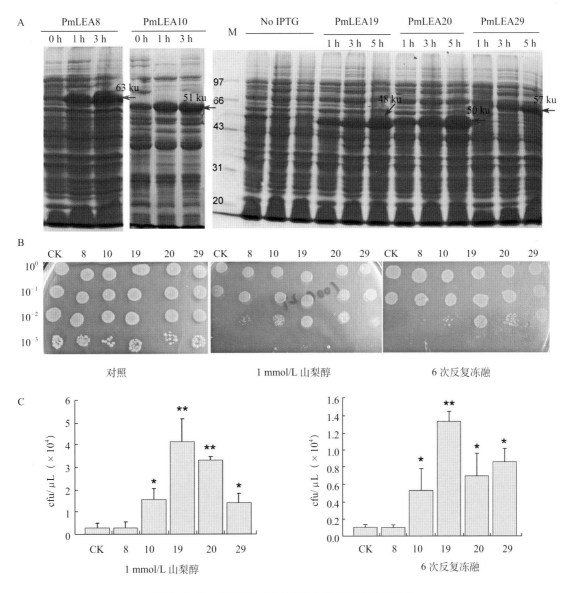

图 7-12　*PmLEA* 原核表达及对大肠杆菌抗逆性影响
A.SDS-PAGE分析在无IPTG诱导（0 h）和IPTG诱导条件下（1～5 h）PmLEA原核表达产物　B.大肠杆菌BL21（DE3）/pDEST-*PmLEA*在LB（左）、LB+1mmol/L Sorbitol（中）和LB反复冻融6次（右）中的生长表现　C.菌落数统计分析，3次重复 ±SD
（箭头所示为预期蛋白产物大小；CK为BL21（DE3）/pDEST15-*GUS*，8为BL21（DE3）/pDEST-*PmLEA8*，10为BL21（DE3）/pDEST-*PmLEA10*，19为BL21（DE3）/pDEST-*PmLEA19*，20为BL21（DE3）/pDEST-*PmLEA20*，29为BL21（DE3）/pDEST-*PmLEA29*；* 为 $P<0.05$，** 为 $P<0.01$）

2.2.3.2 转*PmLEA*烟草抗逆性分析

PmLEA10、*PmLEA19*、*PmLEA20*和*PmLEA29*在烟草中异源表达，选择11个具有相似表达水平的T_2代株系进行检测（*PmLEA10*株系：10-4、10-8、10-12；*PmLEA19*株系：19-11、19-22、19-27；*PmLEA20*株系：20-6、20-9；*PmLEA29*株系：29-4、29-6、29-8），3个空载株系作为对照（17-2、17-10、17-13），结果显示，转*PmLEA19*中19-27株系蛋白表达水平较高，其他转基因株系蛋白表达水平无明显差异（图7-13）。

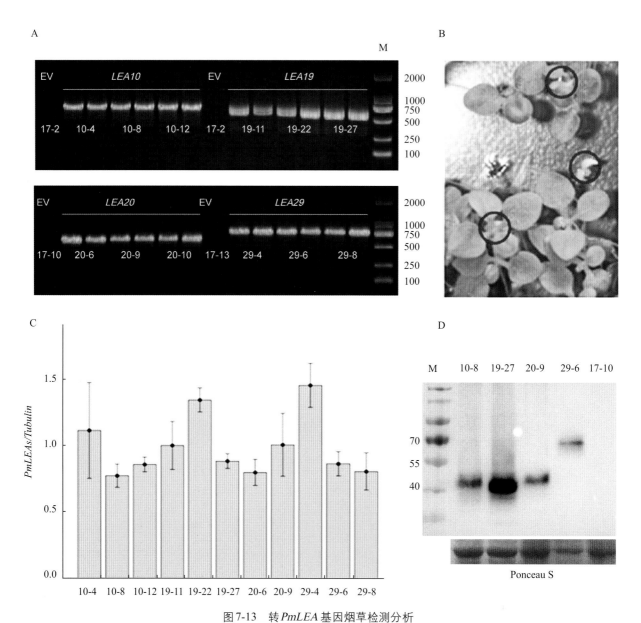

图7-13 转*PmLEA*基因烟草检测分析

A.PCR检测T_1代株系　B.T_2代株系表现出3：1抗性分离比　C.T_2代株系*PmLEA*相对表达水平　D.不同转基因株系PmLEA蛋白表达水平（EV为空载株系，每个基因6个不同株系；红色圈标记为敏感植株；Ponceau S为丽春红染色）

2月龄T_2代株系胁迫试验结果显示，4℃处理24 h，与对照相比，转基因株系中相对离子渗透率和丙二醛含量显著降低，相对含水量显著升高（图7-14A～C）；干旱胁迫处理15 d，与对照相比，转基因株系中相对离子渗透率和丙二醛含量降低，相对含水量显著升高（图7-14D～F），说明过表达*PmLEA*增强了烟草的耐冷性和耐旱性。

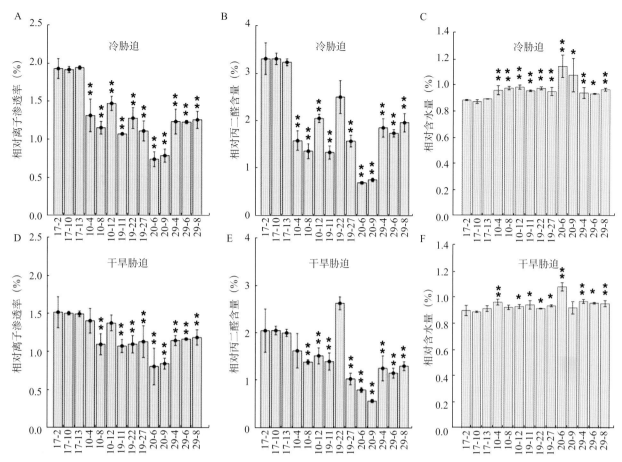

图7-14 冷胁迫和干旱胁迫下转基因株系中生理指标分析

A，D.相对离子渗透率 B，E.相对丙二醛含量 C，F.相对含水量

（3次重复±SD；* 为 $P<0.05$，** 为 $P<0.01$）

在正常生长条件下，*PmLEA20*转基因株系矮小，生长受抑制，分析发现其相对离子渗透率和丙二醛含量显著高于对照植株，相对含水量则低于对照植株（图7-15），说明*PmLEA20*基因对植株的正常生长是有损害的。当*PmLEA20*转基因株系进行冷或干旱胁迫处理时，相对离子渗透率、丙二醛含量和相对含水量与未处理时比较并没有发生明显的变化（图7-15）。

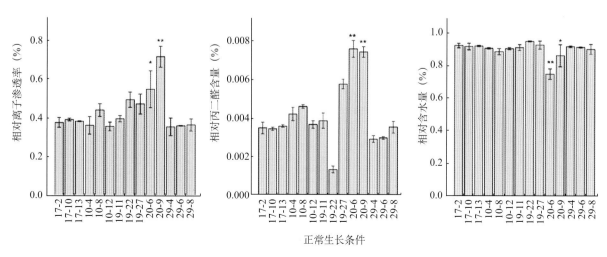

图7-15 正常生长条件下*PmLEA20*转基因株系生理指标分析

2.3 梅花 *PmDAM* 和 *PmCBF* 基因功能分析

2.3.1 梅花 *PmDAM* 和 *PmCBF* 基因克隆及序列分析

2.3.1.1 *PmDAM* 基因克隆及序列分析

BLAST 比对在梅花基因组中发现 6 个 *DAM* 同源基因，经克隆测序验证获得 6 个 *DAM* 基因，分别命名为 *PmDAM01 ~ 06*，CDS 序列长度分别为 708 bp、723 bp、708 bp、669 bp、705 bp 和 726 bp，编码氨基酸序列长度分别为 235 aa、240 aa、235 aa、222 aa、234 aa 和 241 aa。

系统进化树分析结果显示，PmDAM 属于 MADS-box 家族中 SVP 亚家族。6 个 PmDAM 先与桃（*P. persica*）和樱桃（*P. pseudocerasus*）的 DAM 聚为一支，再与梨和苹果聚到一起。PmDAM 的同源性分析结果显示，PmDAM01、PmDAM02 和 PmDAM03 聚在一个分支，PmDAM04、PmDAM05 和 PmDAM06 聚在另一分支（图 7-16，图 7-17）。

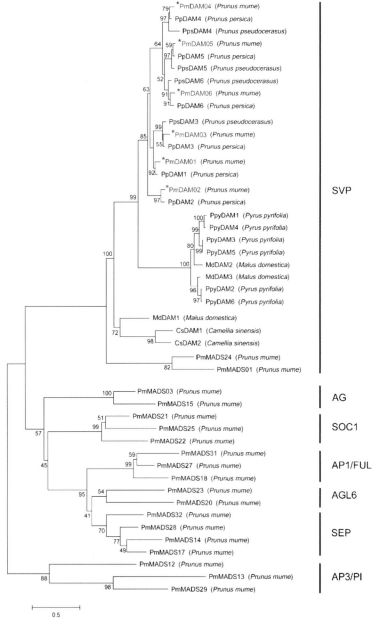

图 7-16 PmDAM 系统进化树

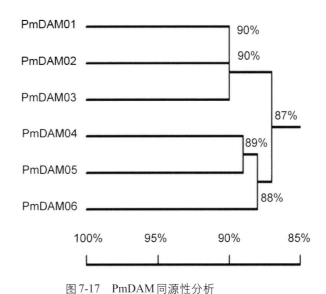

图 7-17　PmDAM 同源性分析

2.3.1.2　*PmCBF* 基因克隆及序列分析

BLAST 比对在梅花基因组中发现 7 个 *CBF* 同源基因，其中有 6 个蛋白序列含有 AP2/ERF 结构域，将所得到的这 6 个基因鉴定为梅花 *CBF* 基因家族的成员，经克隆测序验证获得 6 个 *CBF* 基因，分别命名 *PmCBF1 ~ PmCBF6*，CDS 序列长度分别为 720 bp、699 bp、438 bp、717 bp、714 bp 和 441 bp，编码氨基酸序列长度分别为 239 aa、232 aa、145 aa、238 aa、237 aa 和 146 aa。

系统进化树分析结果显示，6 个 PmCBF 先与桃（*P. persica*）、新疆桃（*P. ferganensis*）、山桃（*P. davidiana*）和甜樱桃（*P. avium*）聚为一支，再与其他物种的 CBF 聚到一起。PmCBF5 和 PmCBF6 与李属其他物种的 CBF 聚到一起，并与其他 4 个 PmCBF 形成不同进化分支。同源性分析结果显示，6 个 PmCBF 具有高度的同源性，PmCBF5 和 PmCBF6 聚为一支，PmCBF1、PmCBF3 和 PmCBF4 聚为一支，PmCBF2 单独一支，与系统进化分析结果一致（图 7-18，图 7-19）。

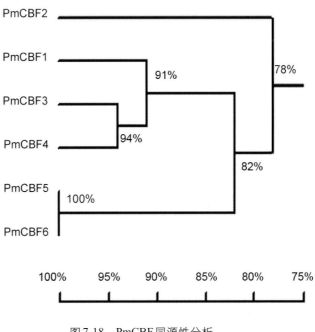

图 7-18　PmCBF 同源性分析

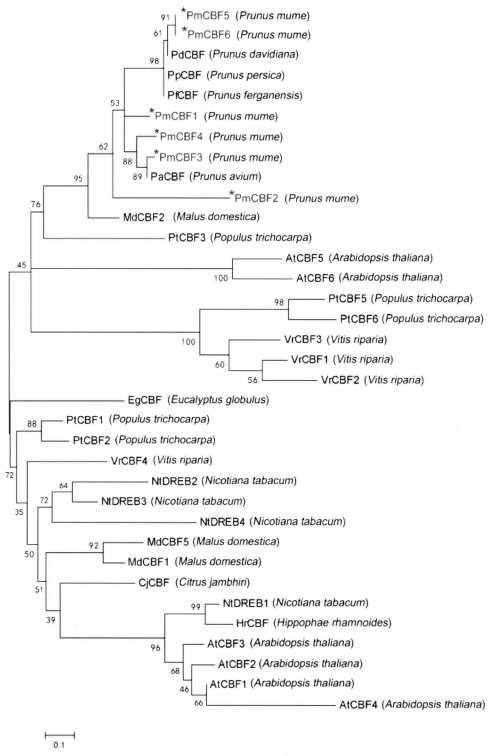

图 7-19　PmCBF 系统进化树

2.3.2　梅花 *PmDAM* 和 *PmCBF* 基因表达模式分析

2.3.2.1　花芽发育过程表达模式分析

花芽发育过程表达模式分析结果显示，*PmDAM01*、*PmDAM02* 和 *PmDAM03* 归为一类，7、8、9、10 月表达水平较高，11、12、1、2 月表达水平较低；*PmDAM04*、*PmDAM05* 和 *PmDAM06* 归为另一类，7～10 月表达水平呈上升趋势，10月达到最高，11月开始下降，其表达主要集中在 9～11 月，这是花芽分化与休眠过程的重叠时期，即*PmDAM04*、*PmDAM05*和*PmDAM06*在花芽进入休眠阶段表达上调，休眠解除期间表达下调。在梅花花芽不同生长发育时期中，6个*PmCBF*基因的表达趋势基本一致，且呈现出明显的表达特异性，在7～10月和1～2月的表达水平较低，11～12月较高。综上，*PmDAM*基因在花芽进入休眠过程中（7～11月）表达逐渐上调，在休眠解除过程中（2月）表达下调，*PmCBF*基因在花芽休眠时（12月至翌年1月）高表达，推测*PmDAM*和*PmCBF*基因可能在梅花花芽休眠过程中起作用（图7-20）。

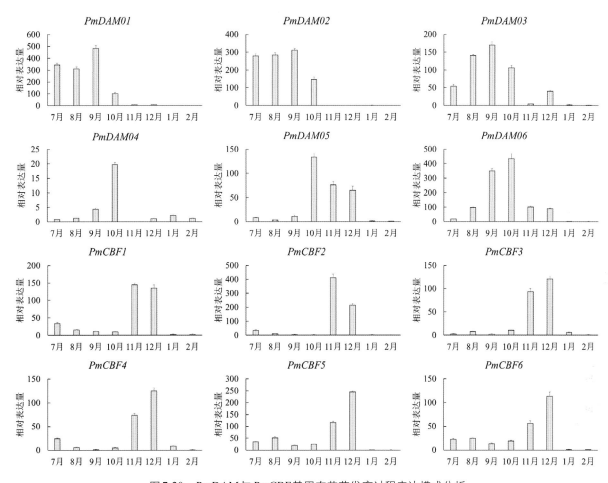

图7-20　*PmDAM*与*PmCBF*基因在花芽发育过程表达模式分析

2.3.2.2　花朵开放过程和不同花部结构表达模式分析

将花朵开放过程分成4个阶段（F1：小蕾；F2：大蕾；F3：始花，初开状态；F4：盛花），花部结构划分为花萼（Se）、花瓣（Pe）、雄蕊（St）和雌蕊（Ca）4个部分，其中，小蕾为刚露白的花蕾，大小为6～8 mm；大蕾为露白占2/3～3/4体积的花蕾，大小为10～12 mm（图7-21）。

图7-21　梅花‘三轮玉碟’花朵开放过程和不同花部结构
（F1为小蕾；F2为大蕾；F3为始花；F4为盛花；Se为花萼；Pe为花瓣；St为雄蕊；Ca为雌蕊）

花朵开放过程表达模式分析结果显示，*PmDAM01*、*PmDAM02*和*PmDAM03*归为一类，在小蕾、大蕾和始花表达水平逐渐降低，在盛花时升高；*PmDAM04*、*PmDAM05*和*PmDAM06*归为另一类，在花朵开放过程表达水平呈下降趋势。不同花部结构中，6个*PmDAM*基因在花萼、花瓣、雄蕊和雌蕊中均有表达，其中，*PmDAM02*在花瓣和雌蕊中表达水平较高，*PmDAM03*在花萼中较高。花朵开放过程中，6个*PmCBF*基因表达趋势基本一致，在小蕾和大蕾中表达水平较高。不同花部结构中，*PmCBF1*、*PmCBF2*、*PmCBF3*和*PmCBF4*归为一类，在花萼中高表达；*PmCBF5*和*PmCBF6*归为另一类，在花萼、花瓣、雄蕊和雌蕊中均有表达。综上，*PmDAM*和*PmCBF*基因可能在梅花花朵开放过程中起作用，其中*PmCBF*可能参与花蕾膨大，*PmDAM02*可能参与花瓣和雌蕊发育，*PmDAM03*、*PmCBF1*、*PmCBF2*、*PmCBF3*和*PmCBF4*可能参与花萼发育（图7-22）。

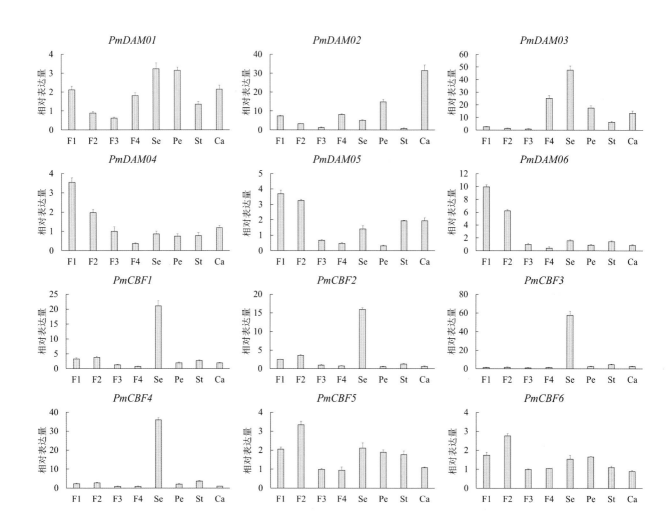

图7-22　*PmDAM*与*PmCBF*基因在花朵开放过程和不同花部结构表达模式分析
（F1为小蕾；F2为大蕾；F3为始花；F4为盛花；Se为花萼；Pe为花瓣；St为雄蕊；Ca为雌蕊）

2.3.2.3　叶芽生长发育表达模式分析

表达模式分析结果显示，*PmDAM*与*PmCBF*基因在叶芽生长发育不同时期的表达模式与花芽的表达模式基本一致，*PmDAM*在叶芽进入休眠过程中（9～10月）表达量达到峰值，在休眠解除过程中（11月至翌年3月）逐渐下降；*PmCBF*在休眠过程中（11～12月）表达水平较高，其他时期较低（图7-23）。

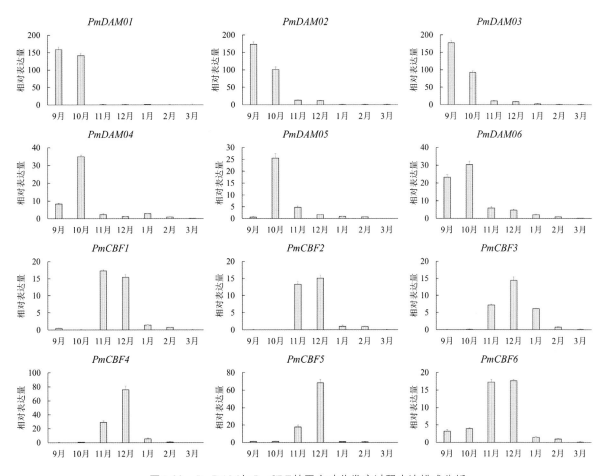

图7-23　*PmDAM*与*PmCBF*基因在叶芽发育过程表达模式分析

2.3.2.4　叶生长发育表达模式分析

表达模式分析结果显示，*PmDAM01*、*PmDAM02*和*PmDAM03*归为一类，在各个时期均有表达且表现出表达特异性，在叶生长发育过程中表达水平较高；*PmDAM04*、*PmDAM05*和*PmDAM06*归为另一类，在叶衰老过程中表达上调，于12月达到峰值。*PmCBF1*、*PmCBF2*和*PmCBF3*归为一类，在4~8月表达量上升，8月达到峰值，9~11月下降；*PmCBF4*、*PmCBF5*和*PmCBF6*归为另一类，在6~7月表达量达到最大值，7~11月表达量呈下降趋势。综上，推测*PmDAM01*、*PmDAM02*、*PmDAM03*和*PmCBF*在梅花叶生长过程中起作用；*PmDAM04*、*PmDAM05*和*PmDAM06*在叶衰老过程中起作用（图7-24）。

2.3.2.5　茎生长发育表达模式分析

表达模式分析结果显示，*PmDAM01*、*PmDAM02*和*PmDAM03*归为一类，表达集中在5~11月，1~4月表达极低，5~9月表达呈上升趋势，8~9月达到高峰，9~12月呈下降趋势，推测主要在茎的生长过程中起作用；*PmDAM04*、*PmDAM05*和*PmDAM06*归为另一类，表达集中在9~12月，8~10月表达上升，10月达到峰值，10月至翌年2月表达逐渐下降，3~7月几乎不表达，推测在茎休眠过程中起作用（图7-25）。在茎生长发育过程中，*PmCBF1*、*PmCBF2*和*PmCBF3*归为一类，在5月和11月有2个表达高峰，8~11月表达逐渐上调，12月至翌年3月逐渐下调，推测在茎伸长生长过程中起作用，在休眠和休眠解除过程中也起作用；*PmCBF5*和*PmCBF6*归为另一类，在9~12月表达量相对较高，12月至翌年3月表达逐渐下降，推测在休眠与休眠解除过程中起作用。综上，推测*PmDAM01*、*PmDAM02*、*PmDAM03*、*PmCBF1*、*PmCBF2*和*PmCBF3*与茎生长过程有关，其中*PmCBF1*、*PmCBF2*和*PmCBF3*在茎伸长生长过程中起作用；*PmCBF*基因与茎休眠过程有关（图7-25）。

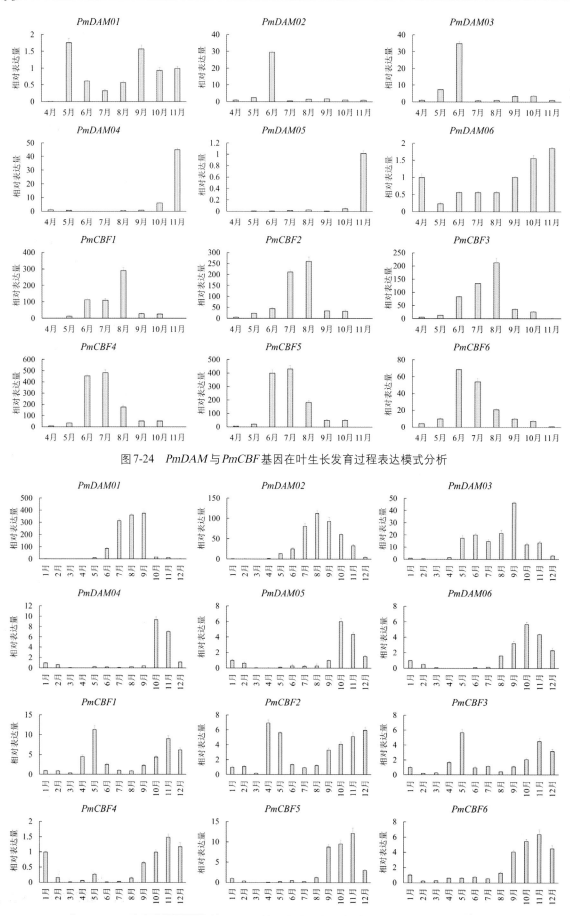

图7-24 *PmDAM*与*PmCBF*基因在叶生长发育过程表达模式分析

图7-25 *PmDAM*与*PmCBF*基因在茎生长发育过程表达模式分析

2.3.2.6 果实和种子表达模式分析

果实生长发育过程表达模式分析结果显示，*PmDAM*基因在6月表达量最高。*PmCBF*基因根据其表达特性分为3类，*PmCBF1*和*PmCBF2*归为一类，有明显的表达特异性，6月表达量最高；*PmCBF4*、*PmCBF5*和*PmCBF6*归为一类，4月表达量最高；*PmCBF3*单独归为一类，无明显表达特异性（图7-26）。

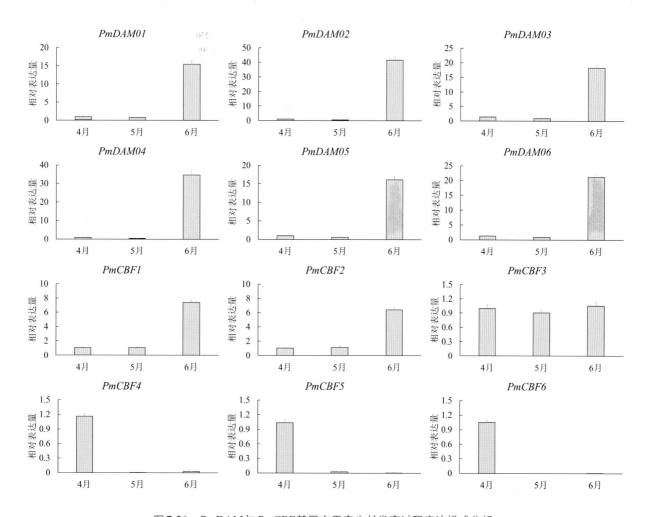

图7-26 *PmDAM*与*PmCBF*基因在果实生长发育过程表达模式分析

种子生长发育过程表达模式分析结果显示，*PmDAM*基因在6月表达量达到峰值，其中，*PmDAM06*在6月表达量高，而在其他时期表达量极低。*PmCBF*基因根据其表达特性分为3类：*PmCBF5*和*PmCBF6*在6月表达量最高；*PmCBF1*、*PmCBF3*和*PmCBF4*在4月表达量最高；*PmCBF2*无明显表达特异性（图7-27）。

综上，*PmDAM*与*PmCBF*基因在果实和种子发育过程中均有表达特异性，*PmCBF4*、*PmCBF5*和*PmCBF6*可能与果实形成有关；*PmCBF1*和*PmCBF2*可能与果实成熟有关；*PmCBF1*、*PmCBF3*和*PmCBF4*可能与种子形成有关；*PmCBF5*和*PmCBF6*可能与种子成熟有关。

2.3.2.7 *PmDAM*基因在花芽分化过程表达模式分析

根据发育进程将花芽分化划分为8个阶段：未分化期（S1）、花原基分化期（S2）、萼片分化期（S3）、花瓣分化期（S4）、雄蕊分化期（S5）、雌蕊分化期（S6）、子房发育期（S7）和花粉粒形成期（S8）（图7-28）。

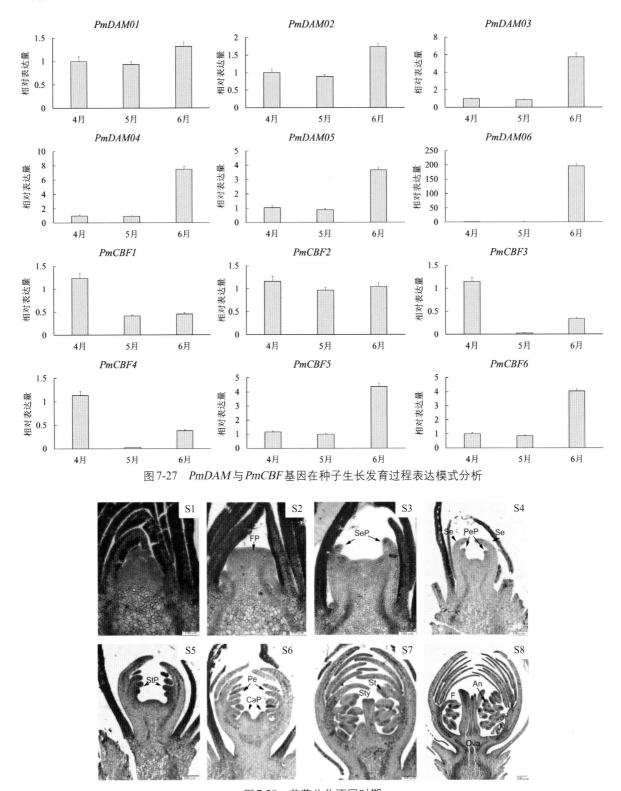

图 7-27　*PmDAM* 与 *PmCBF* 基因在种子生长发育过程表达模式分析

图 7-28　花芽分化不同时期
（Se 为萼片；Pe 为花瓣；St 为雄蕊；An 为花药；Sty 为花柱；Ova 为子房；F 为花丝；SeP 为萼片原基；
PeP 为花瓣原基；StP 为雄蕊原基；CaP 为雌蕊原基；FP 为花原基）

　　表达模式分析结果显示，*PmDAM01*、*PmDAM02* 和 *PmDAM03* 归为一类，在 S1～S7 表达水平较高，其中，*PmDAM01* 在 S4（花瓣分化）最高，*PmDAM02* 在 S6（雌蕊分化）最高，*PmDAM03* 在 S2（花原基形成）最高；*PmDAM04*、*PmDAM05* 和 *PmDAM06* 归为另一类，*PmDAM04* 和 *PmDAM05* 在 S6、S7 表达水平较高，*PmDAM06* 在 S4～S7 较高。综上，推测 *PmDAM01*、*PmDAM02* 和 *PmDAM03* 参与花原基、萼片、花瓣、

雄蕊和雌蕊分化及子房发育过程，*PmDAM04*和*PmDAM05*参与雌蕊分化和子房发育过程，*PmDAM06*参与花瓣、雄蕊、雌蕊分化和子房发育过程（图7-29）。

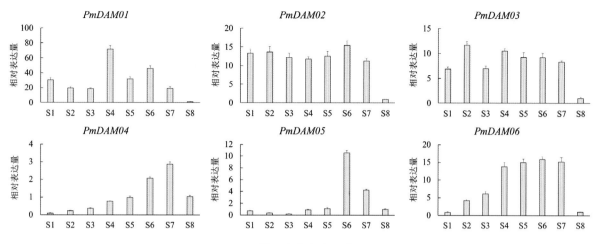

图7-29　*PmDAM*基因在花芽分化过程表达模式分析

2.3.2.8　花芽休眠和休眠解除过程表达模式分析

表达模式分析结果显示，*PmCBF2*、*PmCBF3*、*PmCBF4*和*PmCBF5*归为一类，随休眠时间延长表达呈递增趋势；*PmCBF1*和*PmCBF6*归为另一类，在（6±2）℃处理10 d后表达量达到峰值，表明低温能促进*PmCBF*表达。随着处理时间延长，*PmDAM06*表达呈下降趋势（图7-30）。在休眠解除过程中，*PmCBF*和*PmDAM06*在处理0～40 d表达量逐渐递减，其中，*PmCBF2*、*PmCBF6*和*PmDAM06*在0～10 d表达量急剧下降，*PmCBF1*、*PmCBF3*、*PmCBF4*和*PmCBF5*在30～40 d表达量明显下降（图7-31）。综上，在花芽进入休眠阶段，*PmDAM06*基因表达量高，推测*PmDAM06*促使梅花花芽进入休眠；在花芽休眠过

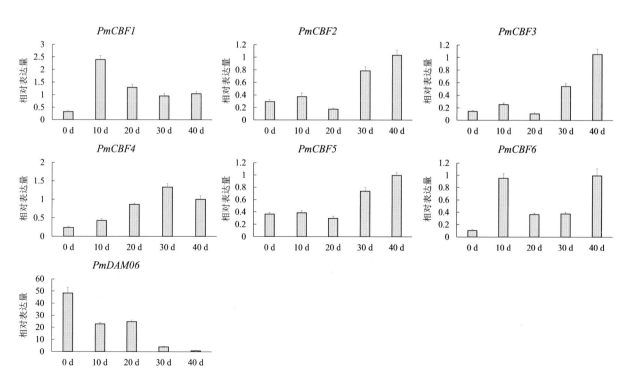

图7-30　*PmDAM06*和*PmCBF*基因在花芽休眠过程表达模式分析

程中，随着冬季低温积累，*PmCBF*表达呈上升趋势，*PmDAM06*表达呈下降趋势，推测*PmCBF*可能会抑制*PmDAM06*的表达；在休眠解除阶段，*PmCBF*和*PmDAM06*表达下调。上述趋势与梅花花芽生长过程表达模式类似。

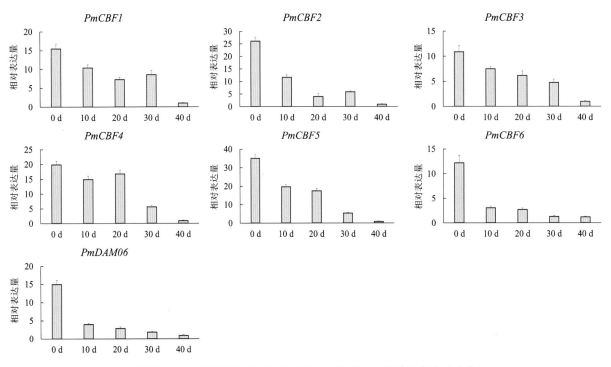

图7-31 *PmDAM06*和*PmCBF*基因在花芽休眠解除过程表达模式分析

2.3.3 梅花PmDAM和PmCBF蛋白互作分析

2.3.3.1 亚细胞定位分析

亚细胞定位分析结果显示，6个PmDAM和6个PmCBF蛋白均集中在细胞核中表达，PmCBF3还在叶绿体中表达（图7-32）。

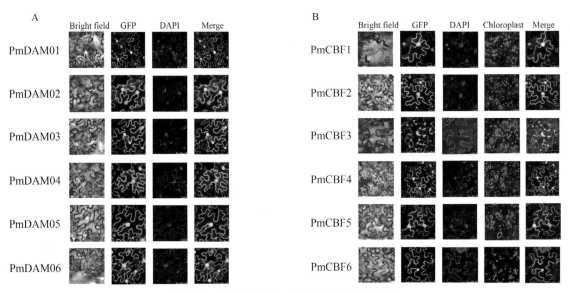

图7-32 PmDAM和PmCBF亚细胞定位分析
A.PmDAM亚细胞定位分析 B.PmCBF亚细胞定位分析
（绿色荧光位置代表蛋白表达位置，蓝色荧光代表细胞核DAPI染色荧光，红色荧光代表叶绿体自发荧光）

2.3.3.2 蛋白自激活检测

毒性检测结果显示，所有的酵母菌株在固体培养基上菌落状态相似，说明构建的PmDAM和PmCBF诱饵载体不具有毒性。自激活检测结果显示，6个PmDAM诱饵菌株只在SD/−Trp固体培养基上正常生长，在SD/−Trp/−His/−Ade固体培养基上无法生长，说明这6个诱饵无自激活活性；6个PmCBF中，仅有PmCBF1不具有自激活活性（图7-33）。

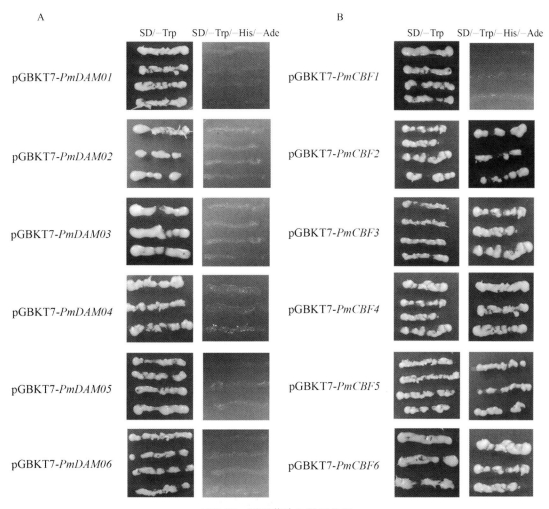

图7-33　诱饵载体自激活检测
A.PmDAM诱饵载体自激活检测　B.PmCBF诱饵载体自激活检测

2.3.3.3 PmDAM蛋白互作分析

酵母双杂交结果显示，所有酵母在SD/−Leu/−Trp固体培养基上均能生长，表明所有的酵母菌株均含有诱饵载体和猎物载体。根据SD/−Leu/−Trp/−His/−Ade/X/A固体培养基上酵母生长情况分析，PmDAM01自身存在很强的相互作用（++++），PmDAM02和PmDAM03自身不存在相互作用。PmDAM01与PmDAM02、PmDAM05、PmDAM06存在很强的相互作用（++++）；PmDAM02与PmDAM01存在很强的相互作用（++++），PmDAM02与PmDAM05、PmDAM06相互作用较弱（++）；PmDAM03与PmDAM06存在较强的互作关系（+++）（图7-34）。PmDAM04自身无互作，与其他PmDAM均无互作；PmDAM05与PmDAM01、PmDAM02和PmDAM06存在相互作用；PmDAM06自身相互作用较弱（++），与PmDAM01存在很强的相互作用（++++），与PmDAM02（++）、PmDAM03（+）、PmDAM05（+）相互作用较弱（图7-35）。

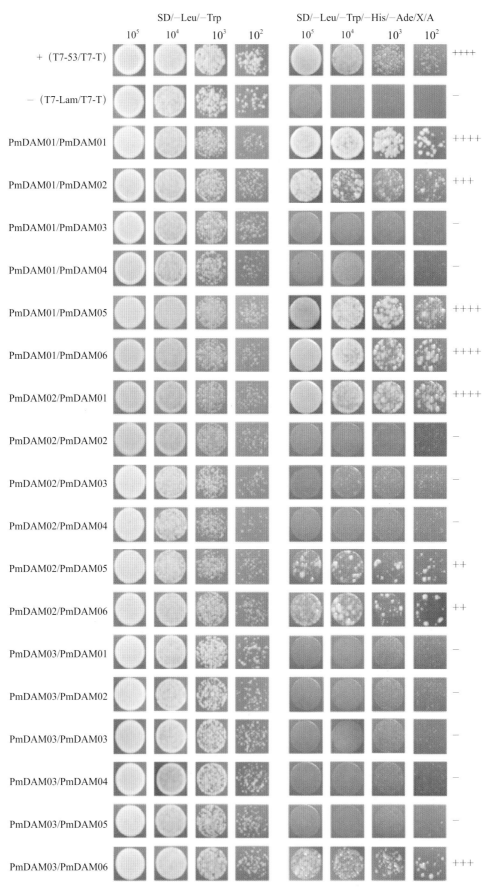

图7-34 PmDAM01～PmDAM03和PmDAM蛋白互作分析（Y2H）

[T7-53/T7-T为阳性对照，T7-Lam/T7-T为阴性对照，（+）代表反应强度]

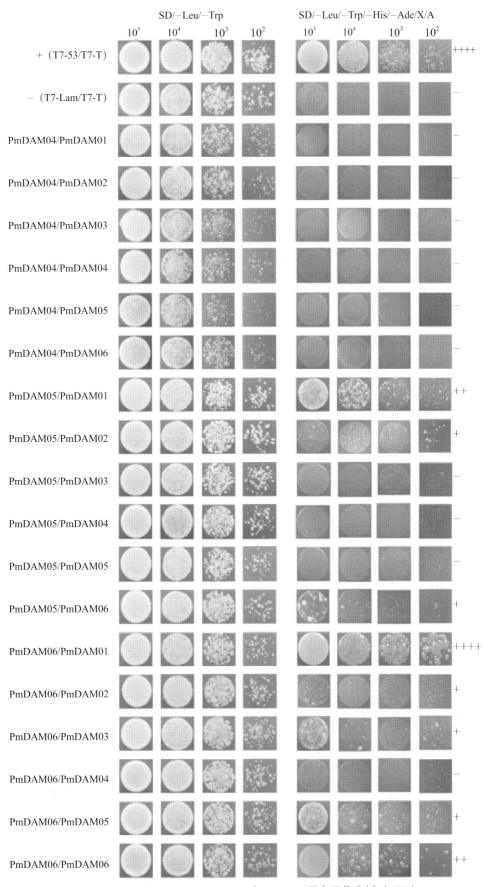

图7-35　PmDAM04～PmDAM06和PmDAM蛋白互作分析（Y2H）

[T7-53/T7-T为阳性对照，T7-Lam/T7-T为阴性对照，（+）代表反应强度]

　　BiFC结果进一步显示，PmDAM01和PmDAM06自身可以互作；PmDAM01、PmDAM02、PmDAM05和PmDAM06相互之间可以互作；PmDAM03和PmDAM06可以互作（图7-36）。

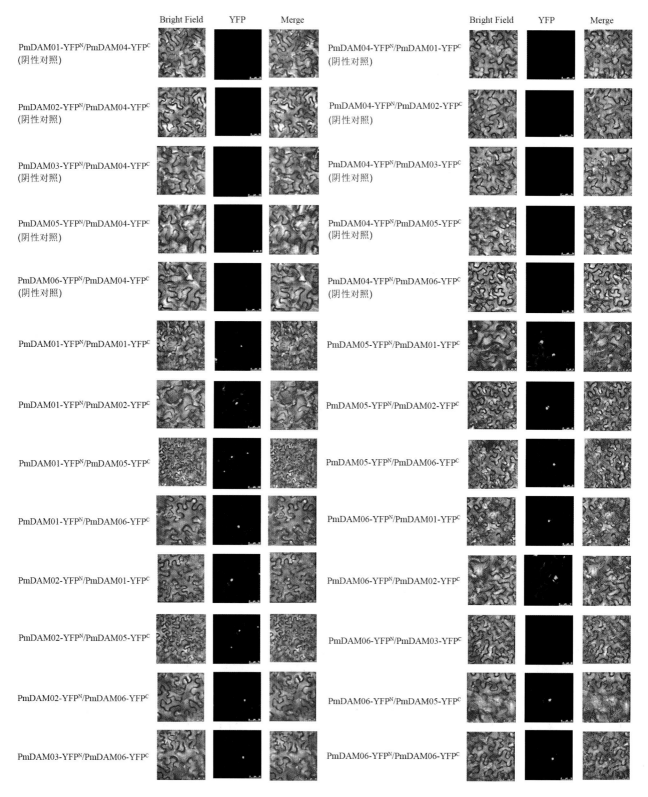

图7-36　PmDAM蛋白互作分析（BiFC）
（绿色荧光位置代表蛋白表达位置，红色荧光代表叶绿体自发荧光）

2.3.3.4　PmCBF蛋白互作分析

　　酵母双杂交结果显示，PmCBF2～6诱饵载体均具有自激活性，无法通过酵母双杂交验证其蛋白互作关系（图7-33）。

　　BiFC结果显示，6个PmCBF中仅有PmCBF4可以形成同源二聚体，表明PmCBF4自身可以互作；仅有PmCBF1和PmCBF6可以形成异源二聚体，表明PmCBF1与PmCBF6存在互作（图7-37）。

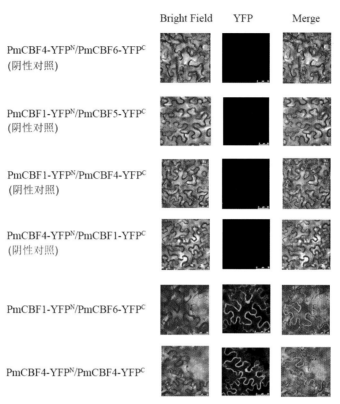

图7-37　PmCBF蛋白互作分析（BiFC）
（绿色荧光位置代表蛋白表达位置，红色荧光代表叶绿体自发荧光）

2.3.3.5　PmDAM和PmCBF间蛋白互作分析

　　酵母双杂交结果显示，PmCBF1与PmDAM01存在很强的互作（++++），PmCBF1与PmDAM02（++）、PmDAM06（+）互作较弱（图7-38）。PmCBF2与PmDAM01、PmDAM02、PmDAM03存在很强的互作，与PmDAM06相互作用较弱；PmCBF3与PmDAM01、PmDAM03存在很强的互作，与PmDAM02、PmDAM04、PmDAM05、PmDAM06无互作（图7-39）。PmCBF5与PmDAM01、PmDAM02、PmDAM03存在很强的互作，与PmDAM06相互作用较弱；PmCBF4、PmCBF6与6个PmDAM之间无互作（图7-40）。

　　BiFC结果进一步显示，PmCBF1与6个PmDAM蛋白的BiFC试验中，PmDAM01-YFP^{N}/ PmCBF1-YFP^{C}，PmDAM02-YFP^{N}/ PmCBF1-YFP^{C}和PmCBF1-YFP^{N}/ PmDAM06-YFP^{C}等共3个反应中检测到YFP信号，而其余反应中无YFP信号，表明PmCBF1可以分别与PmDAM01、PmDAM02、PmDAM06互作（图7-41）。PmCBF2～6与6个PmDAM蛋白的BiFC试验中，PmDAM01-YFP^{N}/ PmCBF5-YFP^{C}和PmCBF5-YFP^{N}/ PmDAM06-YFP^{C}等共2个反应中检测到YFP信号，而其余反应中无YFP信号，表明PmCBF5可以分别与PmDAM01、PmDAM06互作（图7-42）。

　　综上，PmCBF1可以分别与PmDAM01、PmDAM02、PmDAM06互作，PmCBF5可以分别与PmDAM01、PmDAM06互作。

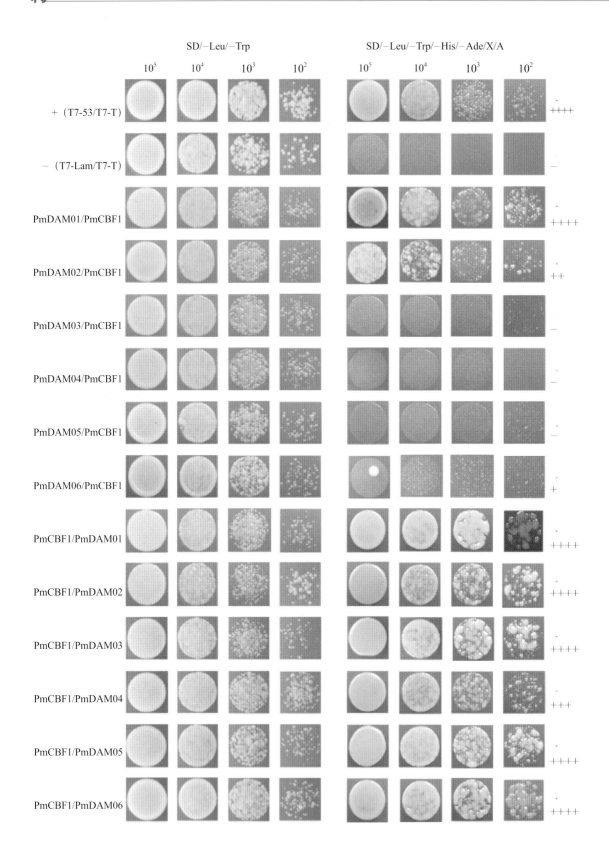

图7-38　PmCBF1和PmDAM蛋白互作分析（Y2H）

[T7-53/T7-T为阳性对照，T7-Lam/T7-T为阴性对照，（+）代表反应强度]

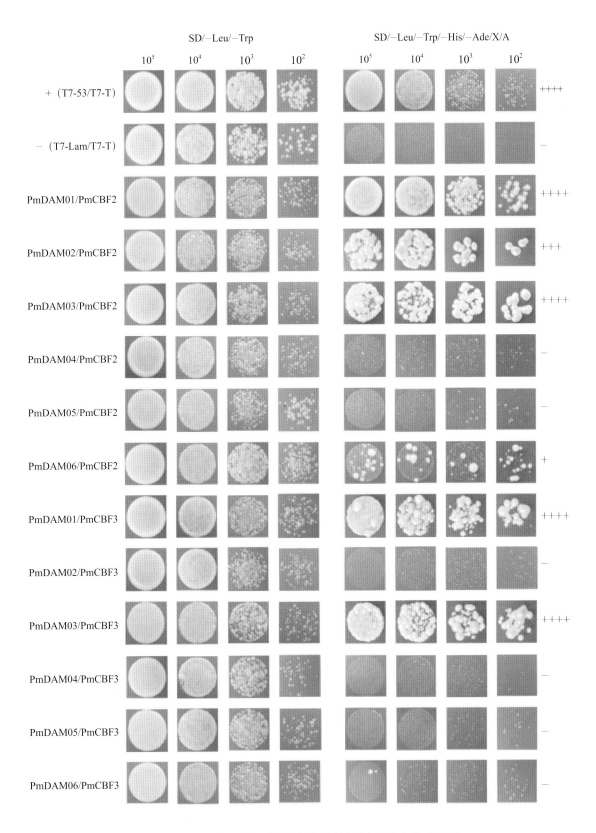

图7-39 PmCBF2-PmCBF3和PmDAM蛋白互作分析（Y2H）
[T7-53/T7-T为阳性对照，T7-Lam/T7-T为阴性对照，（+）代表反应强度]

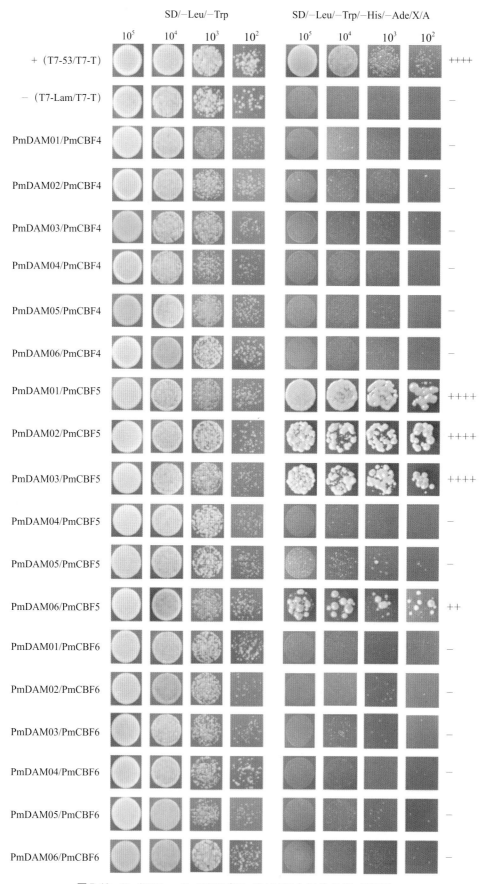

图7-40　PmCBF4 ～ PmCBF6 和 PmDAM 蛋白互作分析（Y2H）

[T7-53/T7-T 为阳性对照，T7-Lam/T7-T 为阴性对照，（+）代表反应强度]

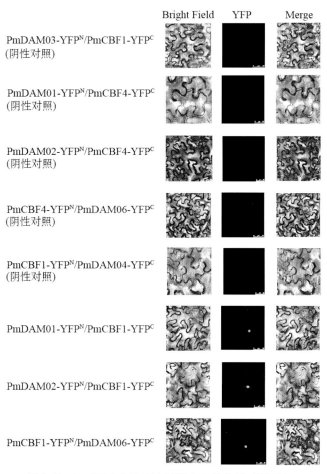

图 7-41　PmCBF1 和 PmDAM 蛋白互作分析（BiFC）
（绿色荧光位置代表蛋白表达位置，红色荧光代表叶绿体自发荧光）

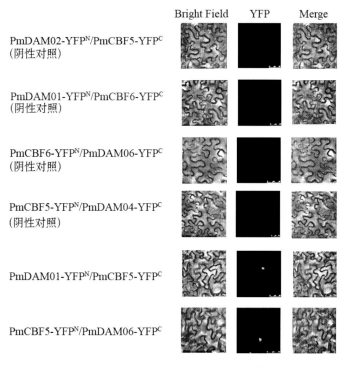

图 7-42　PmCBF2 ～ PmCBF6 和 PmDAM 蛋白互作分析（BiFC）
（绿色荧光位置代表蛋白表达位置，红色荧光代表叶绿体自发荧光）

2.3.4 梅花PmCBF转录因子与*PmDAM*基因间调控关系解析

2.3.4.1 *PmDAM*启动子基序分析与PmCBF结合位点分析

梅花基因组中*PmDAM*启动子保守基序分析结果显示，*PmDAM*基因的上游启动子序列前1 000 bp片段中，6个启动子序列的基序分布较保守。1 000～2 000 bp的*PmDAM*基因上游启动子序列中，6个*PmDAM*启动子序列的基序分布存在较大差异，但*PmDAM04*、*PmDAM05*和*PmDAM06*启动子序列的基序分布相似，均有基序9的分布且位置相近（图7-43）。

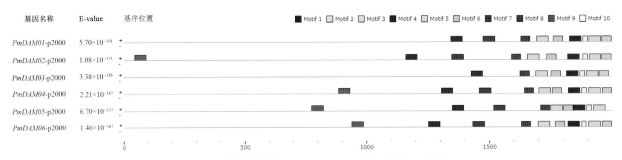

图7-43 梅花基因组中6个*PmDAM*启动子基序分析

根据CRT/DRE基序序列CCGAC查找*PmDAM*基因启动子序列中CBF结合位点，结果显示，在1 000 bp启动子序列中，*PmDAM01*、*PmDAM04*、*PmDAM05*和*PmDAM06*分别有1、1、1和3个CBF结合位点，*PmDAM02*和*PmDAM03*未找到CBF结合位点。在2 000bp启动子序列中，*PmDAM01*、*PmDAM04*、*PmDAM05*和*PmDAM06*分别有1、1、2和4个CBF结合位点，*PmDAM02*和*PmDAM03*未找到CBF结合位点（图7-18）。

2.3.4.2 *PmDAM06*启动子克隆及活性分析

以'三轮玉碟'花芽为材料克隆获得*PmDAM06*上游1 000 bp和2 000 bp启动子序列，序列分析结果显示，在1 000 bp启动子序列中，含有3个CBF结合位点；在2 000 bp启动子序列中，含有4个CBF结合位点，分别命名为M1～M4（图7-44）。双荧光素酶检测结果显示，pGL4.10-qd1000/pGL4.74和pGL4.10-qd2000/pGL4.74的荧光比值均高于对照pGL4.10/pGL4.74，结果表明*PmDAM06*上游1 000 bp和2 000 bp的启动子均具有相似的活性（图7-45）。

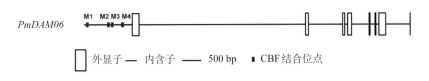

图7-44 *PmDAM06*启动子序列中CBF结合位点分析

2.3.4.3 酵母诱饵表达载体构建及诱饵载体自激活检测

分析*PmDAM06*上游2 000 bp启动子片段中4个CBF转录因子结合位点位置信息（M1：29 bp；M2：1 294 bp；M3：1 352 bp；M4：1 706 bp），结合酵母单杂交诱饵片段设计原则，设计并构建了7个酵母诱饵表达载体（诱饵pAbAi-1-1和pAbAi-1-3含有M2和M3；pAbAi-2-1和pAbAi-2-3含有M4；pAbAi-3-1和pAbAi-3-3含有M1；pAbAi-CCGAC含有连续重复3次的CCGAC序列）。载体自激活检测结果显示，pAbAi-2-1和pAbAi-CCGAC在1 000 ng/mL AbA条件下可以正常生长，不能用于酵母单杂交试验；其余5个诱饵均可用于酵母单杂交试验，对应的AbA工作浓度分别为：pAbAi-1-1为400 ng/mL，pAbAi-1-3为200 ng/mL，pAbAi-2-3为1 000 ng/mL，pAbAi-3-1为400 ng/mL，pAbAi-3-1为200 ng/mL（图7-46）。

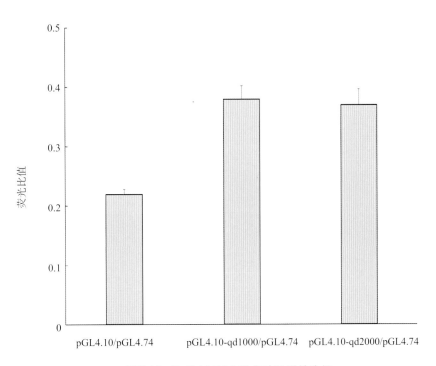

图7-45　*PmDAM06*上游启动子活性分析

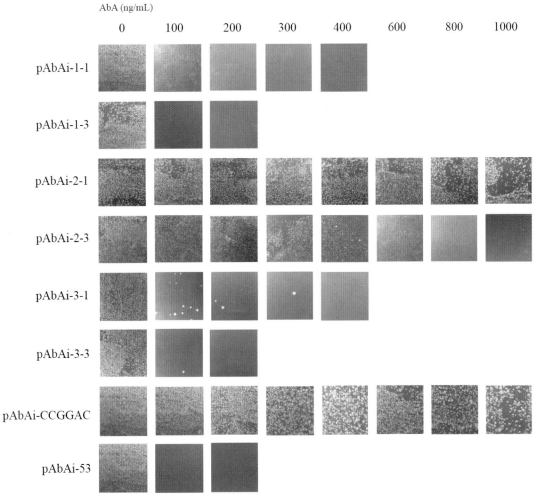

图7-46　诱饵载体自激活检测

2.3.4.4 PmCBF 转录因子与 *PmDAM06* 启动子结合分析

酵母单杂交结果显示，诱饵 pAbAi-1-1 和 pAbAi-1-3 能与猎物 pGADT7-PmCBF1 和 pGADT7-PmCBF3 相互作用，诱饵 pAbAi-2-3、pAbAi-3-1 和 pAbAi-3-3 均可以与猎物 pGADT7-PmCBF1 和 pGADT7-PmCBF4 相互作用，表明 PmCBF1 和 PmCBF3 可以与 *PmDAM06* 启动子片段的 CBF 结合位点 M2 或 M3 结合，PmCBF1 和 PmCBF4 可以与 M1 或 M4 结合（图7-47）。

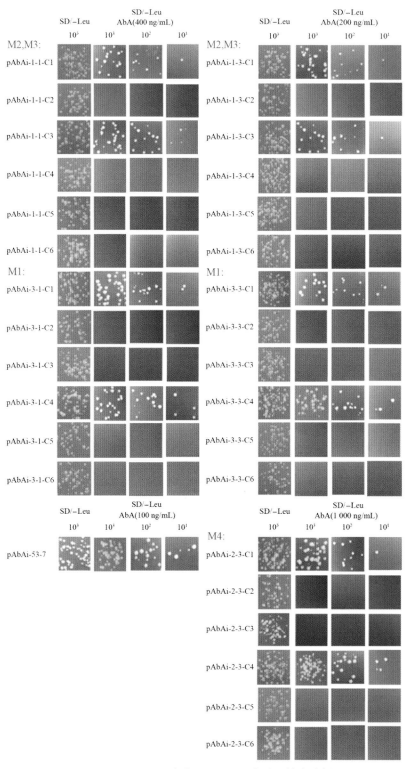

图7-47　PmCBF 蛋白和 *PmDAM06* 启动子结合分析

2.3.5　梅花 *PmDAM* 与 *PmCBF* 基因在花芽休眠和休眠解除过程中的分子调控模型

整合 *PmDAM* 和 *PmCBF* 基因表达模式、蛋白互作关系及启动子结合分析结果，提出了 *PmDAM* 与 *PmCBF* 基因在响应低温信号诱导花芽休眠及休眠解除过程中的分子调控模型（图7-48）：秋季低温刺激可以诱导 *PmCBF* 表达，*PmCBF* 表达量的积累可以促进 *PmDAM06* 表达，高表达的 *PmDAM06* 促使梅花花芽进入休眠状态。PmDAM06 和 PmCBF 直接参与花芽休眠进程，PmDAM06 通过自身形成同源二聚体或与 PmCBF1 和 PmCBF5 形成异源二聚体的方式参与，PmCBF4 通过自身形成同源二聚体的方式参与，PmCBF1 与 PmCBF6 通过形成异源二聚体的方式参与。*PmDAM06* 上游启动子序列中存在4个CBF结合位点，导致其可能对低温响应较为敏感，推测随着冬季低温的积累，*PmCBF* 基因表达上调，高表达的 *PmCBF* 抑制 *PmDAM06* 的表达；春季低温条件下，*PmCBF* 和 *PmDAM06* 表达下调，促使花芽解除休眠。

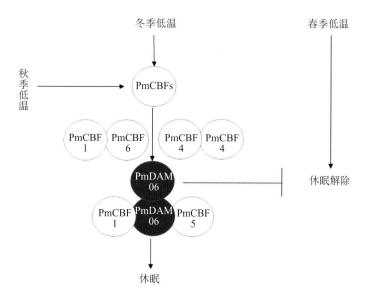

图7-48　梅花 *PmDAM* 与 *PmCBF* 基因在花芽休眠和休眠解除过程中的分子调控模型
（蓝色代表低表达量，绿色代表高表达量）

3　结论

（1）克隆了18个与梅花抗寒、花芽休眠和休眠解除相关的基因（*PmICE1*、5个 *PmLEA* 基因、6个 *PmDAM* 和6个 *PmCBF* 基因），异源表达 *PmICE1* 增强了拟南芥抗寒能力，异源表达 *PmLEA* 提高了大肠杆菌和烟草的抗寒能力。

（2）验证了 PmDAM 和 PmCBF 蛋白互作关系。PmDAM01 和 PmDAM06 自身可以互作，PmDAM01、PmDAM02、PmDAM05 和 PmDAM06 相互之间可以互作，PmDAM03 和 PmDAM06 可以互作；PmCBF4 自身可以互作，PmCBF1 和 PmCBF6 间可以互作；PmCBF1 可以分别与 PmDAM01、PmDAM02 和 PmDAM06 互作，PmCBF5 可以分别与 PmDAM01 和 PmDAM06 互作。

（3）揭示了 PmCBF 转录因子和 *PmDAM06* 启动子的结合关系。*PmDAM06* 上游2 000 bp 启动子序列内含有4个 PmCBF 结合位点（M1、M2、M3和M4），PmCBF1 和 PmCBF3 可以与 M2 或 M3 结合，PmCBF1 和 PmCBF4 可以与 M1 或 M4 结合。

（4）提出了 *PmDAM* 与 *PmCBF* 基因在响应低温信号诱导花芽休眠和休眠解除过程中的分子调控模型。

参考文献

曹宁, 张启翔, 郝瑞杰, 等, 2013. 梅花 *PmICE1* 基因的克隆及低温条件下的表达分析[J]. 东北林业大学学报, 42(4):21-25.

曹宁, 2014. 梅花 *PmICE1* 基因的克隆及功能分析[D]. 北京:北京林业大学.

杜栋良, 2013. 梅花脱水素基因家族的克隆与功能分析[D]. 北京:北京林业大学.

乌凤章, 王贺新, 徐国辉, 等, 2015. 木本植物低温胁迫生理及分子机制研究进展[J]. 林业科学, 51(7):116-128.

周育真, 2017. 梅花 *DAM* 与 *CBF* 基因在花芽休眠中的功能分析[D]. 北京:北京林业大学.

Agarwal M, Hao Y J, Kapoor A, et al, 2006. A R2R3 type MYB transcription factor is involved in the cold regulation of *CBF* genes and in acquired freezing tolerance[J]. Journal of Biological Chemistry, 281:37636-37645.

Bao F, Du D L, An Y, et al, 2017. Overexpression of *Prunus mume* dehydrin genes in tobacco enhances tolerance to cold and drought[J]. Frontiers in Plant Science, 8:151.

Chinnusamy V, Ohta M, Kanrar S, Lee B H, et al, 2003. ICE1: A regulator of cold-induced transcriptome and freezing tolerance in *Arabidopsis*[J]. Genes & Development, 17:1043-1054.

Chinnusamy V, Zhu J H, Zhu J K, 2007. Cold stress regulation of gene expression in plants[J]. Trends in Plant Science, 12:444-451.

Dhillon T, Pearce S P, Stockinger E J, et al, 2010. Regulation of freezing tolerance and flowering in temperate cereals: the VRN-1 connection[J]. Plant Physiology, 153:1846-1858.

Ding Y L, Lv J, Shi Y T, et al, 2018. EGR2 phosphatase regulates OST1 kinase activity and freezing tolerance in *Arabidopsis*[J]. The EMBO Journal, e99819.

Doherty C J, Van Buskirk H A, Myers S J, et al, 2009. Roles for *Arabidopsis* CAMTA transcription factors in cold regulated gene expression and freezing tolerance[J]. The Plant Cell, 21:972-984.

Du D L, Zhang Q X, Cheng T R, et al, 2013. Genome-wide identification and analysis of late embryogenesis abundant (*LEA*) genes in *Prunus mume*[J]. Molecular Biology Reports, 40(2):1937-1946.

Eremina M, Unterholzner S J, Rathnayake A I, et al, 2016. Brassinosteroids participate in the control of basal and acquired freezing tolerance of plants[J]. Proceedings of the National Academy of Sciences of the United States of America, 113:e5982-e5991.

Finn R D, Clements J, Eddy S R, 2011. HMMER web server: interactive sequence similarity searching[J]. Nucleic Acids Research, 39:W29-W37.

Fursova O V, Pogorelko G V, Tarasov V A, 2009. Identification of *ICE2*, a gene involved in cold acclimation which determines freezing tolerance in *Arabidopsis thaliana*[J]. Gene, 429:98-103.

Gasteiger E, Gattiker A, Hoogland C, et al, 2003. ExPASy: the proteomics server for in-depth protein knowledge and analysis[J]. Nucleic Acids Research, 31(13):3784-3788.

Guo X Y, Liu D F, Chong K, 2018. Cold signaling in plants: insights into mechanisms and regulation[J]. Journal of Integrative Plant Biology, 60:745-756.

Jiang B C, Shi Y T, Zhang X Y, et al, 2017. PIF3 is a negative regulator of the *CBF* pathway and freezing tolerance in *Arabidopsis*[J]. Proceedings of the National Academy of Sciences of the United States of America, 114:E6695-E6702.

Lee C M, Thomashow M F, 2012. Photoperiodic regulation of the C-repeat binding factor (CBF) cold acclimation pathway and freezing tolerance in *Arabidopsis thaliana*[J]. Proceedings of the National Academy of Sciences of the United States of America, 109:15054-15059.

Li H, Ding Y L, Shi Y T, et al, 2017a. MPK3-and MPK6-mediated ICE1 phosphorylation negatively regulates ICE1 stability and freezing tolerance in *Arabidopsis*[J]. Developmental Cell, 43:630-642.

Li H, Ye K Y, Shi Y T, et al, 2017b. BZR1 positively regulates freezing tolerance via CBF-dependent and CBF-independent pathways in *Arabidopsis*[J]. Molecular Plant, 10(4):545-559.

Liu J Y, Shi Y T, Yang S H, 2018. Insights into the regulation of C-repeat binding factors in plant cold signaling[J]. Journal of Integrative Plant Biology, 60:780-795.

Seo E, Lee H, Jeon J, et al, 2009. Crosstalk between cold response and flowering in *Arabidopsis* is mediated through the flowering-time gene *SOC1* and its upstream negative regulator *FLC*[J]. The Plant Cell, 21:3185-3197.

Shi Y T, Tian S W, Hou L Y, et al, 2012. Ethylene signaling negatively regulates freezing tolerance by repressing expression of *CBF* and type-A *ARR* genes in *Arabidopsis*[J]. The Plant Cell, 24:2578-2595.

Shi Y T, Ding Y L, Yang S H, 2018. Molecular regulation of CBF signaling in cold acclimation[J]. Trends in Plant Science, 23(7):623-637.

Xing X, Liu Y, Kong X, et al, 2011. Overexpression of a maize dehydrin gene, *ZmDHN2b*, in tobacco enhances tolerance to low temperature[J]. Plant Growth Regulation, 65:109-118.

Zhang Q X, Chen W B, Sun L D, et al, 2012. The genome of *Prunus mume*[J]. Nature Communications, 3:1318.

Zhao K, Zhou Y Z, Li Y, et al, 2018b. Crosstalk of PmCBFs and PmDAMs based on the changes of phytohormones under seasonal cold stress in the stem of *Prunus mume*[J]. International Journal of Molecular Sciences, 19(2):15.

Zhao K, Zhou Y Z, Ahmad S, et al, 2018a. PmCBFs synthetically affect *PmDAM6* by alternative promoter binding and protein complexes towards the dormancy of bud for *Prunus mume*[J]. Scientific Reports, 8:4527.

Zhao P S, Liu F, Zheng G C, et al, 2011. Group 3 late embryogenesis abundant protein in *Arabidopsis*: structure, regulation, and function[J]. Acta Physiologiae Plantarum, 33(4):1063-1073.

Zhu J K, 2016. Abiotic stress signaling and responses in plants[J]. Cell, 167(2):313-324.

Zhan X Q, Zhu J K, Lang Z B, 2015. Increasing freezing tolerance: kinase regulation of ICE1[J]. Developmental Cell, 32(3):257-258.